최신

발 효 공 학

Modern Fermentation Technology

방병호 손흥수 심상국
심창환 윤원호 황종현 공저

도서출판 진 로

머리말

발효란 미생물에 의한 일종의 유기물의 분해현상이다. 이 분해산물이 인간에게 유용할 경우를 발효라 하고 악취를 내거나 유독물질을 생성하는 경우는 부패라고 한다. 그리고 발효식품이란 미생물의 발효작용으로 제조된 식품을 말하며, 이런 발효식품들은 미생물의 존재를 알지 못했던 오래전부터 경험적으로 우리 인간은 발효기술을 식품에 이용해 왔던 것이다. 장기간의 세월을 걸쳐 오늘날까지 그 제조법이 전수되는 과정에서 발효식품들의 참된 가치가 증명되어 오늘날에 이르고 있다. 실제 발효식품은 발효라는 숙성과정을 거치면서 영양학적 가치뿐만 아니라 독특한 풍미와 함께 생리활성물질이 생성되며, 또한 식품의 저장·가공의 한 수단으로도 그 값어치가 충분이 있다 하겠다.

안토니 반 레벤후크(1632~1723)에 의해 미생물의 존재가 처음으로 밝혀지면서 발효가 미생물에 의해 일어난다는 사실을 알게 되었고 루이스 파스퇴르(1822~1895)에 의해 자연발생설은 부정되고 "미생물의 생명은 그 이전에 존재하는 생명으로부터 발생한 것"이라는 생명속생설을 주장하면서부터 오늘날 발효공학의 개념이 창시되었다. 그 후 과학기술의 진보로 인하여 미생물의 취급법의 개발, 순수하게 분리된 미생물을 이용한 주류, 장류 등의 산업화가 이루어져 왔으며, 또한 기술적 측면에서도 미생물의 변이주 육성·개발, 대사제어 등의 기술은 발효산물의 생산성에 크게 기여하여 왔다. 그리고 70년대 등장한 유전자재조합 기술은 발효공학의 기술을 한 단계 더 올려놓았다.

발효공학(fermentation technology)이란 발효생산에 관련된 다양한 문제의 공학적 연구 및 개발을 하는 학문분야로, 발효의 주체인 미생물의 관리육성에 관한 산업미생물, 발효생리 등의 미생물학, 생화학적 분야를 기초로 하여 공업적 발효생산에 필요한 발효과정의 해석이나 설계 같은 발효조 내에서의 미생물과 발효생산물 관리에 관한 화학공업적 분야 등에 걸쳐 있다.

본 교재는 생물공학의 중요한 한 분야로 발효산업에 토대를 이루고 있는 주류 및 발효식품, 유기산, 아미노산 등의 대사생성물의 생산 그리고 폐수처리와 같은 미생물의 특수 이용을 주로 다루면서 이에 필요한 미생물 분류, 미생물 발효기구 및 배양공학을 곁들였다.

발효공학은 미생물과 식품의 지식이 잘 잘 조화를 이루어야 하는 응용과학의 한 분야이다. 이러한 특징을 잘 부각되도록 기초에서 응용에 이르기까지 골고루 다루도록 노력을 하였으나 짧은 시간에 광범위한 내용을 엮다보니 내용이 불충분한 곳이나 오류 등이 많으리라 생각된다. 앞으로 미비한 점은 계속해서 보완해 나갈 것을 약속드린다.

끝으로 이 책을 발간함에 있어서 고생을 기꺼이 감수해 주신 도서출판 진로 임종철 사장님께 감사를 드린다.

2012년 1월 저자 일동

차 례

1장

서 론

발효(fermentation)는 넓은 의미에서 미생물을 이용하여 그 효소작용으로 유기물을 전환시키는 것을 뜻한다. 발효현상은 유사 이래 인류에 의해서 관찰되고 이용되어 왔으나, 명확하게 발효현상을 인식하게 된 시기는 확실하지 않다. 지구상에 생명체의 탄생과 더불어 발생하여 인류의 역사만큼 오랫동안 이용되어 온 발효현상도 그 본체가 밝혀지기 시작한 것은 200년이 되지 않는다. 발효란 뜻의 fermentation은 라틴어의 ferverve(끓는다)로부터 유래되었으며, 이것은 알코올 발효 시에 발생하는 탄산가스에 의해서 거품이 일게 되는 현상을 나타낸 것으로 추측된다.

포도주는 적어도 기원전 1만 년에 만들어졌으며, 맥주는 이집트인들에 의해서 기원전 5000~6000년에 발아시킨 보리를 분쇄하여 반죽하고 가열한 다음 물에 담그어 맥주를 만들었던 것으로 추측되고 있다. 기원전 약 4000년에 이집트인들은 발효빵을 만들 때 밀가루 반죽을 팽창시키는 탄산가스를 얻기 위하여 맥주효모를 이용하였다. *Spirulina*속 조류는 옛날에 멕시코의 원주민에 의해서 식량으로 수확되었고, 동양에서 전래되는 전통 발효식품들은 발효현상이나 효소에 의한 가수분해에 의해서 만들어지는 것들이다. 치즈가 만들어진 것은 송아지의 위에 넣어 둔 우유가 응고하는 것을 발견한 기원전 5000년의 일이다. 식초에 관한 기록은 구약성서 및 신약성서에서 볼 수 있으나, 포도주와 함께 만들어진 것으로 추측되고 있다. 증류주에 관한 초기의 문헌은 기원전 1000년으로 소급된다.

이와 같이 발효현상은 미생물의 존재가 알려지기 오래 전부터 식품이나 주류의 제조에 이용되었을 뿐만 아니라, 옛날에는 곰팡이가 슨 치즈, 육류, 빵 등이 상처치료에 의약으로 사용되었으며, 그 효과는 곰팡이의 항균력에 의한 것으로 추측된다.

1-1. 미생물의 발견

네덜란드의 Antonio van Leeuwenhoek(1632~1723)는 자기 스스로 갈아서 만든 렌즈를 이용하여 단세포 생명체의 발견에 성공하고(1675년), 이들의 극히 작은 생명체를 animalcule(소동물)라고 명명하였다. 250배 이상의 확대경을 만들고 그 중 가장 확대율이 높은 것은 270배였다고 하며, 이것이 현미경의 효시가 되었다. 단세포 생명체의 존재가 확인되고 계속해서 1680년에는 맥주 방울에서 최초로 효모를 발견하였으나, 이 생명체가 발효에 어떻게 관여하는지 알지 못하였다. 그는 미생물이라는 새로운 세계를 발견한 콜룸부스에 비유되고 있다.

Leeuwenhoek 이후의 약 200년은 미생물의 관찰이 중심이 되었고, 그 생리작용에 대해서는 살펴지지 않았다. 1836~1837년에는 Cagniard-Latour, Schwann, Kutzing의 세 연구자가 각각 효모는 생명체라고 하였으나, 당시의 많은 저명한 화학자에 의해서 묵살되었다. 1847년 물리학자인 Blondeau는 젖산, 부틸산, 초산, 요소의 발효에 대해서 연구하고, 이들의 발효는 각각 다른 균(fungi)에 의해서 이루어진다는 것을 처음 제창하기도 하였다. 1856~1857년 프랑스의 Louis Pasteur가 맥주와 포도주 발효에 대해서 자세히 연구하여 마침내 살아있는 효모가 공기가 없는 상태에서 당을 알코올과 탄산가스로 발효시킨다고 결론하였다. 또 부패에도 미생물이 중요한 역할을 한다는 것을 발견하고 그 당시 프랑스 양조계에서 문제가 되고 있던 포도주의 산패 방지를 위해서 약 60℃에서 가열하는 살균법을 개발하였고, 이 방법은 이후 식품의 살균에 널리 이용되었으며 뒤에 그의 이름을 기념하여 pasteurization(저온살균)으로 불리고 있다.

또 그는 누에 미립자병의 병원체가 미생물인 것을 발견한 후 그 예방법을 고안하여 프랑스의 양잠업을 위기로부터 구출하였다. 이것은 미생물이 병의 원인이라는 것을 증명한 최초의 사례로 알려지고 있다. 그 후 각종 병원균에 대해서 연구하여 광견병의 예방에 성공하는 등 의학분야에도 큰 공헌을 하였을 뿐만 아니라, 미생물학을 과학의 한 분야로서 확립시키는 기초를 마련하였다. 영국의 외과의사 Lister가 상처가 곪는 것이 미생물에 의한 것으로 생각하여 phenol로 소독하여 무균적 수술에 성공한 것도 Pasteur의 연구성과를 기초로 한 것이었다.

이어서 근대 세균학의 아버지로 칭송되고 있는 독일의 Robert Koch (1843~1910)는 탄저병, 결핵균, 콜레라균 등을 차례로 발견하였으며, 이 과정에서 미생물을 순수분리하기 위한 평판배양법이나 현미경 관찰을 위한 세균염색법을 고안하였고, 이 방법들은 의학, 세균학뿐만 아니라 발효미생물학의 연구에서 필수적인 기법으로 현재도 널리 이용되고 있다. 또 덴마크의 Hansen이 맥주효모의 순수분리에 성공하여 Hansen 희석법이라고 불리는 순수배양법의 원리를 확립하였고(1878), Lindner는 효모분리를 위해서 더 간편한 소적배양법을 고안하였다(1892). 이와 같이 하여 맥주양조에 있어서 유해균의 오염을 방지하게 되었을 뿐만 아니라, 질 좋은 맥주제조를 위한 우수한 효모의 순수배양도 할 수 있게 되었다. 이와 같이 Pasteur, Koch, Hansen 등은 프랑스, 독일, 덴마크에서 현대 발효공업의 기초를 확립하였다.

1-2. 발효공업의 발전

발효공학(fermentation technology)이란 미생물(최근에는 식물이나 동물세포도 포함)로부터 유용한 대사산물을 얻기 위한 미생물에 관한 공정(process), 즉 발효공정에 관한 이론을 연구하는 학문으로서 미생물이 갖고 있는 기술을 개발, 발전시키는 데 그 목적을 두고 있다. 발효공학은 동일한 미생물 이용공학으로서 발효공정(process)과 발효산물(product)의 두 가지 단계로 대별하며 미생물로부터 유용한 대사산물을 얻기 위한 미생물의 배양과 이용에 관한 공학이다.

미생물은 눈으로 볼 수 없기 때문에 발효공업은 가내공업적인 양조식품공업으로 탄생한 이래 긴 역사를 가진 산업이지만 그 발전이 늦었으며, 이 공업이 근대공업으로 탈바꿈하기 시작한 것은 제1차 세계대전부터이다. 제1차 대전 중 독일은 화약 nitroglycerin의 원료인 glycerol이 부족하여 glycerol 발효가 공업화되었으며, 한편 영국에서는 무연화약 nitrocellulose의 제조에 필요한 acetone을 생산할 목적으로 Weizman에 의해서 발견된 acetone-butanol 발효를 공업화하여 양국은 발효기술면에서도 경합하고 있었다.

그 후 발효공업은 대량으로 축적되는 분해산물 뿐만 아니라 미생물에 의해서 생합성되는 유용산물인 생리활성물질의 생산에도 관여하게 되었고, 비타민 B_2를 비롯하여 β-carotene, 비타민 B_{12}, 식물성장 호르몬인 gibberellin 등이 생산되었으며, 특히 항생물질의 발견은 획기적인 일이었다.

1929년 영국의 Fleming에 의해서 발견되고, Florey와 Chain에 의해서 정제, 분리된 penicillin은 제2차 세계대전 당시 상처의 치료에 사용하기 위한 집중적인 연구로 대량생산에 성공하게 되었다. Penicillin의 공업적인 생산은 합성화학에만 의존하던 제약공업계를 휩쓴 느낌마저 갖게 하였고, 그 후 미국의 Waksman(1944)이 토양으로부터 분리한 방선균 *Streptomyces griseus*가 생산하는 streptomycin이 penicillin으로 듣지 않는 Gram 음성균이나 결핵균에 탁월한 효과가 있다는 것이 발견됨으로써 항생물질에 대한 관심은 더욱 고조되었다. 현재에도 항암제 등 새로운 항생물질에 대한 연구가 활발하게 계속되고 있는 것에서 알 수 있는 바와 같이 이들 항생물질의 발견은 새로운 항생물질의 발효생산이라는 큰 목표를 부여하였다. 한편, 액내배양(심부배양, submerged culture)이라는 액체 내에서의 호기적인 발효기술의 확립에 크게 기여하였으며, 또 나아가서는 생물화학공학이라는 새로운 학문분야를 탄생시켰다.

그 후 발효공업은 다양화되었고, 액내배양에 의한 미생물효소의 생산, 구연산발효, steroid의 미생물변환 등 여러 방향으로 발효공업이 발전되었다.

1950년부터 1960년에 걸쳐서 생화학, 효소화학, 미생물유전학 등 생물학의 기초분야가 급속도로 발전하였고, 또 이것을 뒷받침하는 새로운 분석법과 분리법이 발달되었다. 발효 공정에서도 이들 지식과 기법을 흡수하면서 다양하게 발전된 시기였다. 1956년 glutamic acid 발효생산기술이 발명된 데 이어서 1958년에는 lysine의 발효생산이 성공하여 대사제어발효의 개념이 생기게 되었고 오늘날의 대사제어발효는 발효생산의 기본적 방향과 기법으로 정착되고 있다. 이 기술은 생명체로서의 미생물이 지니는 일련의 대사반응경로를 목적에 따라 가장 합리적으로 이용하여 바라는 생산물을 효율적으로 얻고자 하는 방법이며, 이 기술은 생화학과 유전학을 뒷받침으로 하여 미생물 변이주를 얻는 방법에 의해서 발전되었다. 1960년부터 1970년에 이르는 시대에는 대사제어 발효기술이 활발하게 확대 이용되었고, 거의 모든 아미노산 및 핵산관련물질을 발효법으로 생산할 수 있게 되었다. 현재 이 기술은 아미노산 및 핵산관련물질의 발효생산 이외에 항생물질과 같은 2차 대사산물 등의 발효생산에도 널리 응용되고 있다.

또 발효기술의 진보 및 확대와 관련된 기본적 기술의 발전도 볼 수 있다. 이를테면 효소반응은 발효기술의 일부로서 오래 전부터 실용화되어 왔으나, 고정화효소 또는 고정화균체의 이용기술이 발전하여 반응의 연속화가 일부 가능해졌고, 임상, 분석 등의 분야로 그 용도는 확대되고 있다.

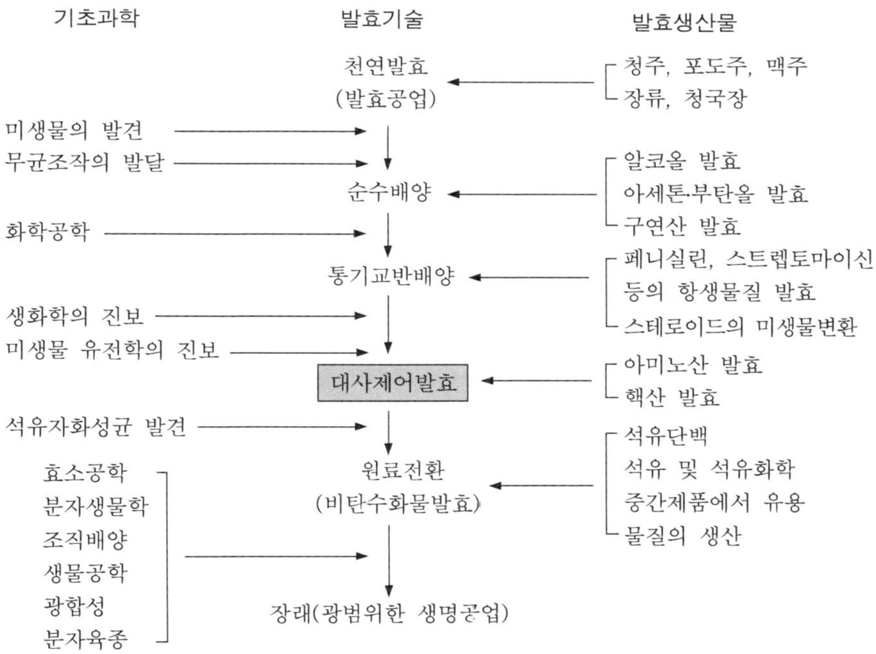

【그림 1-1】 발효기술의 진보

1-3. 미생물의 이용(발효공업)

인류는 옛날부터 포도주, 맥주, 청주 등의 알코올 음료를 위시하여 빵, 된장, 간장, 치즈 등의 발효식품을 만들 때 경험적으로 미생물을 이용하여 왔다. 시대와 더불어 발효현상은 미생물이 관여하는 화학반응이라는 것이 밝혀지게 되었다. 또한 미생물의 순수배양법의 개발과 더불어 유용미생물이 발견되면서부터 미생물은 식품뿐만 아니라 의약품, 농약, 사료의 분야에도 널리 이용하게 되었다. 현재는 발효공업을 1대산업으로 발전되어 우리들의 생활에 공헌하고 있다. 또 인구의 증가와 경제의 급속한 발전으로 이에 따른 증가되는 환경오염의 방지를 위하여 도시하수나 공장폐수의 처리에도 미생물이 이용되고 있다.

한편 석유화학의 진보와 더불어 화학합성법으로 값싼 유기물이 만들어짐에 따라 공업적으로 사용되는 대부분이 합성품으로 대체하게 되었다. 그러나 최근의 석유에너지의 사용량의 증대와 석유공업의 발전은 석유 사용량의 비약적 증가, 나아가서는 석유가격의 급격한 상승을 일으켜 석유를 값싼 탄소원이나 에너지원으로서 이용하는 것은 어렵게 되었다. 최근에는 biomass(생물량)의 이용이 주목되어 이것을 이용하여 알코올이나 acetone, methane 등을 생산하는 연구가 활발하게 되었다. 한정된 매장량, 팽대한 사용량, 고가인 석유에 비하여 태양에너지를 이용하여 무한으로 생산 가능한 전분질은 당화기술의 진보와 더불어 발효원료로서 주목받고 있다.

이 장에서는 이들 발효공업 중, 우리 가정생활에 직접 관계되는 것과 그리고 이들에 관련된 것을 간단히 설명한다.

1. 미생물 생산물의 이용

(1) 알코올

미생물이 생산하는 알코올은 ethanol을 위시하여 butanol, glycerin 이외에도 여러 가지가 있으나 현재로서는 음료용 알코올 이외는 거의 합성법으로 만들고 있다. 음료용 알코올은 발효법으로 제조된 것만이 사용을 허가하고 있고 합성주, 청주, 위스키 등의 양조용에 사용되고 있다.

알코올 발효는 효모 이외에 곰팡이나 세균에 의하여 행해지고 있으나 공업적으로 수율이 좋은 내(耐)알코올성 효모(*Saccharomyces cerevisiae*)가 사용되고 있다. 원료로서는 폐당밀과 고구마, 타피오카가 사용되고 있다. 고구마나 타피오카와 같은 전분질을 원료로 하는 경우는 미리 전분질을 당화를 하여야 한다. 당화법에는 Amylo법, koji법, Amylo koji 절충법, 맥아법, 산당화법 등이 있다. 또 자원의 유효 이용과 공해방지를 위해 목재펄프를 만들고 난 후의 아황산펄프폐액도 원료로서 사용된다(표 1-1).

공업적 규모로 곡류 등의 전분질 원료를 알코올 발효에 사용하는 경우 발효에 앞서 분쇄된 원료를 물과 같이 고온증자하여 냉각 후 액화효소(α

【표 1-1】 주요 발효공업 생산물(알코올 · 유기산 · 아미노산 · 다당류)

	생 산 물	원 료	관여 주요 미생물	용 도
알코올		폐당밀, 설탕, 야자열매	*Sacch. cerevisiae*	음료용, 공업용
	Amylo법	고구마, 곡류	*Rhiz. japonicus, Sacch. cerevisiae*	
	Koji법	고구마, 곡류	*Asp. oryzae, Sacch. cerevisiae*	
	아황산폐액법	목재펄프폐액	*Sacch. cerevisiae*	
유기산	시트르산	설탕, 폐당밀	*Asp. niger, Asp. awamorii*	산미제, 의약용, 가소제, 킬레이트
	글로콘산	전분당화액, 포도당	*Asp. niger, Gluconobacter, Pseudomonas*	두유응고제, 보일러관석 방지제
	말산	포도당 후마르산	*Asp. flavus* *Lact. brevis* (*fumarase*)	산미제, 유화안정제 무연소유, 소취제
아미노산	글루탐산	폐당밀, 포도당	*Micrococcus, Bacillus, Corynebacterium*	조미료
	리신	포도당, 암모늄	*Corynebacterium glutamicum*	의약용, 사료제의 영양강화제
다당류	덱스트란	설탕, 전화당	*Leuconostoc mesenteroides*	혈당증량제, 대용형액, 혈액슬러지방지, 분자체, 유화안정제

Sacch. : *Saccharomyces*, *Asp.* : *Aspergillus*, *Rhiz.* : *Rhizopus*, *Lact.* : *Lactobacillus*

-amylase)를 가한 다음 맥아나 곰팡이가 생산한 당화효소를 첨가하여 당화를 하는 것이 좋은 방법이지만 최근에는 거미줄곰팡이(*Rhizopus*속) 등의 glucoamylase의 생전분 당화력 이용한 무증자 알코올 발효법이 개발되었다. 또한 생전분 당화성이 강한 *Rhizopus*속 유래의 glucoamylase 유전자를 cloning하여 알코올 발효 효모에 도입함으로써 glucoamylase를 강력하게 분비하는 생전분 발효 효모의 육종에서 성공되었다. 이들의 기술을 사용하면 증자비용 등 에너지가 절약되어 제조 원가가 낮아지고 생산성을 향상시킬 수 있다.

현재 우리나라에서는 여러 주정회사에서 알코올을 생산하고 있으나 거의 소주 등에 이용되고 있는 실정이다.

(2) 유기산

미생물이 생산하는 유기산은 알코올과 같이 많으나 발효법으로 제조되는 것은 적다. 시트르산(citric acid, 구연산), 글루콘산(gluconic acid), 말산(malic acid, 사과산) 등이 제조되어 청량음료, 가소제(可塑劑), chelate화제, 의약용 그리고 화학공업 원료로서 사용되고 있다.

(3) 아미노산

아미노산은 동·식물의 단백질을 형성하는 주요한 화합물로 인간은 이것을 음식물에서 섭취하고 있다. 천연의 단백질을 형성하고 있는 아미노산은 약 20여종으로 어느 아미노산이 결핍하면 생체의 활동은 장해를 받는다. 아미노산의 제조는 이전에는 천연의 단백질을 가수분해한 다음 분리 정제하는 방법을 취해 왔으나 1955년에 미생물에서 당질과 암모니아로부터 아미노산의 일종인 glutamic acid을 높은 수율로 생산하는 방법이 개발되어 그 후 여러 종류의 아미노산의 발효법이 개발되었다. 아미노산 발효법을 대별하면 야생균주를 사용하는 방법(glutamic acid, valine, alanine), 변이균주로 사용하는 방법(threonine, proline 등), 전구체를 사용하는 방법(leucine, tryptophan), 발효법(aspartic acid, tryptophan 등)이 있다.

Glutamic acid의 나트륨염은 강한 지미를 가지므로 화학조미료로서 이용되고 있다. Lysine은 필수아미노산이나 쌀, 보리, 옥수수 등의 전분질이 많은 식품에는 부족하고 lysine이 부족하면 특히 유아기에 있어서 영양장애가 일어나고 발육불량이 된다고 하며 뇌신경이 발달되지 않아 암기력이 떨어진다고 한다. 최근 lysine은 발효법으로 생산되며 학교의 급식에 강화하면 아동의 체위향상에 크게 공헌할 수 있을 것이다. 또한 가축의 사료에도 첨가하여 사료 효율을 높이게 된다. Lysine을 위시하여 기타의 필수아미노산, threonine, tryptophan, phenylalanine, valine 등이 발효법으로 만들어지고 있으나 그 원료는 glutamic acid의 경우와 마찬가지로 당질과 암모니아로 목적에 따라 각종 미생물의 특수한 변이균주를 사용한다. 아미노산 혼합제제는 수액(輸液) 또는 내복액(內服液) 등의 의약품으로서 중요한 용도를 가진다. Aspartic acid는 대장균이 생산하는 aspartase에 의하여 fumaric acid에서 생산되고 피로회복제로서 시판되고 있다. Cysteine과 arginine 등은 화장품, 첨가물로서 용도가 개발되고 있다(표 1-1).

현재 우리나라에서도 glutamic acid을 생산하여 조미료로서 사용되고 있으며 lysine을 생산하여 수출하고 있다.

(4) 정미성 물질

옛날부터 표고와 곤포 그리고 일본의 카쓰오부시와 건조 멸치는 요리용의 국물로서 사용되어 왔다. 곤포의 지미(맛난맛, 旨味)성분은 glutamic acid이고 그리고 일본의 전통식품인 카쓰오브시(가다랭어를 발효, 건조한 것)는 5′-inosinic acid, 표고버섯은 5′-guanylic acid가 지미성분이라는 것이 밝혀지게 되었다. 5′-inosinic acid나 5′-guanylic acid는 생체의 유전정보의 보존, 전달에 관계하는 핵산(nucleic acid)을 구성하는 nucleotide이다. 공업적으로는 효모의 리보핵산(RNA)을 분해하고 여기에서 5′-inosinic acid나 5′-guanylic acid를 분리 정제하여 조미료로서 이용하고 있다. 알칼리나 koji균의 효소로 분해하면 5′의 위치에 인산이 결합하고 있는 ribonucleotide가 얻어지지 않는다. 그래서 특수한 미생물이 생산하는 효소를 사용한다. 이러한 미생물은 *Penicilium citrinum, Streptomyces aureus*(방사선균의 일종)이다.

정미성 nucleotide는 ① 인산이 당의 5′위치에 결합하고 있을 것과 ② 염기가 hypoxanthine, xanthine, guanine의 어느 것이어야만 한다. 5′-inosinic acid나 5′-guanylic acid도 monosodium glutamate를 함께 혼합하면 맛이 더욱 좋아져 소위 맛의 상승효과를 나타나게 된다. Monosodium glutamate에 5′-guanylic acid을 10% 섞으면 지미(맛난맛)는 19배로 되고 5′-inosinic acid을 마찬가지로 10% 섞으면 지미는 5배로 된다.

이들의 nucleotide 단체를 각각 단독으로 발효법에 의하여 제조하는 방법도 개발되어서 우리나라에서도 생산하여 조미료로서 제공해 주고 있다. 이 발효법은 nucleotide만이 아니고 체에너지의 공급원인 ATP, ADP, 활성형 비타민 B_2와 그 유도체 FAD, 생체의 산화환원 조효소인 NAD 등의 생산도 가능하다.

(5) 효소

미생물이 생산하는 효소는 다종다양하나 현재 효소제제로서 제조에 이용되는 것은 그렇게 많지 않다. 주된 것은 amylase, protease, cellulase 등의 가수분해효소이고 용도는 전분가공, 식품가공, 양조용, 사료첨가(lipase), 세제용, 섬유가공, 피혁가공, 폐수처리 등 넓은 범위로 사용된다. 최근 효소 또는 균체를 그대로 고정화 기술이 진보되어 분석, 화학공정, 연료전지나 의료에도 사용하게 되었다.

의료 분야에서의 효소의 이용으로서는 진단용과 치료용으로 나눌 수 있다. 진단용 효소시약은 효소의 특이성을 교묘히 응용한 것으로 산화환원효소, 전달효소, 가수분해효소 등이 사용되어 금후 더욱 발전될 분야로 생각된다. 치료용 효소의 주요 용도는 소화제, 소담증제(消淡症劑) 등이 있고 이외에 충치예방제(dextranase), 백혈병의 치료(asparaginase) 등이다.

(6) 호르몬

당뇨병의 치료에 사용되는 인슐린(insulin)은 지금까지 돼지나 소의 것이 사용되어 왔으나 재조합 DNA기술의 발전으로 미생물에서 인간의 것과 같은 인슐린을 만들 수 있게 되었다. 마찬가지로 뇌, 장관, 췌장 등에서 분비되는 신경호르몬으로 성장호르몬의 작용을 억제하는 somatostatin 등도 미생물에 의하여 만들어지게 되었다.

(7) 비타민

비타민은 의약품, 식품, 사료첨가제로 이용되어 다량으로 생산되고 있다. 비타민을 생산하는 미생물은 많으나 공업적으로 합성법이 대부분이고 발효법은 일부 사용하는데 지나지 않는다.

비타민 B 복합체(B_1, B_2, B_6, 기타)는 효모 등에서 제조되고 있다. 비타민 B_2는 합성법으로 생산되었으나 옛날에는 곰팡이에 의한 발효법이 사용되었다. 미국에서는 지금도 *Ashbya gossypii*에 의한 액체배양법이 이용되고 있다. 비타민 B_{12}는 악성빈혈 방지인자로서 닭이나 돼지의 사료에 첨가된다. 동·식물에서는 합성능력이 없고 장내세균이나 방선균에 의하여 합성되나 효모나 곰팡이에서는 만들지 못한다. 공업적으로 *Streptomyces griseus*가 생산하는 항생물질인 streptomycin을 생산한 폐액을 이용하여 생산한다.

비타민 C(ascorbic acid)는 항괴혈병 인자로 알려져 있으며 그 환원력을 이용하여 산화방지제로서 식품에 첨가된다. 생산은 합성과 발효법을 조합하여 행하고 있다. Glucose → D-sorbitol → L-sorbose → L-ascorbic acid의 순서로 합성되나 D-sorbitol에서 L-sorbose 산화과정에 *Gluconobacter*와 같은 산화세균을 이용한다(sorbose 발효), 또 최근에 재조합 세균들 사용함으로서 긴 공정을 단축하는데도 성공하였다.

(8) 지베렐린

벼의 키다리 병을 일으키는 곰팡이의 일종(*Gibberella fujikuroi*)이 생산하는 gibberenin은 식물 호르몬으로 잘 알려져 있다. 식물의 성장촉진, 휴면파괴, 꽃눈의 유도, 발아촉진 등 여러 작용을 가지며 씨없는 포도생산, 토마토, 레터스와 셀로리 등의 생육촉진에 이용되고 있다. 발효법으로 생산되고 있는 것은 생리활성이 높은 gibberellin A_1과 A_2이다.

(9) 스테로이드

Steroid의 생산에 미생물에 의한 전환반응(轉換反應. 탈수소반응, 수소 첨가반응, 에폭시반응, 측쇄의 개열반응)을 이용하는 방법이 공업화되고 있다. 부신피질 호르몬의 일종인 cortisone이 관절류마치스에 대한 효과가 인정된 이래 스테로이드의 생산연구가 성행되어 hydrocortisone, predonine, predosonine 등의 제조가 실용화되어 있다.

(10) 텍스트란

제당공장의 설탕 시럽 중에 생성되어 여과나 결정화를 방해하는 다당인

dextran이 있다. 이 dextran은 젖산균의 일종인(*Leuconostoc mesenteroides*)에 의하여 설탕에서 생성되고 Sephadex나 혈장증량제 등의 생화학, 의학의 분야에 널리 이용되고 있다. Cleanical dextran(분자량 약 75,000)은 수술시의 혈압저하에 의한 쇽크의 예방, 체액보유, 혈전방지 등에 사용되고 또한 저분자 dextran(분자량 약 40,000)은 혈류개선, 혈액 슬러지 방지, 인공장기에의 대용혈액 등에 사용된다. Dextran은 냉온수에 쉽게 녹아 알맞은 점도를 가지므로 유화나 안정제로서 아이스크림, 시럽, 젤리 등에 첨가하여 사용하기도 한다. Dextran의 황산에스테르는 항혈액응고제로서 사용된다.

(11) 글루칸

버섯은 약용으로 옛날부터 사용되어 왔다. 한약, 민간전승약으로서 영지(靈芝, *Gonoderma lucidum*), 잔나비 걸상(*Elfvingia applanate*, 梅寄生, 樹舌, 龍眼) 등이 암에 효력있는 버섯으로 주목되고 있다. 1970년대에 버섯의 항종양 성분의 본체가 β-glucan이고, 종래의 제암제(화학요법제)와는 달라 숙주의 면역기능 부활에 기초를 둔 것(면역요법제)이라는 것이 알려져 버섯류에서 약품개발이 서광을 받게 되었다. 이 결과 krestin(*Coriolus versicolor*), lentinan(*Lentinus edodes*), schizophylan(*Schizophylum commune*)의 3종의 β-glucan의 제암제가 개발되었다.

(12) 항생물질

항생물질은 미생물에 의하여 생산되어 다른 미생물의 생육이나 기타의 생활세포(암세포 등)의 기능을 저지하는 물질이다. 두 종류의 미생물을 동시에 배양할 때 그 어느 하나가 다른 한쪽의 미생물의 생육을 저지하는 길항현상은 Pasteur에 의하여 발견되었다. 그러나 실제로 임상적으로 사용된 항생물질은 Fleming에 의하여 발견되어 그 후 결정화된 것이 penicillin이다. 이어 Waksman에 의하여 방선균(*Streptomyces*속)에서 결핵에 효력이 있는 streptomycin이 발견되었다. 실제 의약으로 사용되고 있는 항생물질은 penicillin(임균에 유효), cephalosporin(스피로헤타), streptomycin(결핵균), chloramphenicol은(리케차), tetracycline(원충), blasticidin S(농약), kasugamycin(농약), mitomycin(암)과 같은 것이다.

항생물질의 발견에 따라 지금까지 많은 세균성 질병이 극복되었다. 현재로는 인간의 암에 효력이 있는 항생물질의 연구가 진행되고 있다. 항생물질의 용도는 인체의 약 이외에 농약용, 동물 사료용, 동물의 질환치료약으로서 널리 쓰이고 있다.

항생물질의 발견으로 세균 감염증의 치료가 가능하게 되어 사망자의 수는 격감되었다. 그러나 항생물질의 개발 보급으로 약제내성균의 출현, 부작용, 균교대증의 새로운 문제도 발생하였다. 보다 광범위의 종류의 세균에 작용하는 것(광역스펙트럼 항생물질)은 먼저 자연계에서 탐색되었으나 결국 세포벽의 투과성만이 아니고, 세포가 생산하는 불활성화 효소에 의하여 불활성화되지 않게 개량하거나 독성, 부작용을 적게 하는 반합성 항생물질도 개발하게 되었다. 현재 황색포도상구균, 녹농균 등의 화학요법제가 곤란한 균종에 목적을 두고 약제의 개발이 이루어지고 있다.

(13) 미생물 농약

제2차 세계대전 이후 합성화학의 급속한 발달로 농약으로서 화학약품이 사용되어 농산물의 증산에 공헌하여 왔다. 그러나 현재 사용되고 있는 화학농약의 대부분은 잔류성이 있고 유효 성분인 화합물이 분해되어 무독의 화합물로 되기까지의 분해속도가 늦고 또 경우에 따라 분해산물 그 자신이 유독하여 독성을 지속한다. 잔류성이 있으면 살생력을 가진 기간이 길어지므로 농약으로서의 가치는 높아진다. 그러나 잔류성 농약은 사람을 포함한 광범위한 생물의 체내에 점차로 축적되어 최종적으로는 생물에 해를 끼치는 수준까지 축적되어 여러 장해가 나타나므로 계속하여 사용하는 것이 불가능하게 된다.

그래서 일반적으로 식물에 장해를 일으키지 않고 인축과 어패류에 거의 위해를 일으키지 않는 균류를 응용하는 것이 필요하다. 곤충이나 원충의 미생물적 방제에 이용 또는 이용하려는 미생물로는 세균(세균, 바이러스)과 곰팡이류를 들 수 있고 병충해의 천적으로서 이용되고 있다.

최근 *Bacillus thuringiensis*가 어느 종의 곤충, 특히 인시류(鱗翅類)에 속하는 곤충의 성충에 대하여 병원성이라는 것이 밝혀졌다. 이 세균의 포자를 형성하는 세포는 포자에 인접하여 규칙적인 쌍피라미드 모양의 단백질의 결정을 세포당 1개씩 형성하여 어버이 세포의 자기소화에 의하여 포자를 함께 방출한다. 이 단백질 결정이 대부분의 인시류의 유충에 대하여 아주 특이적인 독성을 갖는다. 그러나 이 결정은 다른 동물(모든 척추동물을 포함)이나 식품에 대하여는 전혀 독이 없다. 따라서 이 독소 단백질은 우수한 농약으로 사용될 수 있으므로 대량 생산하여 생물학적 살충제로서 농업에 널리 사용되고 있다. 공업적으로 생산하는 경우는 단백질을 분리하지 않고 결정 생산균을 대량 배양하여 포자가 형성되기 시작하면 결정이 생성되므로 이때에 균을 모아 건조하여 살포제에 넣어 사용한다.

(14) 바이오셀룰로오스

초산균(*Acetobacter xylinum*)은 cellulose를 생합성하여 세포벽의 구멍을 통해 압출하여 밖으로 내보낸다. 그리고 시간의 경과에 따라 cellulose의 결정화가 진행된다. 이 cellulose는 펄프가 아주 가늘고 목재 펄프 cellulose의 수백분의 일이라는 정도로 아주 미세하고 또한 결정성이 높고 강인하다. 초산균이 만든 biocellulose를 원료로 하여 특수한 종이를 만드는 방법이 개발되었다. Biocellulose에 여러 가지 기능성 소재를 혼합하여 제지기계에 걸면 특수 기능을 가진 쉬트로서 형성된다. Biocellulose를 스피커의 진동판으로 이용한 헤드폰이 상품화되고 있다.

1-4. 생명공학으로서의 발효(미생물)공학

Mendel이나 Morgan 등에 의해서 동식물을 재료로 하여 유전학이 체계화되었으나, 1941년 미국의 Beadle나 Tatum에 의한 *Neurospora*의 영양요구성 변이주를 이용한 유전생화학이 탄생한 이래 미생물도 유전학연구의 좋은 재료로 이용되고 있다. 그 후 Watson, Crick 등에 의해서 유전자의 본체인 DNA의 이중나선구조가 제창되고, 이것을 계기로 미생물이나 바이러스를 이용한 유전생화학, 분자생물학도 비약적인 발전을 하게 되었다.

1970년에 이르러 세포융합 이외에 재조합 DNA, 유전자조작 등으로 불리는 유전공학의 획기적인 신기술이 발전되어 고등 동식물이나 미생물 할 것 없이 생물의 종을 초월해서 특정의 유전자를 인위적으로 특정 미생물의 유전자에 조합함으로써 새로운 유용 미생물을 인공적으로 만들려는 기술이 발전되고 있다. 사람이나 동물의 체내에서 조금 밖에 만들어지지 않는 insulin, interferon 등의 대장균에 의한 대량생산이 이러한 예이다. 이러한 기술은 생물공학(biotechnology)으로 불리며, 첨단과학으로서 앞날의 발전이 기대되고 있다.

생물공학은 일반적으로 「생물이 가지고 있는 기능을 활용하는 기술」이라 할 수 있으며, 그 대상은 모든 생물이 될 것이나 그 주역은 금후에 있어서도 미생물이 될 것으로 생각된다.

복잡 다양한 자연의 생태계에는 미지의 기능을 지닌 미생물이 아직도 수 없이 많이 존재할 것으로 생각된다. 이들을 포함한 각종 미생물의 우수한 기능을 탐색하고 유용물질을 생산하기 위한 발효공학은 앞으로 다방면에 걸쳐서 더욱 발전될 꿈 많은 학문 분야이다.

발효식품은 여러 면에서 우리 환경에 적합하다. 사계절에 관계없이 음식을 저장할 수 있고, 맛과 영양이 가장 좋은 상태에서 맛있게 먹을 수 있기 때문이다. 긴 발효 과정에서 기다림의 민족성이 싹튼 듯 하며, 발효에 의해 창출된 다양한 조화된 맛이 한국의 전통적인 맛의 본질이라 할 수 있다. 발효식품이 주로 동양에서 발전한 이유는 서양인이 즐기는 육류의 경우, 그 자체가 맛이 있지만, 동양의 주식인 쌀, 보리는 그 자체로는 맛이 없기 때문에 이를 보완하는 수단으로 자연스럽게 형성된 것이라 할 수 있다. 그러나 같은 동양권이면서도 중국과 일본은 우리에 비해 발효문화가 일반화되지 못했다. 우리나라는 독특하게도 동남아의 어장문화(魚醬文化)와 동북아의 장류문화(醬類文化)를 모두 가지고 있다. 이처럼 우리나라는 전통적으로 발효와 깊은 연관을 가진 전통 바이오기술의 종주국이라 할 수 있다. 이러한 전통 바이오 산업을 현대화하는 일은 우리의 식문화를 계승발전시키는 의미도 가지고 있다. 따라서 오늘의 BT(biotechnology) 산업을 이러한 발효기술을 기반으로 추진한다면 보다 효과적일 것이라 생각된다. 전통 발효식품은 최신 BT기법을 접목한다면 세계 식품으로 발돋움할 것이며, 여기에서 창출된 발효기술과 발효물질은 새로운 기능의 발견으로 이어질 가능성이 크다. 우리가 전통발효식품을 중시해야 할 이유가 여기에 있다.

오늘날 발효공법의 기술은 완성기를 맞이하였다. 여기서는 발효공업, 조직배양학, 세포공학, 분자생물학, 유전자공학 등 생명공학에 이르는 광범위한 연구가 여러 연구기관에서 이루어져 제암제, 혈관계 질환치료약, 호르몬, 간염과 herpes 백신, monoclonal 항체와 DNA probe 등의 진단약, 혈전 용해제 등 여러 의약품이 새로운 발효생산물로서 가해지고 또한 고정화 미생물에 의한 알코올의 연속발효, 유전자재조합에 의한 대장균에서의 단백질의 연속발효 등과 같은 지금까지 꿈으로 여겨왔던 것까지 발효에 의하여 실용화되었다.

아마 발효공업은 금후, 지금까지의 인류가 밟지 않았던 영역까지 즉, 감기나 암, 에이즈(AIDS) 등의 완치약, 질소 고정균의 농업분야나 식품공업에의 응용, bio energy에 의한 자동차의 주행, 수소세균에 의한 새로운 연료의 생산에까지 틀림없이 이를 것으로 생각된다. 그리고 21세기 초에는 그 완숙기로서의 새로운 기술을 맞이할 것이다. 아마 이 때는 의학과 화학, 그 외의 여러 분야에서 더욱이 많은 빛나는 발효산물들이 우리들에게 주어질 것이다. 「발효」는 어디까지나 「인간사회에 있어서 유익한 것」이라는 절대의 조건으로서 부동하지 않으면 안 된다는 것이다.

발효공업에서의 이러한 동향이 에너지 절감이나 공정의 간략화, 자동화 등을 목적으로 한 발효장치의 개발을 위한 화학공학 및 계측공학적 접근, 특수환경미생물에 대한 연구, 동물 및 식물의 조직배양기법의 발전 등의 성과와 함께 지금까지의 발효공업이 종합적인 생물화학공업으로 발전되는 추세이다.

지난 30여년간 발전해온 우리나라의 발효공업도 하나의 생산성 공업분야로 기틀을 잡기 시작하였다. 오늘날에 와서는 장류와 같은 발효식품을 비롯하여 주정, 아미노산 발효공업 등 몇몇 분야에 있어서는 국제적인 수준으로까지 발전하였다. 그러나 우리나라의 미생물공업은 전반적으로 볼 때 아직 저조한 상태로 있으며 앞으로 좀더 과감한 기술혁신이 요망되고 있다. 결론적으로 미생물을 이용한 산업은 그 발전의 역사가 비교적 짧지만 인류 복지증진에 기여한 바 크며 국제적으로 그 진흥책에 힘을 기울이고 있다. 우리나라도 역시 산업 및 경제발전의 대계와 국민 보건향상을 위한다면 생명공학의 발전을 위한 과감한 기술개발의 투자와 정책적 후원을 아끼지 말아야 할 것이다.

1-5. 21세기는 시스템미생물학과 합성미생물학 시대

창의적 실용 지식 창출 역량 제고로 미래의 국부 원천 확보를 위해서는 융합과학·공학의 발전이 절대적으로 필요하다. 더욱이 생명과학은 자연과학 및 공학의 융합을 넘어서 심리학, 사회과학 등과의 통섭까지도 예견되고 있는 상황이다. 이러한 흐름 속에서 전 세계는 시스템생물학과 합성생물학 분야를 21세기 생명과학 및 생명공학을 이끌어 갈 쌍두마차로 주목하고 있는 것이다. 이 두 분야 중에서 시스템생물학은 관점의 변화에 무게 중심이 있다면 합성생물학은 이를 가능케 하는 기술 공학에 무게 중심이 있다. 이러한 관점에서 볼 때, 합성생물학이 21세기의 생명과학·공학을 주도할 것이라는 생각에는 의심의 여지가 없다. 그리고 이 분야에서도 역시 미생물학이 선도적 역할을 해야만 한다.

합성생물학은 생물학에 공학을 접목시킨 신학문으로서, 원하는 기능을 수행하도록 바이오시스템 또는 합성세포를 설계 제작하여, 생명 현상을 이해하거나 다양한 영역에 활용할 수 있는 학문이다. 합성생물학은 기존의 생명과학·공학과 세 가지 측면에서 뚜렷이 구분된다. 첫째, 이미 언급한 바와 같이 시스템적 관점을 지향한다. 이런 측면에서는 시스템생물학과 같다. 둘째, 탐구 방법으로 합성법을 도입하였다. 이런 측면에서 합성생물학은 시스템생물학에 비해 훨씬 실용적이며, 또한 막강한 힘을 갖게 된다. 새로운 탐구방법은 학문에 새로운 길을 열어 줄 수 있기 때문이다. 셋째, 모듈성, 추상화 위계, 표준화 등의 공학적 개념을 도입한 유일한 생명공학이다. 공학이 추구하는 바와 같이 없던 것을 새로이 만들어 내는 즉 설계와 제작을 기본으로 하는 학문이다. 마치 어떤 기계를 많은 부품들을 조립하여 생산하듯 표준 생물부품들을 조립하여 생물소자와 생물장치를 단들어내고자 하는 것이 바로 합성생물학이 추구하는 방향이기도 하다. 합성생물학은 이미 언급한 바와 같이 바이오, 인포, 나노(BIN) 및 그 외의 다양한 자연과학 및 공학기술의 접목을 필요로 하는 융합과학기술이며, 거의 모든 바이오산업 분야에 도입될 수 있는 혁신적인 새로운 개념의 기반 공통기술로 인정받고 있다.

합성생물학은 국가 발전을 견인하고 신성장 동력을 창출할 수 있는 분야이며, 창의적 지식과 혁신적 기술을 개발할 수 있는 분야이고, 미래 우리나라의 부가가치를 향상시킬 수 있는 분야이다. 유럽연합은 미국에게 주도권을 빼앗긴 합성생물학 분야를 육성하기 위해서 작성한 보고서에서 합성생물학이 컴퓨터과학에 견줄 만한 막강한 영향력을 지니고 있다고 평가하고, 이후 막대한 연구비를 지원하여 합성생물학을 육성하고 있다. 우리나라도 더 늦기 전에 국가의 미래를 위해서 지식기반 첨단 융합분야인 합성생물학에 대한 적절한 대비책을 강구해야 할 시기이다.

시스템생물학과 합성생물학은 단순한 20세기의 생물학과는 달리 융합학문으로서의 성격을 띠고 있다. 시스템생물학에서 시스템을 이루고 있는 수많은 정보들을 분석하고 각 구성요소들의 상호작용을 이해하기 위해서는 정보과학의 도입이 필수적이다. 이미 언급한 바와 같이 시스템생물학은 생명공학(BT)과 정보공학(IT)의 협력이 반드시 필요한 BIT 융합영역이라고 할 수 있다. 합성생물학에서는 가상적으로 만들어진 모델을 실질적으로 합성해야 하며 이 단계에서 매우 작은 세포들을 다뤄야하기 때문에 BIT 외에 나노공학도 필요하다. 즉 생명공학, 정보공학, 나노공학(NT) 등 세 영역의 융합이 필수적이다.

시스템생물학과 합성생물학처럼 현대 생명과학·공학은 생물학뿐만 아니라 수학, 통계학, 전산학, 물리학, 화학, 공학, 의학 등 많은 학문 영역의 융합을 필요로 하게 되었다. 따라서 21세기의 융합생명과학·공학의 주역이 되기 위해서는 기초과학·공학 분야를 폭넓게 가르쳐야 한다. 합성생물학과의 설립이나 미생물학과 교육과정의 대대적인 수술이 필요한 시점이다.

2장

발효와 미생물

발효공업은 대부분 우수한 생산균을 한 균주로만 이용하는 순수배양에 의해서 이루어지고 있으며, 질이 좋고 경제성이 높은 발효생산물을 얻기 위해서 제일 먼저 해야 할 것은 우수한 생산균주의 획득이다. 발효공업에서 사용되는 미생물 균주는 대부분 자연의 시료로부터 분리와 검색으로 얻은 것이다.

미생물은 변하는 환경에 대응하여 대사과정이 조절되며 때로는 대사산물을 균체 내외에 축적한다. 유용한 대사물질을 탐색하는 연구의 시작은 유용한 균주의 개발로 시작된다. 자연에서 채취한 시료에는 다양한 미생물이 있는데, 이 중에서 목적하는 미생물을 순수하게 얻는 과정을 분리(isolation)라고 한다. 분리 균 중에서 유용한 물질을 생산하는 미생물을 선별하는 과정을 검색(screening)이라고 한다. 미생물 균주의 분리 및 검색은 동일한 작업을 계속적으로 반복하여야 하는 번거로움이 있으나 새로운 물질을 생산하는 미생물 균주를 얻는 유일한 방법이다. 이미 발견된 미생물로부터 새로운 물질을 얻을 확률은 낮기 때문에 할 수만 있으면 아직까지 시도하지 않았던 희귀한 시료로부터 새로운 미생물을 분리하는 것이 바람직하다. 새로운 물질을 생산하는 균주로 선별된 균주는 표준균주(type strain) 및 비교균주(reference strain)와 비교하여 특성을 조사하여야 한다. 자연으로부터 새로운 균주를 분리하는 연구는 산업적으로 유용한 미생물 균주를 개발하는 가장 확실한 방법이며, 이미 분리한 미생물 자원을 장기적으로 순수하게 보존하는 연구가 동시에 진행되어야 한다.

현재까지 알려진 미생물은 100~1000여만 종으로 추정되는 전체 미생물의 1~10%에 불과하므로 신규 미생물의 검색과 동정 및 이들을 이용한 신규 물질의 검색이 필요하다. 선진기업에서는 화산지대, 심해의 지층, 남・북극의 빙하, 생물 내장의 벽 등에 서식하는 특수 환경미생물을 검색하고 있다.

2-1. 유용한 미생물의 분리, 검색 및 보존

1. 미생물의 선택적 분리

유용한 미생물을 screening할 경우 ① 미생물의 생태적인 분포를 미리 고려하여 미생물 분리원인 시료를 잘 선택하여 수집하고, ② 원하는 미생물을 분리하는 조건을 잘 조성하여야 하며, ③ 특성이 있는 미생물을 선별할 수 있는 순수 배양조건을 설정하여야 한다.

1) 미생물의 분리원

토양, 물, 하수, 목초, 동물의 배설물 등 일반 자연환경에서 얻을 수 있는 시료는 미생물 분리원이 된다. 미생물을 분리, 탐색하고자 할 때에는 대상 미생물 그룹의 특성을 고려하여 시료를 채취한다. 시료를 선택할 때 가능한 넓은 지역에 걸쳐 서로 다른 환경에서 시료를 채취하는 것이 바람직하다. 시료 채취의 시기, 장소는 물론 시료를 채취한 장소의 기질(natural substrates)의 특성, 온도, pH, 산화・환원 전위차 등을 기록하여야 한다. 일반적으로 쉽게 접할 수 있는 시료로부터는 이미 분리된 미생물을 다시 분리할 확률이 높기 때문에 미개척지의 토양, 극단 환경, 희귀한 환경에서부터 시료를 채취하는 것이 유리하다. 미생물은 환경(environment)에 적응하여 생존하는 대사조절 기능이 있으므로 극단 환경에서 분리한 미생물은 일반 환경에서 자라는 미생물과 다른 대사물질을 생산하게 된다. 극저온, 극고온, 고압, 고염토, 산성, 알칼리성, 극건조 등과 같은 환경에서 서식하는 극한 미생물 분리에 많은 관심이 집중되고 있다.

희귀한 환경(novel environment)으로부터 특이한 미생물을 분리할 수 있다. 예를 들면, 나무에 서식하는 흰개미의 구강에는 섬유소를 이용하는 미생물이 서식하므로 섬유소 분해균을 분리하는 좋은 시료가 된다. 특정한 물질이 계속적으로 유입되는 환경에는 축적된 물질에 내성이 있거나 분해하는 능력이 있는 미생물이 증식하게 된다. 농약을 계속 살포한 토양에는 농약에 내성이 있거나 분해할 수 있는 미생물이 주된 집단으로 나타나기 때문에 농약 분해 미생물을 분리할 수 있는 좋은 시료가 된다.

2) 시료의 전처리 및 미생물의 농축

시료 수집 및 전처리 방법의 개발은 원하는 미생물을 효과적으로 분리하는데 매우 중요하다. 일반 환경에서 채취한 시료에는 다양한 미생물이 들어 있다. 토양시료 1 g에는 10^6~10^8의 세균, 10^4~10^6의 방선균, 10^2~10^4의 곰팡이가 있다. 목적하는 미생물 이외의 미생물이 많으면 목적하는 미생물을 효과적으로 분리하기가 어렵다. 따라서 목적하는 미생물 이외의 불필요한 미생물을 제거하는 방법을 도입하거나 목적하는 미생물만을 농축시키는 방법을 고려하여야 한다.

포자를 형성하는 균주를 분리하고자 할 때에는 시료를 건조하거나 일정시간 열처리 하는 것이 효과적이다. 건조 및 열에 내성이 있는 미생물은 생존하지만 내성이 없는 균주는 사멸되기 때문에 원하는 미생물을 분리하는 효율을 높일 수 있다. 기생포자(aerial spores)는 건조한 상태에 내성이 강하고 내생포자(endospores)는 열에 대한 내성이 높다. 물속의 미생물을 분리할 경우에는 막 여과 및 원심 분리과정으로 미생물을 농축하여 그 분리 효율을 높일 수 있다. 방선균 또는 곰팡이와 같이 외생포자를 형성하는 미생물을 분리할 때에는 시료를 밀폐 공간에 넣고 약한 공기를 밑 부분에 불어넣어 주며, 약하게 흔들어 주면 포자는 부유되어 유출되는 공기를 따라 나오게 된다. 나오는 공기를 일정한 포집액에 통과시키면 포자를 효율적으로 얻을 수 있다.

(1) 집적배양

자연에 서식하고 있는 미생물 중 약 10% 이내의 미생물만이 인위적으로 조성한 배양환경에서 증식이 가능하다고 판단하고 있다. 자연 시료로부터 원하는 미생물을 분리하기 위해서는 시료를 채취한 자연환경과 유사한 배지성분과 배양조건을 마련하는 것이 바람직하다. 특정 미생물만을 선택적으로 분리할 수 있는 배지를 개발하지 못한 경우에는 경험적으로 조성한 배지를 사용하게 된다. 미생물의 생리적 특성이 밝혀진 경우에는 특정한 물질을 첨가해 줌으로써 원하는 미생물의 분리효율을 증가시킬 수 있다. 자연 상태로부터 특정 물질을 요구하는 영양요구주일 경우에는 배지에 해당 성분을 반드시 첨가하여야 한다. 효모 추출물(yeast extract)을 첨가한 영양배지에서는 잘 자라고 효모 추출물을 제외한 합성배지에서 잘 자라지 못하면 일단 영양요구성 균주일 확률이 높다.

분리용 배지에 목적으로 하는 미생물을 위한 생육촉진물질을 첨가하거나 목적 이외의 미생물의 생육을 억제하기 위한 특정의 저해물질을 첨가하고, 목적으로 하는 균의 최적조건이나 그 이외의 미생물의 생육이 억제되는 환경 조건에서 배양하는 집적배양(enrichment culture)을 한다. 목적하는 균주의 생육에 따라 배지성분이 변화하여 다른 미생물이 보다 빨리 생육하게 되는 경우도 있으므로 배양이 오래되기 전에 새 배지에 이식함으로써 분리효과를 향상시킬 수 있다. 목적하는 균주가 우세하게 생육할 때까지 새 배지에 계속 이식하여 집적배양을 반복하고, 그 배양액을 이용하여 순수분리를 하면 목적하는 미생물을 비교적 쉽게 얻을 수 있다.

온도, 배지의 염도 및 영양원 등에 대해서도 세밀히 고려하여 복합적으로 최적 배양환경을 마련하여야 한다. 증식속도가 느린 미생물의 분리는 장기간 배양하여야 하는데 이 경우에는 배지의 사용량을 늘려야 한다.

3) 유용 미생물의 선택 및 순수분리

미생물의 특성이 매우 다양하므로 분리조건 역시 다양할 수 밖에 없다. 따라서 목적하는 미생물의 특성을 고려하여 그 분리배양조건을 선정하여야 한다. 세균, 효모, 곰팡이, 녹조류 같은 호기성 미생물을 분리할 때에는 분리용 배지의 한천 평판배지(agar plate)에 도말(plating)하여 단일 집락(colony)을 형성시키고 원하는 미생물을 선별한다. 시료를 희석하는 데는 흔히 생리 식염수를 사용하지만 기생포자(aerobic spores)를 형성하는 세균이나 *Pseudomonas*속 세균은 생리 식염수에서 몇 분 이내에 사별하는 경우가 많기 때문에 peptone(0.1%) 용액이나 분리용 액체배지를 희석해서 사용한다. 혐기성 미생물의 분리를 위해서는 환원제인 $Na_2S_2O_3$(0.05~0.2%)를 첨가하여 배지 내의 산소 분압을 충분히 낮추어야 한다. 또한 배양용기의 공기 접촉부위를 paraffin 막으로 밀봉하여 배양기 내로 산소 공급을 차단하여야 한다. 거대 세포로 자라는 미생물의 순수분리는 액체배지에 점차적으로 희석한 후 선택적인 배지에 배양하는 방법을 사용한다. 이 경우에는 혼합된 미생물 중 숫자적으로 우수한 균만을 얻는다는 것이 단점이다. 미생물이 들어 있는 시료를 현미경으로 관찰하면 미세한 모세관이나 미세 조작으로 단세포를 분리해 낼 수 있다. 한편 바이러스나 phages 같이 단독으로 분리되어 생존할 수 없을 경우는 일정한 세포주와 함께 이원 구조로 순수분리한다.

4) 유용 미생물 균주의 검색과 동정

분리한 미생물 중에서 유용 가능성이 있는 미생물을 우선 선별하는 일차 검색(screening)에서는 단시간 내에 많은 수의 미생물을 조사하는 방법을 선택하는 것이 중요하다. 동시에 여러 성질의 물질을 예측할 수 있는 신속하고도 재현성이 있는 방법을 채택한다. 생물자동검증법(bioautography)이나 영양요구성 검증법(auxonography)은 선별하고자 하는 균주의 특성을 매우 선택적이고도 정확하게 측정하는 방법으로 일차 검색단계에서 유용하게 활용되고 있다. 이차 검색(secondary screening)은 일차 검색에서 선별된 균주 중 원하지 않는 균주를 배제시키는 과정이다. 이미 알려진 물질이나 또는 불필요한 물질을 생산하는 균주를 제외시키는 것은 매우 중요하다.

특정의 목적으로 분리한 생물개체가 분류체계상의 어느 종류에 속하는가를 결정하는 과정을 동정(identification)이라 한다. 동정은 형태관찰과 생리적 시험결과를 학명이 정해진 기존의 균종과 비교하는 가장 단순한 생물학적 수단으로부터 정해지 방법에 따라서 실험한 닮은 결과를 정리하여 신뢰할 수 있는 분류체계(system of claassification)의 분류기준(criteria)과 대조해서 학명을 결정한다.

5) 미생물 균주의 보존

미생물을 보존하는 방법은 기초 연구와 응용 연구에서 매우 중요한 사항이다. 사용하는 미생물은 오염되지 않고 그 유전적, 생리적 성질에 변화가 없이 보존되어야만 재현성이 있는 실험결과를 얻을 수 있다. 미생물의 세대기간은 일반적으로 짧으며 보존 과정에 의하여 성질이 쉽게 변하고 쉽게 오염이 되기 때문에, 발효생산 현장뿐만 아니라 특정 균주를 대상으로 하는 기초 연구자 모두는 사용하는 균주를 오염이나 유전적 변화가 야기되지 않도록 보존방법을 자체적으로 강구하여야 한다. 특히 다수의 균주를 보관하고 분양하는 균주 보관기관에서는 기탁자의 요구사항을 완벽하게 이행할 수 있도록 체계적인 보존방법을 수립하여 철저하게 관리하여야 한다.

균주를 보관하는 경우에 주의해야 할 사항은 다음과 같다.

① 배양균이 죽지 않도록 한다.

② 변이균의 출현에 주의한다. 특히 변이주와 원래의 균을 혼동하지 않도록 한다.

③ 다른 균의 침입이나 오염을 방지한다.

④ 잘못하여 균주가 바뀌는 일이 없도록 한다.

(1) 단기 보존법

계대배양은 사용하는 미생물 균주를 필요로 할 때 즉시 이용할 수 있는 장점이 있어 미생물을 보존하는 데는 필수적인 방법이다.

계대배양 보존법은

① 배지성분이나 배양온도의 변화로 인해서 접종한 균주가 사멸될 위험성이 있다.

② 많은 수의 미생물을 제대하고 보관하는데 경비가 많이 소요되고 별도의 보관 장소가 필요하게 된다.

③ 계대를 반복하거나 혹은 보존 중에 오염될 위험이 많다.

④ 균명이나 균주 번호를 잘못 적거나 또는 다른 균을 잘못 접종하는 경우가 적지않다.

⑤ 보존 중에 유전자의 변이가 일어날 수 있어 병원성, 생리활성물질 생산능력, 포자 형성 능력 등이 저하되는 예가 상당히 많기 때문에 세심한 주의를 하여야 한다.

계대배양 보존법은 가장 보편적이고도 흔히 사용되는 방법으로써 다른 보존 방법이 개발되어 있지 않은 미생물의 보존에 적합하다. 계대배양 보존에는 한 균주를 2개 이상의 시험관에 배양하여 따로 보존하는 것이 바람직하다. 그리고 배지의 조성과 접종 후 미생물의 특성을 고려하여 보존환경을 정한다. 보존 중에 왕성한 증식은 바람직하지 않기 때문에 최소한의 균체만을 접종하고 일단 순수배양이 확인되면 낮은 온도(2~4℃)에 보존한다.

미생물의 종류에 따라 실온에서 보존하는 경우도 있다. 산을 생성하는 균은 계대용 배지에 소량의 침강성 탄산칼슘($CaCO_3$)을 첨가한다. 계대배양 보존 중에는 면전(솜마개)에 균류가 오염되는 경우가 있어 면전과 배지사이를 2cm 이상 간격을 두는 것이 좋다. 보존 중에 배지성분이 고갈 또는 건조하여 사멸하는 것을 막고 동시에 공기 공급을 제한하여 대사를 약화시키기 위한 목적으로 배지표면을 멸균한 유동 파라핀을 중층하기도 한다. 이러한 방법은 일반 계대배양법의 단점을 보완한 것으로 균류, 효모, 방선균, 호기성 세균 보존에 사용된다. 실온 보존에서도 균류나 효모는 수 년 또는 10년까지 보존이 가능하다.

멸균 토양에 균액을 첨가하여 보존하는 방법은 포자나 포자낭을 형성하는 미생물의 보존에 주로 사용한다. 이 방법은 멸균한 토양에 균액을 첨가하여 건조 보존하는 방법이다. 풍건한 토양을 면전 한 시험관에 넣어 가압 멸균하고 사용할 때까지 상온건조기(desiccator)에 넣어 보존한다. 미생물의 액체 배양 혹은 진한 균체 부유액을 첨가하고 상온건조기에 넣고 실온에서 충분히 건조한 후에 밀봉하여 보존한다.

현탁 보존법은 미생물을 적당한 액체에 현탁시켜 보존하는 지극히 간편한 방법이다. 일반 세균은 포도당과 인산용액에, 균류, 효모, 방선균을 증류수에 현탁하여 저온에 보관하면 수 년간 보존할 수 있다. 일반적으로 평판배지에 배양한 균체를 액체 영양배지와 glycerol을 1 : 1로 섞어 만든 용액에 현탁하여 -30℃의 냉동고 또는 -70℃ 극저온 냉동고에 보존한다. 대다수의 미생물은 배양액 그 자체를 액체질소(-196℃)에 급속 냉각하면 장기 보존이 가능하다.

(2) 동결건조에 의한 장기 보존법

미생물을 먼저 동결하고 다음에 감압 아래에서 승화시켜 수분을 제거하면 세포의 생리활동은 사실상 정지하나 장기간에 걸쳐 살아 있는 상태를 유지할 수가 있다. 동결건조 보존법은 균체를 ampoule 중에 넣어 동결한 다음 감압하에서 수분을 승화시켜 충분히 동결건조(lyophilization)시키고 밀봉하여 5~7℃의 저온에서 보존하는 방법이다. 바이러스, phage, 세균, 방선균, 곰팡이 포자, 효모를 장기간 보존하는데 가장 좋은 방법이다. 동결건조는 일반적으로 균의 유전적 변이를 유발하지 않으므로 미생물의 성질을 안정적으로 장기간 보존할 수 있다. 미생물의 동결보존방법은 비교적 수월하지만 동결의 조건과 동결 후 건조조건이 생존율을 결정하는 요체가 된다. Casein이나 glycerol 같은 동결 방지제를 넣어 세포의 동결에 의한 세포질 파괴를 방지할 수 있다.

L-건조보존법은 동결건조법에서 초기의 동결에 의한 장해를 받기 쉬운 세균, 효모 및 곰팡이의 보존을 위한 진공건조법으로 균체가 동결되지 않도록 주의하면서 높은 진공도에서 균액을 직접 감압건조하는 것이 특징이다. 균체를 40%의 포도당액에 옅게 부유시켜 L-건조하면 4℃에서 8년간 보존이 가능하다. 바이러스, bacteriophage, 세균, 효모 등에 넓게 적용되고 있으며, 미생물의 종류에 따라서는 동결건조법보다 좋은 결과를 얻는다.

2. 균주의 분양

유래가 분명한 균이 순수배양된 상태로 보관되고 특정 명칭 또는 기호가 주어져 있는 경우, 그 배양균을 균주라고 부른다. 실험 및 연구 목적으로 특정 연구실 내에서만 보관하고 있는 경우도 있지만, 표준 균주로 국제적인 규모로 보관되고 있는 경우도 있다. 미생물 균주를 얻기 위한 방법으로 균주보존기관(culture collection)을 이용할 수 있다.

균주보존기관에서는 각종 기준배양균주(type culture)를 보존하고 있으며, 보존하고 있는 균주에 대해서 유상으로 배포하고 있다. 세계적으로 주요한 균주보존기관은 표 2-1과 같다.

우리나라의 보존기관으로는 한국표준균주보존기관인 한국과학기술연구원 생명공학연구소 유전자원센터 유전자은행, 연세대학교와 한국종균협회가 공동으로 운영하는 한국미생물 보존센터와 국내특허균주 보존업무를 수행하는 농촌진흥청 농업생명공학연구원 유전자원과 한국농용미생물보존센터가 있다.

【표 2-1】 주요 균주보존기관

국가	기 관	비 고
미국	ATCC(American Type Culture Collections) http://www.atcc.org	대부분의 미생물 보관
	NRRL (Northern Region Research Laboratory) http://nrrl.ncaur.usda.gov	주로 농업 및 산업용 미생물
영국	NCTC(National Collection of Type Cultures) http://www.hpacultures.org.uk/collections/nctc.jsp	미생물 보관
일본	NBRC(NITE Biologica Resource Center) http://www.nbrc.nite.go.jp/e	이전의 IFO(Institute for fermentation, Osaka)발효연구소
	WFCC(World Federation of Culture Collecticns) http://wdcm.nig.ac.jp/wfcc	이전의 JFCC(Japan federation of culture collections) 일본 미생물 보존기관 연맹
한국	KCTC(Korean Collection for Type Cultures) http://www.brc.re.kr/main.aspx	한국표준균주보존기관 한국과학기술연구원 생명공학연구소 유전자원센터 유전자은행
	KCCM(Korean Culture center of microorganisms) http://www.kccm.or.kr	한국미생물 보존센터 연세대학교와 한국종균협회 공동운영
	KACC(Korean Agricultural Culture Collection) http://kacc.rda.go.kr	농촌진흥청 농업생명공학연구원 유전자원과 한국농용미생물보존센터 국내특허균주 보존업무수행

2-2. 미생물의 육종

균주의 개발에 있어서 한 가지 특히 강조해야 할 것은, 근래에 와서 분자생물학의 눈부신 발전으로 인하여 미생물의 물질대사와 유전자 분석 등이 가능해짐에 따라 발효공업 분야에서 균주의 개발을 비교적 용이하게 할 수 있게 되었다. 발효 공업에 있어서는 아미노산, 효소, 항생물질, 유기산, 생리활성물질, 식품발효 등 인류에 유용한 물질을 미생물의 생산성을 이용하여 제조하는 공업이다. 이들 물질을 효율적으로 생산하기 위해서는 자연계로부터 생산성이 높은 균주를 분리 선정하는 것이며 이 균주가 지니고 있는 여러 가지 결점을 보완함과 동시에 생산성을 더 향상시키고 있으며, 이러한 일련의 작업을 균주의 육종(개량)이라고 부르고 있다.

유용한 물질을 생산하는 균주를 산업적으로 사용하려고 할 경우에는 ① 병원성이 아니고 순수한 균주이어야 한다. ② 증식속도 및 균체 생산수율이 높아야 한다. ③ 산물 생산속도 및 생산수율이 높아야 한다. ④ 산물 생산의 재현성 즉 원하는 성질이 장기적으로 유지되어야 한다. ⑤ 오염으로부터 안정성이 높아야 한다. ⑥ 산물의 분리가 수월하여야 한다. ⑦ 유전자의 성질이 안정하면서도 인위적 변이가 가능하여야 한다.

발효공업에서 미생물의 육종을 위하여 변이주를 얻는 목적은 원하는 물질의 생산성을 증가시키고 원하는 물질의 생산율을 점차적으로 증가시키는 것이다. 한 차례의 변이를 유도하면서 생산성을 5~10% 정도로 증가시키는 것이 바람직하다.

변이주는 다음과 같은 이유에서 얻어진다. 즉,

① 생합성 과정 중에 관여하는 효소들 중에서 어떤 효소들이 결핍되면 이로 인하여 중간 대사산물(intermediate metabolite)이 축적

② 최종 생성물에 의한 조절기구(control mechanism)의 결손

③ 세포막 투과성이 증대되어 균체외로 대사산물의 급속한 분비

④ 불필요한 부산물의 감소

⑤ 전구물질(precursor)에 대한 독성의 감소 등이다.

우수한 균주의 선별은 무작위로 미생물 유전자의 돌연변이를 유도하여 활성이 증가된 균주를 선별하는 방법, 이른바 변이 유도 후 우수한 균주의 선택(mutation-selection) 작업을 사용하여 왔다. 유전자 변이를 통하여 산업적으로 우수한 균주를 선별하기 위해서는 다양한 방법을 동원하여 반복해야 하기 때문에 많은 시간과 인력이 필요하다. 현재 공업미생물 분야의 균주의 육종과 개량에 있어서는 인공돌연변이(artificial mutation), 형질전환(transformation), 형질도입(transductlon), 세포융합(cell fusion) 등을 들 수 있으며, 이들 방법은 근본적으로 미생물 세포의 돌연변이(mutation)라는 현상위에서 성립되고 있다. 또 한편으로는 유전자조작(gene manipulation)이라는 기술이 이제 보편화되어 이 원리를 도입함으로써 종전까지는 거의 불가능하다고 생각되어온 다른 종류의 생물(예로서 동물이나 고등식물)이 가지는 독특한 유전자를 미생물에 도입하여 새로운 생산성을 지니는 미생물을 합리적으로 육종하는 것이 가능하게 되었다.

1. 유전 정보의 전달과 발현

모든 생명체가 자신의 생명 현상을 유지하고, 나아가 자신의 생물적 특징을 자손에게 전달시키는 유전 현상은 세포의 염색체상에 존재하는 유전자에 의하여 이루어진다. 이 유전자는 DNA(deoxyribonucleic acid)라는 물질로 되어 있는데, 이 DNA는 자기복제(replication) 뿐만 아니라, DNA → RNA → 단백질의 순서로 유전형질을 발현시키면서 생물의 고유한 형질을 유지한다. 즉, 세포가 가지고 있는 단백질의 성질에 따라 생물의 형질 및 기능(생명체의 생육, 증식을 위한 유전적 정보)이 결정된다. 이러한 단백질의 성질을 결정하는 것은 단백질의 아미노산 결합순서(amino acid sequence)에 달려 있고, 이 순서에 관한 정보는 DNA가 지니고 있다. 따라서 DNA는 세포내의 유전정보를 한 세대에서 다른 세대로 전달하며 어떤 생물이나 세포에 고유한 단백질을 합성하도록 지시한다.

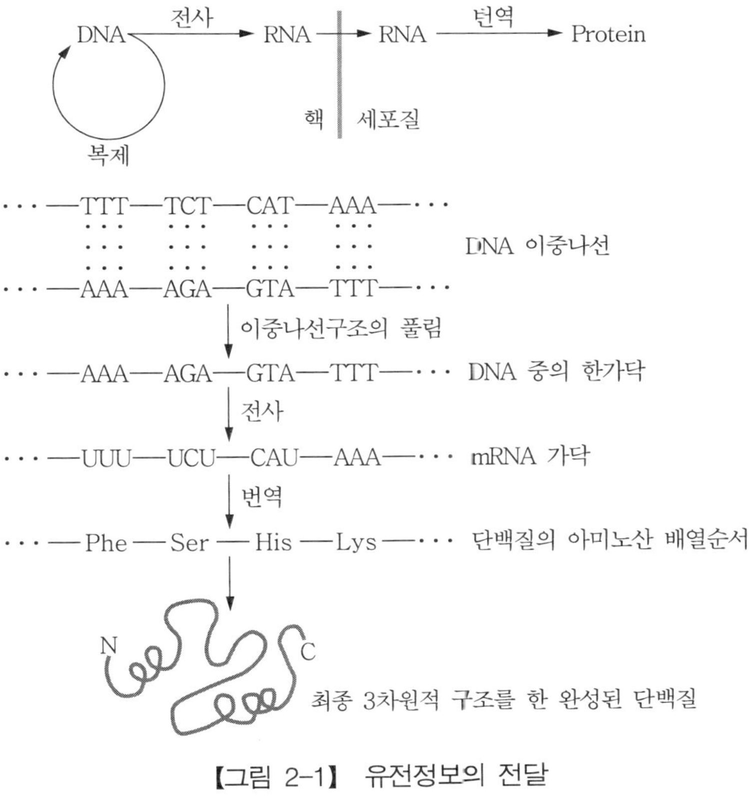

【그림 2-1】 유전정보의 전달

DNA의 이러한 유전 정보는 RNA로 전달되고 ribosome 표면에서 특정한 아미노산 결합 서열을 가지는 단백질을 합성한다. 즉, 유전정보의 전달은 DNA → RNA → 단백질의 순서로 이루어지는 것이다. 이 때, DNA → RNA로 전달되는 과정을 전사(transcription)라 하고, RNA → 단백질로 전달되는 과정을 번역(translation)이라고 한다. 이와 같이 유전정보의 전달은 DNA가 가진 유전정보로 단백질의 아미노산 배열순서를 결정하여 특정 단백질로 그 형질을 발현한다(그림 2-1).

2. 돌연변이에 의한 균주의 육종

미생물에 있어서 돌연변이란 한 세포의 유전자가 변화하여 새로운 성질을 띠게 되며 이 새로운 성질이 자손에게 유전되는 현상이다. 이러한 돌연변이 현상으로 ① 자연돌연변이(spontaneous mutation), ② 인공돌연변이(artificial mutation)의 두 가지가 있다. 자연적이든 인공적이든 돌연변이가 일어나는 현상은 세포내의 유전물질인 DNA가 복제(replicatlon)되는 과정에서 변화가 일어난 결과이다. 돌연변이는 유전자 변이(gene mutation)이며 염색체 내의 유전자 단위에서 염기서열에 변화가 일어나는 것을 의미한다. DNA의 염기배열은 세포내에서 만들어지는 peptide의 아미노산 배열을 규정하고 있으며 DNA가 변화하면 peptide를 구성하는 아미노산의 배열이 변화하게 되어 결과적으로 peptide(protein)의 기능에 변화가 생겨 이 peptide가 지배하는 단백질이 균의 성질에 변화가 생기게 되는 것이다. 다음 그림 2-2에

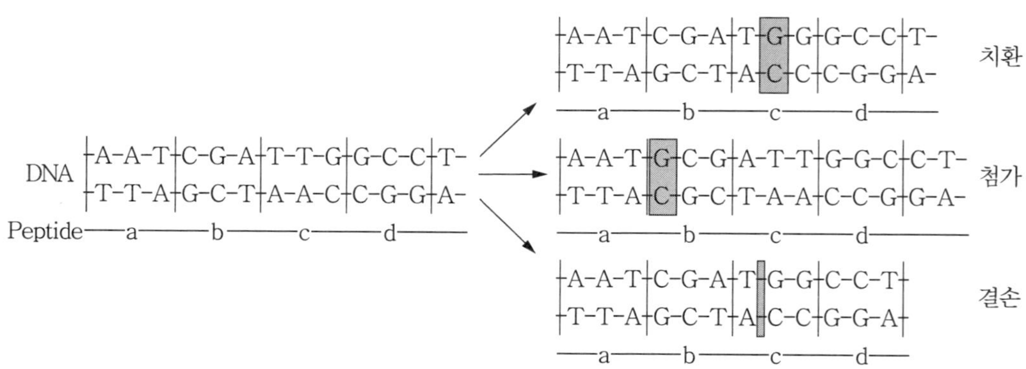

【그림 2-2】 염기쌍의 변화에 의한 변이

DNA의 염기배열의 변화상을 도식화하였다. 즉 DNA의 변화에는 염기 또는 염기군의 ① 첨가(addition), ② 결손(deletion), ③ 치환(substitution), ④ 중복(duplication), ⑤ 전좌(translocation), ⑥ 역위(inversion) 등이 있다.

돌연변이는 *in vivo*(균체 내)에서 자발적으로 일어나거나 변이원에 의해 유발되어지기도 하고 *in vitro*(균체 외)에서 유전공학적 기법에 의해 유도될 수도 있다. 자발적인 돌연변이율은 세포의 생육조건에 의존하며, 세대당 유전자당 10^{-7}~10^{-5}사이이다. 일반적으로 돌인변이율은 10^{-7}~10^{-6}이다. 비록 염기결실에 의한 변이도 흔히 존재하지만 대부분의 돌연변이 형태는 자발적인 돌연변이에 의해 일어난다. 지금까지 잘 알려지지 않은 자연돌연변이의 원인은 트랜스포존(transposon) 삽입 및 절단에 의해 DNA polymerase, 재조합 효소 및 DNA 수복효소와 같은 효소의 기능착오에 의해 생긴다. 자연적 돌연변이는 변이빈도가 낮기 때문에 공업적 균주재발에 적용하기는 효과적이지 못하다. 그래서 변이율(총균주에 대한 돌연변이 균주의 비율)은 돌연변이원(mutagenic agents, mutagen)을 사용함으로서 크게 증가시킬 수 있다. 즉 개량된 이차 대사산물 생성균주의 분리를 위해서는 10^{-2}~10^{-1} 까지 증가한다. 과거에는 산업적으로 중요한 생산균주의 유전적 재조합을 달성하기 위한 방법이 없어서 산업에 있어 균주 육종의 성공은 기본적으로 돌연변이 유발과 선발이라는 방법을 사용하였다.

산업적 생산 초기의 penicillin 수율은 100 unit/mL(약 50 g/L)였다. 이것은 사용된 기질 양에 비하여 수율이 낮기 때문에 향후 계속적인 수율증가 연구가 필요하다. 이러한 순수한 실험적인 균주 육종계획이 성공하려면 높은 수율 균주선발을 위한 효율적인 방법개발이 필요하다.

변이의 최적화는 미생물 증식조건, 변이원 처리시 pH, 완충용액, 처리시간, 변이원 처리량과 미생물의 변이(dose-response relation)와의 관계 및 생존율(survival ratio) 등에 의하여 결정된다. 유전자 변이유도 과정, 유도조건 그리고 유도과정 직후의 환경 요인에 의하여 유전자 변이효율이 결정된다. 변이효율은 균주 생존율에 대한 유전변이 발생의 비율이다. 유전자 변이유도 과정에서 변이유도제의 사용량에 따른 생존율과 유전자 변이율의 변화곡선을 측정하여야 한다.

표 2-2에 변이의 결과 유발되는 변이주의 종류의 예를 나타내었다.

【표 2-2】 미생물 변이주의 종류

종류	변이의 성상	대표적인 예
Colony	Colony의 색 Colony표면의 형질	효모, 누룩곰팡이 장티푸스균, 고초균
세포형태	편모 협막 크기	장티푸스균 폐렴 쌍구균 대장균
세포구조	세포막 항원구조	*Neurospora*, 대장균 장티푸스균
생화학적 변화	탄수화물 분해능 영양요구성 대사생산물 생산능 온도감수성	대장균 아미노산, 이노신산 생산균 Penicillin 생산균, 구연산 생산균 대장균
저항성	약제(아미노산 analogue, 항생물질 등) 내성 Phage 저항성 자외선 저항성	아미노산, 이노신산 생산균, 대장균 Glutamic acid 생산균 대장균
병원성	독소 생산능 표면 항원	디프테리아균 폐렴 쌍구균

1) 변이원(mutagen)

인위적으로 돌연변이를 유발하기 위하여 DNA의 특이한 구조를 변화시키는 방법에는 화학적 또는 물리적인 여러 가지 방법이 있으나, 그 작용이 확실히 밝혀진 변이원에 대해서 간단히 설명하기로 한다.

① DNA 구성성분의 생합성을 저해하여 구조변화를 유발시키는 것.

Thiamine 생합성 저해물질 : 8-aminouracyl, 8-ethoxycaffein

Purine 생합성 저해물질 : Azaserin, 6-mercaptocaffein

이들 약품류에 의해서 일어나는 변이율은 많이 높은 편은 아니며 또 thiamine, purine의 생합성 저해로 인하여 DNA 합성계에 있어서 thiamine, purine의 부족현상이 일어날 것이 예측되나 이 성분의 부족현상이 어떤 형태로 변이성과 관련되는지에 관해서는 아직 알려지지 않았다.

② DNA 합성계에 DNA 구성염기와 다른 구조를 가진 염기물질을 첨가하여 이것을 DNA 합성과정에 이용하게 함으로써 복제시 염기배열을 변화시키

는 것.

Pyrimidine 염기 대신에 사용하는 물질은 5-bromouracyl, 5-bromodeoxyuridine, 5-chlorouracil, 5-iodouracil 등이며 purine 염기에 비해서 이성화 또는 ion화되는 경향이 높아 그 결과로 염기의 잘못된 짝이 생길 수 있다고 해석되고 있다.

③ DNA 합성에 직접 이용되지는 않으나 어떤 물질이 존재함으로써 복제에 착오가 일어나는 물질

예로서 acridine orange, proflavine 등 acridine계 색소류. 이들 물질은 DNA의 이중나선구조에 들어감으로써 DNA 복제과정에서 첨가, 결손이 생겨 변이가 일어난다고 해석되고 있다.

④ DNA 분자의 특정한 구조부위를 약품으로 직접 처리하여 그 구조를 변화시키는 물질

• 아질산(Nitrite)

아초산에 의한 탈아미노반응에 의하여 DNA 중의 adenine은 hypoxanthine이 되어 cytosine과 염기결합을 하며 또 cytosine은 uracil이 되어 adenine과 염기쌍을 형성하게 된다.

• Alkyl화 시약(alkylating agent)

Dimethylsulfonate(DMS), diethylsulfonate(DES), methylmethane sulfonate(MMS), ethylethane sulfonate(EES), ethylmethane sulfonate (EMS), nirogen mustard, N-methyl-N′-nitro-N-nitrosoguanidine(NTG) 등 alkyl화 물질은 DNA의 guanine기의 7위를 alkylatlon하여 4급 ammonium 질소를 만들어 deoxyriboside 결합이 불안전해져서 절단된다. 즉 탈 guanine을 일으키며 -P-ribose-P-가 남게 되고 수복기구에 의해서 임의의 염기가 들어감으로써 변이가 일어난다.

화학적 주된 변이원을 표 2-3에 정리하였다.

⑤ 물리적 인자에 의한 것

X선, gamma선, 중성자선, UV 등의 조사 및 고열처리 등의 방법이 있으며 그 중 간단하고 인위적인 변이조작에 잘 이용되는 것은 UV조사법이다. 자외선 조사는 발효균주의 역가 증진에 매우 유용한 방법이다. 200~300 nm의 자외선 조사(260 nm) 파장부근에 의하여 인접한 pyrimidine의 염기가 thymine-thymine, thymine-cytosine, cytosine-cytosine의 이중체가

【표 2-3】 화학적 주요 변이원

변 이 원	구 조	작 용
염기치환형		
Alkyl화제		
Nitrogen mustard	$CH_3N(CH_2CH_2Cl\text{-}HCl)(CH_2CH_2Cl)$	
Ethyl methane sulfate(EMS)	$CH_3SO_2OC_2H_5$	
Methyl methane sulfate(MMS)	$CH_3SO_2OCH_3$	GC → AT
Diethyl sulfate(DES)	$C_2H_5OSO_2OC_2H_5$	Transversion도 있음.
Ethyl ethane sulfate(EES)	$C_2H_5SO_2OC_2H_5$	주로 G의 alkyl화
Dimethyl sulfate(DMS)	$CH_3OSO_2OCH_3$	
염기 analogue		
5-Bromouracil(5-BU or BU)	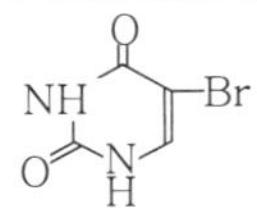	Pyrimidine염기와 치환 GC ⇄ AT
2-Aminopurine(2-AP or AP)	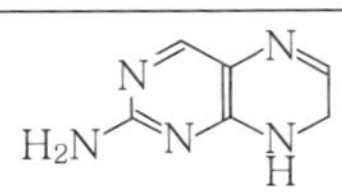	Purine염기와 치환 GC ⇄ AT
기타화합물		
N-Methyl-*N*-nitro-*N*-nitrosoguanidine(NTG, NG)	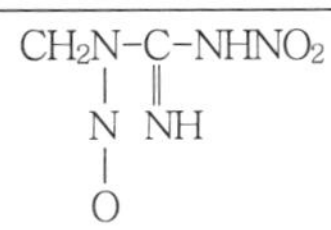	DNA 합성점에 작용
Nitrite(HNO_2)	HNO_2	염기의 아미노기 이탈 GC ⇄ AT
Hydroxylamine	NH_2OH	C의 oxime화 GC ⇄ AT
4-Nitroquinoline(4-NQO)	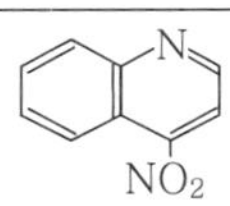	염기와 결합
Frame shift형		
Acridine 색소류		
Acriflavine(AF)	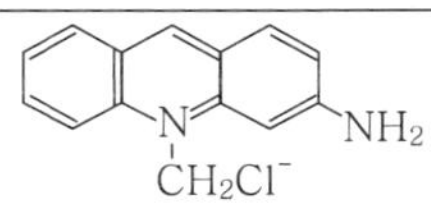	G와 결합 염기쌍 사이에 삽입
Proflavine(PF)	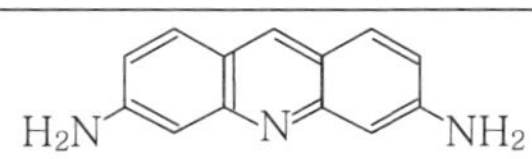	
Acridine mustard(ICR 191)	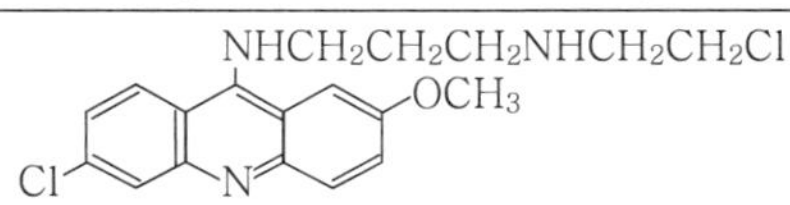	
기타화합물		
Sodium-*p*-dimethylamino-benzene-diazosulfonate(DHPA)	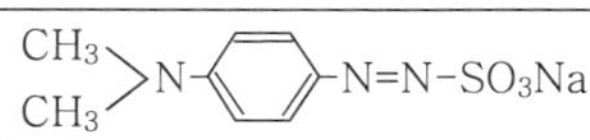	

형성된다. 형성된 이중체(dimer)는 다시 수복기구에 의해서 수복되지만 이러한 수복과정에서 error가 생겨 결국 점돌연변이(point mutation)가 된다. 형성된 이중체는 가시광선에 의하여 활성화된 광회복효소(photoreactivation enzyme)에 의해 원상으로 광회복되기 때문에 반드시 가시광선을 차단한 상태에서 변이를 유도하여야 변이율이 증가한다.

⑥ 이외에도 발암성물질, 항생물질, $MnCl_2$, 중크롬산칼륨 등도 변이를 일으키는 경우가 있다.

2) 변이주의 유도와 분리방법(screening method of mutant)

돌연변이주의 분리방법은 일반적으로 적절한 세포의 선택, 시료의 조제, 변이처리, 변이의 고정배양, 변이주의 농축, 변이주의 분리와 선택의 순으로 작업을 진행시킨다.

(1) 균주의 상태

변이를 유발하고자 하는 미생물의 어느 단계의 세포를 사용할 것인가를 결정하는 것이 우선 중요하다. 변이주를 만들어 분리하고자 할 경우 사용하는 균세포의 상태는 가능한 한 단세포이며 또 단핵인 것이 바람직하다. 따라서 만약 사용하려는 균주가 곰팡이인 경우는 균사를 사용하지 말고 가능한 한 포자를 사용하는 것이 바람직하다(균사는 다핵성이며 또 자낭균류의 포자도 다핵성인 경우가 있으나 균사에 비해서는 더 단순하다). 일반적으로 세균인 경우는 대수증식기의 세포를, 또 곰팡이의 포자인 경우는 계면활성제 등을 사용하여 완전히 포자를 단리한 후에 사용한다.

(2) 변이원 처리

변이원의 대부분은 DNA에 직접 작용하며 또 각 유전자의 전체적인 구조나 조성은 거의 같고 그 염기배열에 의해서 DNA의 특이성이 결정되고 있으므로, 특정 유전자에만 작용하는 변이원은 아직 알려지지 않고 있다. 변이원의 효과가 미생물에 따라 차이가 있는 것은 그 미생물의 변이원에 대한 성상의 차이에 의한 것이므로, 과거의 실험결과를 참고로 하여 적당한 변이원을 선택하여야 한다.

변이원으로서는 여러 가지가 있으나 일반적으로 많이 사용되고 있는 것은

NTG, EMS, 자외선(UV) 등이다. NTG를 사용하는 경우는 pH 6.0의 citrate buffer 또는 tris-malate buffer를 사용하며 NTG의 농도는 100 μg/mL 정도로 하는 것이 바람직하고 처리시간은 수분 내지 수십분으로 한다. 이 때 세포의 생존율은 1~10% 정도로 조절하는 것이 가장 좋은 결과를 얻을 수 있다. EMS를 변이원으로 사용하는 경우는 pH 7.2의 phosphate buffer를 이용하며 약제농도는 0.1 내지 수%를 사용한다. 생존율은 10% 정도로 하는 것이 바람직하다.

UV를 사용할 경우는 UV광원(lamp)에서 10~70 cm의 거리에서 1 mL의 세포 현탁액을 넣은 petri dish를 처리(조사)하며 이 때의 생존율은 0.1~1% 정도가 되게 하는 것이 바람직하다. 이러한 조건은 사용하는 균의 종류에 따라 차이가 있으므로 미리 예비 실험을 통해 대조구의 결과를 얻어 참고하는 것이 바람직하다. 또 이 때 사용하는 변이원성 물질은 강한 발암성을 가지고 있으므로 이들 약제를 취급할 때는 주의 깊게 취급하여야 하며 사용하고 남은 약제는 안전하게 후처리를 하여야 한다. 예로서 NTG의 경우는 알칼리성으로 하여 autoclave에서 분해한 후 버려야 한다.

(3) 변이주의 농축

변이처리를 한 후 적당한 변이주를 분리할 때에는 생성된 변이주의 빈도가 매우 낮으므로 일단 변이주를 농축한 후에 분리하는 것이 효율적이다.

농축방법으로는 오래 전부터 사용해 온 penicillin screening법이 세균을 대상으로 많이 사용되고 있다. 이 방법에서는 변이처리를 받아 생성된 변이주는 생육하지 못하는 영양요구성을 한 불완전 배지를 사용하는데, 여기에 penicillin을 첨가하여 처리균의 집단을 배양하면 변이주는 생육하지 못하는 반면 변이를 받지 않은 야생(wild)형은 생육이 가능하게 된다. 이 때 야생형은 peniclllin의 작용에 의해서 용균이 되므로 이 조작을 수회 반복함으로써 목적으로 하는 변이주를 농축할 수 있게 된다. 이와 같이 농축된 균원으로부터 완전배지를 사용하여 변이주(mutant)를 분리한다.

대상균이 효모일 경우 penicillin에 대해 비감수성일 경우는 nystatin을 사용하여 좋은 결과를 얻고 있다. 또 포자를 형성하는 미생물인 경우는 처리균을 완전 배지에서 배양하여 포자를 형성시킨 후 변이주의 포자는 발아하지 못하는 최소배지에서 야생형 균을 발아시켜 열처리로 야생형 균의 영양세포

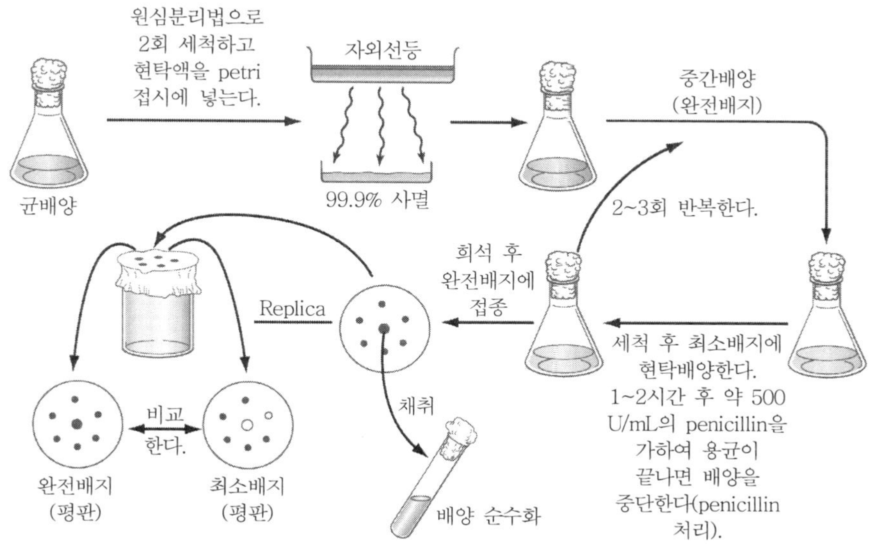

【그림 2-3】 자외선 조사, penicillin 농축법 및 replica법을 이용한 영양요구성 변이주의 유도와 분리

를 사멸시키는 방법도 유용한 농축방법이라고 할 수 있다(그림 2-3).

(4) 각종 변이주의 분리

① 내성 변이주의 분리

변이되지 않은 야생주에 대해서 생육 저해작용을 하는 물질이 함유된 선택배지를 사용하여 변이처리된 세포를 평판배양하면 내성이 있는 균주만이 colony로서 나타나게 되므로 항생물질이나 대사산물의 analogue에 대해서 내성이 있는 변이주를 쉽게 분리할 수 있다.

약제(antibiotics, analogue, 독성물질 등) 내성주는 미생물의 작용기작의 해명 및 생리, 생화학적 연구에 또 공업적 연구에 유용하게 이용되고 있다. 약제에 대한 내성은 균주에 따라 차이가 많이 있으므로 미리 액체 또는 고체배지에서의 유효농도를 측정하여 참고하여야 하며 이 때 액체 또는 고체배지에서는 같은 약제라 할지라도 유효농도에 차이가 있으므로 주의하여야 한다.

약제로서 변이처리와 농축처리를 거친 균원은 미리 야생형 균주로 약제의 유효농도를 측정해 둔 양의 수배 내지 수십 배의 약제가 들어 있는 한천 고체배지에서 배양시켜 colony를 생성시킨다. 이 경우에 따라서는 장시간 배양하여야 균의 생육이 일어나므로 유의하여야 한다. 여기에서 생긴 약제내성 colony를 취하여 같은 약제함유 배지에서 수회 배양함으로써 순화된 균주를 얻을 수 있게 된다.

② 영양요구성 변이주의 분리

분기되지 않은 생합성경로의 최종산물의 전구물질이나 분기된 생합성경로의 최종생산물로서 축적되는 아미노산, nuceltotide 등의 생산에 이용된다.

영양요구성 변이주(auxotrophic mutant or biochemical mutants)는 물질의 대사기구, 대사조절기구를 규명하기 위해 주로 이용될 뿐만 아니라 아미노산 또는 핵산물질 생산균으로 사용되므로 많이 분리되고 있다. 이 균의 분리에는 변이처리를 거친 균원을 완전배지(complete medium)와 영양요구성 변이주가 요구하는 물질이 첨가되지 않은 최소배지(minimum medium)를 사용하여 분리한다.

완전배지에서 자란 colony를 완전배지와 최소배지에 replica plating법으로 각각 접종하여 최소배지에서 생육하지 않은 균주를 완전배지상의 colony를 채취하면 최소배지에 함유되지 않은 물질을 요구하는 변이주를 선택할 수 있다. 일반적으로 목적하는 영양요구성 변이주 한 주를 얻기 위해서는 보통 수천 주의 변이주를 조사하여야 한다.

이 때 선별용으로 사용하는 배지를 조제하기 위해 사용하는 물질은 한천을 포함하여 불순물로 포함되어 있는 영양분의 영향을 피하기 위해 순도가 높은 시약을 사용할 필요가 있다.

3) 유전자 재조합에 의한 미생물 균주의 육종

생물의 생리적 · 형태적 연구 등에 유전적인 방법은 옛날부터 많이 사용되어온 방법이다. 고전유전학을 기초로 한 연구에서는 자연적으로나 또는 인위적으로 일어나는 접합 즉 유성생식(sexual reproduction)을 분석하고 해석하는 것이 그 방법이었다. 그러나 이 유성생식에는 모든 생물이 무선별적으로 접합을 할 수 있는 것이 아니고, 근본적으로는 같은 종에서만이 접합이 가능하다는 한계가 존재하며, 자연적으로는 이 한계(barrier)를 넘지 못한다. 그러므로 이 지구상에는 헤아릴 수 없이 많은 생물들의 종(species)이 안정하게 유지되고 있는 것이다.

미생물에 있어서는 고등동식물에 비해서 종에 대한 한계가 다소 여유가 있어 동속(genus) 이종간에서 접합(conjugation)이 일어나는 경우가 간혹 관찰되고 있기는 하나 역시 근본적으로는 종의 한계를 벗어나지는 못한다. 고등동식물에 있어서의 품종개량은 주로 교잡에 의하고 있으며, 이것은 2배체의 교잡에 있어서는 감수분열시 양친으로부터 유래된 염색체가 자유로운 조합에 의해서 분배되므로, 이 때 양친과는 다른 형질을 나타내는 재조합체(recombinant)가 나타나는 경우가 있다. 미생물에 있어서도 곰팡이나 효모에서 교잡(접합)에 의해 재조합체(recombinant)를 얻을 수 있다.

유전적 재조합(recombination)에 있어서 또 하나의 중요한 기구는 염색체 교차(crossing over)가 있다. 이것은 감수분열시에 양친유래의 염색체간에 교차(cross)가 일어난 결과 재조합체(recombinant)가 나타난다. 원핵생물인 세균은 반수체(1배체)이므로 주로 염색체 교차가 일어나고 있다. 다음에 세균에 있어서의 형질전환(transformation), 형질도입(transduction), 접합(conjugation)에 대해서 기술하기로 한다.

(1) 형질전환(transformation)

한 대상균 즉, 공여균(donor cell)의 유전형질인 DNA의 일부를 다른 균 즉 수용균(recipient cell)에 외부로부터 가한 후 수용균이 이를 받아들이도록 하여 수용균의 내부에서 재조합(recombination)을 유발함으로써 수용균의 성질을 변화시키는 것을 형질전환이라고 한다. 그러나 이 때 공여균의 유전형질인 DNA의 크기(size)가 너무 크면 수용균이 받아들이지 못하므로 이 점을 유의하여야 한다.

이 현상은 처음 폐렴쌍구균인 *Sterptococcus pneunonia*에서 발견되었고, 그 후 고초균인 *Bacillus subtilis*를 위시하여 다른 균들에도 확인되었고, 또 대장균 *Escherichia coli*에서도 확인되었다.

특히 대장균에 있어서는(다른 균에서도 같은 현상이지만) 수용균 세포를 비교적 높은 $CaCl_2$ 용액(10~100 mM)에 현탁처리 함으로써 형질전환을 용이하게 일으킬 수 있다. 이 조작을 competent화라고 한다.

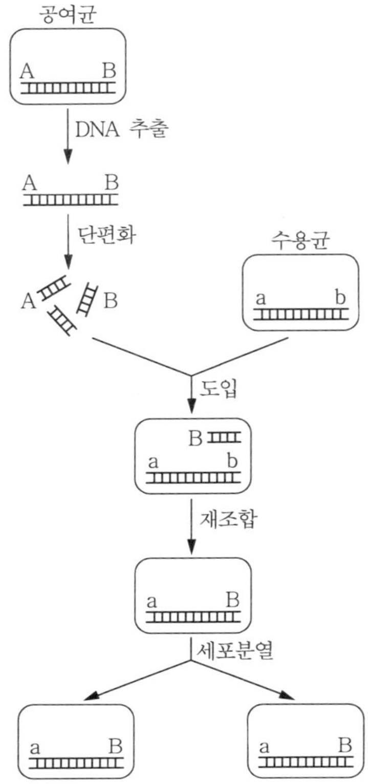

【그림 2-4】 형질전환에 의한 유전자의 전달

(2) 형질도입(transduction)

숙주세균(donor cell)에 있는 영양요구성, 당발효성, 약제내성, 항원성 등의 형질이 phage를 매개로 하여 수용균(recipient cell) 세포내로 들어가 재조합을 일으켜 유전형질이 recipient cell에 전달되는 현상을 형질도입이라고 한다. 이 형질도입에도 첫째 일반 형질도입(generalized transduction)과 둘째 특수 형질도입(specialized transduction)이라는 두가지 경우가 있다. 전자는 *Escherichia coli* P_1 phage, *Salmonella*균의 P_{22} phage, *Bacillus subtilis*의 PBS_1 phage와 SP_{10} phage 등에서 볼 수 있는 것으로서 donor cell 내에 있는 형질 즉 DNA의 어느 부분이라도 형질도입이 가능한 경우이다. 이 경우는 donor cell 내에서 phage 입자가 형성될 때 phage DNA 대신에 임의 부위의 숙주 DNA의 단편이 입자내에 들어가고 이 phage가 수용균에 감염되면 공여균의 DNA단편이 숙주균내에 도입되어 수용균 DNA의 상동성이 있는 부위와 재조합이 일어나는 것이다.

후자는 *E. coli*의 phage나 ϕ80 phage에서 볼 수 있는 경우로 어느 한정된 유전자만을 특이적으로 형질도입하는 경우이다. 이때는 prophage가 숙주세포의 염색체로부터 떨어져 나올 때 phage DNA에 인접해 있던 숙주 DNA의 일부가 재조합되어, 결과적으로 phage 내의 DNA는 세균 유래의 DNA와 phage DNA가 연결된 heterogenous DNA가 형성되어, 형질이 도입되므로 숙주 DNA의 한정된 부위 말하자면 phage와 인접된 부분의 DNA만이 한정되어 형질도입되는 경우이다.

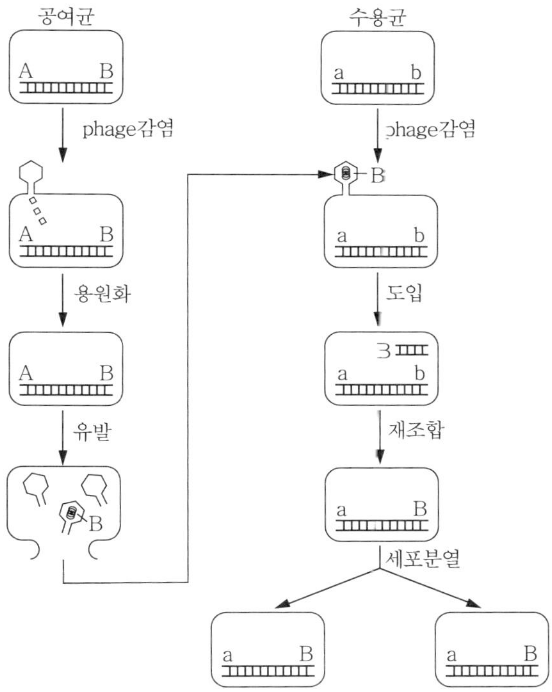

【그림 2-5】 형질도입에 의한 유전자의 전달

(3) 접합(conjugation : 대장균에서)

진핵미생물인 곰팡이나 효모에서 볼 수 있는 유성생식과 많은 현상이 세균류에서도 발견되고 있는데, 그 대표적인 예가 대장균인 *Escherichia coli*의 접합이다. *E. coli*의 K-12주에는 보통 자웅이라고 표시하는 두 가지 성질을 가진 균의 존재가 알려져 있다. 이들 두 세포가 접합할 때 염색체, 즉

DNA를 공여하는 성질의 균을 웅성이라고 하고 또 염색체를 수용하는 균을 자성이라고 한다. 웅성 형에는 Hfr과 F^+균주가 그리고 자성 형에는 F^-균주가 있다. 만일 Hfr 또는 F^+균주와 F^-균주를 혼합하면 두형태의 세포 사이에서 접합이 일어나 웅성의 DNA 분자가 자성인 F^-균주에 전달되어 이 세포내에서 재조합(recombination)이 일어난다. 이 접합현상은 장내세균과 녹농균인 *Peudomonas aeruginosa* 등에서도 알려져 있다.

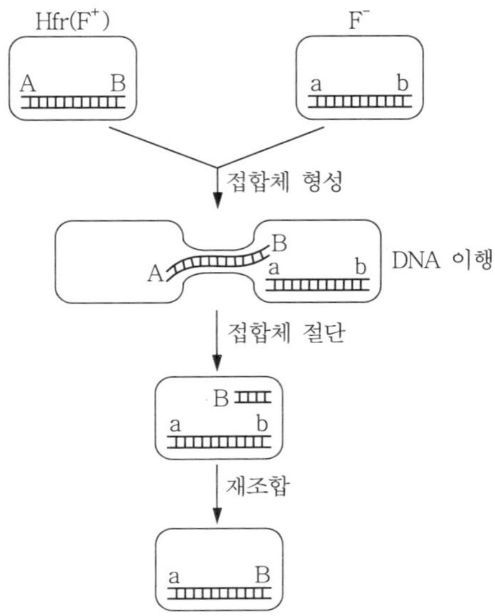

【그림 2-6】 접합에 의한 유전자의 전달

(4) 세포융합(cell fusion)

세포융합이란 글자의 뜻 그대로 두 개의 세포를 상호 융합시키는 것이다. 이 때 미생물은 두꺼운 세포벽을 가지고 있기 때문에 원상태에서는 융합이 일어나지 않는다. 그러므로 특수하게 개발된 세포벽 용해효소(cell wall lytic enzyme : 방선균, 효모, 곰팡이, 달팽이 등으로부터 조제한 효소)를 균체에 작용시켜 protoplast(원형질체)를 만들어 융합에 사용한다. 융합하고자 하는 두 가지 다른 성질의 균으로부터 조제한 각각의 protoplast를 서로 혼합한다. 이 때 세포의 융합을 돕고 또 매우 불안전한 protoplast를 보호하기 위하여 poly-ethylene glycol(PEG)을 융합제로 사용하여 좋은 결과를 얻고 있다. 이 세포융합법은 미생물 이외에 식물 및 동물세포에도 적용하고 있다.

실제로 두 가지 서로 다른 세포를 혼합하여 융합을 일으키고 융합된 protoplast 융합체(fusant)를 매우 잘 조절된 환경에서 다시 세포벽을 재생시켜 증식하도록 함으로써 정상세포를 얻게 된다. 한편 융합과정을 거친 세포들은 ① 융합이 일어나지 않은 경우. ② 같은 형질의 세포 사이에서 융합이 일어난 경우. ③ 서로 다른 형질의 세포가 융합되는 경우. 위의 경우 중 어느 하나의 성상을 나타나게 된다. 그러나 서로 다른 형질의 세포가 융합되었다 하더라도 재생과정이서 한쪽의 유전물질이 소실되어 버린 경우 등 여러 가지 결과가 나타날 가능성이 있으므로 목적하는 세포를 쉽게 선별할 수 있게 하기 위하여 parent cell에 각각 다른 표식(fusion marker)을 부여하여 사용할 필요성이 있다. 이 marker로는 보통 영양요구성, 항생물질내성, 중금속내성 등의 성질을 대상으로 하는 경우가 일반적이다.

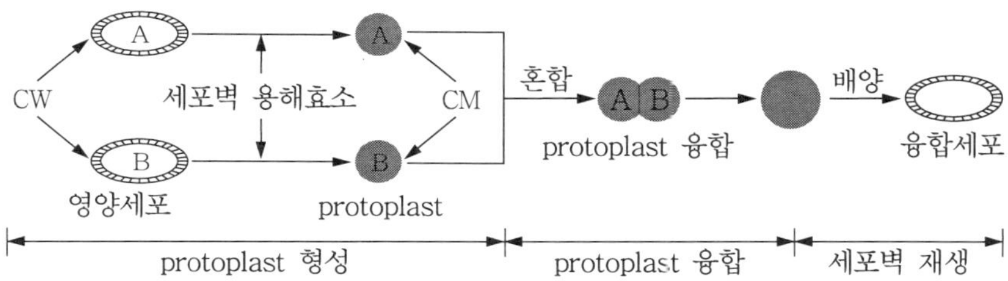

【그림 2-7】 세포융합

4) 미생물의 분자육종

위에서 기술한 균주의 개발, 즉 균주의 육종방법은 미생물이 원래 가지고 있는 성질과 물질의 생산성을 향상시키는 방법이라고 요약할 수 있다. 그러나 대상으로 선정한 미생물이 원래 유전적으로 가지고 있지 않은 형질은 나타나지 못한다(cell fusion에 의해 약간의 예외를 나타내는 경우는 있다). 그러나 분자생물학, 분자유전학 등의 급격한 발전으로 인하여 분자육종(molecular bleedings), 즉 유전자조작(gene manipulation), DNA cloning 등으로 불리어지는 신기술이 1970년대부터 개발되어 어떤 세포가 원래 가지고 있지 않은 형질을 다른 세포로부터 받을 수 있게 되었다. 이것은 다를 생물의 세포로부터 추출한 유전물질인 DNA를 한 개 내지 수 개의 유전자 단위로 단편화하고, 이 DNA 단편을 vector라고 불리어지는 plasmid 또는

prophage 등 자기증식성을 가지는 작은 DNA와 세포 외에서 결합시켜 recombinant DNA를 만들고 이 recombinant DNA를 형질전환(transformation) 기술을 사용하여 숙주 세포내로 도입시킨다. 이 방법은 극단적으로 표현하면 모든 생물의 유전자나 또는 인간이 합성한 유전자를 기원에 관계없이 숙주세포 내에 도입시켜 새로운 형질을 가진 세포를 만들 수 있다는 것인데, 이러한 방법의 도입으로 생물학은 신기원을 맞이하게 되었다. 이 방법은 ① 목적하는 donor DNA(유전자)의 조제 ② gene DNA의 운반체인 vector의 개발 ③ recombinant DNA의 조제 ④ recombinant DNA를 숙주세포내로 도입 ⑤ 숙주내로 도입된 외래성 유전자의 증식과 발현 ⑥ 재조합체(transformant)의 분리 등 일련의 중요한 과정을 거쳐 분자육종이 가능해진다(그림 2-8).

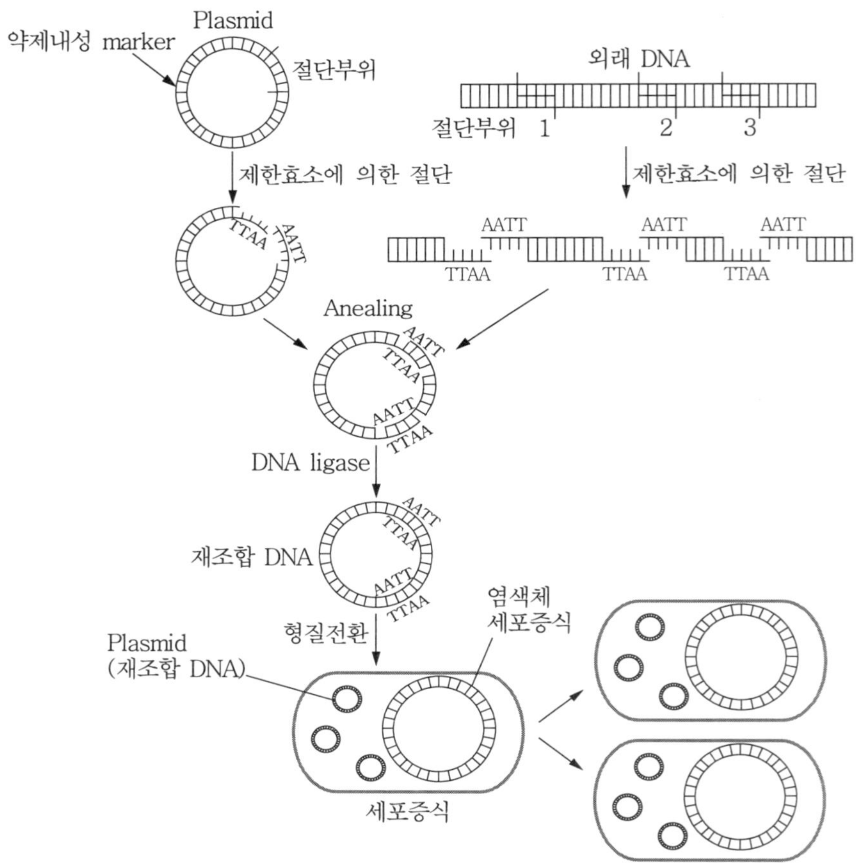

【그림 2-8】 재조합 DNA에 의한 분자육종

(1) 공여체 DNA의 조제

공여체(donor) DNA 조제란 삽입하고자 하는 DNA를 세포로부터 추출하여 목적으로 하는 유전자 단위가 손상없이 존재하도록 DNA를 절단하는 것을 말한다. 이와 같은 유전자 단위의 DNA 단편을 얻는 데는 공여체의 전 DNA사슬을 무작위적으로 분해하는 것이 아니고 일정한 서열을 효소로 절단하여야 하며 이 때 사용하는 효소를 제한효소(restriction enzyme)라고 한다.

【표 2-4】 제한효소의 인식염기배열

인식염기배열(5′→3′)	효 소 명
4염기인식	
-A-G↓C-T-	*Aiu* I
-G-G↓C-C-	*Hae* III, *Hhg* I, *Blu* II, *Bsu* I, *Pal* I, *Bsp* I
-G-C-G↓C-	*Hha* I
-C↓C-G-G-	*Hpa* II, *Hap* II, *Mno* II
↓G-A-T-C-	*Mbo* I, *Dpn* II, *Mos* I, *Sau* 3A I
5염기인식	
-G-A-C-G-C-(1)	*Hga* I
-G↓A-N-T-C-	*Hin* f I, *Hha* II
-G-G-T-G-A-(2)	*Hph* I
6염기인식	
-G↓G-A-T-C-C-	*Bam* H I, *Bat* I
-G↓A-A-T-T-C-	*Eco* R I
-A↓A-G-C-T-T	*Hin* d III, *Bbr* I, *Chu* I, *Hin* f II, *Hsu* I
-T-G-G↓C-C-A-	*Bal* I
-G-T-Py↓Pu-A-C-	*Hin* d II, *Hin* c II, *Chu* II, *Mun* I
-C-C-C↓G-G-G-	*Sma* I
-C-T-G-C-A↓G	*Pst* I, *Xma* II, *Bsu* 1247, *Sal* P I
-Pu-G-C-G-C↓-Py	*Hae* II, *Hin* H I, *Ngo* I

(1) *Hga* I의 절단위치 -5′-GACGCNNNNN↓
-3′-CTGCGNNNNNNNNNN↑

(2) *Hph* I의 절단위치 -5′-GGTGANNNNNNNN↓
-3′-CCACTNNNNNNN↑

이 제한효소는 두 가닥 사슬 DNA 염기배열의 2회전 대칭(two-fold rotational symmetry)의 부위(palindrome)를 인식하여 절단하는 endonuclease의 일종이다. 절단부위 즉 특정한 염기배열을 인식하는 차이에 따라 수십 종이 알려져 있으며 목적에 따라 적당한 것을 선택하여 donor DNA의 단편을 얻는다(표 2-4). 효소분해로 얻은 DNA단편을 선별없이 다수의 유전자 집단을 그대로 vector와 결합시켜 사용하는 경우(shot gun cloning)와 일정한 size의 DNA 단편만을 모아서 사용하는 경우가 있다.

실제로 목적하는 donor DNA를 얻는다는 것은 매우 어려운 작업이며 mRNA를 얻을 수 있는 경우는 역전사효소(reverse transcriptase)를 이용하여 mRNA에 상응하는 두 가닥의 상보적 DNA를 조제할 수 있으며 또 아미노산 배열을 이미 알고 있는 peptide나 hormone의 유전자는 대응하는 염기배열을 가지는 cDNA(complementary DNA)를 합성하여 목적하는 DNA를 정제하는 데 사용하기도 한다.

(2) Vector DNA의 조제

형질전환의 수단을 사용하면 임의의 미생물의 세포에 전혀 연관성이 없는 생물종의 유전자인 DNA단편을 도입할 수 있다. 그러나 이와 같이 도입된 외래성 DNA는 숙주세포 내에 상동한 유전자좌(locus)가 숙주세포의 염색체 상에 존재해 있어야만 재조합(recombination)이 일어날 수 있다. 만일 이러한 locus가 없으면 숙주세포의 DNA와 재조합을 일으키지 못하고 따라서 자기복제기능이 없는 외래성 DNA는 숙주세포내에서 분해 소실되고 만다. 그래서 plasmid나 virus의 DNA와 같이 자기증식능력이 있는(복제능력이 있는) vector에 이종의 DNA단편을 인위적으로 결합시켜 숙주세포내에 도입시켜 주면 이 recombinant DNA는 숙주세포내에서 그대로(vector DNA-gene DNA) 증식하게 되므로 새로이 얻어진 형질은 후대(자손)에 전달될 수 있게 된다. Plasmid는 숙주 염색체와는 별도로 세포내에서 하나의 유전자단위로 증식하고, 세포분열에 있어서는 다음 세대의 세포에 계승되고 안정하게 유지되는 유전자이다. Plasmid는 그 크기(size)가 작기 때문에 여기에 외래성 DNA를 결합시켜도 숙주세포내로 쉽게 형질전환될 수 있다. 세균류에서 얻어지는 plasmid는 약제내성이나 중금속내성 등의 성질을 가진 것이 많으며 여러 가지가 발견되어 자연 상태 그대로 또는 인위적으로 개량되어 사용되고 있다.

Vector에는 plasmid, bacteriophage, plasmid와 phage의 중간형태인 cosmid, 동물세포의 형질전환에 쓰이는 SV-40 virus, 식물세포에 이용되는 Ti plasmid 등이 있다.

Plasmid가 DNA 운반자 즉 vector로서 갖추어야 할 성질은 다음과 같다.

① 가능한 한 그 크기(slze)가 작으며 이중선(double strand) DNA이면서 적당한 숙주 내에서 자기 증식이 가능하여야 하고, ② 제한효소로서 절단했을 경우도 증식능을 상실하지 않아야 하며, ③ Vector가 들어간 세포를 용이하게 식별할 수 있는 표적이 될 수 있는 성질(marker)을 가져야 하며, ④

【표 2-5】 Plasmid vector의 종류와 성질

Name	Size(kb)	Selective marker	cloning site	Host
pBR322	4.3	Ap^{r}, Tc^{r}	*Ava* I, *Pst* I, *Bam* HI, *Eco* RI, *Hind* III, *Sal* I	*E. coli*
pACYCM184	4.0	Cm^{r}, Tc^{r}	*Bam* HI, *Eco* RI, *Hind* III, *Sal* I	*E. coli*
pMB9	5.8	Tc^{r}, Col^{imm}	*Bam* HI, *Eco* RI, *Hind* III, *Sal* I	*E. coli*
pUB110	4.5	Km^{r}	*Bam* HI, *Tac* I, *Eco* RI, *Bgl* I, *Pvu* II, *Xba* I	*B. subtilis*
pBD8	6.0	Km^{r}, Cm^{r}, Sm^{r}	*Hind* III, *Bam* HI, *Bgl* I, *Eco* RI, *Xba* I	*B. subtilis*
YIp5	5.4	Am^{r}, Tc^{r}, *Ura*	*Eco* RI, *Hind* III, *Bam* HI, *Sal* I	*S. cerevisiae*
YEp6	7.9	Am^{r}, *His*	*Eco* RI, *Xha* I, *Sal* I	*S. cerevisiae*
YRp6	5.7	Am^{r}, Tc^{r}, *Trp*	*Bam* HI, *Sal* I	*S. cerevisiae*
pTK263	12.8	Km^{r}, Sm^{r}	*Hind* III, Xma I, *Sal* I, *Cla* I, *Xho* I	*P. aeroginosa*
pRO1614	5.8	Tc^{r}, Cb^{r}	*Pst* I, *Bam* HI, *Hind* III	*P. aeroginosa*

Marker : Ap^{r} : ampicillin 내성, Tc^{r} : teracycline 내성, Cm^{r} : chlorampenicol 내성, Km^{r} : kanamycine 내성, Sm^{r} : streptomycin 내성, Cb^{r} : carbenicillin 내성, Col^{imm} : colicin 면역성

숙주 내에서 용이하게 증식시킬 수 있음과 동시에 또 용이하게 추출 정제할 수 있어야 하고, ⑤ 가능한 한 넓은 숙주적응성을 가지는 것이 바람직하다.

표 2-5에 일반적으로 많이 사용되고 있는 vector plasmid를 기술하였다.

(3) 재조합(recombinant) DNA의 조제

Donor DNA와 vector DNA를 *in vitro*에서 결합시켜 recombinant DNA를 조제한 후 이 recombinant DNA를 숙주세포내로 전환시켜야 한다. 이 때 donor DNA로서 사용하기 위하여 어떤 세포에서 추출한 DNA는 대단히 많은 유전자 단위(한 유전자단위는 평균 약 1,000 nucleotide base pair로 구성되어 있다.)를 가지고 있는 거대한 분자이므로 recombinant DNA를 조제하기 전에 적당한 크기의 DNA 단편으로 절단(restriction)하여 DNA사슬의 말단을 노출시킨 뒤 vector DNA와 결합시켜 recombinant DNA를 조제한다. 이 DNA를 다음 단계로 적당한 host cell에 전환시킨다.

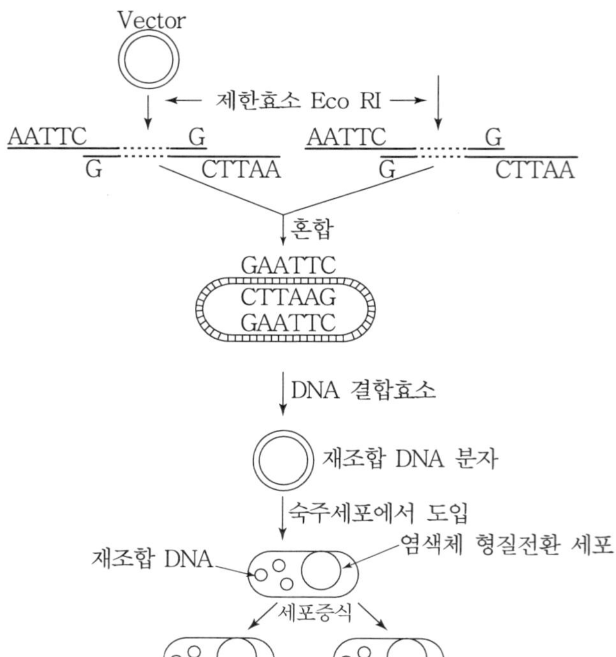

【그림 2-9】 제한효소를 사용한 제조합(recombinant) DNA의 조제와 형질전환

Vector에 외래의 DNA를 삽입하는 방법으로 제한효소를 사용하는 방법이 널리 이용된다. 제한효소를 사용하여 재조합 donor DNA와 vector DNA의 말단을 서로 상보성을 가지게 하기 위하여 같은 제한효소로 두 DNA를 처리하는 방법이다. 제한효소로 절단하여 얻은 두 DNA단편을 서로 결합(ligation)시키는 데는 DNA ligase(결합효소)를 사용한다. 즉 두 DNA 사슬을 혼합하면 각 DNA말단 노출부의 상보성에 의해서 두 DNA 말단 사이에 수소결합이 형성되는 데 여기에 ligase를 사용하여 공유결합을 시키는 것이다. 이 경우는 두 DNA말단이 서로 상보적인 염기배열을 가지는 경우이다. 그러나 T_4 phage DNA ligase는 두 DNA말단에 상보성이 없고 평면적인 절단면을 가지는 경우라 할지라도 ligation이 가능하므로 두 DNA를 각각 다른 방법으로 절단시킨 경우에 편리하게 사용된다.

(4) 숙주세포내로의 recombinant DNA의 주입

위와 같은 여러 가지 방법으로 조제한 recombinant DNA를 적당한 숙주(host cell)내에 주입(형질전환, transformation)시킨다. 형질전환에는 여러 가지 방법이 있으나 *E. coli*인 경우는 $CaCl_2$를 사용하여 숙주균을 compotent화시키는 방법이 주로 사용되고 있다. 이 방법은 저온에서 DNA를 형질전환시키는 비교적 확실한 방법이라 할 수 있다. 이와 같이 하여 형질전환체(transformant : 외래성 DNA를 세포내로 받아들인 세포)를 얻은 후, 다음 단계로서 형질전환된 많은 세포 집단으로부터 목적하는 재조합체(transformant)를 선별하여야 하는데 이 과정을 위하여 미리 선별이 가능한 marker(약제내성 등)를 지니고 있는 vector를 사용하는 경우가 많다. 이 marker를 기준으로 하여 선별된 균은 최소한 vector DNA 이상의 DNA 단편이 전환되었다는 것이며 vector DNA에 목적한 외래성 유전자가 결합되어 전환되었는가를 찾는 데는 DNA 잡종형성법(DNA hybridization)을 사용하거나 또는 새로운 유전자가 도입된 세포는 결과적으로 원래 지니고 있던 성질과는 차이가 생기므로 이점을 표적으로 screening을 하여 최종적으로 목적하는 재조합체를 얻을 수 있게 된다.

(5) 유전자의 증폭

숙주세포내의 유전물질인 염색체와 vector(plasmid)성 DNA계는 각각 다른 자가복제 system을 가지고 있다. DNA 복제에 있어서 적당한 조건을 선정한다면 숙주세포내에서 외래성으로 전환한 DNA만을 선택적으로 증식시킬 수 있다. Vector에 실려 세포내로 전환된 새로운 유전자가 숙주세포 내에서 많이 증식(증폭)된다면 한 가지 유전자가 증폭된 수만큼 많아지므로 이 유전자의 기능에 의해서 만들어지는 산물(product)의 양은 유전자의 수와 비례하여 증가한다. 따라서 숙주 내에서의 recombinant DNA의 증폭은 매우 큰 의의를 가진다. 한 예로서 *E. coli* 유래의 colicine 생산 plasmid vector인 Col El은 *E. coli* K-12 주의 숙주세포 내에서, chloramphenicol 첨가 환경에서는 염색체의 DNA 증식은 억제되는 반면 plasmld DNA는 chloramphenicol를 함유하지 않는 배지환경에 비해 약 100배나 증가하였다는 연구결과가 보고되어 있다. 이러한 원리를 도입하여 숙주세포내의 유전자수를 증가시킴으로써 세포의 물질 생산성을 극적으로 높일 수 있게 한 것도 분자육종의 한 가지 긍정적인 면이다.

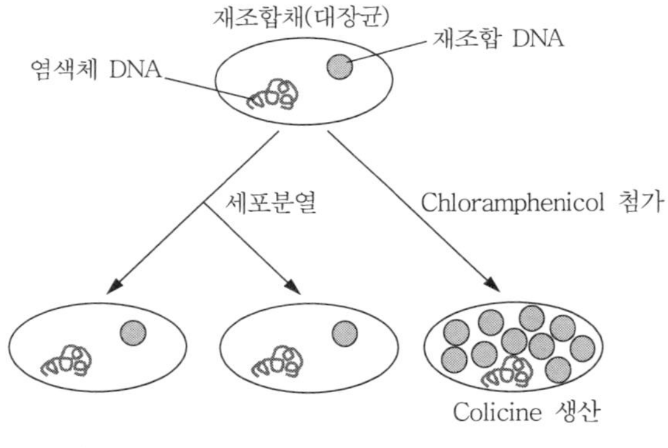

【그림 2-10】 세포내에서 plasmid DNA의 증폭

5) 유전자 재조합 미생물의 산업적 이용 분야

현재까지 생산되어 온 대부분의 미생물 제품은 전통적인 생물공학 산물이었으나 유전공학적으로 육종된 미생물을 이용하여 생산되는 제품의 수가 늘어나고 있다. 포유동물의 단백질 혹은 펩티드 중에는 의약적으로 대단히 중요한 것들이 많지만 다른 방법으로 이들을 생산하는 것이 비싸거나 불가능하기 때문에 미생물을 이용하여 생산하는데 큰 관심이 쏠리고 있다. 포유동

물의 단백질을 암호화하는 단일 혹은 복수의 유전자가 발현만 잘 될 수 있으면 이 단백질을 생물공학적으로 생산할 수 있는 공정을 개발할 수 있는 것이다. 많은 인체 단백질이 이 부류에 속한다.

유전공학이 생물공학에서 차지하는 잠재성은 대단히 크지만 제품을 상품화하는 것이 매우 어려운 일이다. 원하는 단백질을 암호하는 유전자를 세균 혹은 효모에 클론하고 발현시키는 문제 외에도 제품의 정제, 임상실험에 관련되는 일, 정부로부터 허가 받는 일 등을 감안해야 한다. 의약품으로 사용하기 위해 미생물을 이용하여 생산되는 모든 제픔은 철저한 임상 실험을 거쳐야 한다. 예를 들면 재조합 DNA법으로 미생물을 이용하여 생산되는 인슐린이 인체에서 만들어진 인슐린과 동일하다는 것을 증명할 수 있더라도 지원자를 대상으로 하는 엄격한 임상 실험을 거쳐야 한다. 임상 실험 결과가 다 좋으면 정부의 허가를 받게 된다. 미국의 경우 식품의약국(FDA)으로부터 정부의 허가를 받는다. 현재 수백 종의 제품이 개발 중이거나 임상 실험 중 혹은 허가를 받기 직전에 있다.

앞으로 이들 제품이 상품화되어 인류 복지에 크게 기여할 수 있을 것이다.

① 천연에서 쉽게 얻을 수 없는 단백질을 다량 생산할 수 있다. Insulin, 성장호르몬(HGH, human growth hormone), interferon 등이 있다.

② Hepatitis B, 독감(influenza), 급성장염(toxic diarrhea) 등에 대한 백신(vaccine)개발 등이 있다.

③ 혈액응고인자 또는 그 외의 호르몬의 생산 등이 있다.

④ 유전병 환자의 원인규명과 치료제의 개발로 결핍효소 또는 유전자를 주입시키는 방법을 생각할 수 있다.

⑤ 석유자원의 고갈을 대비한 농산폐기물(주로 섬유질)로 부터 단백질, 연료용 알코올, glycerol, ethylene oxide, ethylene glycol 등의 유기 화합물을 생산한다.

⑥ 쉽게 얻을 수 없는 효소의 대량생산을 들 수 있다. 예를 들어 urokinase(혈액 응고제), rennin(응유효소) 등을 생산한다.

⑦ 단일항체(monoclonal antibody)를 생산한다.

⑧ 내병성, 내염성, 내한성, 다수확성 작물의 육종이 가능하다.

⑨ 환경오염 물질을 생분해시킬 수 있는 미생물을 육종한다.

⑩ 미생물의 생합성 경로를 변경시켜 새로운 항생물질 등을 생산한다.

⑪ 발효생산 균주에 분해효소(catabolite enzyme)의 유전자를 주입하여 발효공정을 개선한다.

⑫ 육종된 균주를 이용하므로써 발효기간을 단축시키고, 수율을 향상시킨다.

3장

발효와 대사

대부분의 생물은 호흡을 위해 산소를 필요로 하고, 산소호흡을 통해 활동에 필요한 에너지를 얻는다. 반면 산소가 부족한 환경에 사는 생물들은 그러한 환경에 적응하여 산소가 없이도 에너지를 얻을 수 있는데, 이러한 호흡을 혐기적호흡이라 한다. 발효는 미생물이 산소가 없는 상태에서 당이나 기타 유기물을 그보다 에너지가 적은 중간물질로 분해시켜 그 때 생성되는 에너지를 이용하여 균체의 합성이나 증식을 꾀하는 현상을 말한다.

현재 일반적으로는 미생물이 어떤 특정한 물질을 주요대사산물로 축적하는 현상을 두고 발효라고 하며, 생명유지에 필수적인 대사산물 및 생합성 중간대사산물을 1차 대사산물이라고 하고, 생명유지에 필수적이 아닌 대사산물을 2차 대사산물이라 한다. 1차 대사산물은 분자량이 적은 최종산물로서 아미노산, 뉴클레오티드, 지방산, 당류 및 비타민 등이 이에 속한다. 2차 대사산물은 항생물질, 색소 및 독소 등이다.

미생물은 생물 중에서도 그 대사활동이 가장 활발한 편이다. 또한 짧은 시간에 같은 크기의 세포가 배로 증식하기 위해서는 활발한 대사와 더불어 많은 조절기구가 존재해서 균체형성에 필요한 여러 가지 성분의 생합성이 균형 있게 효율적으로 이루어져야 한다. 따라서 미생물은 세포내에서는 각종 균체성분과 그 구성단위가 되는 아미노산, 뉴클레오티드, 단당류, 지방산, 비타민 등을 생합성하지만 대사조절작용으로 이들 물질을 배지 중에 방출하는 일은 거의 볼 수 없다. 그러나 발효생산을 위해서는 목적으로 하는 특정 대사산물을 미생물이 효율적으로 균체 밖에 축적, 생산해야만 하고, 이를 위하여 대사조절작용이 약해지거나 해제되게 하여 원하는 대사산물의 생성방향으로 대사의 흐름을 조절해야만 한다. 대사는 효소활성과 효소합성의 양자에 대한 복잡한 조절기구에 의해서 조절되고 있기 때문에 목적으로 하는 대사산물의 효율적인 발효생산을 위해서는 그 대사경로에 관여하는 조절기구를 잘 이해해야만 된다.

따라서 본 장에서는 발효와 관련한 복잡한 여러 반응경로의 상관성, ATP 계와의 공액과 에너지 생산, 효소활성의 유도 및 조절 등에 대하여 설명하기로 한다.

3-1. 호흡과 발효

미생물이 생명에 필요한 에너지를 획득하고 증식하기 위해서는 미생물의 종류에 따라 각각 특이한 물질대사를 하게 되지만 생명을 유지하기 위한 에너지는 ATP에 들어있는 화학에너지라는 점은 동일하다. 미생물이 ATP를 생성하는 방법은 미생물의 생활환경에 따라 다양하며, 크게 호흡, 발효, 광합성으로 나눌 수 있다. 여기서는 일반적인 미생물 대사과정인 호흡과 발효에 대하여 살펴보기로 한다.

1. ATP의 합성반응

ATP(adenosine triphosphate)는 세포 내의 에너지 운반체가 되며 에너지 공급반응(exergonic reaction)과 에너지 요구반응(endergonic reaction)사이의 에너지 공역(coupling)에서 중간물질로서 중심적 역할을 하고 있다. 그러므로 영양분의 산화에 의하여 생성되는 에너지는 ATP의 결합에너지로 저장되었다가 미생물의 여러 활동에 이용된다.

이와 같은 ATP 생성반응에는 산화적인산화와 기질수준인산화 및 광인산화가 있다.

1) 산화적인산화(oxidative phosphorylation)

산화적인산화는 산소를 최종전자수용체로 하고 기질의 산화로 ATP가 합

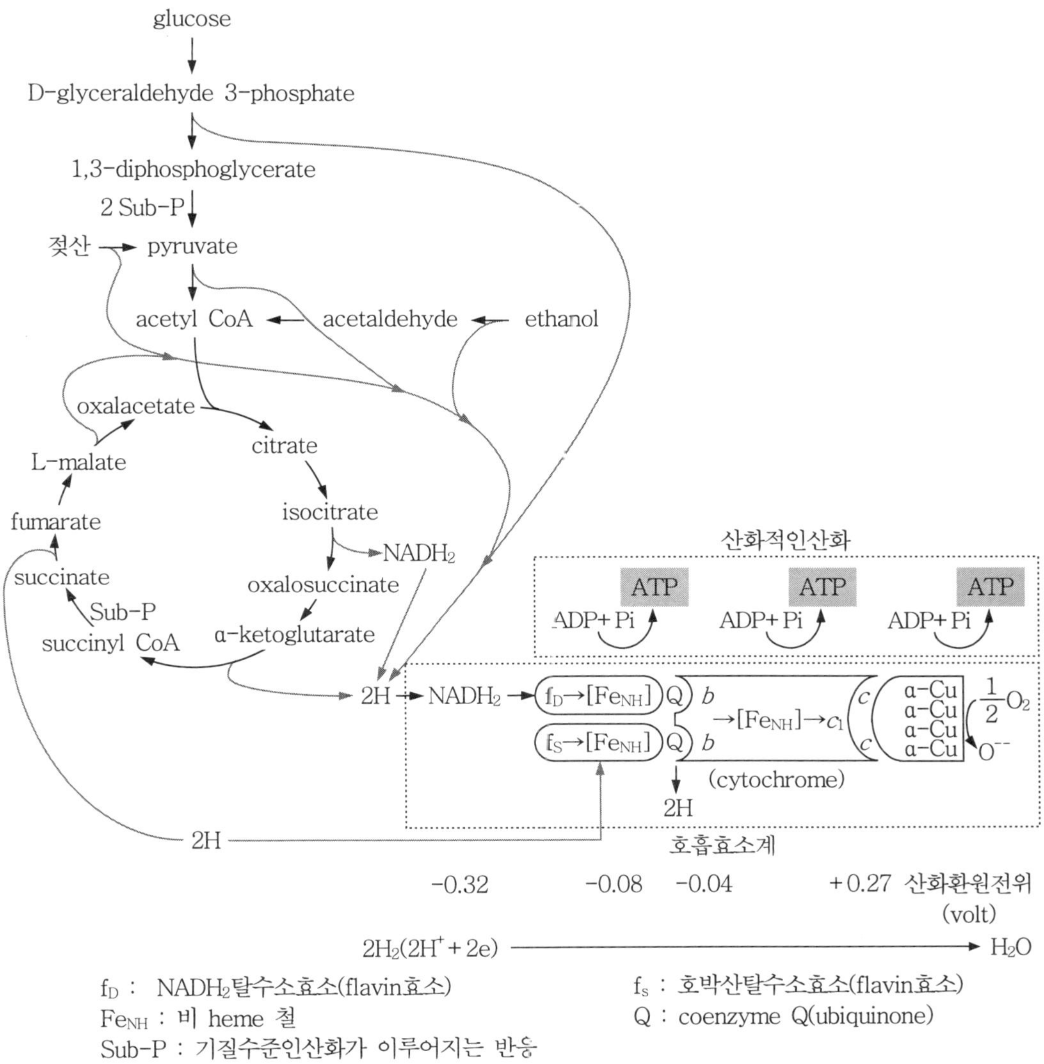

【그림 3-1】 해당경로와 구연산회로를 거쳐서 포도당이 산화되는 경우의 산화적인산화기구

성되는 반응이다. 일반적으로 유기화합물을 산화한다는 것은 그 화합물에서 수소원자나 전자를 빼내는 것으로 이루어진다. 그림 3-1에 나타낸 바와 같이 보통 2개의 수소원자($2H^+ + 2e$)가 NAD 또는 NADP를 조효소로 하는 여러 가지 탈수소효소에 옮겨져서 $NADH_2$로 되고, 이어서 flavin 단백질과 cytochrome 단백질 등을 거쳐서 순차적으로 산화와 환원반응을 반복하여 최종에는 분자상의 산소를 환원하여 물로 된다. 이 사이에 전자는 점차 높은 산화환원전위의 상태로 옮겨가면서 각 단계에서 상당하는 에너지를 유리한다. 이 각 단계의 반응에서 산화적인산화에 의해 보통 수소원자 2개마다 3 mole의 ATP가 생성된다.

$$NADH + H^+ + \frac{1}{2}O_2 + 3ADP + 3Pi \longrightarrow NAD^+ + H_2O + 3ATP$$

그러나 호박산 탈수소효소(succinate dehydrogenase)가 관여하는 반응에서는 그림 3-1의 f_s → [Fe_{NH}] 사이에서 인산화가 공역(coupling)하지 않으므로 2 mole의 ATP만 생성된다. 따라서 영양분이 가지고 있던 화학적 에너지의 대부분이 산화적인산화에 의해 유리되어 보존된다.

2) 기질수준인산화(substrate-level phosphorylation)

탈수(dehydraion) 또는 탈수소(dehydrogenation) 반응에 의해 인산화가 된 어떤 화합물 분자 내의 에너지 분포 상태를 바꾸어 고에너지 인산결합을 형성시키고, 이것과 ADP를 반응시켜 ATP를 합성하는 방법이다.

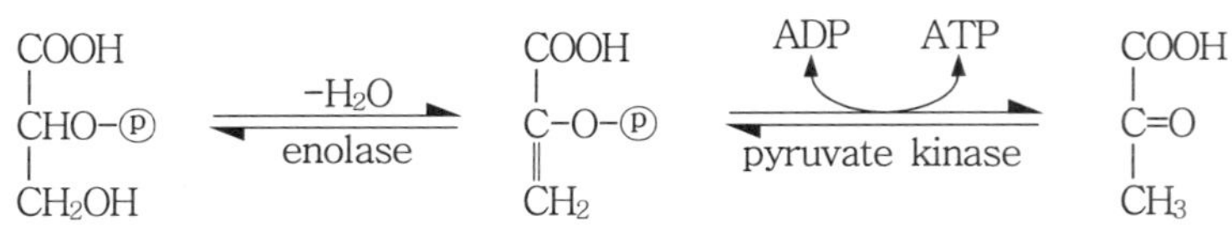

2-phosphoglycerate　　phosphoenol pyruvate　　pyruvate

기질수준인산화에서는 1 mole의 ATP가 생성된다.

3) 광인산화반응(photophosphorylation)

광합성중 광학계에 의해 포착된 빛 에너지는 화학적 에너지인 ATP로 전환된다. 이러한 전환 반응을 광인산화반응이라고 한다. 미토콘드리아와 엽록체는 ATP합성에 있어 양성자구배를 이용하는 점에서 매우 유사하다.

호기성 호흡과 광합성 간에는 다양한 차이가 있지만 가장 중요한 차이점은 엽록체가 빛 에너지를 산화환원(redox) 에너지로 전환시키는 것이다. 또 다른 차이점은 미토콘드리아 내막과는 반대로 Mg^{2+}과 Cl^-는 틸라코이드 막을 통과할 수 있다. 따라서 Mg^{2+}과 Cl^- 이온은 전자와 양성자가 광 반응동안 운반될 때 틸라코이드 막을 통해 이동할 수 있다. ATP합성을 유도하고 틸라코이드 막에 걸쳐 생기는 전기화학적 구배는 3.5 pH 단위 만큼이나 되는 양성자 구배(proton gradient)로 구성된다. 그림 3-2에서 보는 것처럼 광 반응에서 총 6개의 H^+이온이 한 쌍의 전자에 대해서 운반된다. 한분자의 ATP합성을 위해 ATP합성효소를 통한 3개의 H^+이온의 이동이 필요하기 때문에 2개의 ATP분자가 합성되는 각 NADPH분자에 대해서 생성된다. 그러나 높은 광도(light intensity)의 경우 $4H^+/2e^-$이온이 관찰되었다. 이 비율로 볼때 약 1.3 ATP분자가 각 NADPH분자에 대하여 합성된다. 아마도 높은 광도하에서 시토크롬 b_6f복합체가 추가로 2개의 양성자를 펌푸하지 못하기 때문인 것으로 생각된다.

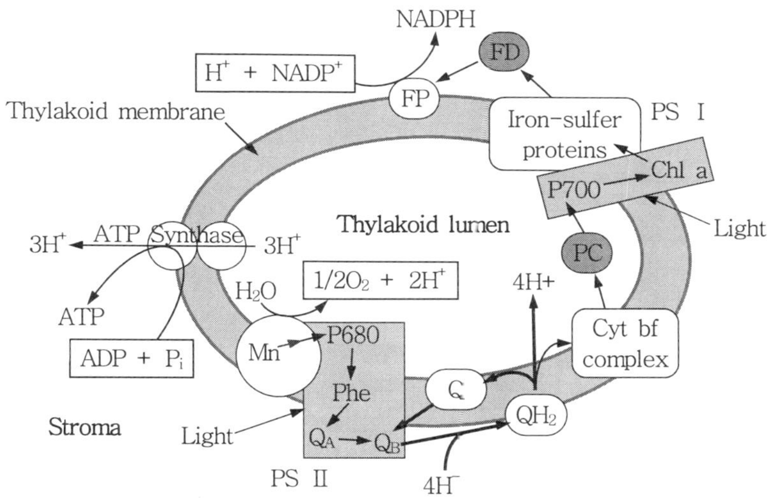

【그림 3-2】 광반응

2. 호흡

호흡(respiration)은 생물이 소위 호흡효소계를 사용하여 분자상 산소를 전자수용체(electron acceptor)로 하여 당이나 기타 유기물을 완전히 산화시켜 CO_2와 H_2O로 분해하고 그 때 생성되는 에너지를 생활에 이용하는 현상이다.

호흡에서는 미생물은 기질수준인산화와 호흡효소에 의한 산화적인산화의 두 방법으로 에너지를 얻는다. 예를 들면 포도당 1 mole을 해당경로(EMP pathway)와 구연산회로(TCA cycle)를 거쳐서 완전산화를 하였을 때 그림 3-1에 나타낸 것과 같이 기질수준인산화에 의하여 3개 장소(Sub-P) × 1 ATP × 2(해당경로에서 1 mole의 포도당으로부터 2 mole의 glyceraldehyde-3-phosphate가 생기므로 2배를 한다.) = 6ATP가 생성되고, 산화적인산화에 의하여 (5개 장소 × 3ATP + 1개 장소 × 2ATP) × 2 = 34ATP가 생성되어 총 40ATP가 생성되나 해당경로의 2개 장소에서 각각 1ATP가 소비되므로 결과적으로 38ATP가 생성된다.

호흡에 의하여 유기물을 완전히 산화하였을 때는 CO_2와 H_2O를 생성하게 되지만 어떤 미생물은 유기물을 CO_2까지 산화하지 못하는 불완전호흡을 한다. 예를 들면, 초산균은 에탄올을 산화하여 초산을 생성한다.

$$\underset{\text{에탄올}}{CH_3CH_2OH} + O_2 \longrightarrow \underset{\text{초산}}{CH_3COOH} + H_2O$$

이외에도 미생물의 불완전호흡으로 생성되는 대사산물로는 gluconic acid, citric acid, α-ketogluconic acid, oxalic acid 등 여러 가지가 있다.

한편, 호기적인 호흡을 하는 미생물 중 어떤 것은 혐기적 조건하에서 산소가 아닌 무기염 즉, 질산염, 황산염 또는 탄산염을 최종 전자수용체로 하여 생물학적 산화를 한다. 이것을 혐기적 호흡(anaerobic respiration)이라고 한다. 예를 들면, *Pseudomonas denitrificans*와 같은 토양 중의 탈질소균은 혐기적 조건하에서는 혐기적 호흡으로 증식 한다.

$$2NO_3^- + 10e + 12H^+ \longrightarrow N_2 + 6H_2O$$

또한 황산환원균이나 메탄세균은 절대혐기성균이며 혐기적 호흡으로 증식을 한다.

$$\underset{\text{젖산}}{2CH_3CHOHCOOH} + SO_4^{2-} \longrightarrow \underset{\text{초산}}{2CH_3COOH} + 2CO_2 + H_2S + 2OH^- \text{(황산환원균)}$$

$$2CH_3CH_2OH + CO_2 \longrightarrow 2CH_3COOH + CH_4 \text{(메탄세균)}$$

3. 발효

발효는 유기화합물을 미생물의 작용으로 더욱 간단한 화합물로 분해하는 산화환원 반응이며, 대사과정에서 생성된 유기화합물이 수소공여체(hydrogen donor)가 되고, 또 다른 유기화합물이 수소수용체(hydrogen acceptor)가 되어서 산화환원반응이 일어나는 것이 발효의 특징이다. 효모의 알코올 발효와 젖산균에 의한 젖산발효가 그 대표적인 예이다. 발효에 의해 유기인산에스테르에서 ADP로 인산이 옮겨져서 ATP가 생성되게 되므로 알코올 발효와 젖산발효에서는 기질수준인산화에 의해서만 ATP가 생성된다.

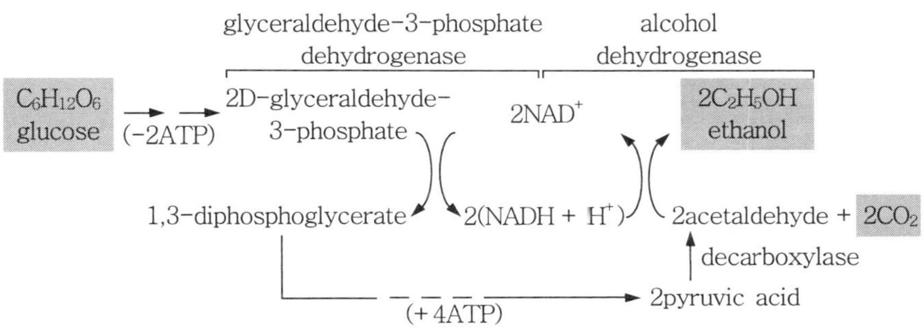

$$C_6H_{12}O_6 \longrightarrow 2C_2H_5OH + 2CO_2 (\Delta G^{o\prime} \fallingdotseq -20\text{kcal/mole})$$

$$C_6H_{12}O_6 + 2ATP + 2H_3PO_4 \longrightarrow 2C_2H_5OH + 2CO_2 + \boxed{2ATP} + 2H_2O$$

【그림 3-3】 효모의 알코올 발효 기구

효모에 의한 알코올 발효 기구의 주요한 점을 그림 3-3에 나타내었다. 즉, 알코올 발효에서는 glyceraldhyde-3-phosphate → 1,3-diphosphoglycerate의 반응에서 생성된 $NADH_2$는 pyruvate → ethanol 반응에 사용되므로 $NADH_2$에 의한 ATP생성은 없으며, 2분자의 1,3-diphosphoglycerate와 2분자의 phosphoenolpyruvate로 부터 기질수준인산화에 의하여 합계 4ATP가 생성되지만 포도당의 인산화 과정에서 2ATP가 소비되므로 결국 2ATP가 생성되게 된다(젖산발효에서도 이와 같이 2ATP가 생성된다). 따라서 전술한 완전호흡에서의 38ATP에 비하여 에너지 획득법으로는 능률이 좋지 못하다고 할 수 있다.

3-2. 탄수화물의 대사

1. 탄수화물의 혐기적 대사

탄수화물은 생물에서 주요한 에너지원이며, 세포막이나 세포조직의 구조물질 등에 필요한 다양한 역할을 가지는 물질로서 그 기본 구성 물질은 포도당이다. 포도당은 거의 모든 미생물에 의해 이용될 수 있기 때문에 포도당의 대사는 여러 가지 대사 중에서 가장 중심적 위치에 있다.

미생물은 산소에 대한 태도에 따라서 호기성균(aerobes), 혐기성균(anaerobes), 통성혐기성균(facultative anaerobes)으로 구분된다. 이 중에서 대부분의 미생물은 통성혐기성 미생물로서 산소의 유무에 관계없이 포도당을 이용할 수 있으며, 이용 경로는 미생물이 처한 환경에 의해 결정되어 진다. 여기서는 산소가 없는 상태에서 포도당이 이용되는 대사과정에 대하여 설명하기로 한다.

1) 해당과 젖산발효 및 알코올 발효

포도당이 혐기적으로 분해되는 과정을 해당(glycolysis)이라고 하며, 이 같은 대사경로를 발견한 연구자들의 이름을 따서 Embden-Meyerhof-Parnas(EMP) 경로라고도 한다.

해당은 포도당이 EMP경로에 의해서 피루빅산(pyruvic acid)이 생성되고 이 피루빅산이 조건에 따라 변화하는 주요한 대사과정이며 포도당 이외의 당도 해당의 중간체로 바뀌어 해당경로를 거치게 된다(그림 3-4).

포도당이 인산화되어 해당경로에 들어간 다음 aldolase에 의해 3탄당 인산화화합물인 dihydroxyacetone phosphate와 glyceraldehyde-3-phosphate가 생성된다. 이 두 화합물은 이성화효소(triose phosphate isomerase)에 의해 평형이 유지되며, glyceraldehyde-3-phosphate는 해당경로를 거치면서 산화되어 피루빅산(pyruvic acid)으로 전환된다.

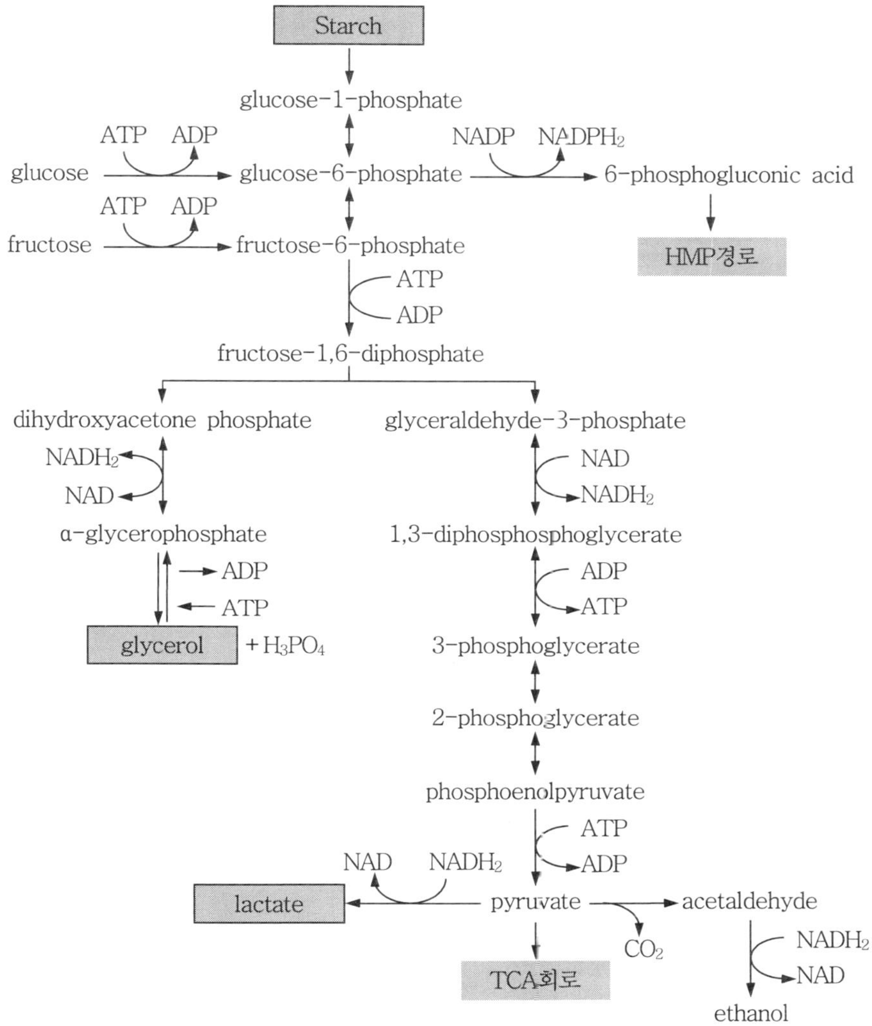

【그림 3-4】 해당경로

(1) 젖산발효

젖산균 중에서 젖산의 공업적 제조에 많이 이용되는 *Lactobacillus delbrueckii*, 요구르트의 제조에 사용되는 *Lactobacillus acidophilus*와 *Lactobacillus bulgaricus*, 우유 중에 흔히 존재하는 *Streptococcus lactis* 등과 같은 정상젖산발효(homo lactic acid fermentation)를 하는 균은 해당작용 중 glyceraldehyde-3-phosphate → 1,3-diphosphoglycerate 반응에서 생성된 $NADH_2$를 lactate dehydrogenase와 공역하여 pyruvate에서 젖

산을 생성한다(그림 3-3). 이 때 포도당 1 mole이 해당과정을 거치는 동안 2 mole의 젖산과 2 mole의 ATP가 생성된다.

$$\underset{\text{포도당}}{C_6H_{12}O_6} + 2Pi + 2ADP \xrightarrow{\text{해당}} \underset{\text{젖산}}{2CH_3CHOHCOOH} + 2ATP + 2H_2O$$

그러나 *Lactobacillus fermentum, Lactobacillus brevis, Leuconostoc mesenteroides, Leuconostoc dextranicum* 등과 같은 이상젖산발효(hetero lactic acid fermentation)균(그림 3-5 a)은 포도당으로부터 젖산 이외에 에탄올, 초산(그림 3-5 b), CO_2 등을 생성한다. 이 때 정상젖산발효균은 당을 EMP 경로로 대사하지만 이상젖산발효균은 EMP 경로에 의하지 않고 그림 3-5와 같은 phosphoketolase라는 효소가 관여하는 특수한 경로(phosphoketolase 경로)로 당을 발효한다.

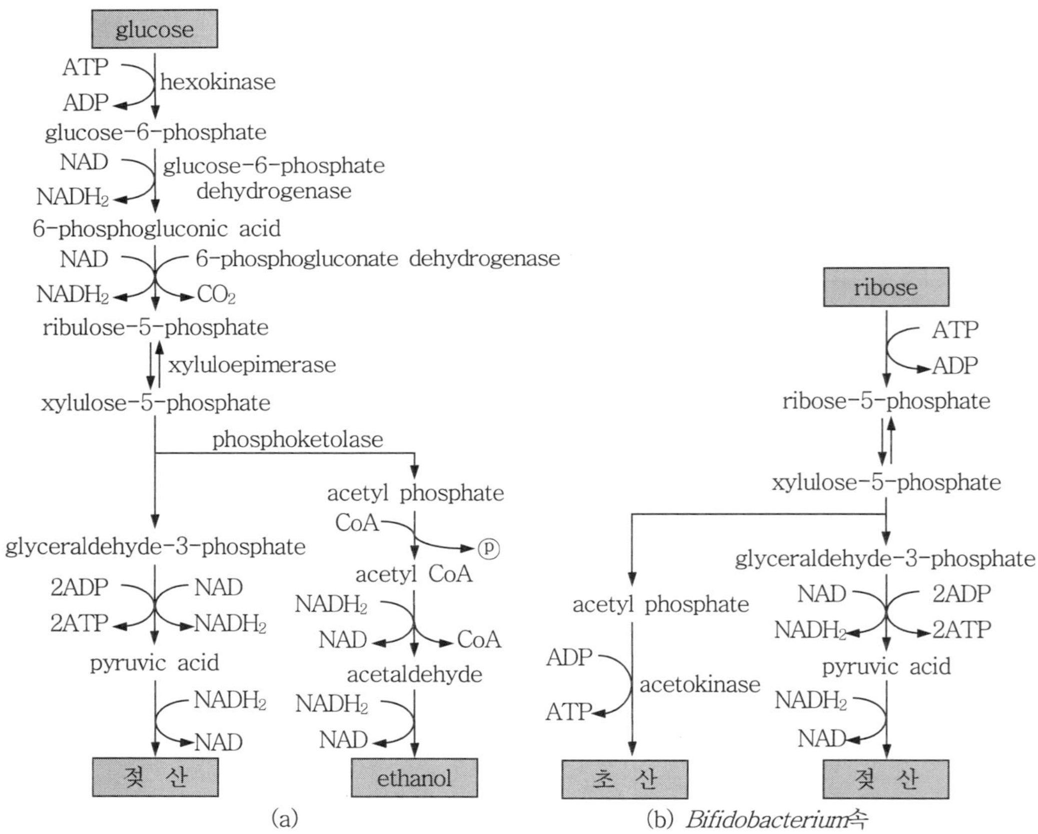

【그림 3-5】 Phosphoketolase 경로

Phosphoketolase 경로에서는 포도당이 HMP 경로의 초기반응으로 ribulose-5-phosphate로 산화되지만 NADP를 조효소로 사용하는 HMP 경로와 달리 NAD를 조효소로 한다. Phosphoketolase는 xylulose-5-phosphate에 작용하여 glyceraldehyde-3-phosphate와 acetyl phosphate로 분해하며 생성된 glyceraldehyde-3-phosphate에서 피루빅산 까지는 EMP 경로에 의하여 진행된다. 피루빅산과 acetyl phosphate는 앞에서 생성된 $NADH_2$의 산화과정의 전자수용체로 되어 각각 젖산과 에탄올로 전환된다.

또한 정상젖산발효나 이상젖산발효의 경우 5탄당을 발효하면 그림 3-5의 오른쪽과 같이 젖산과 초산을 생성한다. 한편, 젖산균은 cytochrome계 호흡효소나 구연산회로(TCA 회로)를 가지고 있지 않으므로 호기적이나 혐기적 어느 조건에서도 1 mole의 포도당으로부터 2 mole의 ATP를 생성한다.

(2) 알코올 발효

효모 등과 같이 알코올 발효를 하는 미생물은 피루빅산을 탈탄산(decarboxylation)시켜 acetaldehyde와 CO_2로 변화시키는 pyruvate decarboxylase를 가지고 있으며 생성된 acetaldehyde는 알코올 탈수소효소(alcohol dehydrogenase)의 존재 하에서 $NADH_2$에 의하여 환원되어 에탄올로 된다(그림 3-3). 여기에 관여하는 $NADH_2$는 glyceraldehyde-3-phosphate → 1,3-diphosphoglycerate의 탈수소반응에서 생성되며 결국 acetaldehyde → ethanol의 반응에 사용되므로 이 두 반응은 서로 공역관계 이다. 알코올 발효 효모에서는 1 mole의 포도당으로부터 2 mole의 에탄올과 2 mole의 CO_2를 생성한다.

$$\underset{\text{포도당}}{C_6H_{12}O_6} \xrightarrow{\text{알코올 발효}} \underset{\text{에탄올}}{2CH_3CH_2OH} + 2CO_2$$

(3) Glycerol 발효

이 반응은 알코올 발효에서 부수적인 반응이다. 포도당이 해당경로에 의해 발효될 때 glyceraldehyde-3-phosphate → 1,3-diphosphoglycerate의 반응에서 생성된 $NADH_2$는 acetaldehyde → ethanol에 사용되어 에탄올을 생성하지만, 발효의 초기에 acetaldehyde가 아직 생성되지 않았을 때는

$NADH_2$는 α-glycerophosphate dehydrogenase에 의하여 dihydroxyacetone phosphate를 환원시켜 α-glycerophosphate를 생성하고 이어서 phosphatase에 의하여 glycerol이 생성된다(그림 3-4).

2) EMP 경로를 거치는 각종 발효

젖산발효, 알코올발효 이 외에 EMP 경로를 이용하는 대표적인 세균에 의한 발효를 표 3-1에 나타내었다. 이들은 모두 피루빅산 이하의 대사가 젖산이나 알코올 발효와 다르며, 그 대사 경로는 그림 3-6과 같다.

【표 3-1】 EMP 경로에 의한 각종 발효

발효명과 생성물	미생물
혼합산형 발효 젖산, 초산, 개미산, 호박산, ethanol, H_2, CO_2	대장균 등 장내세균
butanediol 발효 혼합산형 발효 생성물, 2,3-butanediol	*Klebsiella*속 등
낙산발효 낙산, 초산, H_2, CO_2	*Clostridium*속 등
acetone・butanol 발효 낙산발효 생성물, butanol, acetone, isopropanol, ethanol	*Clostridium*속 등
propion산 발효 propionic acid, 초산, 호박산, CO_2	*Propionibacterium*속 등

이들 반응에서 특히 중요한 것은 acetyl coenzyme A(acetyl CoA)에 의한 초산의 생성반응이다. Acetyl CoA는 다음 식에 따라 acetyl phosphate로 전환되며, acetyl phosphate는 ADP를 인산화하여 ATP와 초산이 생성된다.

$$\underset{\text{acetyl CoA}}{CH_3COSCoA} + Pi \longrightarrow \underset{\text{acetyl phosphate}}{CH_3COO{\sim}Ⓟ} + CoASH$$

$$CH_3COO{\sim}Ⓟ + ADP \longrightarrow \underset{\text{acetic acid}}{CH_3COOH} + ATP$$

이 반응에 의해 EMP 경로로 얻어지는 2ATP 외에 더욱더 에너지를 획득

할 수 있게 된다. 표 3-1에 나타난 발효생산물에는 모두 초산이 포함되어 있어 에너지 생성반응으로서 초산의 생성이 중요하다는 것을 알 수 있으며, 나머지는 주로 환원생산물로 산화환원의 균형적인 면에서 생각해 보면 될 것이다.

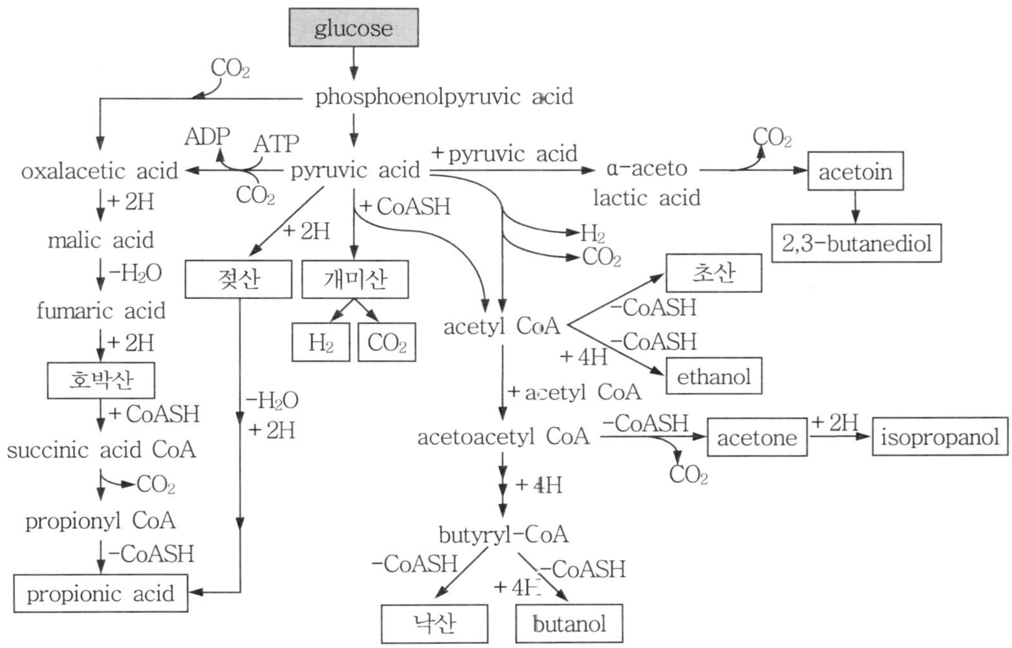

【그림 3-6】 EMP 경로에 의한 각종 발효기구

3) EMP 경로 이외의 당발효

세균 중에는 당류의 발효생산물로서 에탄올을 생성하는 것이 있는데, 그 중에는 효모와 다른 해당기구를 갖는 것이 있다. 그 한 예로 *Pseudomonas lindneri*(*Zymomonas lindneri* 라고도 한다.)를 들 수 있다.

이 세균은 멕시코의 알코올성 음료 '풀케(pulque)'의 제조에 이용되고 있으며, 포도당이나 과당으로부터 소비당에 대하여 45%의 에탄올과 45%의 CO_2 및 그 밖에 소량의 젖산을 생성한다. 1-^{14}C-glucose를 이 세균으로 발효시키면 대부분의 방사능이 CO_2로서 회수된다. 이와 같은 표식된 기질을 사용한 연구에 따르면, 이 발효에서 CO_2는 포도당의 1번과 4번 탄소로부터 유래되고, 에탄올은 2, 3 및 5, 6번 탄소에서 유래하는 것으로 밝혀지게 되었다. 반면 효모의 알코올 발효에서는 CO_2는 포도당의 3, 4번 탄소에서, 에탄올은 1, 2 및 5, 6번 탄소에서 유래하기 때문에 분명히 EMP 경로와는 다른 당대사가 행해지는 것으로 밝혀졌다.

이 발효경로에서 glucose-6-phosphate가 6-phosphogluconic acid를 거쳐 2-keto-3-deoxy-6-phosphogluconic acid로 되고, 이어서 피루빅산과 glyceraldehyde-3-phosphate로 분해된다(그림 3-7). 생성된 피루빅산과 glyceraldehyde-3-phosphate는 일반적인 알코올 발효와 마찬가지로 대사되어 에탄올과 CO_2를 생성한다. 이 발효에서는 포도당 1 mole당 1mole의 glyceraldehyde-3-phosphate를 생성하며, 따라서 ATP는 2 mole이 생성되는데, 포도당의 인산화에 1 mole을 소비하기 때문에 나머지 1 mole의 ATP가 생성된다. 이 같은 경로를 처음으로 발견한 Entner와 Doudoroff의 이름을 따서 Entner-Doudoroff 경로라고 한다.

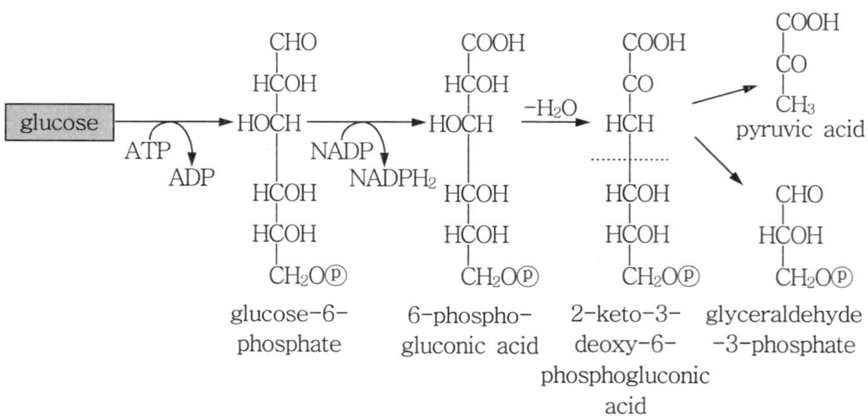

【그림 3-7】 Entner-Doudoroff 경로

2. 탄수화물의 호기적 대사

1) TCA 회로

EMP 경로는 포도당이 혐기적 발효에 의하여 젖산이나 알코올이 생성될 때의 당분해 경로이지만 TCA 회로(tricarboxylic acid cycle, Krebs cycle, 구연산 회로)는 생체내에서 EMP 경로 등에서 생성된 피루빅산이 호기적 조건하에서 더욱 산화되어 그림 3-8과 같이 citrate, α-ketoglutarate 등을 중간산물로 거치면서 CO_2와 H_2O로 완전 산화되는 대사경로이다.

$$\underset{\text{포도당}}{C_6H_{12}O_6} \longrightarrow \underset{\text{피루빅산}}{2CH_3COCOOH} \longrightarrow 6CO_2 + 6H_2O$$

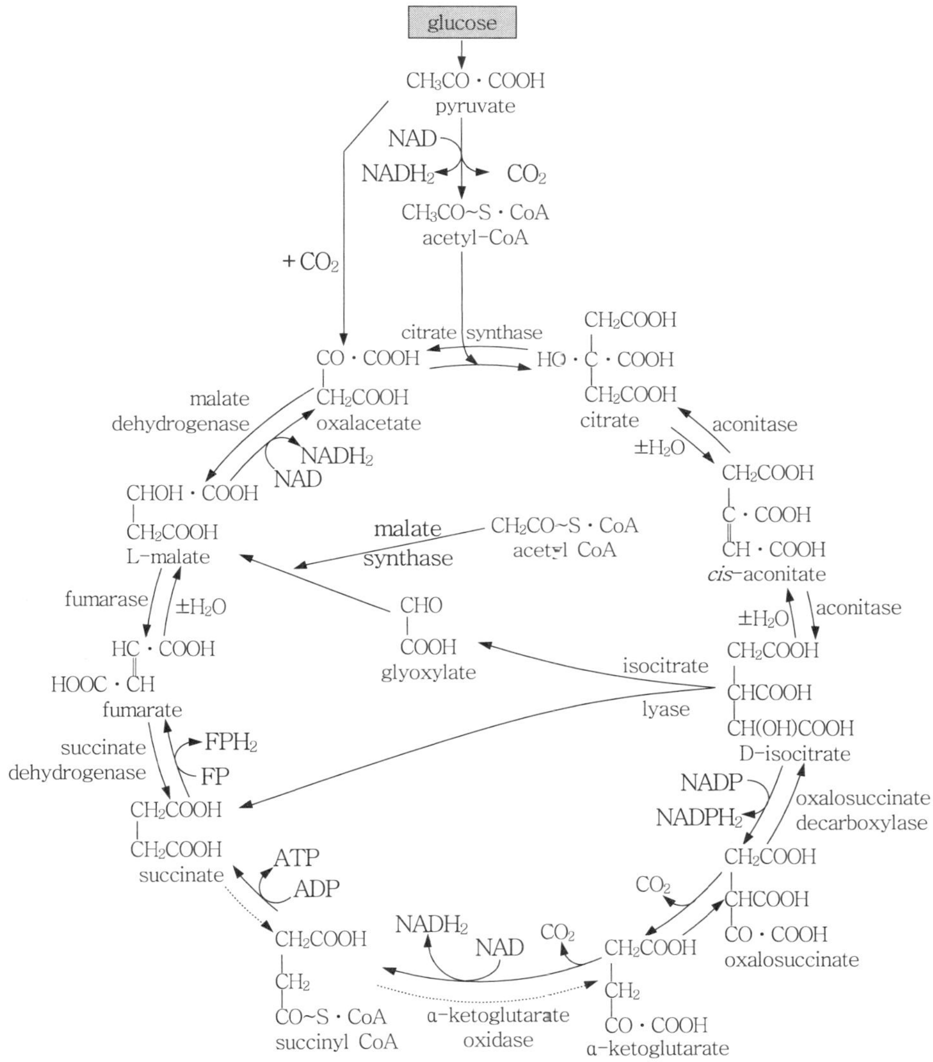

NAD : nicotinamide adenine dinucleotide

NADP : nicotinamide adenine dinucleotide phosphate

【그림 3-8】 TCA 회로와 glyoxylate 회로

피루빅산에서 피루빅산 탈수소효소(pyruvate dehydrogenase)에 의해 생산된 acetyl CoA가 구연산 회로에 의해 CO_2로 완전히 산화되면서 NAD, NADP 및 FAD를 환원시킨다.

구연산 회로의 탈수소효소 중 호박산 탈수소효소(succinate dehydrogenase)는 플라빈 단백질이지만 그 밖의 탈수소효소는 NAD 또는 NADP를 환원한다. $NADPH_2$는 transhydrogenase가 촉매하는 다음의 반응에 의하여 $NADH_2$를 생성하게 된다.

$$NADPH_2 + NAD \rightleftarrows NADP + NADH_2$$

따라서 1mole의 피루빅산이 구연산 회로를 통해 완전히 산화되는 과정 중에 생성되는 ATP는 4군데의 $NADH_2$로부터 각각 3ATP가 생성되고, succinate → fumarate의 반응에서 생성된 $FADH_2$로부터 2ATP가 생성되므로 산화적인산화에 의해 14 mole의 ATP(4군데 × 3ATP + 1군데 × 2ATP)가 생성된다. 또한 α-ketoglutarate로 부터 succinate가 생성될 때의 기질수준인산화에 의해 1 mole의 ATP가 생성되므로 피루빅산 1 mole이 구연산 회로의 한 cycle을 거치는 동안 총 15 mole의 ATP가 생성된다. 이로써 EMP 경로에 의한 발효에 비하여 산화적인 대사가 에너지 획득에 더 유효하다는 것을 알 수 있다.

구연산 회로는 미생물뿐만 아니라 동물조직 등 일반 생물에서도 널리 인정되는 에너지 공급원의 기구로 중요하며, 생체합성에 필요한 탄소골격을 제공하는 역할을 한다. 이처럼 ATP 생산을 위한 이화대사(catabolism) 과정에서 생체합성반응(anabolism)에 필요한 전구물질을 동시에 생산하는 대사경로를 양성대사경로(amphibolic pathway)라 한다. 미생물이 왕성하게 생육할 때는 구연산 회로의 주된 기능이 생체합성에 필요한 탄소골격을 제공하는 것이지만 생육이 끝나면 CO_2로 산화되면서 ATP를 생산하는 것이 주된 기능이다.

한편 구연산 회로의 중간산물이 생체합성에 이용되고 보충되지 않으면 결과적으로 oxaloacetate의 농도가 낮아져서 구연산이 합성되지 못하며 이 때문에 구연산 회로가 회전하지 못하게 된다. 따라서 구연산 회로를 계속 유지시키기 위해서는 생합성에 이용된 중간산물을 보충하는 반응이 필요한데 이를 충전반응(anaqlerotic sepuence)이라 한다. 미생물이 당을 기질로하여 생육할 때는 다음의 두 종류의 반응에서와 같이 피루빅산이나 phosphoenol pyruvate로부터 oxaloacetate를 보충하여 구연산 회로가 계속 회전하게 한다.

phosphoenol pyruvate carboxylase가 촉매하는 반응

phosphoenol pyruvate + CO_2 ⟶ oxaloacetate + Pi

pyruvate carboxylase가 촉매하는 반응

pyruvate + CO_2 + ATP ⟶ oxaloacetate + ADP + Pi

2) glyoxylate 회로

미생물이 피루빅산을 거치지 않고 구연산 회로에 들어가는 탄소원(에탄올, 초산 등의 C_2화합물)에서 생육하기 위해서는 그림 3-8, 그림 3-9와 같은 glyoxylate 회로에 의하여 glyoxylate와 acetyl CoA가 축합하여 C_4화합물을 공급하여야 한다.

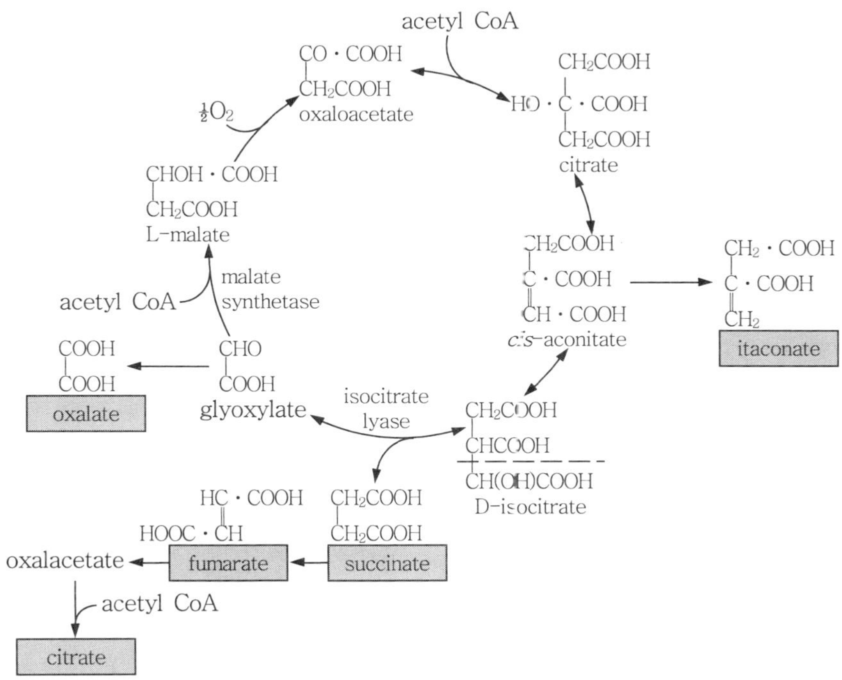

【그림 3-9】 Glyoxylate 회로

이 회로는 구연산 회로의 측로로서 먼저 isocitrate가 isocitrate lyase에 의하여 glyoxylate와 succinate로 분해되고, succinate는 구연산 회로를 통해 대사되고 glyoxylate는 malate synthase에 의하여 acetyl CoA와 결합하여 malate를 합성하여 구연산 회로의 반응과 합쳐져서 구연산회로의 정상적인 작동을 가능하게 해준다. 이것은 1 mole의 isocitrate와 1 mole의 C_4 화합물이 생성되는 보통의 구연산 회로에 다시 1 mole의 C_4 화합물을 보충하는 의미를 가지며, 미생물 세포에서 아미노산 및 기타 물질을 합성하는 전구체로서 구연산 회로에 의하여 많이 소비되는 그 대사중간체를 보충한다는 점에서 미생물의 생합성계에 중요한 의의를 가진다.

3) 6탄당 인산회로

6탄당 인산회로(hexose monophosphate shunt, HMP 경로)는 세포질에서 해당경로의 측로를 형성하는 당질의 또 다른 대사경로이며, 오탄당 인산회로(pentose phosphate cycle 또는 연구자의 이름을 딴 Warburg-Dickens pathway)라고도 한다. 6탄당 인산회로는 산화과정과 비산화과정으로 구분되는데 그림 3-10에서와 같이 glucose-6-phosphate로부터 ribulose-5-phosphate까지가 산화과정에 의한 경로이고 그 이후는 비산화과정에 의한 경로이다. 산화과정에서 glucose-6-phosphate는 $NADP^+$를 조효소로 하는 glucose-6-phosphate dehydrogenase와 lactonase에 의하여 산화와 가수분해를 받아 6-phosphogluconic acid가 되고 다시 같은 $NADP^+$를 조효소로 하는 6-phosphogluconate dehydrogenase에 의하여 ribulose-5-phosphate가 된다. 이 때 1 mole의 CO_2가 유리되고 이어서 isomerase와 epimerase의 작용으로 각각 ribose-5-phosphate와 xylulose-5-phosphate가 된다. 이 두 화합물은 thiamine pyrophosphate(TPP)와 Mg^{2+}를 조효소로 하는 transketolase와 transaldolase의 작용을 순차적으로 받아서 5탄당 인산이 7탄당, 6탄당, 4탄당 및 3탄당 인산으로 대사가 된다. 이 때 생성된 3탄당 인산은 EMP경로와 같은 반응을 거쳐 피루빅산으로 대사되거나 당신생(gluconeogenesis) 경로를 통해 glucose-6-phosphate로 되어 다시 6탄당 인산회로(HMP)로 들어간다.

6탄당 인산회로의 탈수소효소는 $NADP^+$를 조효소로 하는 것이 특징이며, 또 $NADPH_2$의 생체 내에서의 의의는 지방산, 아미노산 등 생체성분이 환원

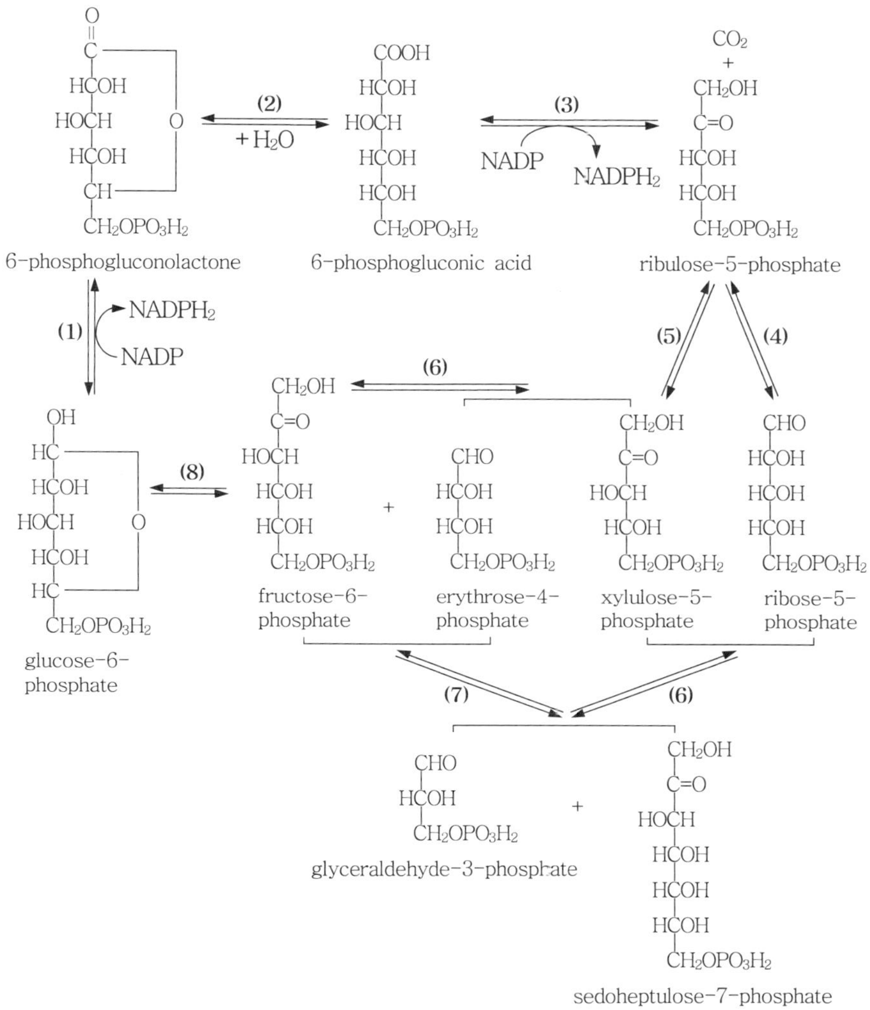

(1) glucose-6-phosphate dehydrogenase, (2) gluconolactonase, (3) 6-phosphogluconic acid dehydrogenase, (4) phosphopentose isomerase, (5) phosphopentoepimerase, (6) transketolase, (7) transaldolase, (8) phosphohexose isomerase

【그림 3-10】 육탄당 인산회로(hexose monophoshate shunt)

적으로 생합성될 때 수소공여체가 되는 중요한 역할을 하는데 있다. 또한 이 경로는 5탄당의 대사와 핵산, 방향족 아미노산 등 주요 생체성분의 합성 재료를 공급하고 7탄당의 생합성에도 관여한다.

따라서 6탄당 인산회로는 해당경로와는 달리 직접 ATP를 생산하지 않는 대신 생체합성에 필요한 환원적인 $NADPH_2$와 핵산합성에 필요한 5탄당의 공급이 그 생화학적 의의라 할 수 있다.

일반적으로 미생물은 EMP와 HMP의 대사경로를 거쳐 포도당을 분해하지만 70~80 : 30~20의 비율로 EMP 경로가 우세하다. 그러나 *Leuconostoc mesenteroides*, *Acetobacter suboxydans* 등은 포도당을 거의 100% HMP 경로에 의하여 대사한다.

3-3. 2차 대사산물의 발효

전술한 바와 같이 기본적으로 생물의 생명유지에 필수적인 대사산물 및 생합성 중간대사산물을 생산하기 위한 대사를 1차대사라 하고, 생명유지에 필수적이 아닌 대사산물을 생산하는 것을 2차대사라 한다. 그림 3-11에서와 같이 2차 대사는 1차 대사에서 분지(branch)되어 특정의 조건에서 진행되는데, 1차 대사와 2차 대사의 구분은 다분히 개념적이고 명확하지 않다.

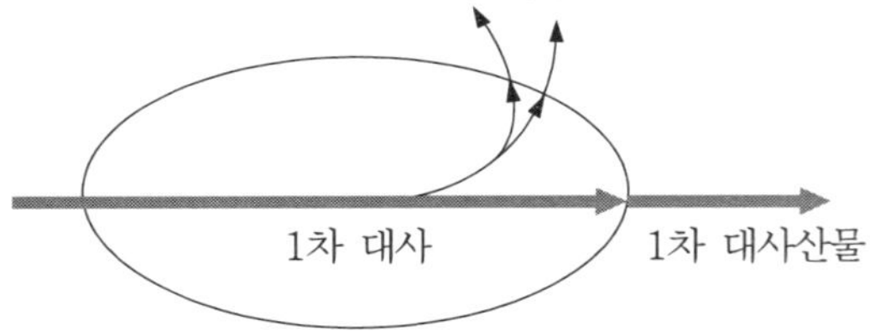

【그림 3-11】 1차 대사와 2차 대사

따라서 2차 대사산물은 다음과 같이 정의할 수 있다.

2차 대사산물은 미생물에서 만들어지나 ① 미생물의 발육과 증식에 관여하지 않는 물질군으로서 ② 적어도 그의 생합성의 일부는 1차대사 산물의 생합성에 관여하지 않는 유전재료(plasmid 등)에 기초를 둔 대사경로가 관여하며 ③ 그의 생산은 대부분의 경우 균주특이적이다.

이 정의에 발효생산의 관점에서 다음의 7가지 항목을 덧붙일 수 있다.

① 발효의 경시적 변화(time course)에는 2가지 시기, 즉 영양증식기(trophophase)와 특이생산기(idiophase)가 있으며, 2차대사 산물은 균의 증

식이 활발한 영양증식기 보다는 균의 생육이 정지되어 정상기에 들어가는 특이생산기에서 그 생합성이 활발하게 이루어지는 것이 많다(그림 3-12).

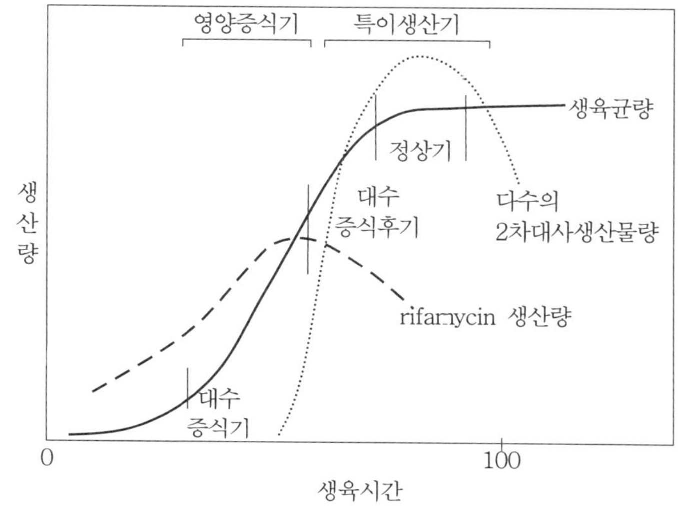

【그림 3-12】 생육시간과 2차 대사산물의 생산시기

② 공통의 1차 대사계에서 분지한 2차 대사계에 의한 산물이기 때문에 화학구조가 유사한 물질이 다수 생산되는 경우가 많다. 예를 들면 페니실린(penicillin) 발효액에는 주성분인 Penicillin G 이외에 10종 이상의 penicillin 관련화합물이 생성되고 있다.

③ 미량의 금속이온(Fe^{2+}, Fe^{3+}, Mn^{2+}, Co^{2+}, Zn^{2+}, Ni^{2+} 등)과 인산염량의 무기이온에 의해 생산성이 좌우된다.

④ 전구물질(precursor)의 첨가효과가 닳다. Penicillin G 발효에 있어서 phenylacetate의 첨가효과는 매우 유명하다.

⑤ 2차 대사에 관여하는 효소는 1차대사의 효소처럼 특이성(specificity)이 높지 않다. 이처럼 2차 대사 효소의 기질특이성이 낮기 때문에 유사한 구조를 갖는 기질을 공급하여 천연물과 다른 2차대사산물을 얻을 수가 있다. 예를 들면, Penicillin G의 acyl측쇄인 phenylacetate 대신에 여러 가지의 acyl기를 발효액에 첨가함으로써 각각의 acyl기를 측쇄로 하는 penicillin류를 생성할 수가 있다.

⑥ 높은 온도에서 배양하거나 균의 이식, 접종을 자주함으로써 그 생산성이 떨어지거나 상실되기 쉽다. 이 같은 현상은 항생물질 생산성에 관여하는 유전재료(plasmid)의 상실에 기인하는 경우가 대표적이다.

⑦ 2차 대사에서는 한 종류의 생산물에 도달하는 경로에는 다수의 경로가 있을 수 있는데 이러한 경로는 metabolic network 또는 metabolic grid라고 하는 일련의 경로로 생각되며, 배양조건, 균주의 차에 의해서 주 생합성 경로가 결정된다.

2차 대사산물의 기본적인 생합성경로를 그림 3-13에 나타내었다.

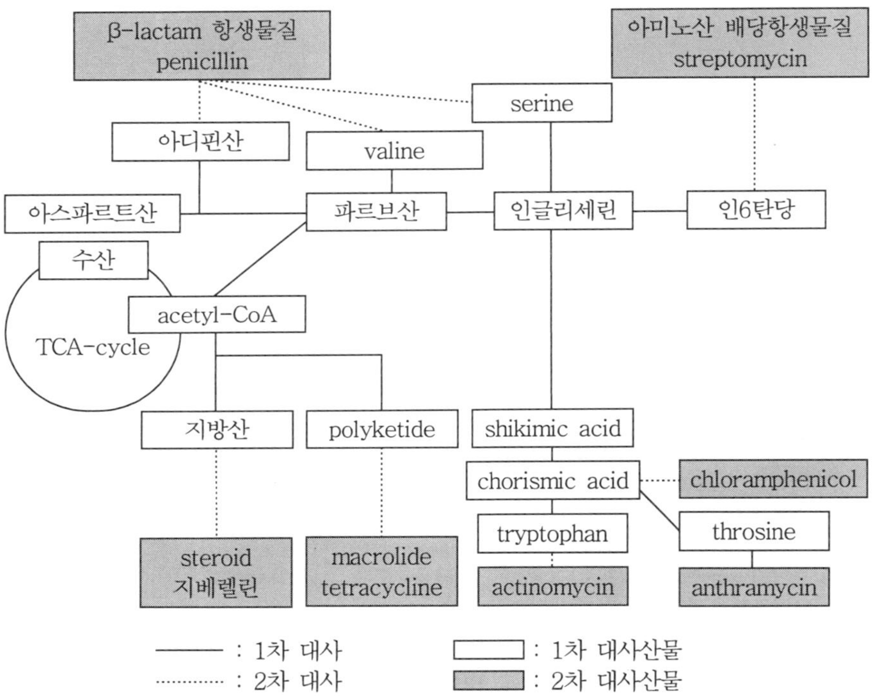

【그림 3-13】 구연산 회로를 중심으로 한 1차 대사와 2차 대사의 관계

3-4. 대사조절

생화학, 미생물유전학, 분자생물학 등의 발전을 배경으로 해서 미생물의 대사조절기구를 충분히 이해한 다음 목적으로 하는 대사산물이 효율적으로

생산되도록 조절기구를 의도적으로 바꾸는 수단이 개발되어 공업적으로 발효생산되고 있으며 이러한 뜻에서 이들 발효를 대사제어발효(metabolism regulating fermentation)라고 한다. 미생물대사는 효소합성과 효소활성의 양자에 대한 복잡한 조절기구에 의해서 조절되고 있기 때문에 목적으로 하는 대사산물의 효율적인 발효생산을 위해서는 그 대사경로에 관여하는 조절기구를 잘 이해해야만 된다.

1. 효소합성의 조절기구

1) 효소합성의 유도

효소는 배지의 조성에 관계없이 생성되는 구성효소(constitutive enzyme)와 그 효소의 기질이나 analogue가 존재할 때만 생성되는 유도효소(inducible enzyme)가 있다. 유도효소에서 효소의 합성을 유도하는 기질을 유도물질(inducer)라고 하며, 그 효소의 작용을 받지 않는 기질의 analogue도 좋은 유도물질(gratuitous inducer)이 되는 경우가 있다. 유도물질의 대표적인 예는 amylase에 대한 전분, β-galactosidase에 대한 lactose 등이다.

이와 같은 효소합성의 유전적 조절기작은 1961년 Jacob과 Monod에 의해서 주장된 대장균의 lactose operon에 의해서 잘 설명된다.

그림 3-14(86쪽 참고)는 지금까지 알려진 내용을 바탕으로 유도효소의 생성원리를 나타낸 operon의 모형도이다.

Operon은 구조유전자(structural gene)와 이들 유전자의 발현을 규제하고 있는 promoter와 operator로 되어 있고 이것과 떨어진 부위에 있는 조절유전자(regulator gene)가 관여하고 있다.

Lactose와 같은 유도물질이 존재하지 않을 대는 조절유전자에 의해서 만들어지는 repressor가 operator 부위에 붙어서 promoter 부위부터 시작되는 RNA polymerase에 의한 mRNA의 생성을 저해하게 되어 효소가 생성되지 않는다. 그러나 lactose와 같은 유도물질이 존재하면 repressor는 유도물질과 결합하여 불활성화 되고 operator에 결합할 수 없게 되어 구조유전자로부터 mRNA의 생성이 순조롭게 진행되어 효소가 생성된다.

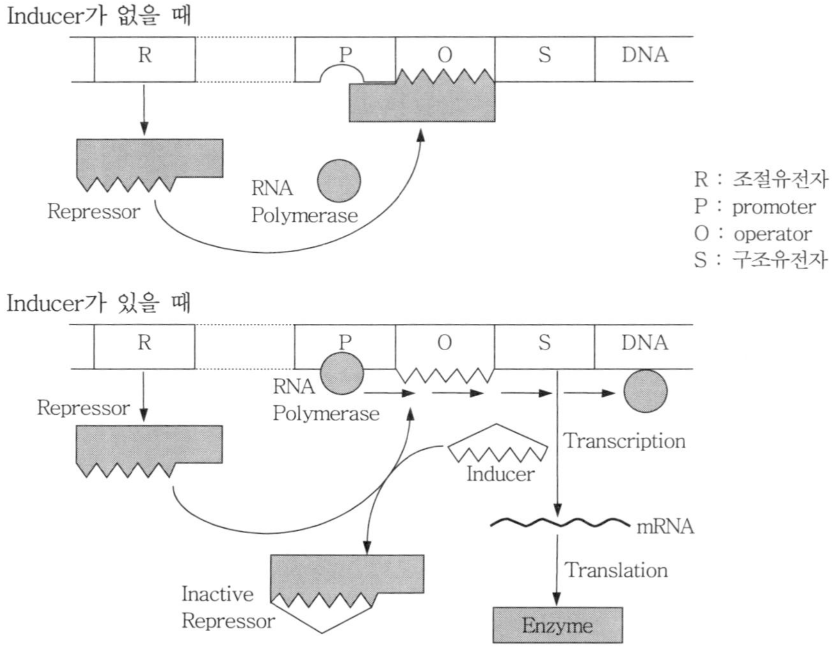

【그림 3-14】 유도효소의 생성원리

2)효소합성의 억제

(1) 되먹임 억제

생체 내에서 최종생산물이 필요량 생성되면 그 생합성계에 관여하는 효소의 합성을 정지시킴으로써 대사작용을 조절하는 기구인 되먹임 억제(feed-back repression)도 operon설로 설명할 수 있다(그림 3-15). 대표적인 예가 대장균의 tryptophan operon이다.

조절유전자에 의해서 만들어지는 repressor(aporepressor)는 생합성경로의 최종산물인 tryptophan과 같은 corepressor가 없으면 불활성이어서 operator부위에 붙을 수 없기 때문에 RNA polymerase에 의해 구조유전자로부터 mRNA가 생성되어 효소의 합성이 이루어 진다. 그러나 생합성경로의 최종산물인 tryptophan과 같은 corepressor가 있으면 조절유전자에 의해서 만들어지는 repressor(aporepressor)는 corepressor와 결합하여 활성형으로 되고 operator부위에 결합하여 mRNA 생성을 억제하므로 효소가 합성되지 않는다. 이와 같이 해서 최종산물을 필요량 이상으로 만들지 않게 되는 것이다.

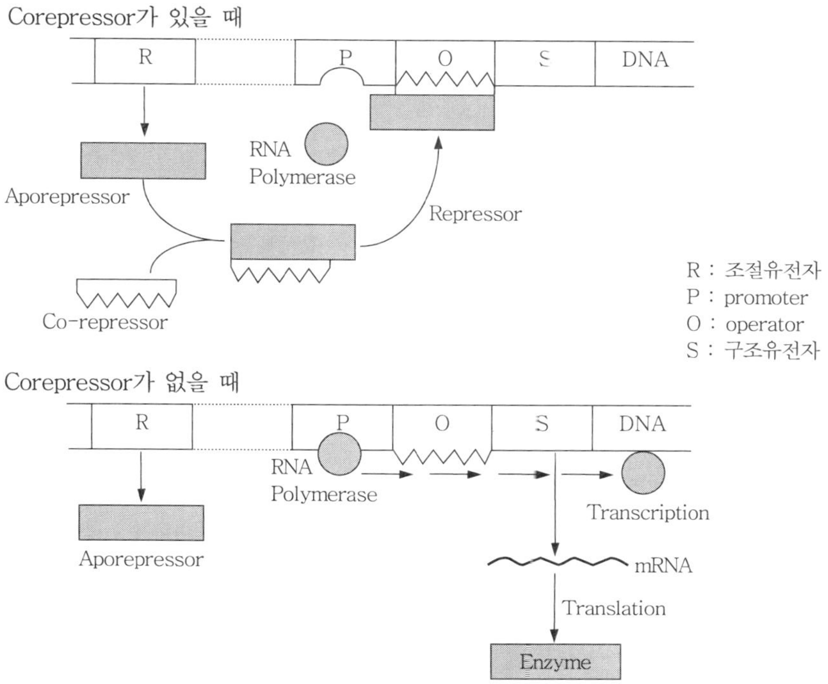

【그림 3-15】 되먹임억제(feedback repression) 기구

(2) 이화대사산물 억제(catabolite repression)

일반적으로 신속하게 대사되는 에너지원이 존재하면, 그보다도 느리게 대사되는 에너지원을 대사하는 효소계의 생합성은 억제되는데 이러한 현상을 이화대사산물 억제(catabolite repression)라고 한다. 예를 들면 대장균의 유당대사계 효소의 합성은 보다 신속하게 대사되는 에너지원인 포도당이 존재하면 억제 된다.

또한 대부분의 미생물은 포도당을 신속히 대사하므로 이러한 현상을 포도당효과(glucose effect)라고도 한다. 예를 들면 포도당과 유당을 함유한 배지에 대장균을 증식시키면 먼저 포도당을 에너지원으로 하여 1단계의 증식이 일어나고 이어서 포도당을 소비한 후 유당대사계 효소가 유도되어 유당을 에너지원으로 한 2단계의 증식이 일어난다. 일반적으로 1단계와 2단계의 증식 사이에는 명확한 유도기가 존재하므로 이를 2단증식(diauxic growth)이라 한다.

이와 같이 포도당은 강한 이화대사산물 억제를 일으키지만 이런 현상은 반드시 일반적인 것만은 아니다. 예를 들면 *Pseudomonas putida*의 경우에는 호박산(succinic acid)의 대사활성이 포도당의 대사활성보다 높으며, 따라서 이 세균의 경우에는 호박산이 강한 이화대사산물 억제를 일으키게 된다. 즉 세균은 이화대사산물 억제에 의하여 생육에 가장 유효한 기질을 가장 먼저 이용한다.

신속하게 대사되는 에너지원을 이용하는 세균세포 중에는 ADP의 인산화가 급격히 일어나서 ATP와 ADP의 비(ATP/ADP)가 크게 된다. 이와 같이 ATP/ADP가 큰 경우 어떠한 기구로 이화대사산물 억제가 일어나는가에 대하여 완전하게는 알려져 있지 않으나 이화대사산물 억제가 일어나고 있는 배양 중에 3', 5'-cyclic AMP(cAMP)를 첨가하면 이화대사산물 억제가 해제된다. cAMP의 구조는 그림 3-16과 같다. cAMP는 세균의 세포 중에 항상 존재하며, 그 세포내의 농도는 ATP/ADP가 커지면 낮아지는 것으로 알려져 있다. 따라서 cAMP의 세포내 농도가 낮은 경우 이화대사산물 억제가 일어나며, cAMP의 세포내 농도가 높아지면 이화대사산물 억제가 해제되는 것으로 생각된다.

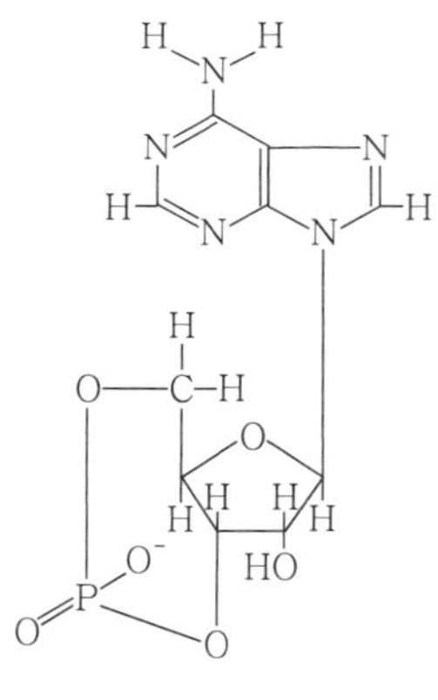

【그림 3-16】 cAMP의 구조

2. 효소활성의 조절기구

효소활성은 여러 가지 기구에 의해서 조절되고 있다는 것이 알려져 있으나, 발효생산에 있어서 중요한 것은 되먹임저해(feedback inhibition)이며, 이것은 생합성경로에 있어서 대부분 최종산물이 그 경로의 최초의 반응에 관여하는 효소활성을 저해하는 경우가 많다. 최종산물은 저해를 받는 효소의 기질과 그 화학적 구조가 서로 달라서 이 효소활성의 저해현상은 단순한 길항작용에 의한 것이 아니며 Monod 등의 allosteric protein으로 설명된다.

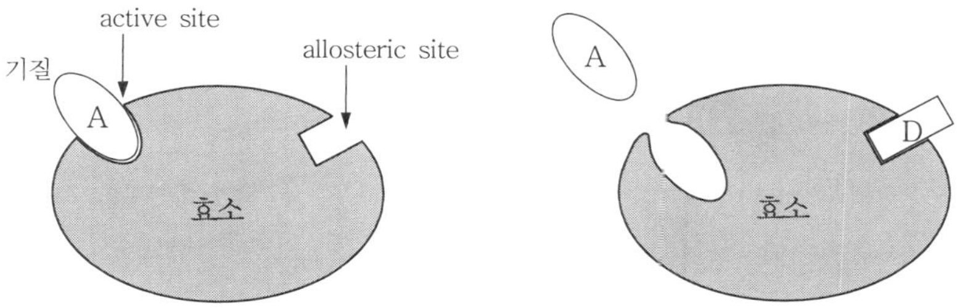

【그림 3-17】 Allosteric enzyme의 구조변화

Allosteric enzyme은 기질과 결합하는 활성부위(active site) 이외에 기질과는 화학구조상 관계없는 allosteric effector라고 하는 저분자화합물과 결합하는 allosteric site가 있다. 이 allosteric site에 allosteric effector가 결합하게 되면 효소단백질분자에 전체적인 구조변화가 일어나게 되며, 그 결과 활성부위가 변하여 효소의 작용이 저해된다(그림 3-17).

Allosteric enzyme은 주로 생합성경로의 분기점을 촉매하기 때문에 그 경로를 통하는 전체 물질량이 제어되게 된다. 이와 같은 제어기구의 한 예로서 대장균에 있어서의 aspartic acid계 아미노산의 생합성 중의 allosteric 저해를 그림 3-18에 나타내었다.

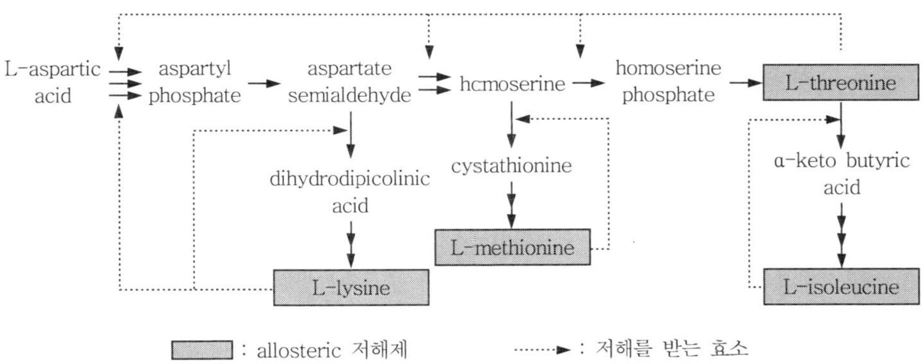

【그림 3-18】 Aspartic acid계 아미노산의 합성 중의 allosteric 저해

그림 3-18에서 보는 바와 같이 최종산물에 의한 효소활성의 저해는 다른 분기점의 물질의 이동에는 영향을 미치지 않을 정도로 정교하게 조절되고 있다. 이 중에서 aspartic acid → aspartyl phosphate반응을 촉매하는 인산화 효소인 aspartokinase가 3종류가 존재한다는 것은 주목할 만한 사실이다. Aspartokinase I 은 L-threonine에 의해서 저해되고 L-threonine과 L-isoleucine에 의해서 concerted feedback 억제되며, aspartokinase II 는 L-methionine에 의해서 억제되고, aspartokinase III는 L-lysine에 의해서 저해되며 억제된다. 따라서 L-threonine, L-lysine, L-methionine 중에 어느 것이 축적되더라도 서로 다른 아미노산의 생합성이 가능하도록 제어되고 있다. 이와 같은 동질효소(isoenzyme)의 존재는 homoserine 생합성에 있어서도 나타난다. 즉 aspartate semialdehyde → homoserine반응을 촉매하는 homoserine dehydrogenase에는 두 개의 동질효소가 존재하고 이들은 각각 L-threonine 또는 L-methionine에 의해서 저해 및 억제된다.

이와 같이 최종산물에 의한 효소활성의 저해와 효소합성의 억제가 이중으로 작용함으로써 생합성계의 조절은 한층 더 완전하게 이루어지게 된다.

3. 분기된 대사경로에서의 조절기구

실제 생합성 경로는 단순하지 않으며, 대사경로가 분기되어 하나의 중간산물로부터 두 개 또는 그 이상의 최종산물이 생성되는 대사계에 의하는 경우가 많아, 이때 작용하는 조절기구는 복잡 다양하다. 분기된 경로의 경우 분기되기 전의 공통경로의 최초의 효소에 대한 한쪽 최종생산물에 의한 조절작용은 다른 최종산물의 생성에도 영향을 미치게 된다. 따라서 분기된 대사계에서는 그 미생물이 필요로 하는 여러 가지 대사생산물을 충족시키면서 최종생산물의 농도를 제어하는 기구가 작용하는 것으로 생각된다. 여기서는 되먹임저해(feedback inhibition)와 되먹임억제(feedback repression) 및 그 복합작용에 의한 제어조절 기작을 설명하기로 한다.

1) 동질효소(isoenzyme)에 대한 조절기구

되먹임 조절을 받는 경로의 최초의 반응이 여러 개의 동질효소(isoenzyme)에 의해서 촉매되는 경우 이들 각 효소는 각각 다른 최종산물에 의해서 조절된다. 생합성계에서 분기점 이후의 경로에서도 분기점 바로 뒤의 반응계에 대해서 분기되지 않는 경로에서와 같이 최종생산물에 의한 조절작용을 볼 수 있으므로, 한쪽 대사산물이 과잉량 생성되면 중간대사산물은 다른 최종대사산물의 생성으로 대사의 흐름이 바뀌게 된다(그림 3-19). 대표적인 예는 대장균에 의한 aspartic acid계 아미노산생성의 경우이며, 세 종류의 aspatokinase가 최종산물인 lysine, threonine 및 methionine에 의해서 각각 조절작용을 받게 된다.

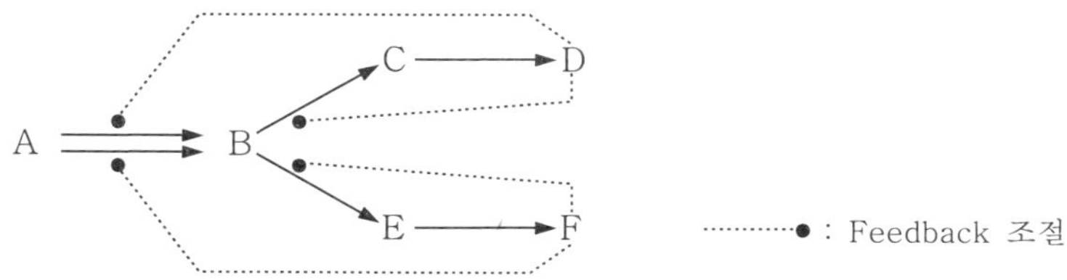

【그림 3-19】 동질효소(isoenzyme)에 대한 조절

2) Concerted feedback 조절기구

두 종류 이상의 최종산물이 생합성될 때 각 최종산물 단독으로는 공통경로의 최초의 효소에 대해서 조절작용이 없으며, 두 종류 이상의 최종산물이 동시에 모두 과잉량 존재할 때 미치게 되는 조절작용을 concerted feedback 조절이라고 하며 multivalent feedback 조절이라고도 한다(그림 3-20). *Corynebacterium glutamicum*이나 *Brevibacterium flavum*에 있어서 asparokinase에 대한 lysine과 threonine의 저해가 그 예이다.

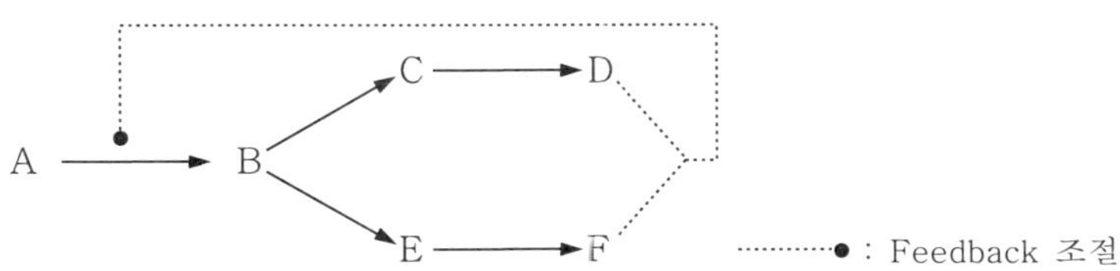

【그림 3-20】 Concertec feedback 조절

3) Co-operative feedback 조절기구

Concerted feedback 조절기구와 비슷하지만 여러 최종산물이 각각 단독으로 약하게 제어에 관여하는 점이 다르며, 모든 최종산물이 과잉량 생성되면 상승적인 저해 또는 억제작용이 나타나게 된다. 또 한쪽 생산물이 과잉량 생성되면 그 생산물 생합성계의 분기 이후의 최초의 반응계도 저해 및 억제작용을 받게 되고 조절이 더욱 효율적으로 이루어진 결과, 중간산물 대사의 흐름은 필요로 하는 다른 최종산물의 합성으로 바뀌게 된다(그림 3-21). 예를 들면 glutamine phosphoribosyl pyrophosphate amidotransferase는 6-hydroxypurine ribonucleotide(GMP, IMP 등)와 6-aminopurine ribonucleotide(AMP, ADP 등)에 의해서 각각 독립적으로 조절되고 있으나, 양자가 모두 과잉량이 되면 각각의 경우를 합한 것보다도 큰 조절효과를 나타낸다.

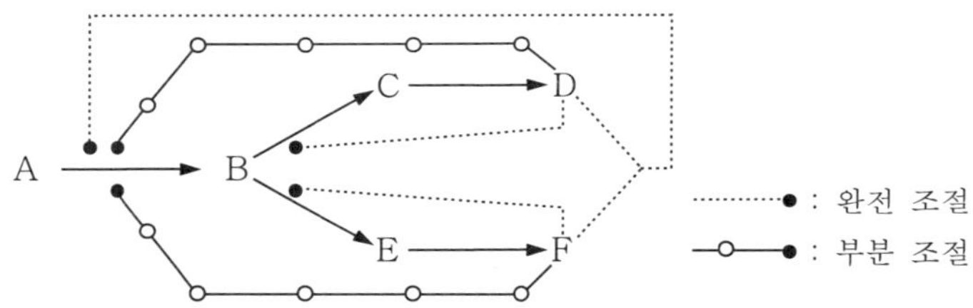

【그림 3-21】 Co-operative feedback 조절

4) Cumulative feedback 조절기구

각각의 최종생산물이 서로 관계없이 독립하여 그 합성계 최초의 반응을 각각 일정한 비로 저해하는 현상이다(그림 3-22). 따라서 과잉량 생성된 최종산물이 증가함에 따라 조절작용이 누적되어 나타나게 된다. 각 생산물 생성경로에서 분기 이후의 최초의 반응계도 조절을 받게 되므로, 한쪽 최종산물이 과잉량 생산되면 공통의 중간생성물은 다른 대사계로 그 흐름이 바뀌게 된다. 대장균에 있어서의 glutamate synthetase에 대한 8종류의 최종산물에 의한 cumulative feedback 저해가 잘 알려져 있는 예이다.

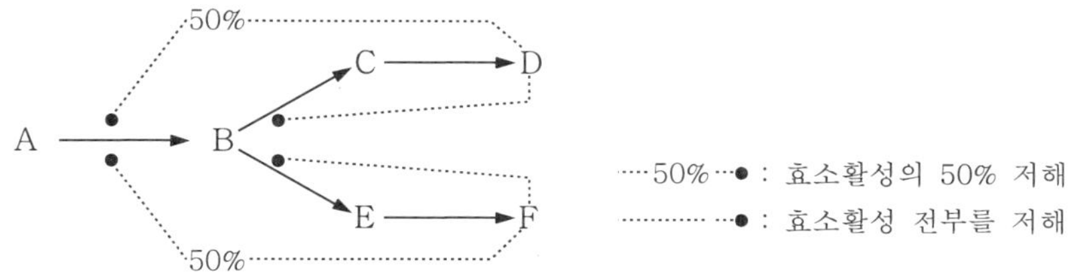

【그림 3-22】 Cumulative feedback 조절

5) Sequential feedback 조절기구

Sequential feedback 조절기구는 각 최종산물의 생합성계 분기 이후의 최초의 효소활성이 저해되고 그 결과 축적되는 중간생산물에 의해서 최종산물의 공통된 최초의 효소활성을 저해하는 조절작용을 말한다(그림 3-23). 이 저해는 *Bacillus subtilis*의 방향족 아미노산(tyrosine, phenylalanine, tryptophan 등) 생합성계의 제어에서 볼 수 있다.

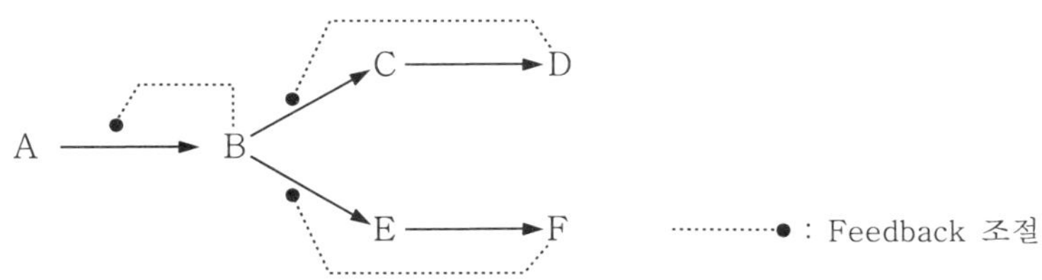

【그림 3-23】 Sequential feedback 조절

3-5. 대사제어 발효

미생물의 대사를 인위적으로 바꾸고 제어하여 목적하는 발효산물을 대량으로 생산하고 축적시키는 발효를 대사제어 발효라고 한다.

1. 1차 대사산물의 대사제어 발효

1차 대사산물 중 대사제어를 이용한 대표적인 발효가 아미노산 발효와 핵산발효이다. 아미노산이나 핵산관련물질은 세포내 필수성분으로, 세포의 물질생산 및 에너지대사의 경제성을 유지하기 위하여 그 생합성경로가 엄밀한 제어를 받아 대체로 여분으로 축적되지 않기 때문에 세포가 가진 대사제어를 목적에 맞게 해제시켜 대량생산이 가능하도록 하기위해 각종 변이주를 이용하게 된다.

1) 영양요구성 변이주의 이용

분기되지 않은 생합성경로에서 일반적으로 최종산물에 의해서 그 경로의 최초의 반응계 효소에 대한 되먹임저해 또는 되먹임억제로 생산물의 생성이 조절되므로, 이 조절작용을 피하기 위해서 영양요구성 변이주(auxotrophic mutant)가 이용된다.

그림 3-24에서와 같이 대사경로의 중간대사산물인 D를 얻고자 할 때는 효소 Ⅳ가 결여된 변이주를 이용한다. 이 변이주는 효소 Ⅳ의 결여로 최종산물 E를 생성할 수 없으므로 E를 배지 중에 첨가하지 않으면 생육할 수 없는 영양요구성 변이주이다.

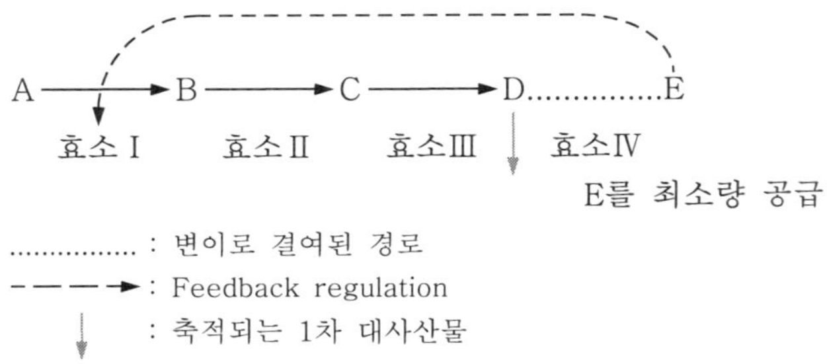

【그림 3-24】 영양요구성 변이주에 의한 1차대사산물의 축적원리

배지 중에 E를 균의 생육이 가능하면서 되먹임조절(feedback regulation) 작용이 나타나지 않을 정도의 낮은 농도범위로 첨가하면 A →→→ D까지의 반응은 순조롭게 진행되므로 D가 계속 생합성되어 축적된다. 최종산물이 아닌 D는 최종산물인 E와 같은 조절작용을 하지 않기 때문에 D가 축적되어도 그 생합성계는 조절작용을 받지 않는다. 이 때 최종산물인 E를 과잉량 첨가하면 조절작용에 의해서 D는 축적되지 않으므로 E를 배지 중에 제한된 낮은 농도로 유지하는 것이 중요하다.

분기된 대사경로의 경우에도 같은 원리로 중간산물 또는 최종산물을 축적하게 된다. 그림 3-25의 ①과 ②는 E와 G의 이중 영양요구성 변이주(double auxotroph)를 이용하여 중간산물 F 또는 C를 얻게 되는 예이고, ③은 최종산물 E와 J에 의해서 최초의 효소가 concerted feedback 조절되는 대사계에서 C로부터 F로의 합성계가 결손된 J와 G의 영양요구성 변이주를 이용하여 최종산물 E를 얻게 되는 예이다.

*Corynebacterium glutamicum*의 threonine+methionine의 이중 영양요구성 변이주에 의한 lysine발효나 *Corynebacterium glutamicum* 또는 *Brevibacterium ammoniagenes*의 adenine 요구성 변이주에 의한 5′-inosinic acid발효가 대표적인 예이다.

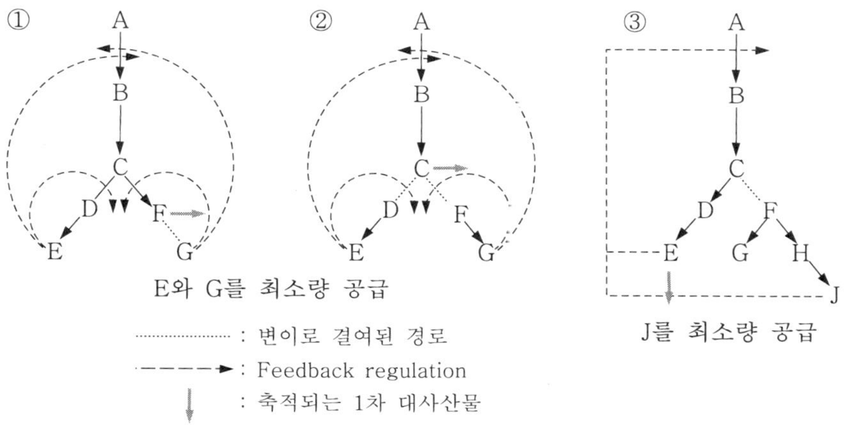

【그림 3-25】 분기된 대사경로에 있어서의 영양요구성 변이주에 의한 1차 대사산물의 축적원리

2) Analogue내성 변이주의 이용

생산하고자 하는 대사산물이 최종산물인 경우에는 그 대사경로에 관여하는 효소가 결여된 변이주를 이용할 수 없으며, 최종산물에 의해서 되먹임 조절작용(feedback regulation)을 받지 않는 변이주인 조절변이주(regulatory mutant)를 유도할 필요가 있다. 일반적인 유도법으로 용이하게 얻을 수 있는 조절변이주로서 analogue내성 변이주가 있다.

Analogue는 최종대사산물과 화학구조가 유사한 물질로서 대부분 비천연물질이다. 또 analogue는 천연의 최종산물과 같은 되먹임저해 및 억제작용을 갖고 있지만 생체구성성분의 생합성에는 최종산물처럼 이용될 수 없어서 대사 길항물질(antimetabolite)이라고도 한다. 배지 중에 analogue가 충분한 양으로 존재하면 그 조절작용 때문에 정상적인 세포에서는 최종생산물이 생합성되지 않아 결과적으로 미생물은 생육하지 못하지만, 이와 같은 조건 하에서도 생육하는 변이주를 analogue내성 변이주라고 한다. Analogue내성 변이주는 analogue가 대량 존재하더라도 최종산물이 생성되어 세포구성성분이 합성되기 때문에 생육할 수 있게 되는 것이며, 이것은 곧 조절작용을 받지 않고 있다는 것을 나타내고 있다. 따라서 analogue내성 변이주 중에서 최종산물을 대량 축적하는 균주를 얻을 수 있다.

이와 같이 생합성계에 대한 조절작용에 대해서 비감수성으로 된 변이주를 조절변이주(regulatory mutant)라고 하며, 조절변이주에는 되먹임저해되는 allosteric효소의 제어부위의 결여로 효소구조가 달라진 변이주(inhibition resistant), 구성효소 생산에 있어서 operator 또는 조절유전자의 변이에 의해서 효소생성계가 달라진 변이주(repression resistant), 또 양자가 모두 달라진 변이주가 있다. Analogue내성 변이주를 이용한 대사 제어발효는 아미노산, 뉴클레오티드, 비타민 등 1차 대사산물의 생산에 널리 이용되고 있다.

3) 복귀변이주의 이용

앞에서 설명한 영양요구성 변이주 중에는 원래의 표현형으로 복귀변이하는 경우가 있고, 복귀변이주(revertant mutant) 중에서 최종산물을 대량으로 생산하는 균주가 얻어지고 있다. 예를 들면 *Corynebacterium glutamicum*에서 homoserine dehydrogenase가 결손된 threonine+methionine의 이중 영양요구성 변이주로부터 비영양요구성 변이주인 복귀변이주를 이용한 lysine축적이 있다. 이것은 생합성계에 관여하는 효소가 변이에 의해서 결손된 영양요구성 변이주가 제2의 변이인 suppressor변이에 의해서 결손된 효소가 다시 합성되어 최종산물을 생산하는 것으로, 그 효소는 원래의 것과는 달리 최종산물에 의해서 되먹임조절을 받지 않기 때문에 최종산물을 대량으로 축적하는 것으로 생각된다.

2. 2차 대사산물의 대사제어 발효

2차 대사산물은 미생물의 생명활동에는 관여하지 않는 물질군으로서 일반적으로 구조가 유사한 여러 종류의 화학물질의 혼합물로서 생성된다. 2차 대사산물의 대사제어의 예는 항생물질을 중심으로 보다 상세한 효소적, 유전학적 연구가 이루어지고 있다. 특히 최근 ^{13}C NMR(Nuclear magnetic resonance) 등의 기기분석 기술에 의해 항생물질의 생합성 경로에 대한 해명이 대사제어 연구에 크게 기여하고 있다.

2차 대사산물의 대사제어는 현상적으로 ① 이화물질억제 ② 되먹임저해 및 억제 ③ 1차 대사조절의 2차대사 제어에의 효과 ④ 세포막 투과성의 조절 ⑤ 인산염에 의한 저해 ⑥ 금속염, 용존산소, 미지인자의 효과 등으로 나눌 수 있으며, 이와 관련하여 2차 대사산물의 대사제어 발효에 대해 설명하기로 한다.

1) 효소의 유도

2차 대사산물은 대부분 미생물의 생육이 활발한 시기인 대수증식기(log phase) 또는 영양증식기(trophophase)를 지나서 생육이 정지되고 미생물증식의 정상기에 해당되는 시기인 특이생산기(idiophase)에서 생합성이 활발하게 이루어지는 특징이 있다. 영양증식기의 말기에는 세포의 효소구성이 크게 바뀌고, 2차 대사산물의 생성에 관련된 효소를 갑자기 볼 수 있게 된다. 이와 관련하여 영양증식기의 말기에 유도되는 여러 가지 2차 대사산물 생합성계의 주요 효소의 예를 표 3-2에 나타내었다.

이와 같이 영양증식기의 말기에 2차 대사산물이 생성되기 시작하는 이유는 분명하지 않으나 세포가 고농도로 되었을 때 유도물질이 축적되거나 또는 영양증식기에서는 당의 빠른 이용에 기인되는 이화대사산물 조절작용(catabolite regulation)으로 그 생성이 저해되기 때문인 것으로 생각된다.

【표 3-2】 영양증식기의 말기에 유도되는 2차 대사경로의 주요효소

효 소	2차 대사산물
Amidinotransferase	Streptomycin
Acyltransferase Phenylacetate activating enzyme	Penicillin
Synthetase Ⅰ, Ⅱ	Gramicidin S
Phenoxazinone synthetase	Actinomycin
Dimethylallyltransferase Chanoclavine-1-cyclase	Ergot alkaloids
GTP-8-formylhydrolase	Pyrrolopyrimidine nucleosides

2) 되먹임 조절작용

2차 대사산물의 생합성은 생성되는 2차 대사산물에 의해서 조절되는데, penicillin, chloramphenicol, virginiamycin, ristomycin, cycloheximide, puromycin, fungicidin, candihexin, streptomycin 등 많은 항생물질 생합성계에서 이와 같은 조절작용을 볼 수 있으며, 일부 대사산물에 대해서 그 되먹임 조절(feedback regulation)기구가 밝혀지고 있다. 그 예로 Chloramphenicol은 방향족 아미노산의 생합성 경로로부터 분기되어 chloramphenicol 생합성으로 가는 경로의 첫 효소인 arylamine synthetase의 생성을 억제한다.

3) 이화대사 산물 조절작용

이화대사산물 조절(catabolite regulation)은 분해계 대사경로에 관여하는 주요 효소가 일반적으로 사용되는 기질을 첨가했을 때 억제, 저해 또는 불활성화되는 보편적인 조절기구이다. 이화대사 산물 조절을 나타내는 기질에는 탄소원과 질소원이 있다.

(1) 탄소원

항생물질, 고등식물의 생장조절제인 gibberellin, 맥각 알칼로이드(ergot alkaloid) 등의 2차 대사산물의 생합성은 자화가 빠른 발효성 당, 특히 포도당에 의해서 저해된다. 미생물이나 대사산물의 종류에 따라 탄소원에 의한

이화대사 산물 조절기구에는 차이가 있으며, 많은 세균, 효모, 곰팡이 등에서 이화대사산물 활성화 단백질(catabolite activator protein, CAP)이라고 불리는 cAMP 수용단백질(cAMP receptor protein, CRP)이 관여하는 이화대사산물 억제가 잘 알려져 있다. CRP와 cAMP가 결합한 복합체가 promotor 부위에 결합하여 mRNA의 합성이 진행되지만, 포도당과 같이 쉽게 이용되는 탄소원은 cAMP를 분해하는 효소를 활성화시켜 mRNA의 합성이 저해된다.

실제의 항생물질 생산에 있어서는 포도당에 의한 이화대사 산물 조절작용을 피하기 위하여 포도당 이외의 탄소원, 예를 들면 유당(lactose)를 이용하거나 조절작용을 받지 않을 정도로 포도당의 농도를 낮게 유지하기 위하여 포도당을 소량씩 계속적으로 공급하게 된다.

(2) 질소원

암모니아 또는 기타 이용되기 쉬운 질소원에 의한 저해작용이 일부 항생물질의 발효에서 관찰되고 있다. 이와 같은 질소원에 의한 조절작용을 피하기 위하여 방선균에 의한 항생물질의 생산에 있어서는 대두박이 사용되고 있다. 대두박은 protease에 의해서 서서히 분해되면서 발효기간 전체를 통해서 서서히 아미노산을 공급하게 된다.

4) 무기인산에 의한 조절작용

미생물의 생육을 위해서 필요한 무기인산 농도는 일반적으로 0.3~300 mM의 범위이지만 2차 대사산물의 생산에 지장이 없는 무기인산 농도는 1 mM 이하이다. 많은 경우 인산의 농도가 너무 낮으면 2차 대사산물의 생산이 줄어들고, 10 mM 정도의 높은 인산농도에서는 2차 대사산물의 생성은 볼 수 없다. 무기인산은 2차 대사산물 생합성의 첫단계 대사경로를 조절하고 있을 뿐만 아니라 2차 대사산물 자체의 생합성에 대해서도 영향을 미친다.

인산염에 의한 여러 가지 조절현상을 설명하면 다음과 같다.

첫째, 배지 중의 인산염은 1차대사를 촉진하며, 발효의 경과에 따른 무기인산염의 소비로 영양증식기(trophophase)로부터 특이생산기(idiophase)로 옮겨가게 되고 대사가 변화하는 주된 원인으로 생각된다. 이러한 현상은 chlortetracycline 생성에서 볼 수 있으며, 영양증식기의 말기에 무기인산염을 첨가하면 특이생산기로 옮겨가는 시기는 늦춰지고, 특이생산기에서 무기인산염을 첨가하면 생육이 다시 시작되면서 항생물질의 합성은 정지된다.

둘째, 많은 2차 대사경로의 생합성 중간생성물은 탈인산되기 때문에 phosphatase가 2차 대사산물의 생합성에 관여하게 된다. 그런데 이 phosphatase는 인산염에 의해서 저해되거나 억제되므로 2차 대사산물의 생산감소의 원인이 된다. 이러한 예는 streptomycin 등 aminoglycoside계 항생물질의 생합성에서 볼 수 있다. 그리고 과잉량의 인산염이 존재하면 탄수화물의 대사경로는 6탄당 인산경로(hexose monophosphate shunt, HMP 경로)로부터 해당(EMP)경로로 바뀌게 된다. 그 결과 $NADPH_2$가 항생물질의 생합성에 있어서 제한인자가 된다.

셋째, 인산염은 2차 대사산물의 생산을 제한한다는 것이 알려져 있다. 예를 들면, 맥각알칼로이드(ergot alkaloid) 생합성의 첫 단계 효소인 dimethyl allyltryptophan synthetase는 높은 무기인산 농도에서는 생성되지 않는다.

이와 같이 인산의 조절작용은 다양하며, 무기인산에 의해서 생합성이 조절되는 2차 대사산물의 공업적인 생산에 있어서는 될 수 있는 대로 무기인산 농도가 제한된 조건 하에서 진행되고, 또 인산 조절기구가 해제된 변이주가 이용되고 있다. 항생물질의 생산에 있어서는 변이주의 이용으로 야생균주에 비하여 100~1,000배의 수득량이 증가되고 있다.

한편, 전구물질을 첨가함으로써 목적으로 하는 2차 대사산물의 수득량이 크게 증가하는 경우가 많은데, 특히 penicillin G 발효에 있어서 phenyl acetic acid의 첨가효과는 매우 크다.

4장

배양공학

미생물을 이용하여 유용한 산물을 생산하는 원리와 실제를 다루는 학문을 발효미생물학(Fermentation Microbiology)이라고 한다. 일반적으로 발효공학(Fermentation Technology), 응용미생물학(Applied Microbiology), 배양공학(Biochemical Engineering) 등도 같은 의미로 사용되고 있다.

배양공학은 기초 미생물학 연구 결과를 이해하고 이를 이용하여 유용한 산물을 효과적으로 생산하는 원리와 실제를 다루는 다학제간 학문이다. 궁극적으로 배양공학의 목적은 생물물질로부터 유용한 대사산물을 얻는 것이며, 따라서 배양공학은 기초 미생물학 연구 결과를 바로 이해하고 미생물의 생화학적 현상을 이용하여 미생물로부터 유용한 물질을 생산하는 원리와 실제를 다루면서 실험실적 소규모에서 획득한 현상을 해석하고, 이 자료를 공장규모로 활용해가는 생물화학공학적 측면과 공업적 생산에서 효율적인 기계장치를 다루는 기계공학적인 면이 있다. 따라서 배양공학은 미생물 발효에 관한 특성, 미생물 반응 공학, 배양공정의 설계, 배양 장치의 재료 및 구조, 배양공정의 제어장치, 배양의 전처리 공정 및 회수공정과 공업화의 조건 결정(pilot plant의 시험제작과 실험에 의한 스케일 업의 해석, 방식의 시스템화, 공정 관리법 등) 등을 주로 다루는 분야이다.

4-1. 배양공학의 기본원리

1. 배양공학의 분야

기본적인 발효공정의 체계는 다음과 같은 여섯 가지 단계로 구분할 수 있다.

① 접종과 생산을 위해 미생물을 배양하기 위한 발효배지의 조제

② 배지, 발효조 및 부대장치의 살균

③ 생산용 발효조(주발효조)에 접종할, 활성이 높고 순수하게 배양된 종균 확보

④ 생산용 발효조에서의 최적조건하의 미생물 배양

⑤ 제품의 회수와 정제

⑥ 공정 중에 발생된 폐기물 처리

이와 같은 여섯 단계의 상관관계를 그림 4-1에 나타내었다.

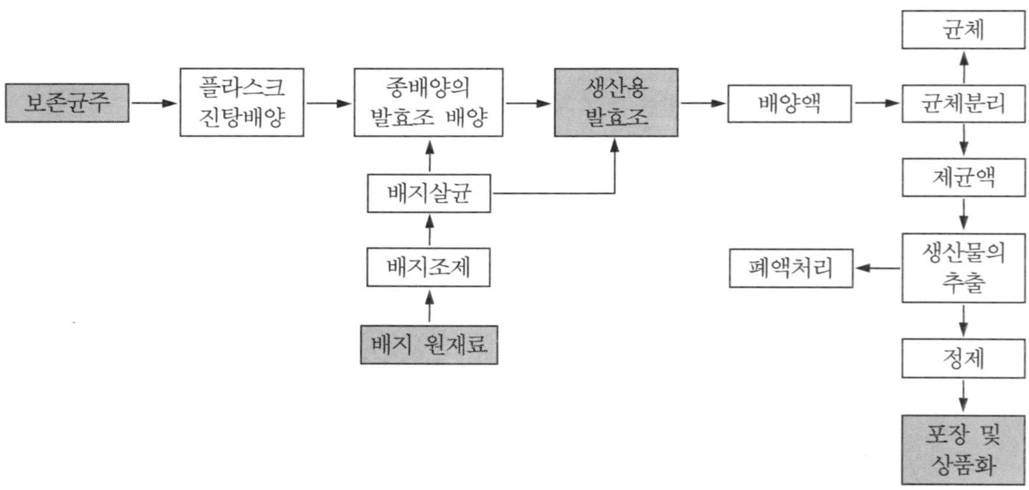

【그림 4-1】 일반적인 발효공정의 모식도

발효공정을 확립하기 위해서는 유용한 산물을 생산하는 균주가 개발되어야 하고, 발효생산의 동력학적 분석과 생산의 최적화 및 원하는 산물의 분리, 정제와 폐기물의 처리 등을 종합적으로 고려하여야 한다.

2. 배양공학의 기본체계

발효공정은 생산물의 종류, 이를테면 아미노산, 핵산, 항생물질, 효소, 알코올 등에 따라서 다소의 차이는 있으나 기본적으로는 모두 같다. 그러나 발효공정의 전체효율을 향상시키기 위한 연구개발이 필요하다. 발효공정이 확립되기 전에 반드시 유용한 미생물이 먼저 분리되어야 하고, 원하는 산물을 상업적으로 생산할 수준으로 미생물을 변형시키고, 발효조건을 최적화하며, 이에 적합한 공장을 설계해야 한다. 또한 분리공정도 확립해야 한다. 개발 프로그램은 공정, 미생물, 발효배지, 분리공정 등을 계속해서 개선하는 내용을 포함해야 한다.

1) 균주의 개발(Up-stream)

자연에 존재하는 미생물을 분리 및 검색하는 것은 유용한 산물을 생산하는 균주 개발의 첫 단계이다. 일반적으로, 자연에서 검색한 미생물 균주의 생산성은 매우 낮기 때문에 적당한 변이 방법으로 유전자에 변이를 유도하여 그 생산성이 증가된 변이주를 선별한다. 해당 미생물의 유전 및 생리적 특성이 규명되지 않았을 경우에는 무작위변이를 유도하여 생산성이 증진된 균주를 선택한다. 다양한 변이 방법을 적용하며, 많은 균주의 활성을 각각 조사하여 그 중에서 우수 균주를 선택하게 된다.

미생물들의 대사물질 생합성 경로와 해당 유전자발현 조절기작이 규명되면서부터 조절변이주, 영양요구변이주 및 내성변이주를 선택적으로 유도하여 원하는 대사산물을 대량으로 생산하게 되었다. 특히 위치특이 변이유도(site directed mutagenesis), 유전자 분리와 재조합 방법(gene splicing and recombination)에 의해 유전자 산물의 생산성 증가는 물론, 다른 균주의 산물을 생산하게 되었다. 이와 같이 균주의 개발 및 활성의 증진은 기초 생물학에서 얻어지는 원리와 지식에 근본을 두고 있다.

2) 생산물 생성 kinetics(동력학) 및 정량적 분석(Mid-stream)

미생물 내에서의 반응은 매우 정교한 작용기작에 의하여 조절되고 진행된다. 세포 내의 조절기작은 세포의 특성과 세포배양 외적환경에 의하여 결정된다. 배양 외적환경과 내적 특성과의 관계성은 미생물에 따라 각각 다르다. 따라서 그 관계성을 정량적으로 이해하는 것은 특정 물질을 발효 생산하는데 무엇보다도 중요하다. 미생물의 환경에 대해 반응하는 특성은 세포에 따라 복잡하고 다양하기 때문에 그 특성을 간결하고도 정량적으로 기술한다는 것은 쉬운 일이 아니다. 미생물은 배양환경 변화에 대하여 세포의 내적 고유한 특성에 따라 탄력적으로 다르게 나타나기 때문에 실험실에서 얻은 연구결과를 정성적인 분석은 물론 정량적으로 분석하여야 한다.

이러한 분석의 대상은 ① 미생물 배양배지의 조성과 멸균 ② 미생물의 증식과 기질 사용 및 생산물 생성과의 관계성 ③ 배양온도, pH, 수분 활성도(water activity), 산화·환원 전위차 변화에 따른 미생물의 반응 등이다. 미생물의 반응을 매우 간단한 수학적 모형으로 나타내면 그 개념을 매우 정확히 알 수 있다.

3) 생산, 정제 및 폐기물 처리공정(Down stream engineering)

생물산업에서 배양방법은 단일 종만을 배양하는 순수배양(pure culture) 방법과 두 종 이상이 동시에 배양되는 혼합배양(mixed culture)으로 구분된다. 사용되는 배지의 종류, 목적산물의 특성, 배양기 등에 따라 그 배양의 형태가 다양하다. 그러나 세포 내의 대사는 열역학 및 반응공학적 분석이 가능한 반응이고, 사용하는 기질과 생성되는 균체 및 생산물간의 물질수지균형과 반응수율 및 속도론적으로 분석하면 배양의 결과를 정확히 예측하는 결론을 도출할 수 있다.

생물공정은 살아있는 세포를 사용하며, 생체와 유사한 원료로부터 다양한 반응산물을 동시에 생산한다는 것이 특성이다. 생물공정의 생산성은 균주의 활성이 무엇보다도 중요하며 배양환경 및 배양기 운전의 최적화와 생산된 물질의 회수 정제공정의 효율성에 의하여 결정된다. 살아있는 세포 내의 효소의 활성에 의하여 반응이 진행되기 때문에 물리화학적 반응조건은 비교적 좁은 범위이다. 즉, 반응조건이 생물이 살아가는 조건과 유사하여 반응온도는 10~40℃, 압력는 상압, pH는 2~8 정도이다. 따라서 배양기 제작과 운전에서 동력의 소모 등이 비교적 수월한 편이다. 동일한 배양기를 사용하여 다양한 대사산물을 생산할 수 있는 것도 또 다른 특성이다.

미생물 배양 및 원하는 물질의 생산은 다음의 단계별로 진행한다. 즉 ①

종균배양 ② 물질 전달수지 ③ 배양기 개발 ④ 공정조절 및 관리 ⑤ 산업화 ⑥ 생산물의 회수·정제 ⑦ 폐기물 처리 ⑧ 생산물의 독성 약리 및 임상실험 ⑨ 경제성 분석의 단계로 진행하는데 각 단계는 매우 밀접한 연관성을 가지고 있다.

3. 배양공학에서 종균조제

발효접종에 쓰이는 종균은 다음과 같은 기준들을 만족시켜야 한다.

① 건강하고 활성이 높아서 발효시의 유도기(lag phase)를 단축할 수 있어야 한다.

② 알맞은 규모의 종균을 공급할 수 있는 충분한 양을 만들 수 있어야 한다.

③ 적절한 형태학적 형상을 갖추고 있어야 한다.

④ 잡균에 오염되어 있지 않아야만 된다.

⑤ 발효생산물을 만들 수 있는 능력을 보유해야 한다.

이러한 기준들을 만족시키는 종균을 만들기 위한 방법을 종균배양(inoculum development)이라고 한다.

적절한 종균을 얻기 위한 결정적으로 중요한 인자는 어떤 배양배지를 선택하느냐 하는 것이다. 종균배지의 적합성 여부는 다음 단계인 생산단계(주발효)에서 종균이 얼마나 좋은 결과를 내느냐에 달려있다. 생산 배지의 설계는 미생물의 영양분 필요에 의해서 뿐만 아니라, 최대 생산발효에 대한 필요에 의해서도 결정된다.

종균개발에서는 생산물 축적이 그 목적이 아니므로, 종균의 배지조성과 주발효의 생산배지 조성은 다를 수도 있다. 하지만 때로는 발효에서의 유도기는 최종형태배지(final-type medium, 고기진액이나 효모진액 등과 같은 천연물에 의한 배지가 아니라 당, 염류, 비타민 등으로 된 생산배지를 바꾸어서 종균배지로 한 것)에서 배양하면 최소화할 수 있다. 따라서 미생물의 생산용 배지 적응시간을 최소로 하려면, 종균 생육배지는 실제 생산용 배지와 거의 유사해야 한다. 그렇게 하면 유도기와 발효시간이 감소된다. 더욱이, 연속적인 단계를 거치는 발효에서 매우 다른 배지를 사용 할 때에는 특히 주의하여야 한다. pH, 삼투압 및 음이온 조성이 크게 다르면, 미생물의 배지섭취속도에 상당한 변화를 주어 생존율에도 영향을 미친다. 또한, 항생물질 발효에서 종균배지에는 최대생육을 유지하기 위해 생산배지로 이동될 때에는 충분한 탄소와 질소가 들어 있어야만 2차대사가 종균이 성장하는 동안에 억제된다.

1) 종균의 이식

통상적으로 사용되는 종균의 접종량은 주발효의 배지양에 대해 3~10% 정도이다. 비교적 많은 양의 종균을 사용하는 이유는 유도기를 최소화하고, 가능한 한 짧은 시간 내에 생산발효에서 최대의 균체를 생성하여 발효조 생산성을 올리기 위함이다. 따라서 2~3단계의 플라스크 배양과 최종단계인 주발효조의 크기에 따라서 결정되는 몇 단계의 탱크배양에 의한 종균배양이 행하여진다. 이러한 과정에서 잡균에 오염될 위험과 균주의 변성이 일어날 수 있으므로 엄격한 품질제어가 필요하다.

종균의 생리학적 상태는 다음 배양단계로 이식(移植)될 때, 발효의 성능에 중요한 영향을 끼친다. 최적 이식횟수는 실험적으로 결정하여야 하고, 그런 후에 적합한 공정을 확립하여 이상적인 배양액으로 때를 맞춰 접종하게 된다. 이 공정을 정립하는 과정에는 배양액 상태를 표준화하는 것과 종균배양액의 상태를 감시하는 것을 포함하여 종균이 최적의 상태로, 즉 올바른 생리학적 상태에서 이식될 수 있게 해야 한다. 영양종균(vegetative inocula)의 이식에 대해 가장 널리 쓰이는 기준은 균체, 충전세포 부피, 건조중량, 습윤량, 혼탁도, 호흡량, 잔류영양분 농도, 형태학적 형상 같은 매개변수들이 사용된다.

2) 발효조의 무균 접종

공장생산설비에서는 종균을 접종시키기 위하여, 실험실 규모의 발효조나 포자현탁액 탱크로부터 생산용 발효조로 배양액을 이동시키든지, 또는 하나의 발효조로부터 직접 다른 발효조로 배양액을 이동시키는 일이 행해진다. 분명히, 발효는 접종하는 동안 오염되지 않도록 하는 것이 매우 중요하지만, 만일 봉쇄된 공정이라면 발효공정에 사용되는 미생물이 발효조를 떠나지 못하도록 하는 것 또한 중요하다. 그러므로 접종 시스템의 성질은 공정의 봉쇄 카테고리(containment category)에 의해 정해진다(그림 4-2).

이와 같은 봉쇄 카테고리에 의해 종균 접종 시 또는 다른 첨가물을 가하는 동안에 어떠한 미생물도 방출되어서는 안된다(그림 4-3). 이런 엄격한 요구를 만족시키려면, 증기살균 가능한 연결 플러그와 밸브, 모든 배관은 증기로 살균할 수 있어야만 한다(그림 4-4). 액체 이등공정 중에 오염을 방지하기 위해서는, 양쪽의 탱크를 양압(陽壓)으로 유지함과 동시에, 종균탱크에는 살균용 증기가 공급될 수 있도록 하여야 한다.

그림 4-2를 설명하면, 접속점 A에 플러그 a를 접종하기 전에 밸브를 약간 풀어주고, 밸브 E를 잠그고, 밸브 F를 열어서 A로부터 증기가 빠져나가도록 한다. 다음에 밸브 F를 잠그고, E를 열어서 플러그 a를 빼어서 발효조에서 무균 공기가 나오게 한다.

종균탱크의 플러그 b를 떼어내 곧바로 A와 B를 연결하여 고정시킨다. 밸브 E를 잠그고, C에서 공기라인을 연결하여 종균탱크의 압력을 발효조보다 높게 만들어서 밸브 E를 열면 종균탱크의 액은 발효조로 보내게 된다. 밸브 E를 잠그고 종균탱크를 분리시킨 후 플러그 a를 연결한 후 밸브 F를 열어서 증기를 내보낸다.

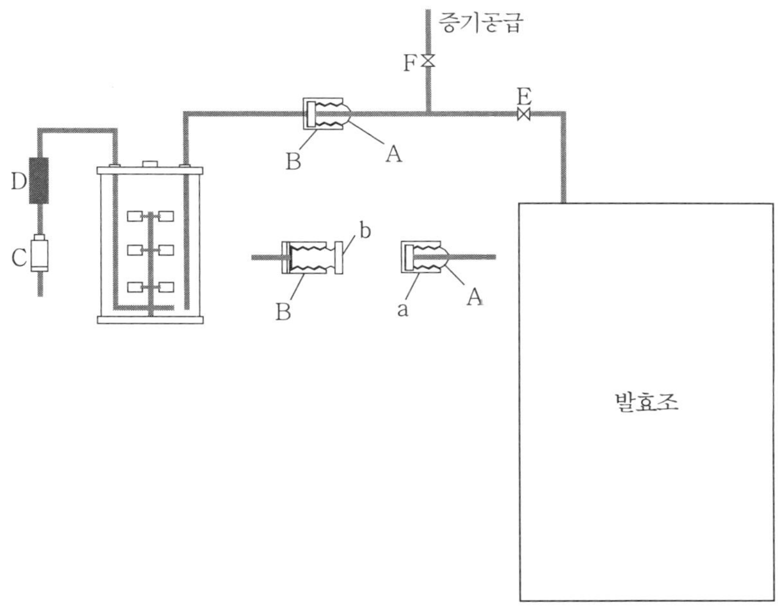

【그림 4-2】 실험실 규모 발효조로부터의 공장 규모 발효조의 접종법

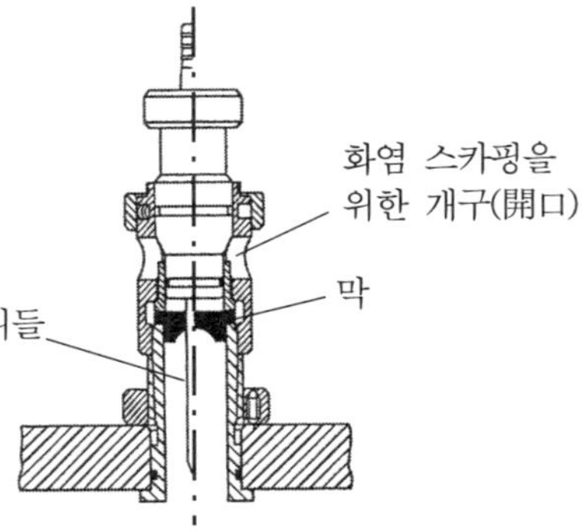

【그림 4-3】 니들(needle) 접종장치

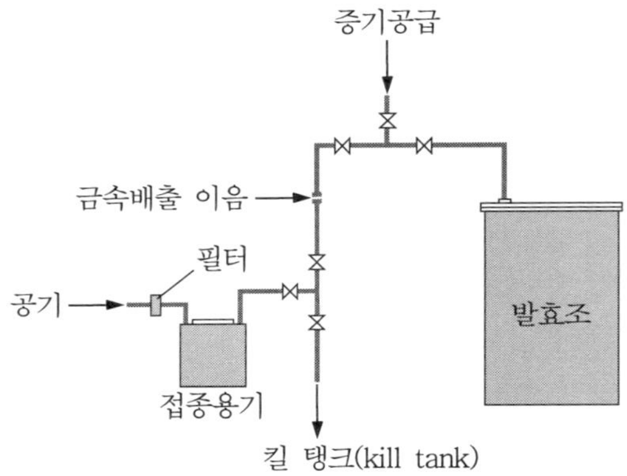

【그림 4-4】 봉쇄발효에 적합한 접종 시스템

4-2. 배양형식

배양의 형식으로서는 미생물의 생리적인 성질에 따라 일반적인 호기성 발효와 혐기성 발효로 나눌 수 있으나 배지의 상태에 따라서는 액체배양과 고체배양으로, 조작상으로는 회분배양과 연속배양으로 각각 분류할 수 있다.

1. 액체배양과 고체배양

1) 액체배양

액체배양(liquid culture)이란 액체배양액에서 미생물 균체를 증식시켜 원하는 산물을 얻는 배양법으로 호기성 발효의 경우 표면배양과 심부배양이 있다.

표면배양(surface culture)은 배양기내의 배양액 표면적을 크게 하여 표면으로부터 액 내부로의 자연확산에 의해 산소이동을 촉진함으로써 산소를 미생물에 공급하는 호기적 정치배양으로서 배양액 표면에 균막을 형성하며 배양하는 오래된 전통적인 배양형식이다.

이와 같은 배양법의 전형적인 예로서는 초산발효가 있으며, 초산균은 액 표면에 균막을 형성하여 증식하고 공기층으로부터는 산소를 흡수하고 내부의 액층으로부터는 영양물질을 흡수하여 증식한다. 초산균의 증식은 단위액량에 대한 표면적을 크게 할수록 빨라진다. 이와 같은 발효는 현재에도 식초제조에 이용되고 있으나 산소공급이 발효속도를 지배하는 인자가 되므로 발효에 장시간을 요하고 알코올 및 초산의 공기 중으로의 손실 등 문제점이 있으나 심부배양과 같이 교반, 통기를 위한 동력비가 필요하지 않으므로 넓은 면적을 쉽게 이용할 수 있는 곳에서는 유리한 발효형식이 될 수 있다. 이 방법은 구연산 생산에도 이용되고 있다.

심부배양(submerged culture)은 표면배양에 대해서 배양기 바닥으로부터 배양액 중에 높은 압력으로 주입된 공기를 교반기에 의해서 미립화하여 산소용해를 촉진하며, 배양액 중에서 미생물을 균일하게 분산배양하는 방법이다. 표면배양에 비해 배양기를 설치하는 면적을 적게 차지하고 원하는 산물을 효율적으로 대량 생산할 수 있기 때문에 현재 많이 활용하는 발효법이다.

현재 아미노산, 항생물질, 핵산 등의 생산에는 용량이 100톤이 넘는 대형 발효조를 이용하여 대량생산되고 있으며, 배양목적에 따라 교반기가 없는 발효조도 이용되고 있다.

2) 고체배양

일반적으로 곰팡이는 적당한 수분함량을 가진 농산물과 같은 고체기질의 표면에서 생육이 가능하지만 세균류는 세포내의 삼투압이 곰팡이와 같이 높지 않으므로 적당한 영양물질을 함유하는 액체배지에서 잘 생육하는 경향이다. 그러므로 곡류 등의 농산물이나 그 가공과정에서 나오는 폐기물을 적당한 수분이 함유된 상태에서 발효기질으로서 사용한다면 세균 등의 생육을 억제하면서 곰팡이류를 우선적으로 생육시킬 수 있다.

이와 같은 특성을 이용한 고체배양(solid culture)의 예로는 곰팡이를 사용한 약·탁주, 청주, 장류 등의 양조에 있어서의 koji의 배양이다. 약 30~40%의 수분을 함유하는 증자한 쌀 또는 볶은 소맥과 증자한 탈지대두등의 원료에 *Aspergillus*속의 곰팡이 포자를 접종하여 국개(tray)에 담아서 배양한다. 배양하는 기간 중 세균류 등의 오염을 억제하고 목적의 곰팡이가 왕성하게 생육할 수 있게 되는 것은 배지의 수분을 곰팡이의 생육이 가능한 낮은 함량으로 유지함으로써 세균의 증식이 억제되기 때문이다. 고체배양은 주류, 간장, 된장 등의 양조에서 뿐만 아니라 여러 가지 가수분해효소의 생산에도 이용되고 있다. 국개를 이용한 배양공정은 손이 많이 가고 관리가 어려워서 일부 기계화되어 대형화, 연속화되고 있다.

심부배양법이 현대 발효공업에 있어서의 주된 배양방식 인데 대해서, 고체배양은 전통적인 배양방식으로 대조적이며 다음과 같은 장점이 있다.

① 배지조성이 단순하다. 주원료는 곡물, 농산폐기물이며 물과 소량의 무기물을 첨가한다.

② 곰팡이의 배양에 이용되는 경우가 많고 세균에 의한 오염방지가 가능하다.

③ 목적 생산물이 고체 기질표면에 축적되므로 이들을 회수하기 위한 용제는 액체배양에 비하여 적으며 따라서 공정에서 나오는 폐수는 적다.

④ 액체배양에서는 동력을 이용한 통기교반에 의하여 산소를 공급하는데 대해서 고체배양에서는 기질 입자간의 공간에 있는 공기로부터 산소를 직접 흡수하므로 산소공급을 위한 많은 에너지가 필요 없다. 따라서 호기성균의 배양에 적합하다.

⑤ 시설비가 비교적 적게 들고 소규모의 생산에 유리하다.

⑥ 사료생산에 있어서 농산물과 그 폐기물을 사용하여 유용미생물을 배양하여 그대로 사료로 이용할 수 있다. 액체배양에서는 균체분리, 농축 등의 공정이 필요하다.

한편, 고체배양은 대규모 생산의 경우 냉각방법이 문제가 되고 비교적 넓은 면적이 필요하며 pH, 온도, 기질수분량, 균체증식량, 목적물의 생산량 등의 변동을 배양과정에서 예측하기는 거의 불가능하므로 효율적 생산을 위한 제어배양이 어려운 점 등이 단점으로 되어 있다.

2. 회분배양과 연속배양 및 유가배양

1) 회분배양

회분배양(回分培養 ; batch culture)은 발효조를 사용하여 배양의 경과에 따라 배지성분이 감소되어 주요기질이 완전히 소비될 때까지 배양을 계속하고 미생물의 증식과 목적 생산물을 축적하는 폐쇄반응의 일종이며 발효공업에서 일반적으로 이용되고 있는 방법이다. 전형적인 배양경과의 예는 그림 4-5와 같다. 배양 중에는 온도, pH, 통기교반 등을 미생물의 생육 최적조건으로 조절한다.

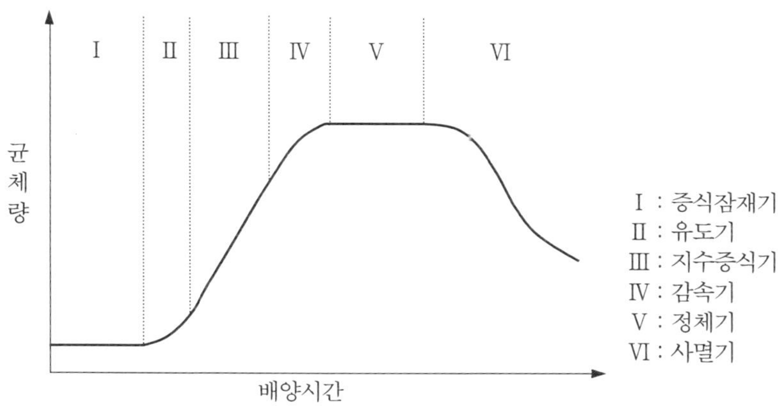

【그림 4-5】 회분배양에서 기질의 농도, 균체의 농도의 변화

배양환경에 따라 회분배양과 변칙 형태의 회분배양은 그 전형적인 형태에 변형이 일어난다. 그림 4-6(A)은 이단증식(diauxic growth)의 형태로서 배지내의 기질 중 먼저 이용되는 기질이 소고된 뒤에 제2의 기질이 이용됨을 나타낸다. 가장 대표적인 예는 *Escherichia coli*가 glucose를 이용한 후 증식의 일시적 정체는 제2의 기질인 lactose를 이용하기 위해 필요한 새로운 효소를 유도하는 시간을 나타낸다. 그림 4-6(B)은 물에 잘 용해되지 않는 물질을 기질로 사용하는 경우로서 이 기질이 물에 녹는 용해속도가 미생물의 증식속도를 제한할 때 나타난다.

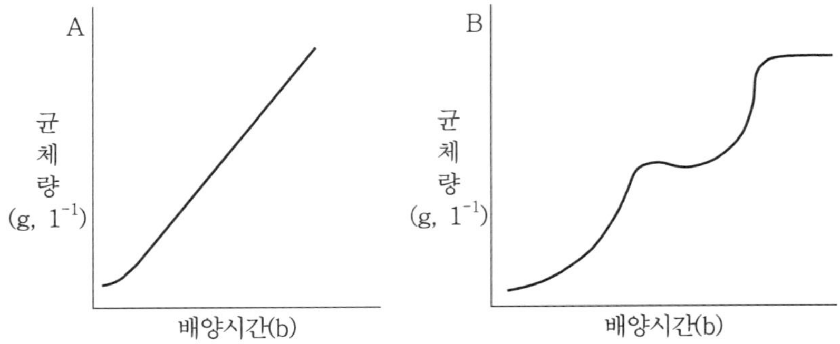

【그림 4-6】 회분배양의 여러 형태

회분배양 과정에서 증식에 대한 제한인자로 되어 있는 기질을 소량씩 계속 공급하면서 일정하게 저농도로 유지하는 배양법을 유가배양(fed-batch culture)이라고 한다.

이 방법은 배양에 적합한 환경으로 조절할 수 있으므로 다음과 같은 장점이 있다.

① 증식을 저해하는 기질(예 : methanol, ethanol, acetic acid 등)을 원료로 하는 경우 feeding속도를 조절하여 증식이 저해가 되지 않는 저농도로 유지함으로써 빠른 증식속도를 유지할 수 있다.

② Glucose 등의 기질농도가 조금 높아지면 catabolite repression의 조절기구에 의해서 목적 생산물의 생성이 저하되는 빵효모, 항생물질 등의 생산에 있어서 기질을 낮은 최적농도에 유지할 수 있다.

③ 영양요구성 변이주를 이용하는 아미노산 발효의 경우, 요구성 영양물질을 극소량씩 feeding하여 feed back 조절작용을 받지 않고 발효생산물을 효율적으로 축적시킬 수 있다.

2) 연속배양

미생물은 주어진 환경에 적응하는 생리적 특성이 있으며 이 특성에 따라 증식하고 생존하게 된다. 회분배양에서는 배양시간에 따라 배양환경이 변하게 되고 따라서 미생물은 변하는 환경에 따라 세포의 제 특성이 변하게 된다. 그러나 만약 환경의 변화가 없을 경우 미생물의 특성은 일정한 상태를 유지한다. 연속배양은 배양기에 신선한 배지를 지속적으로 유입시켜 미생물의 증식을 계속적으로 일어나게 하고 한편으로는 배양액을 지속적으로 유출시켜 일정한 용적을 유지하는 개방형 배양형태이다. 연속배양은 제한기질의 소모, 세포 증식, 대사산물의 생성을 일정하게 한 정류상태를 유지할 수 있으므로 이러한 정류상태에서 자란 세포의 모든 특성은 항상 일정하게 된다. 연속배양법은 회분배양법과는 달리 기질, 기타 영양원, 용존산소 등을 그 미생물의 특성에 가장 적합한 조건으로 제어할 수 있는 특징이 있으며 또 배양경과 중의 증식속도와 생산속도가 가장 빠른 단계에서 운전할 수 있으므로 회분배양에 비해서 생산성을 높일 수 있다.

(1) 기질제어(chemostat) 연속배양

기질제어 연속배양에서는 배지를 일정한 속도로 유입하고 배양기내에서 균체와 완전히 혼합시켜 배양기 내에서 농도의 편차가 없는 배양액을 같은 속도로 배출하면 배양기 내의 부피를 항상 일정하게 유지하는 배양이다(그림 4-7). 즉 균체의 증식에 필요한 모든 성분을 알맞은 농도로 공급하고 단지 한가지 기질의 공급을 제한적으로 조절하여 공급된 기질의 농도에 의하여 미생물의 증식속도를 조절하는 것이다.

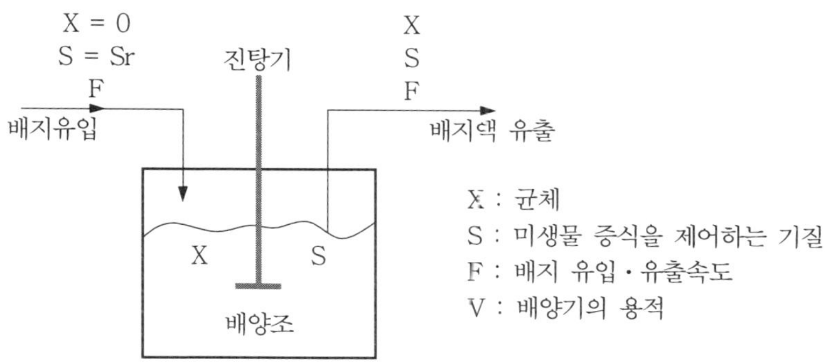

【그림 4-7】 기질제어 연속배양

연속배양 중간에 배지를 연속적으로 공급해 주면 증식상태는 그림 4-8에서 제시한 대로 세 가지 가능성 중의 한 형태로 나타난다. 첫 번째 가능성은 배지의 유출속도가 증식속도보다 빠르면 균체의 농도는 감소하게 되고 균체량이 적어지므로 기질의 농도는 점차 증가하게 된다. 두 번째 가능성은 배지의 유출속도가 증식속도와 일치하면 균체의 농도에 변화가 없고 따라서 기질의 농도도 일정하게 유지되는 정류상태가 된다. 세 번째 가능성은 배지의 유출속도가 균의 증식속도보다 낮을 경우이다. 이 경우에는 균의 증식속도가 빠르므로 균체농도는 계속 증가할 것이다. 그 결과 증식제한 기질의 농도가 감소하여 매우 낮아지며 따라서 미생물의 증식속도는 감소하여 결국은 배지의 유출속도와 같아진다. 이 경우에 균체의 비증식속도는 배지 유입속도에 의해 그 값이 결정된다.

기질제어 연속배양은 균체 증식속도를 다른 환경의 변화없이 증식제한 기질의 농도에 의하여 변화시킬 수 있다. 또한 일정한 증식속도로 기질제한 증식상태를 계속할 수 있다. 기본적으로 연속배양은 배양계를 단순화시키며, 생물체의 환경에 대한 반응과 미생물의 반응기구를 해석할 수 있다.

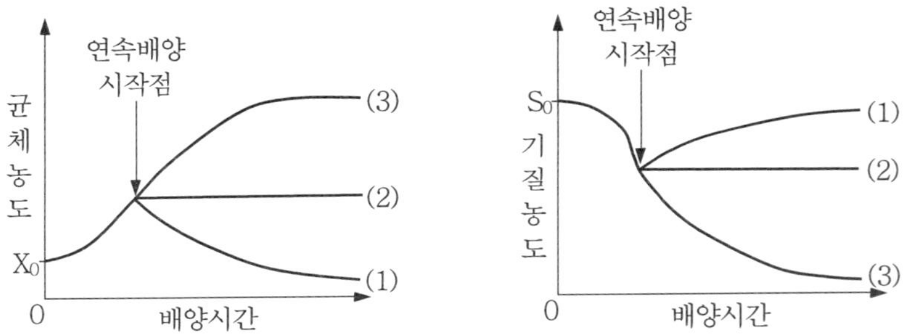

【그림 4-8】 연속배양을 시작할 경우 균체 및 기질의 농도의 변화

(2) 탁도제어(turbidostat) 연속배양

기질제어 연속배양에서는 주입하는 기질의 농도를 조절하여 증식속도를 최소한에서부터 최대값으로 배양이 가능하게 된다. 이러한 장점을 이용하여 여러 형태의 연속배양법이 고안되었는데 그 중의 하나가 탁도제어 연속배양법이다. 탁도제어 연속배양법은 배양액의 탁도를 감지하는 측정장치(photo-electric cell)를 설치하여 균체밀도(density)의 변화에 따라 유입되는 배지의 양을 조절하는 방식이다(그림 4-9).

미생물의 농도가 증가하면 더 많은 양의 기질이 필요하므로 배지의 유입속도를 증가시킨다. 배양기의 용적이 일정하므로 배지 유입속도가 증가하면

배양액의 희석률(dilution rate)이 증가하게 된다. 간약 비증식속도가 배양액의 희석액보다 느리면 배양기 내의 미생물의 농도는 감소하게 된다. 그러면 이에 따라 배지의 유입속도를 감소시켜 희석률을 낮추는 것을 반복하게 되면, 결국은 배지내의 농도가 변하지 않는 정류상태(steady state)가 된다. 정류상태는 미생물의 내부 생리적 환경과 외부 환경에 의하여 결정된다.

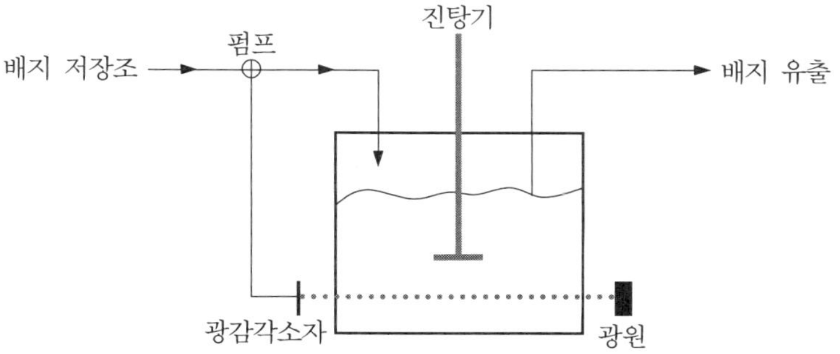

【그림 4-9】 탁도제어 연속배 양기 모형

탁도제어 연속배양의 배양기 구성도는 균체 밀도를 감지하는 광감각소자(photoelectric cell)가 추가되는 것 이외는 다른 연속배양과 동일하다. 배양액의 탁도가 원하는 수준을 넘으면 소자에서 이를 감지하고 배지주입 펌프에 신호를 보내 펌프의 작동을 정지 또는 감속시킨다. 배양액을 일정한 수준으로 부피를 유지하면서 결정되는 균체의 농도로 정류상태에 도달하게 된다. 그러므로 희석속도가 고정되고 균체 농도가 정류상태 수준으로 적응하는 단순 기질제어 연속배양과는 다르게, 탁도제어 연속배양에서는 균체의 농도에 의하여 희석속도가 결정되고 정류상태가 유지된다.

탁도로서 미생물의 농도를 가늠하는 것은 단세포 미생물의 배양에서 일정한 배양기간에만 가능하다. 앞으로 미생물의 균체량을 정확히 측정하는 방법들이 개발됨에 따라 탁도제어 연속배양법의 활용성 범위가 점차 넓어질 것이다.

(3) 균체 재순환 연속배양

균체 재순환 연속배양법은 기질제어 연속배양에 다양한 장치를 부착하여 균체가 유출되는 것을 회수하여 균체 농도를 증가시키는 방법이다. 균체 재순환 방법은 균체를 외부로 유출시키지 않고 배양기 내에 잔류시키는 내부 재순환 방법과 일단 유출된 균체를 적당한 회수장치로 균체를 배양기 내로 재 유입시키는 외부 재순환 방법으로 구분된다. 균체 재순환 연속배양에서는 배양기 내의 균체 농도를 일반 기질제어 연속배양에서 얻을 수 있는 이론치 이상으로 유지하게 된다.

균체의 농도는 기질의 농도를 증가, 증식에 저해되는 산물을 제거 및 균체 재순환 형태를 이용하여 최종 균체의 농도를 증가시킬 수 있다. 연속배양에서 균체를 재순환하면 균체의 농도를 올릴 수 있을 뿐만 아니라 희석속도도 증가되므로 산물의 생산성이 증가하게 된다. 균체 재순환이 배양의 최대 이점은 정류상태에서의 기질의 잔류 농도를 낮출 수 있어 균체 생산성이 증가되는 것이다. 이 배양법은 기질의 용해도가 낮을 때나 하수처리에서와 같이 기질의 농도가 불가피하게 낮을 때에 유용하다. 또한 이 배양법은 균체 증식을 저해하는 산물이 생성되는 경우에 기질의 농도를 제한해야 할 경우에도 유용하며 또한 임계 희석속도를 증가시킴으로 인해 저해성 기질에 의한 기질 저해를 해결할 수 있다.

4-3. 배양장치

대규모 무균발효조가 실제 발효생산에 최초로 이용된 것은 1차 세계대전 당시(1914~1918) 영국에서 개발한 *Clostridium acetobutylicum*의 액내배양에 의한 아세톤 제조에서였다.

초기에는 bacteriophage에 의한 오염 등의 어려운 문제에 봉착하였으나 가압살균이나 무균성을 유지하는 방법이 고안되어 아세톤 및 부탄올 발효의 혐기적 발효기술이 확립되었다.

대규모의 호기적 발효조는 1930년대에 중부 유럽에서 압착효모의 생산에 처음으로 이용되었다. 최초의 발효조는 대형의 원통형 탱크였고, 바닥에 공기를 주입하기 위한 많은 구멍이 있는 파이프로 구성된 air sparger가 있었으며, 뒤에 교반효율을 증가시키며 기포를 파쇄하고 분산시키기 위한 교반기와 액의 소용돌이를 방지하기 위한 baffle plate가 장치되었다. 1940년 이전의 중요한 발효생산물은 빵효모 이외에 에탄올, 글리세롤, 초산, 구연산, 기타 유기산, 효소 및 sorbose였다. 이들의 배양계는 산성이거나 혐기적이며 또 특수한 기질을 원료로 사용하는 등 잡균이 증식하기 어려운 선택적인 배양조건으로 이루어져 있어서 아세톤 및 부탄올 발효나 그후 발전된 호기적인 항생물질의 발효에 비하면 잡균오염이 크게 문제되지 않았다.

1944년에는 미국에서 대규모의 무균배양이 가능하고 높은 효율의 통기 및 교반장치가 있는 탱크에 의한 penicillin 발효생산이 시작되었고 같은 시기에 baffle plate가 부착된 통기교반조에 관한 연구도 이루어져서 오늘날 발효조의 기본이 되었다.

미생물의 발효장치로서 많은 형식이 보고되고 있으나 순수배양에 있어서 공통적으로 중요한 것은 잡균오염에 대한 대책이다. 이를 위해서 발효조 내부는 쉽게 세척할 수 있는 구조이며 그 표면이 매끄러워야 하고 배관부위를 포함한 탱크의 구조와 재질이 가압살균에 견딜 수 있어야 한다. 또 호기적 배양에서는 될 수 있는 대로 적은 전력비로 높은 산소공급 속도를 얻을 수 있어야 한다는 점도 중요하다.

1. 배양장치의 기본형식

발효조의 주된 기능은 효율적인 세포의 생육과 생산물이 생성될 수 있도록 조절된 환경을 마련하는 데 있다. 이러한 목적으로 여러 가지 형태의 발효조가 이용되고 있으며, 발효조의 기본형식을 공기 분산방법에 따라서 분류하면 그림 4-10과 같이 크게 네가지 형식으로 나눌 수 있다.

1) 교반에 의한 형식

그림 4-10에 (1)의 교반조는 조 하부에서 주입되는 기포를 교반기로 분산시키는 형식으로, 가장 광범위하고 다목적으로 사용되는 표준형 교반발효조이다. (2)는 조 중앙에 통풍관이 있는 교반조로 대규모 균체생산에 적합하며 이 형의 발효조로는 Waldhof형 발효조가 유명하다. (3)의 형은 고속회전하는 교반날개에 의해서 날개 후면에 발생하는 낮은 압력으로 인해 공기가 흡인되는 발효조로 식초생산에 이용 되는 cavitator가 이 그룹에 속한다.

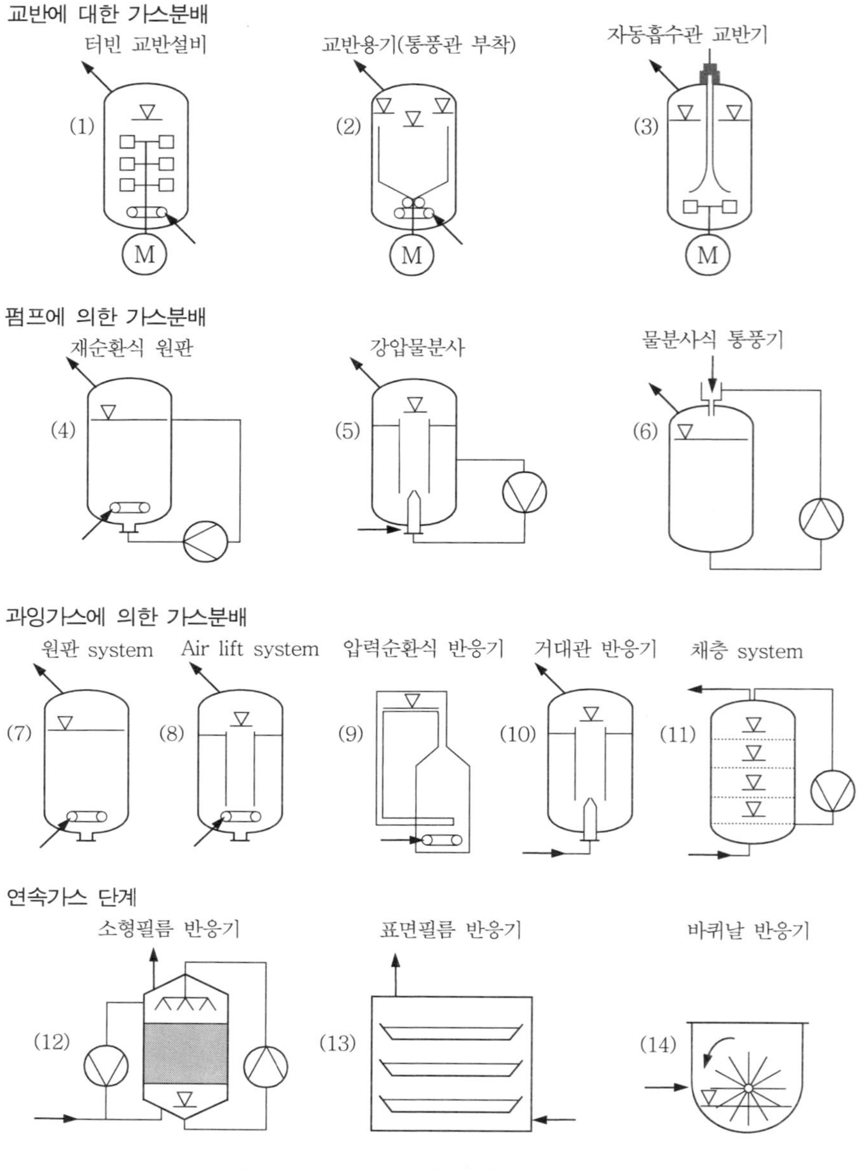

【그림 4-10】 반응기의 기본 구조

2) 펌프에 의한 형식

그림 4-10에 (4)는 변형된 airlift system으로 펌프에 의해 액체배지를 운반하고 sparger를 통해서 공기를 주입, 분산되는 방식이며, (5)와 (6)은 jet 펌프로 공기와 배지를 직접 혼합하는 보다 효율적인 방식이다.

3) 고압공기에 의한 형식

대부분 이런 형식에는 장치 내에 움직이는 부분이 없으며 air lift형 발효조가 여기에 속한다. 압력순환 발효조 그림 4-10에 (9)는 단세포 단백질의 공업적인 생산에 이용된다.

4) 기상을 이용하는 형식

이 공정은 미생물의 피막 위를 공기가 순환하면서 배양하는 방식이다. 필름 반응기 그림 4-10에 (12)는 불활성 고체의 담체층 위에 배지를 뿌리고 바닥으로부터 공기를 주입하면서 담체 표면에 생육하는 균체에 의해서 발효되는 방식이다. 식초의 발효생산에 이용되는 trickling generator가 여기에 속한다. 표면 반응기(13)는 배양액의 표면 상부 또는 고체배지나 반고체배지에서 미생물이 생육하게 되는 방식이며 액체배지를 이용한 표면배양이나 고체배양에 의한 구연산 발효가 이 경우에 해당된다. Blade wheel 반응기(14)는 미생물이 회전하는 날개나 원통에 부착되어서 배양액과 공기에 차례로 접촉되어 배양되는 방식으로 폐수처리의 반응기에 이용된다. 실험실에서의 플라스크 진탕배양도 이 방식에 속한다.

2. 배양발효조의 종류

미생물을 이용해 발효산물을 얻기 위해 여러 형태의 발효조가 각각 한정된 발효에 사용되고 있으며, 특수한 목적을 위하여 개발된 것도 있다. 초기에는 충전탑형 발효조를 사용되었다가 1940년대 이후에 소위 기계적 교반을 수반한 표준형 통기교반 발효조가 개발되었다. 통기의 기본적인 목적은 미생물의 대사에 필요한 충분한 양의 산소를 공급하는 것이며, 교반의 목적은 균일한 영양성분의 배지에 균체를 균일한 밀도로 분산시키는 것이다. 사용하는 통기교반방식은 그 발효공정에 따라 다르지만 전형적인 발효조는 원통형 탱크에 교반기(agitator), 글랜드(gland)부와 베어링(bearing), 공기분산 유입관(sparger), 유체조절판(baffle plate), 온도조절장치, 소포장치, pH전극, 용존산소농도 측정전극, 미생물 접종구, 시료채취구, 배지주입구 및 배출구 등을 갖추고 있다(그림 4-11).

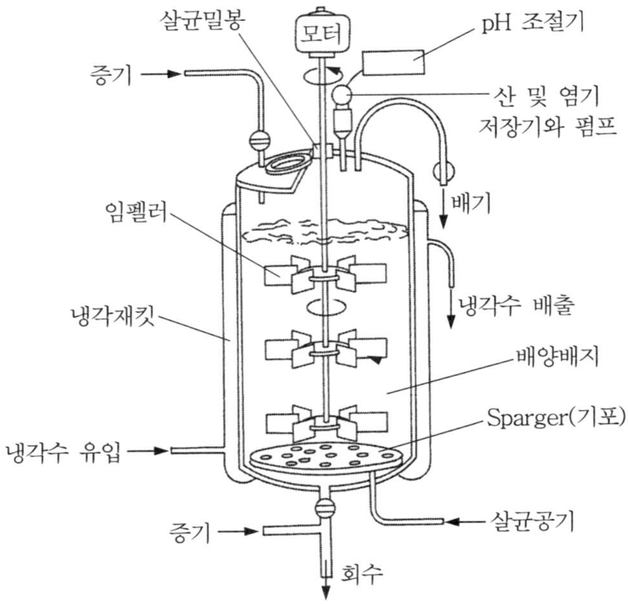

【그림 4-11】 전형적인 통기교반 발효조

1) Waldhof형 발효조

Waldhof형 발효조는 독일, 일본, 미국에서 아황산펄프폐액으로부터 효모균체생산을 위한 연구 중에 개발된 것이다. 이 발효조는 그림 4-12와 같이 발효조 내부 중앙에 원통 통풍관(draft tube)이 부착되어 있으며 통풍관은 발효조벽에 붙은 지지봉으로 고정되어 있다. 제균되지 않은 공기가 회전축형 통기장치(그림 4-13)로부터 들어간다. 이 통기장치는 300 rpm의 속도로 회전하며, 말단에 개방된 관이 붙어 있어서 공기가 분출되어 나오도록 되어 있다.

배양액은 흡출관 상부로부터 관벽을 따라서 밑으로 떨어져서 배양거품을 없애며, 배양액의 양을 적절하게 조절하여 연속적으로 공급하고 그 해당되는 양만큼 overflow관을 통해서 배양조 밖으로 나오게 되어 연속배양도 가능하다. 발효조의 온도 조절은 발효조 내의 코일관이나 발효조 외부에 설치된 열교환기를 이용해 조절한다.

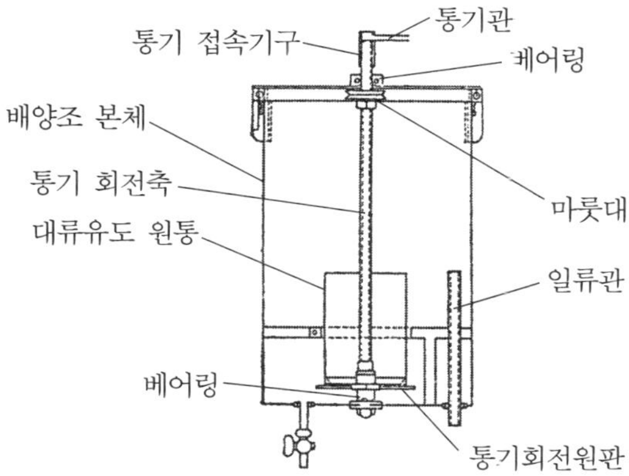

【그림 4-12】 Waldhof형 발효조

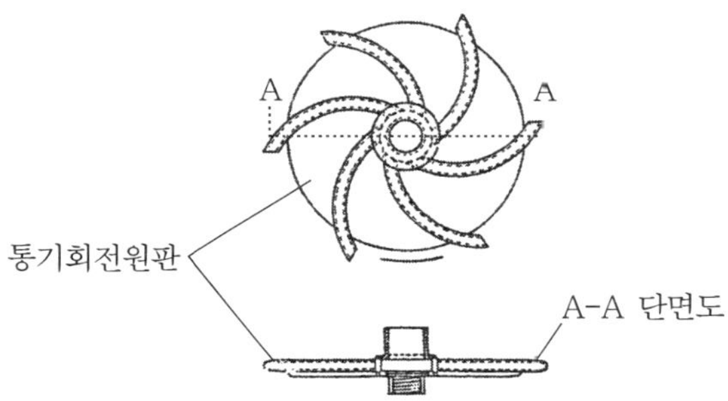

【그림 4-13】 Waldhof형 발효조용 회전축형 통기장치

2) Acetator와 cavitator

식초제조에서 발효조에서 초산균이 활성을 가질려면 발효조에 충분한 공기가 공급되어야 하는데 이를 충족하기 위해 공기의 흡입 및 분산이 가능한 aerator를 개발하였다(그림 4-14). 이 통기장치는 공기압축기가 필요없이 발효조의 선단에 부착된 회전자의 회전에 의해서 공기를 흡입하여 그것을 균일하게 회전자의 단면방향으로 분산 방출한다. 그림 4-15는 Frings acetator로 발효조에 기계적인 소포장치를 부착시켜 거품이 생기면 회전자가 회전하면서 거품을 부수어 발효조로 돌아가게 한다. 원심력으로 거품이 부서지고 난 후 기상과 액상을 분리되며, 액상은 발효조로 들어가고 기상은 출류를 따라 배출된다.

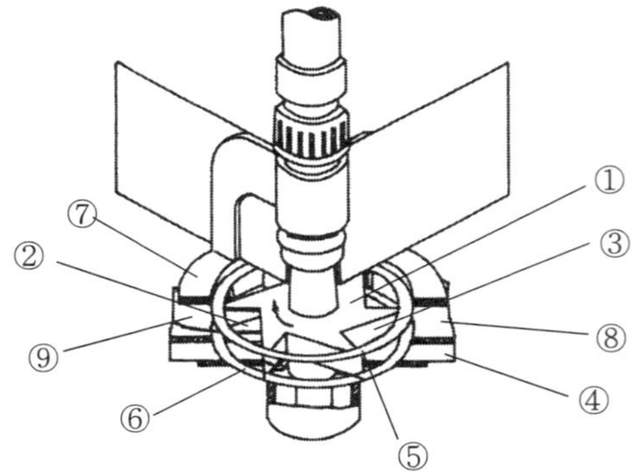

【그림 4-14】 Frings의 초산발효조에 사용되는 aerator의 투영도

터빈은 속이 빈축으로 되어 있으며, ①부는 원주에 따라서 회전방향과 반대의 방향으로 열려져 있고, ②부는 수직으로 잠겨 있고, ③부의 터빈에서 액을 빨아들임과 동시에 공기를 빨아들여 혼합해서, 고정자(④)로부터 주위의 배양액에 보낸다. 터빈의 상·하 링(⑤⑥)은 이 기포를 포함한 액체의 흐름방향을 결정하는 통로가 된다. 고정자(④)는 상·하 링(⑦⑧)과 원주에 대해서 30°의 경사를 가진 판(⑨)으로 구성되어 있다.

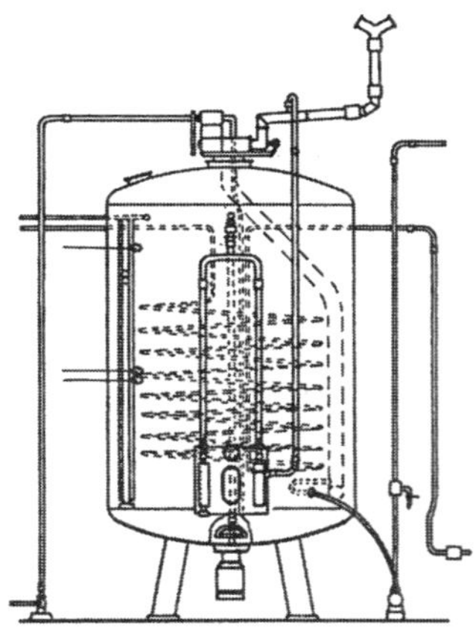

【그림 4-15】 Frings acetator의 식초양조용 발효조

Cavitator는 Waldhof형 발효조를 변형시킨 것으로 그림 4-16과 같다. 이 발효조는 속이 빈 교반축에 장치된 교반날개의 지름을 발효조 내의 직경보다 훨씬 작게 하여 고속으로 회전시킨다. 교반날개를 고속으로 회전시키면

날개의 통기공 주변의 압력이 저하되어 교반축을 통하여 공기를 흡인하게 되고 통기관내의 액은 발효조 아래쪽으로 밀려나게 되면서 공기와 혼합하게 된다. 두 발효조 모두 에탄올을 원료로 하는 초산발효에 이용된다.

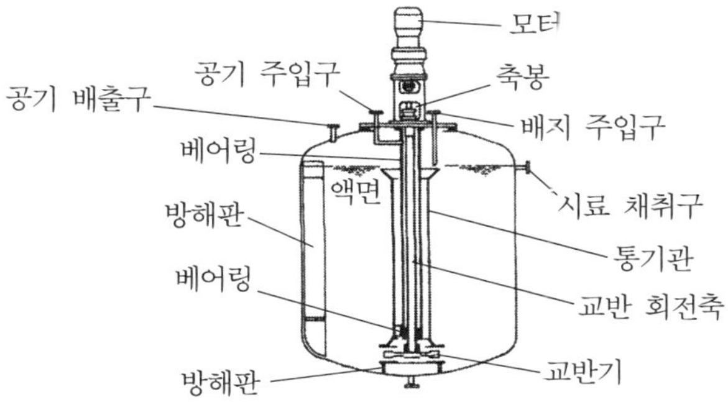

【그림 4-16】 캐비테이터(cavitator)

3) 탑형 발효조(tower fermenter)

탑형 발효조의 주된 특징은 탑의 높이와 지름의 비, 또는 종횡비(aspect ratio)로 나타낼 수 있다. 원통부분의 종횡비가 적어도 6 : 1, 전체로서의 10 : 1 이상으로서, 그 중의 기체의 흐름이 일정한 방향을 가지고 있고, 기계적 교반을 가지고 있지 않은 동체를 가진 발효조를 탑형 발효조로 정의하고 있다. 가장 간단한 탑형 발효조는 하단에서 튜브를 통해 공기가 분산되는 형태이다. 이 회분식 발효조는 실험실 규모로 구연산의 제조에 최초로 사용되었다. 한편 Pfizer사는 구연산과 테트라사이클린(tetracycline)을 생산하는 균사발효공정에 교반기가 부착되어 있지 않은 탑형 발효조를 사용하였다.

수직형 탑형 발효조 탑내에 적당한 간격으로 다공판(perforated plate)이 장치되어 있으며 배양액과 공기는 연속적으로 탑 하부에서 도입되어 다공판을 통하여 위로 빠진다. 이후 탑형 발효조의 개량 형태는 칼럼 내에 다수의 다공판을 수평하게 설치하여 탑 전체를 몇 개의 구분으로 나누어 놓은 형태를 취하여 배지를 탑상부로부터 공급해서 분할판에 범람시키면서 하단으로 분출시켜가고, 공기는 탑의 하부로부터 불어 넣는다. 대장균의 연속배양, 빵효모, 활성 슬러지 등에 이용되었다.

4) Air-lift형 발효조

Air-lift란 압축된 공기가 수직 pipe 속을 팽창하여 상승할 때 액체를 높은 곳으로 수송하는 장치로, 이와 같은 원리를 미생물 배양에 응용하여 기체 혼합물과 배양액의 순환을 동시에 가능한 배양장치이다(그림 4-17).

Air-lift 발효조는 교반이 필요없는 발효조로서 밀폐된 baffle(유체조절판)을 가진 상승관(액체가 올라감)과 하강관(액체가 내려감)이 서로 연결되어 있으며 정상조업하는 동안 공기 또는 기체 혼합물은 분산유입관에 의해 상승관의 하단으로부터 유입된다. 발효조 내 배지를 순환시킬 수 있는 구동력은 상승관의 액상칼럼(배지중 기포가 많음)과 하강관의 액상칼럼(발효조 상단에서 기포가 방출되고 난 후이며 따라서 기포가 적음)간의 밀도차에 의해서 형성된다. 이 발효조의 특징은 기계적인 교반을 하지 않아도 혼합특성이 양호하고 거품이 적게 생기는 점이고 연속배양이 가능하다. 탄화수소를 원료로 한 효모균체(SCP) 생산에 이용된다.

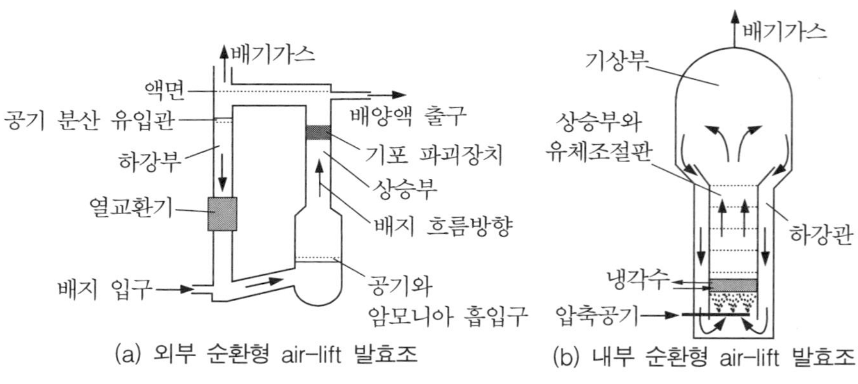

【그림 4-17】 Air-lift 발효조

5) 사이클론형 발효조(cyclone column)

이 발효조는 특히 사상균의 배양을 목적으로 해서 사이클론형 발효조(그림 4-18)가 개발되었다. 배양액은 펌프에 의해 사이클론의 밑부분으로부터 뽑아내어서, 사이클론의 상부를 순환시킨다. 액은 비교적 엷은 막으로 되어서 발효조 벽을 흘러내린다. 배지와 공기는 탑의 밑부분 가까운 곳으로부터 공급되며, 배기는 탑 상부로부터 배출된다. 이 발효조의 이점은 가스교환이 잘 행해진다는 것, 거품 발생이 없다는 것, 균사가 관벽에 부착되지 않는다는 것 등이다.

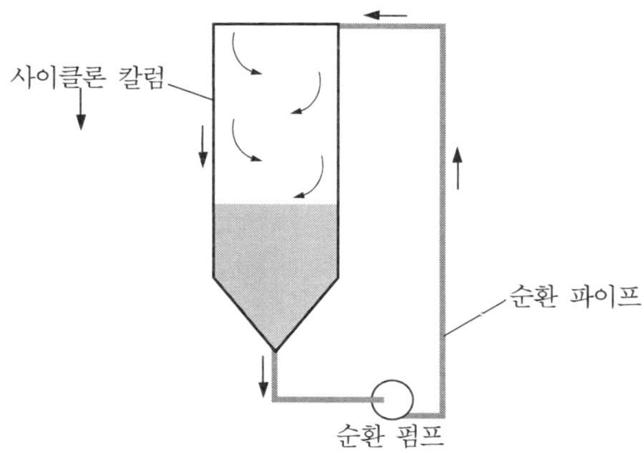

【그림 4-18】 사이클론형 발효조

4-4. 통기와 교반

공업적 발효공정에서 산소요구량은 일반적으로 발효액을 통기와 교반에 의해서 만족시킬 수 있다. 그러나 대부분의 발효에서 생산성은 이용될 수 있는 산소에 의하여 제한되기 때문에 미생물에 산소를 공급함에 있어 발효조의 효율은 다양한 인자에 의해서 영향을 받는다.

1. 발효에서 산소공급

발효시 미생물의 산소요구는 배지 중의 탄소원에 의존한다고 볼 수 있으며, 따라서 탄소원을 감소시킬수록 산소요구는 많아지게 된다. 미생물대사는 발효액 중의 용존산소에 의하여 영향을 받기 때문에 전반적인 산소요구를 계산하는데 산소의 공급량에 기초를 두는 것은 부적당하다. 비산소요구속도(specific oxygen uptake rate, Qo_2 = 단위시간, 단위건조균체 중량에 대한 산소소비량으로서 mmol로 나타낸다; 산소요구속도는 호흡속도와 같다)에 대한 용존산소농도의 효과는 그림 4-19에서 Michaelis-Menten 형태로 나타난다.

그림 4-19에서 보는 바와 같이 임의의 점(이 값을 임계용존산소농도 Ccrit라 한다)까지는 용존산소농도가 증가함에 따라 비산소요구속도도 증가하지만, 그 이상에서는 산소요구속도는 증가하지 않는다. 몇 종류 미생물의 임계용존산소농도(critical dissolved oxygen concentration)를 표 4-1에 나타내었다. 만일 용존산소농도가 임계레벨(critical level) 이하로 떨어진다면 미생물은 대사저해를 받게 될 것이다. 그러나 발효공학자들은 미생물 그 자체보다는 미생물이 생산하는 생산물에 목표를 두는 경우가 많으며 실제로 산소고갈에 의한 미생물의 대사저해는 목표로 하는 생산물의 형성에 이로운 경우가 많다.

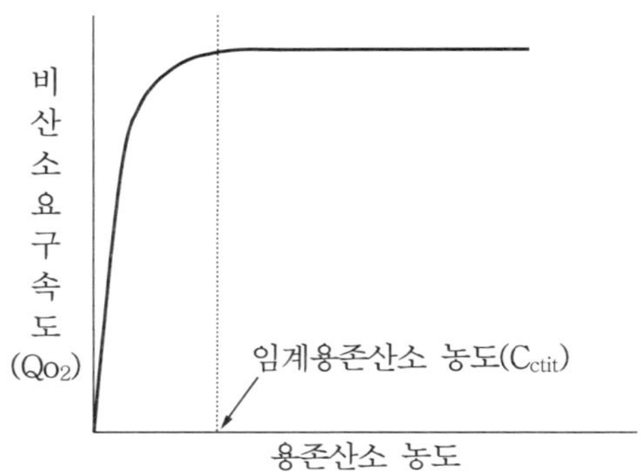

【그림 4-19】 미생물이 비산소요구속도에 미치는 용존산소농도의 영향

【표 4-1】 특정 미생물에 대한 임계용존산소농도

미 생 물	온도(℃)	임계용존산소농도 [m mol/L]
Azotobacter sp.	30	0.018
Escherichia coli	37	0.008
Saccharomyces sp.	30	0.004
Penicullium chrysogenum	24	0.022

또한 임계레벨보다 훨씬 많은 용존산소농도의 공급량은 균체생산에 영향을 미치지 않을 수도 있다.

결론적으로, 목표로 하는 생산물의 최적생산을 위하여 필요로 하는 통기조건은 균체생산의 최적조건과 다를 수도 있다.

2. 산소공급

산소는 가장 값싼 공기의 형태로 미생물의 배양에 이용된다. 공기의 공급 방법은 공정의 규모에 따라 다양하다.

① 실험실 규모에서는 온도조절이 가능한 교반배양기를 사용하여 삼각 플라스크(250~500 mL)에 배양액(50~100 mL)을 첨가하여 미생물에 산소를 공급하는 진탕배양법이 행해지고 있다.

② 시험공장 또는 공업용 규모의 발효는 통기와 교반을 겸한 발효조를 사용하여 공기를 공급한다. 그러나 상대적으로 작은(1 L) 발효조를 사용하여도 시료의 채취, 첨가물의 공급 그리고 발효상태의 관측 및 제어가 더욱 용이할 때도 있다. 또한 교반없이 적당한 산소공급이 이루어지도록 고안된 발효조(bubble column, air-lift fermenter)도 있다.

공기로부터 미생물로 전달되는 산소공급과정은 다음과 같은 단계로 나눌 수 있다.

① 공기기포로부터 배지 중으로의 산소이동

② 배지로부터 미생물세포로의 용존산소의 이동

③ 미생물세포에 의한 용존산소의 이용

일반적으로 공기로부터 세포로의 산소전달의 속도 조절단계는 산소가 용액으로 전달되는 과정이며 이러한 사실은 점도가 낮은 발효에서는 잘 적용되지만, 점도가 높은 발효에서는 2개의 또 다른 단계에 의하여 전달이 제한될 가능성이 있다.

3. 산소공급과 요구사이의 균형

어떤 배양과정에서 균체농도의 액량기준 산소이용속도(액량기준 호흡속도, vloumetric oxygen uptake rate)를 $Q_{O_2}X$로 나타내는데, 여기서 Q_{O_2}는 비산소이용속도(비호흡속도)[m mol O_2/균체(g)・h], 그리고 X는 균체농도 [g/L]이다. 따라서 $Q_{O_2}X$의 단위는 m molo_2/L・h가 된다.

발효조에서의 산소이동용량계수, K_{La}(m mol O_2/L・h로 측정)는 다음과 같은 식으로 설명될 수 있다.

$$dCL/dt = K_{La}(C' - C_L)$$

C_L : 발효배지 중의 용존산소농도[m mol/L]

t : 시간[h]

dC_L/dt : 일정시간에 용존산소농도의 변화, 즉 산소이동속도[O_2 m mol/L・h]

K_L : 기체・액체상 경계면에서의 산소이동속도계수[cm/h]

a : 단위체적당 기액계면적[cm^2/cm^3]

C' : 기포의 산소분압과 평형인 용존산소농도, 즉 포화된 용존산소농도 [m mol/L]

물론 발효 중의 용존산소농도는 임계용존산소농도(Ccrit) 또는 생산물이 최적으로 생산될 때의 용존산소농도 이하로 떨어져서는 안 된다. 따라서 용존산소농도가 일정농도로 유지되는 동안 발효조의 산소이동속도는 미생물의 산소이동속도와 부합시키는 것이 필요하다. 발효조는 운전조건에 의해 최대 K_{La}값을 가질 것인데, 이와 같이 산소요구와 공급이 균형을 이루기 위해서 공급된 산소량에 따라 산소요구가 조절된다. 이것은 다음과 같은 ① 균체농도의 조절 ② 비산소이용속도의 제어 ③①과 ②의 조화 등과 같은 방법에 의해서 수행된다.

4. 스케일 업과 스케일 다운

스케일 업(scale-up)은 실험실 규모에서 시험공장 규모 또는 생산 규모로 발효의 규모를 증가시키는 것을 의미한다. 규모를 크게 한다는 의미는 운전 부피를 증가시키는 것이며, 공정을 스케일 업하는 데는 여러 가지 공정변수들이 장치의 규모에 영향을 미친다. 발효수율의 감소없이 규모를 증가시켜야 하는데, 만약 스케일 업 과정에서 수율이 감소하게 되면 그 원인을 유발하는 인자를 찾아내고 공정을 수정하는 것이 필요하다. 스케일 업에 관여하는 중요한 인자들은 다음과 같다.

1) 접종방법의 개발

규모가 커짐에 따라 접종을 위한 공정이 추가되어야 한다. 공장생산설비에서 종균을 접종시키기 위하여, 실험실 규모의 발효조나 포자현탁액탱크로부터 생산용 발효조로 배양액을 이동시키거나 하나의 발효조로부터 직접 다른 발효조로 배양액을 이동시켜야 한다. 액체 이동공정 중에 오염을 방지하기 위해서 양쪽의 탱크를 양압으로 유지하면서 종균탱크에는 증기로 살균할 수 있어야 한다.

2) 살균

살균은 발효조 내의 많은 오염균들이 장치의 규모에 관계없이 같은 절대수를 나타내도록 사멸되어야 하기 때문에 장치의 규모에 의존하는 인자이다. 따라서 공정의 규모가 증가하게 되면 살균전략도 따라서 조정되어야 한다. 한편 살균 후 배지성분이 변화될 수 있음을 고려하여야 한다.

3) 환경적인 요인

규모가 커지면 미생물의 환경이 또한 변하게 된다. 이런 환경적인 요인들에는 영양원의 이용정도, pH, 온도, 용존산소농도 전단력, 용존이산화탄소농도, 거품생성 등이 있다. 이상의 인자들은 통기와 교반의 영향을 받는다.

스케일 업 문제의 해법은 다음과 같은 세 가지 순서에 의한다.

① 발효에서 통기와 교반에 의해 영향을 받는 중요한 환경적인 요인영역들, 예를 들면 산소농도, 전단력, 벌크혼합을 찾는다.

② 발견된 환경적인 요인영역에 영향을 미치는 공정변수(들)를 찾는다.

③ 동일한 환경조건하에서 대규모 배양에서 재현될 수 있는 공정변수들의 값을 결정한다.

한편, 스케일 다운(scale-down)은 공업적 규고의 조건과 흡사한 조건에서 실험실 또는 시험공장 규모의 실험을 수행하는 것을 뜻하며, 이 기법은 새로운 제품의 생산뿐만 아니라 기존공정의 개선을 위해서도 중요한 과정이다. 간혹 실험실 규모에서 가능한 조건들이 대규모에서는 잘 적용되지 않는 경우가 있는데, 이것은 실험실 규모에서 부적당한 조건이 사용되었다면 스케일 업 공정에서 실현 불가능한 수율목표가 설정될 수도 있다는 것을 의미한다. 실험실 또는 시험공장 규모의 실험을 설계하기 위하여 아래와 같은 스케일 다운 방법을 요약할 수 있을 것이다.

① 배지설계 : 공업적으로 사용가능한 배지를 개발실험에서 사용하여야 한다.

② 배지살균 : 대규모 발효조에서 배지를 회분식으로 살균하여야 한다면 고온에서의 살균시간은 실험실 또는 시험공장에서 보다 더 길어지며, 따라서 소규모 발효조에서의 살균시간도 생산규모에 맞게 증가시켜야 한다. 이러한 관점에서 볼 때 연속살균은 배지의 품질 손상없이 살균할 수 있다. 특히 발효조의 규모에 관계없이 동일한 연속살균기를 사용할 수도 있다.

③ 접종방법 : 환경이 서로 다르기 때문에 모든 생산발효(production fermentation)에서 최적의 접종은 사실상 불가능하다. 스케일 다운기법은 접종액을 보관하거나 배양시간이 차이가 나는 상태로 접종하는 등의 방법을 사용함으로써 실험실에서 접종과정을 예측해 볼 수 있다.

④ 세대수(number of generation) : 공업적 규모의 발효에서는 실험실 규모에서 보다 더 많은 세대수를 필요로 한다. 그 결과 실험실 규모에서 사용되는 미생물에 대한 안정성 기준이 보다 명확하여야 한다. 공업적 규모에서는 실험실에서 미생물을 계속해서 배양함으로써 충분히 안정한가를 확인 하여야 한다. 이 과정은 특히 재조합미생물의 경우 대단히 중요하다.

⑤ 혼합 : 발효조의 규모가 커지면 혼합정도는 감소된다. 따라서 실험실에서 미생물의 배지가 펄스상태로 공급(pulse medium feed)되게 하거나 산소농도, pH, 온도 등의 운전조건들을 변화시키면서 불충분한 혼합을 설계하는 것이 가능하다. 이러한 스케일 다운 실험은 새로운 균주가 공업용으로 적용한가에 대한 적합성을 예측하게 해 준다.

⑥ 산소이동속도 : 공업용 발효조보다 실험실용 발효조에서 보다 더 높은 산소 이동이 가능하다.

따라서 공정개발연구가 매우 높은 산소이동속도에서 이루어질 경우, 발효공장에서는 비현실적인 산소요구량이 계산될 것이다. 따라서 실험실 및 실험공장 규모에서의 산소이동은 공업용 규모의 경우를 충분히 반영하여야 한다.

4-5. 무균기술

1. 공기의 여과

호기성 발효에는 상당량의 무균공기가 연속적으로 필요하다. 공기 중에는 대략 $10^4/m^3$의 미생물들이 존재한다고 하며 미생물들의 크기는 표 4-2와 같다. 배지 중에 통기를 할 때 이들 미생물들이 주입되는 공기에 들어가지 않도록 하는 것이 대단히 중요한 일이다.

【표 4-1】 공기 중에 존재하는 미생물의 크기

미 생 물	폭(㎛)	길이(㎛)
Klebsiella pneumoniae	1.0 ~ 1.5	1.0 ~ 2.5
Bacillus cereus	1.3 ~ 2.0	8.1 ~ 25.8
Bacillus licheniformis	0.5 ~ 0.7	1.8 ~ 3.3
Bacillus megaterium	0.9 ~ 2.1	2.0 ~ 10.0
Bacillus mycoides	0.6 ~ 1.6	1.6 ~ 13.6
Bacillus subtilis	0.5 ~ 1.1	1.6 ~ 4.8
Staphylococus aureus	0.5 ~ 1.0	0.5 ~ 1.0
Proteus vulgaris	0.5 ~ 1.0	1.0 ~ 3.0
Bacillus megaterium(spores)	0.5 ~ 1.2	0.9 ~ 1.7
Bacillus mycoides(spores)	0.8 ~ 1.2	0.8 ~ 1.8
Bacillus subtilis(spores)	0.5 ~ 1.0	0.9 ~ 1.8

공기의 제균에는 여러 방법이 있으나 두 가지만이 실용화되어 있다. 즉 가열에 의한 방법과 여과하는 방법이다. 그러나 가열법은 비용이 매우 높아 경제성이 떨어진다. 바람직한 여과재는 균의 포집효율이 높고, 값이 싸고 튼튼하며, 압력손실이 적은 것이 바람직하다. 공기필터(air filter)의 필터로는 유리솜, 유리섬유, 광물 슬래그 섬유(mineral slag wool)가 사용되는데 요즘은 주로 카트리지형 필터를 사용한다. 필터는 사용하기 전에 발효조에 연결하여 멸균시킨 후 사용하여야 한다. 일반적으로 필터는 다음 두 종류를 이용한다.

그림 4-20은 충전층 공기필터장치이다. 멸균 중에 공기입구 주밸브 A(main inlet valve)는 잠그고 제균공기 주입밸브 B도 처음에는 잠궈둔다. 증기밸브 C를 열어 증기를 통과시킴과 동시에, 필터 내의 공기는 밑부분의 밸브(bleed valve)로부터 빠져나간다. 밑부분의 밸브로부터 증기가 방출되면 밸브 B를 열어서 발효조 쪽에도 증기를 통한다. 그리고 밑부분의 밸브의 개방도를 조절해서 발효조와 공기필터의 양쪽이 충분하게 살균이 될 수 있도록 압력을 유지한다.

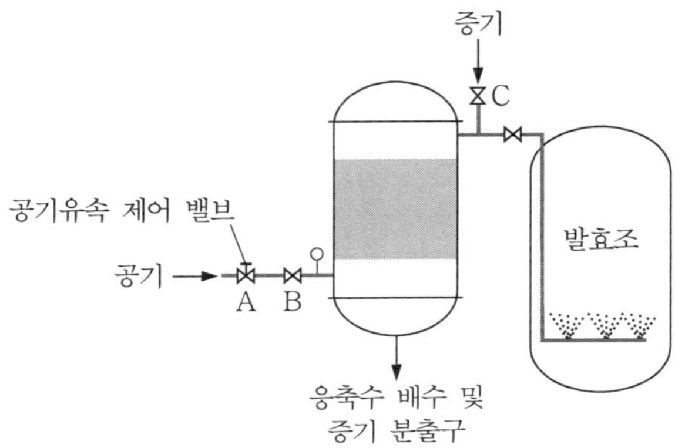

【그림 4-20】 충전층 공기필터

또 하나의 방법은 그림 4-21에 나타낸 것처럼 증기재킷(steam jaket)형의 공기필터이다. 살균의 개시 때는 밸브 A를 잠그고, 증기를 밸브 B, C를 통해서 흡입시켜서 밸브 D를 통해서 빼낸다. 동시에 밸브 F, G에 의해서 재킷에도 증기를 통한다. 밸브 D로부터 증기가 분출되어 나오게 되면 밸브 E를 열고 발효조에 증기를 통한다. 밸브 D의 개방도를 조절해서, 계 전체의 압력이 정확하게 유지되도록 한다. 규정된 멸균시간이 경과하면 밸브 B와 E를 잠그고, A를 열어서 공기를 가열상태로서 밸브 D로부터 빠져나가게 해서 필터를 건조시킨다. 건조가 끝나면 재킷의 증기통과를 중지시킨다. 밸브 D를 잠그고 밸브 E를 열어서, 제균공기를 발효조에 통해서 배양계를 양압을 유지하며 공급한다.

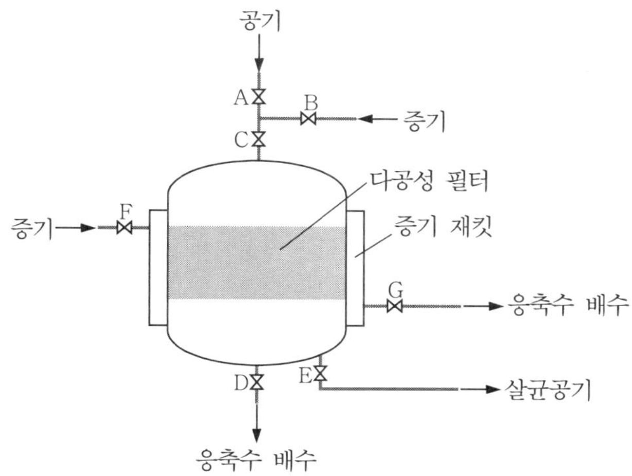

【그림 4-21】 증기재킷이 장치된 공기필터

2. 배지의 살균

배지는 여과, 방사선, 초음파 처리, 화학적 처리 또는 열로 살균할 수 있다. 그러나 대부분 증기살균법을 많이 사용한다. 가열살균하였을 때의 생존균수는 그림 4-22와 같이 시간에 대해서 대수적으로 감소되며 또한 온도가 높아지면 미생물의 사멸속도는 빨라진다. 포자는 영양세포보다 열에 대해서 강하므로 높은 온도와 많은 살균시간이 필요하다.

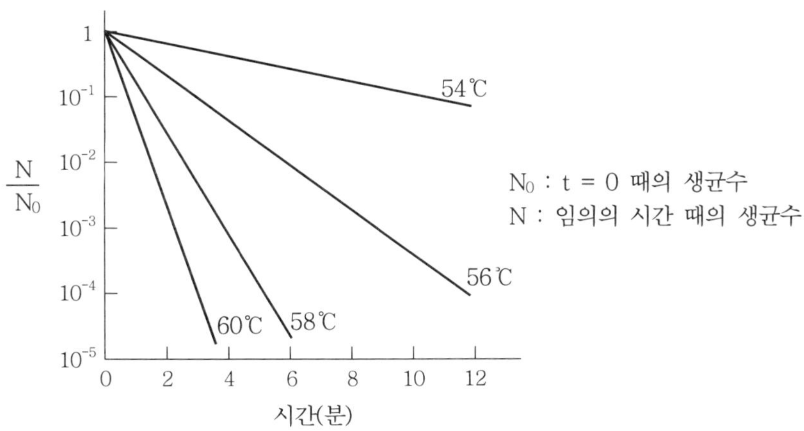

【그림 4-22】 미생물의 사멸곡선

미생물의 사멸속도는 대개 1차의 화학반응에 해당된다. 그러나 미생물의 사멸은 언제나 1차 반응적으로 진행되는 것은 아니며, 경우에 따라서는 대수법칙에 따르지 않는 현상도 볼 수 있다. 이와 같은 현상의 원인은 균체 또는 포자응괴(凝塊)가 존재하는 것, 내열성에 차이가 있는 미생물 집단의 혼합, 가열에 의한 포자의 활성화, 가열 중의 세포 응집 등을 들 수 있다.

한편, 배지의 가열살균에서는 배지에 함유된 미생물을 사멸시킬 뿐만 아니라 배지 구성 성분까지도 변화를 받는다. 그러므로 때로는 미생물의 증식이 저해받기도 하며 생산물의 발효수율을 저하시키기도 한다(그림 4-23).

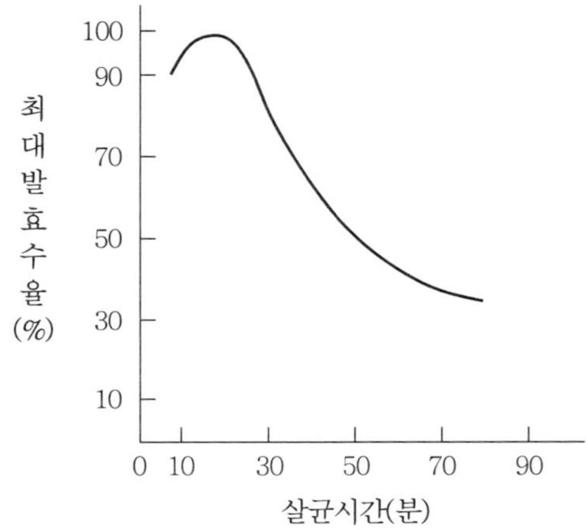

【그림 4-23】 살균시간이 발효수율에 미치는 영향

발효배지에는 열변성되지 않는 물질만이 아니라 살균중의 열에 의한 유해반응이 일어나서 영양성분이 사라지는 물질도 있는 혼합물이다. 그러므로 살균온도와 시간을 선택할 때는 배지에 영향을 적게 미치는 조건을 고려하여야 바람직한 살균을 이룰 수 있다. 그림 4-23은 배지 멸균시간이 길어짐에 따라 역효과가 나타나며, 그 결과 발효수율의 저하가 일어난다. 그림에서 초기수율이 증가하는 것은 살균초기의 가열에 의해서 배지성분이 미생물에 보다 이용되기 쉬운 상태로 변하는 소위 쿠킹 효과(cooking effect)에 의한 것이다.

살균중의 영양손실을 일으키는 반응에는 두 가지를 들 수 있는데, 첫째는 배지의 착색뿐만 아니라 배지성분의 파괴를 일으키는 Maillard반응이라 불리는 갈변반응(browning reaction)이다. 이들 반응의 원인은 환원당의 카르보닐기와 아미노산과 단백질의 아미노기 반응이다. 이런 문제를 해결하기 위해 배지의 당을 다른 배지성분과 분리해서 멸균하고, 냉각 후에 혼합한다. 두 번째는 열에 약한 물질 즉 비타민(ascorbic acid, thiamine, riboflavin), 아미노산 및 단백질은 증기살균조작 시 변성될 수 있다. 이와 같이 배지의 가열살균에 있어서는 가열에 의한 살균효과와 배지의 변질에 대해서 검토한 후에 최적조건을 결정할 필요가 있다.

3. 장치의 살균

장치의 살균은 배양장치가 내압성일 경우에는 증기 살균으로 높은 온도까지 가열할 수 있으나 장치내의 구멍 또는 노출되어 있는 작은 배관 등은 온도가 잘 오르지 않으므로 살균 중 증기를 계속 통과시켜 완전한 살균이 되도록 세심한 주의가 필요하다. 또 최근에는 장치의 작은 부위의 살균에 가스살균이 이용되고 있으며 ethylene oxide 등이 효과적이다.

4. 무균조작

미생물의 배양장치는 무균적으로 조작되어야 하기 때문에 외부와 완전히 차단되어야 한다. 발효조에 부착되어 있는 교반축, 계기검출단자, 배관접부의 밀봉이 특히 중요하다. 외부와 접촉되는 부위에는 steam seal의 방법이 이용되며 회전기기의 축봉(shaft seal)에는 mechanical seal, gland부에는 steam seal이 사용되고 있다. 또 밸브류에서는 접액부에 teflon 등의 가소재를 사용한 diaphram valve가 사용되기도 한다.

장치가 완벽하더라도 조작이 불완전하면 잡균의 혼입을 피할 수 없다. 특히 접종, 이송 작업에 있어서 외기에 부유하고 있는 잡균이 배양조 내로 침입하는 것이 문제가 된다. 작은 플라스크 등으로부터 접종하는 경우는 화염 속에서 접종구를 연결하는 방법이 채택되고 있으며 대량의 배양액은 배양조간에 이송하는 데는 배관을 이중으로 하고 이 사이를 증기로 차단하는 방법이 있다. 또한 배양 중 배양조의 내압을 외기압보다 높게 0.2~0.5 kg/cm²로 유지하는 방법도 있다. 일반적으로 장치류 전체가 기밀시험에서 3 kg/cm²이상의 압력을 견디어 낸다면 외부로부터의 잡균 침입은 일어나지 않는다.

4-6. 발효공정의 계측과 제어

배양의 성공여부는 미생물의 대사활동에 최적인 환경을 맞춰주어야 한다. 이를 달성하기 위해 발효공정에 어떠한 현상들이 나타나며, 최적인 조업을 위해서 그것을 어떻게 제어할지 파악하는 것이 중요하다. 따라서 조절가능한 온도, pH, 교반속도, 용존산소농도 등이 일정한 범위 내에서 관리하기 위해서 배양경과를 면밀하게 점검하고 공정을 제어하여야 한다. 일반적으로 배양관리를 위한 모니터(monitor) 항목과 제어항목을 보면 표 4-3과 같다. 공정의 점검은 공정의 조건을 일정하게 유지하도록 할 뿐 아니라, 발효진행에 대한 정보도 제공한다. 이들의 정보에 따라서, 배양 종료점을 판단하거나 배양이 오염되어 있는 여부, 균 역가의 정상 여부 등 배양의 이상을 검출할 수 있다. 따라서 모니터 설비는 제어 시스템으로서 기능을 가짐과 동시에 배양공정의 정보를 표현하는 것이어야 한다.

【표 4-3】 발효공정용 센서와 제어

범 주	센서(sensor)	제 어 기 능
물리적	온 도	가열, 냉각
	압 력	
	교반강도	
	회전수(rpm)	
	거 품	거품제어
	중 량	공급액 유량조절
	유 량	공급액 유량조절
화학적	pH	산, 알칼리 첨가, 탄소기질 공급속도
	산화환원전위	산화환원전위를 변화시키는 첨가물의 첨가
	산 소	기질 첨가량 조절, 공급액 유량 조절
	배기가스분석	
	배지분석	배지조성, 공급액 조성의 변화

발효 중에 상당수의 공정변수들이 모니터링되어야 함을 표 4-3으로부터 알 수 있다.

센서에는 세 부류가 있는데 ① pH전극이나 용존산소전극과 같이 발효조 내부에 넣는 센서 ② 배출기체 분석기와 같이 발효조로부터 연속적으로 제거된 시료를 조작하는 센서 ③ 회전속도계(tachometer)나 로드 셀(load cell ; 힘 또는 중력측정에 사용)과 같이 발효배양액이나 기체와 접촉하지 않는 센서

또한 공정제어 응용과 관련하여 센서의 특성을 나타내면 다음과 같다.

① 인라인 센서(in-line sensor) : 센서는 발효장비에 통합되어 있으며, 이로부터 측정된 값은 공정을 제어하는 데 직접 이용된다.

② 온라인 센서(on-line sensor) : 센서는 발효장비에 통합되어 있지만 측정값이 공정을 제어하는 데 직접 이용되지 않는다. 공정제어에 데이터가 이용되려면 조업자(operator)는 측정값을 제어 시스템에 입력시켜야 한다.

③ off라인 센서(off-line sensor) : 센서는 발효조의 일부가 아니다. 측정값이 공정을 제어하는데 직접 이용되지는 않는다. 실제 측정(예로, 배지의 분석이나 시료의 건조중량)하고 공정을 제어하기 위해 측정값을 입력시킬 조업자가 필요하다.

1. 공정변수의 측정

1) 온도

발효조 또는 배관 내의 온도는 대부분의 공정에서 모니터해야만 될 가장 중요한 변수이며, 제어를 위한 가장 중요한 대개변수(parameter)이다. 수은온도계, 바이메탈온도계(bimetallic thermometer), 액체압력온도계(pressure bulb ther-mometer), 열전대(thermocouple ; 열전기쌍), 측온저항체(metal resistance ther-mometer), 서미스터(thermistor) 등이 사용된다. 대부분의 발효공정에서는 측온저항체와 서미스터가 주로 쓰인다.

정확한 온도를 측정할 수 있는 수은온도계는 다른 온도센서의 점검과 보정에 사용되며, 비교적 가격이 저렴한 온도계는 실험실 발효조에 사용되고 있다.

2) 유량의 측정과 제어

공정제어에서 기체와 액체의 유량을 측정하고 제어하는 것은 매우 중요하다.

(1) 기체

발효조의 기체 유량을 측정하는 간단한 방법은 면적식 유량계를 사용하는 방법이다. 일반적으로 사용되는 것은 로터미터(rotameter)로서, 수직으로 설치된 유리관 내에 구슬이나 속이 빈 골무(thimble)가 자유로이 움직이는 부표가 들어 있으며 유리관에는 눈금이 매겨져 있어서, 부표의 위치로부터 바로 유량을 알 수가 있다. 유리관의 크기를 변화시키면 넓은 범위의 유량을 측정할 수 있다. 정밀도는 기체의 압력변동에 따라서 영향을 받는데, 그러나 그 오차는 실물크기(full scale)의 ±10% 이내라고 한다. 오차는 저유량일수록 크다. 로터미터는 살균할 수가 없기 때문에, 공기유입구와 공기필터 사이에 설치된다.

(2) 액체

전자유량계(magnetic flow-meter)를 사용하면 균체 및 결정 등의 고체를 포함한 액이라도 매우 낮은 유량으로부터 높은 유량까지(50 mL/min~500,000 L/min) ±1%의 정밀도로 측정할 수 있다. 이 계기(그림 4-24)는 튜브의 외측에 2개의 코일이 감겨져 있어, 여기에 교류를 흐르게 하여 자장을 형성시킨다. 이 자장에 파이프를 흐르는 유체의 유속과 자장의 세기에 비례하는 전압이 생기므로 그것을 전극으로 측정하면, 유체의 유속에 비례해서 변화하는 전압으로부터 직접 유량을 구할 수가 있다.

회분배양이나 유가배양(반회분배양)의 경우, 로드 셀(load cell ; 하중 셀)에 의해서 간접적으로 유량을 알 수 있는 값싼 방법을 채용할 수도 있다. 발효조라든지 공급액 저장조에 로드 셀을 부착해 두고 일정시간마다 그 중량의 변화를 측정하여 유속을 구할 수 있다. 이 방법에 의하면 공급액의 비중을 알고 있을 때, 배관의 크기가 다를 때의 유속도 정확하게 측정할 수가 있다.

또한 이 방법은 고체를 포함한 액의 경우에도 적용할 수 있다.

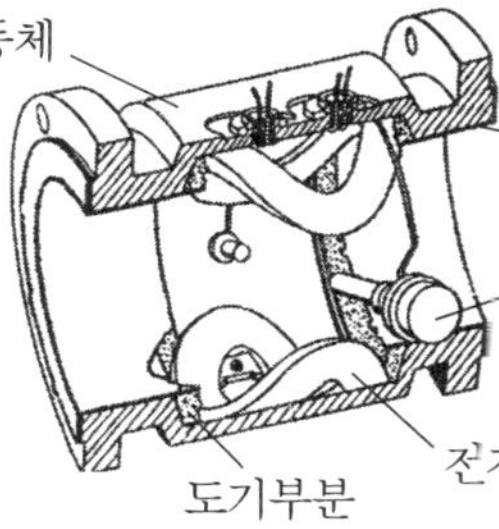

【그림 4-24】 전자유량계

3) 압력 측정

압력을 측정하는 이유는 몇 가지 있는데, 가장 중요한 것이 안전의 확보를 위해서이다. 공업용 장치뿐만 아니라 실험실용의 소형 장치의 있어서도, 기계장치는 모든 조작압력에 안전율을 고려하여 설계되어 있다. 따라서 모든 장치는 압력을 검출해서, 지시, 기록, 조절될 수 있도록 고안되어야 한다. 압력은 또한, 배지살균조건의 지표로서 사용된다. 발효조의 조작에는 압력이 산소의 용해에 영향을 나타내며, 탱크가 양압(陽壓)에 유지되고 있으면 무균성이 유지되고 있음을 나타낸다. 모든 설비와 배관은 제한압력을 넘는 일이 없도록 안전밸브를 부착한다. 안전밸브는 압력이 개개의 설비에 대해 안전상의 설정된 값을 넘을 때에는 바로 작동되어 압력을 내리도록 설계되어 있다. 모든 봉쇄의 요구를 충족시키기 위해서는 기타 설비들이 필요하다.

4) 교반기 동력(agitator shaft power)

발효조의 교반동력 소비량은 여러 가지 방법으로서 측정된다. 대용량의 모터에서는 전력계가 동력소비량을 정확히 파악하는데 적합하지만, 시험공장이나 실험실 규모와 같은 소형 발효조에서는 비틀림 동력계(torsion dynamometer)가 사용된다.

5) 회전속도(rate of stirring)

발효조에서는 교반기의 회전속도의 관리는 전자유도 기전력(electromagnetic induction voltage generation), 광센서, 자력(magnetic force) 등 여

러 가지 원리를 사용한 회전계가 사용된다. 어느 형태의 회전계를 선택할 것인가는 잡아내는 신호의 종류를 모터에 피드백(feedback)해서 회전속도를 제어한다.

실험실용의 소형 발효조들은 사이리스터(thyristor ; 전류나 전압의 제어기능을 가진 반도체 소자)를 사용해서 적당한 토크(torque ; 회전 모멘트)로 되도록 교류모터의 회전수를 조절하는 것이다. 시험공장 이상의 대형 탱크에서는 회전수 변경의 필요성은 그렇게 크지 않다. 만약 회전수의 변경이 필요하다면, 기어 박스(gear box), 휠(wheel)의 크기, 벨트의 위치변경, 경우에 따라서는 모터를 교환하는 등 여러 가지 방법을 사용한다.

6) 거품의 검출과 제어

통상 배양이 진행되어 배양거품이 생기기 시작해서, 미리 예정된 수순을 넘어서면 소포제를 첨가한다. 거품의 검출과 소포제의 첨가로 구성되는 거품제어 시스템은 발효공정의 종류와 경제성에 따라서 선택된다. 또한 용존산소의 농도에 주는 영향도 고려되어야 한다.

7) 용존산소의 측정과 제어

호기배양에서는 배양액의 용존산소농도가 일정값을 유지하도록 관리하여야 한다. 1970년대 이래 증기멸균이 가능한 용존산소전극이 개발되어, 배양계의 용존산소가 온라인으로 관리할 수 있게 되었다(그림 4-25).

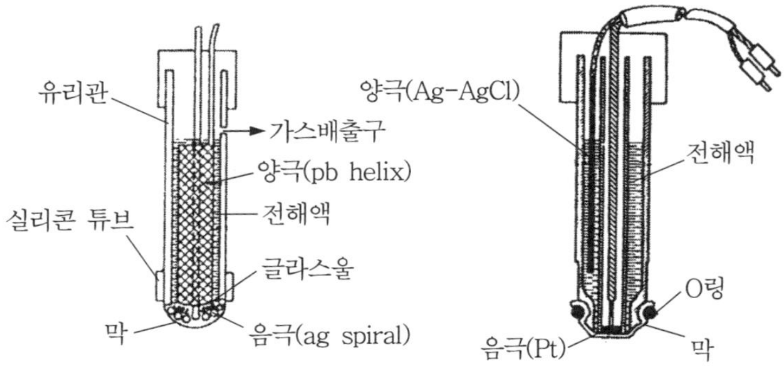

【그림 4-25】 용존산소전극의 구조(광학식 자기 산소분석계)

이들 전극은 용존산소의 부분압을 측정하는 것이지 농도를 측정하는 것은 아니다. 따라서 평형상태에서 프로브 신호(probe signal)는 다음에 의해 결정된다.

$$P(O_2)=C(O_2)\times P_T$$

$P(O_2)$: 전극에 의해 감지되는 용존산소의 부분압
$C(O_2)$: 기상에 있는 산소의 부피분율 또는 몰분율
P_T : 전압

실제 읽는 값은 상압에서 공기포화값에 대한 %를 나타낸다. 따라서 100% 용존산소는 약 160 mmHg 부분압에 해당된다.

8) pH측정과 제어

모든 발효에서 발효생산수율을 높이기 위해 pH의 측정과 제어가 필요하다. 배양중 pH의 급격한 변화는 배지조성, 특히 배지의 탄소원과 질소원의 선택에 따라서 어느 정도 방지할 수가 있으며, 배지의 완충능과 배지의 추가 및 첨가 등에 의해서도 개선될 수 있다.

pH의 측정은 온도 121℃, 압력 138 kN/m^2의 조건하에서 증기살균 가능한 복합유리전극에 의해서 행해지고 있다. 비교전극은 은-염화은 전극에 염화칼륨을 전해액으로 한 것이 사용된다. 전극은 리드(lead)선으로 pH 미터나 pH 조절계에 접속되는데 전극을 살균할 때는 전극 단독 또는 발효조에 부착된 상태로 한다. 케이블과 연결자(connector)는 내열성이며 가열에 의한 전기저항 또는 절연성에 변화가 없어야 한다.

9) 산화환원전위(redox potential)

배양계의 산화환원전위는 전압[mV]으로서 측정되며, 그 값은 어떠한 계라도 일반식으로 다음의 평형식으로서 나타낼 수 있다.

$$\underset{\text{(negative value)}}{\text{환원형}} \rightleftarrows \underset{\text{(positive value)}}{\text{산화형 + 전자(s)}}$$

전위측정용 전극은 백금, 금 또는 이리듐(Ir)에 동선의 리드선이 접속되어

있다. 세포의 증식이 끝날 때까지는 배양액은 산화환원 평형에 있지 않다. 세포가 증식하는 동안에는 일부 산화환원 반쪽반응이 평형일 수 있으나, 동적인 상태에서는 모든 반응이 그렇지 않다. 미생물은 배양액과는 다른 산화환원전위를 가질 수 있다. 전극에 나타나는 신호는 불확실하게 변화하는 화학종에 대한 상대농도를 나타낸다.

2. 제어계

프로브(probe)를 이용해서 측정하는 공정매개변수는 제어루프를 이용하여 제어될 수 있다.

제어루프는 다음과 같은 ① 측정부(measuring element) ② 제어기(controller) ③ 최종 제어부(final control element) ④ 제어될 공정 등 네 가지의 기본요소로 구성된다.

피드백 제어(그림 4-26)로 알려져 있는 가장 단순한 유형의 제어루프에서 측정부에서는 유량, 압력, 온도 등을 감지해서 이에 상응하는 출력을 내보낸다. 제어기는 측정값과 설정값(set point)을 비교해서 이것들의 차이를 교정하기 위한 출력을 내보낸다. 최종 제어부는 출력을 수신해 밸브의 열림을 조절하거나, 펌프의 속도를 변화시켜 공정특성이 설정값에 돌아오도록 공정을 조절한다.

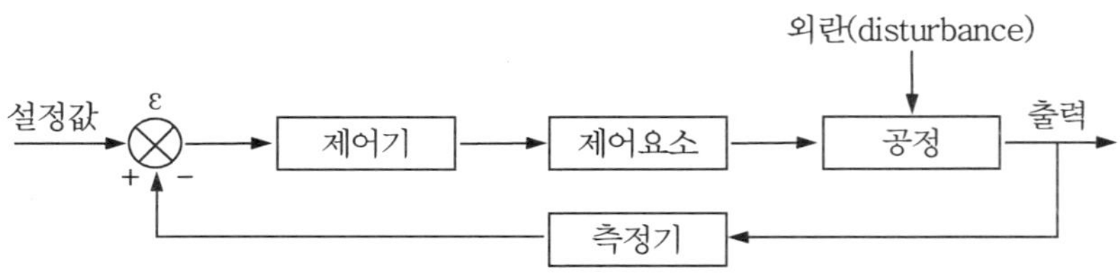

【그림 4-26】 피드백 제어루프

1) 수동제어

가장 간단한 제어는 증기밸브의 열림 정도를 조절해서 파이프로 흐르는 물의 온도를 제어하는 것이다(그림 4-27). 이 경우 공정조정자(operator)는 파이프 중의 수온을 점검한다. 온도가 설정값으로부터 벗어날 때에 조정자는 증기밸브를 조작해서 온도의 오차를 교정한다. 이 방법은 세밀하게 제어할 필요가 없는 그다지 중요하지 않은 공정의 제어에 사용한다.

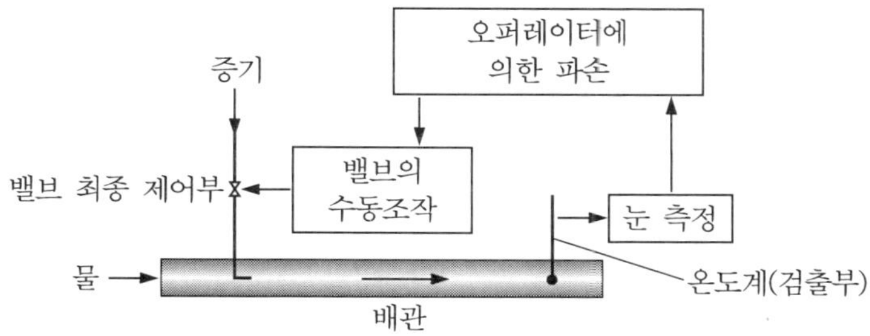

【그림 4-27】 온도조절을 위한 수동제어루프

2) 자동제어

자동제어루프를 사용할 때에는 몇 개의 부가기능이 필요하다. 측정부는 신호를 언제나 출력(output)으로 끄집어낼 수가 있고, 그것을 모니터할 수 있는 것이 필요하다. 온도제어에서 말하면 열전대(thermocouple)를 사용해서 그의 출력을 제어기(controller)에 입력해서 제어기의 출력이 증기밸브를 작동할 수 있게 한다(그림 4-28).

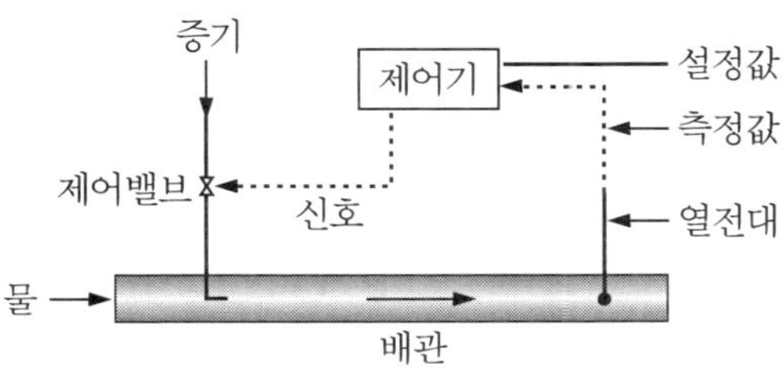

【그림 4-28】 온도조절을 위한 자동제어루프

3. 발효공정에서 컴퓨터 이용

값싸고 효율이 좋은 소형 컴퓨터가 개발되어 시험공장이나 발효연구실에서의 컴퓨터를 이용하여 발효공정을 제어하고 실용화가 활발하게 이루어지고 있다. 그림 4-29는 발효공정의 컴퓨터제어의 기본구조로서 앞으로의 발효관리방식을 보여주고 있다.

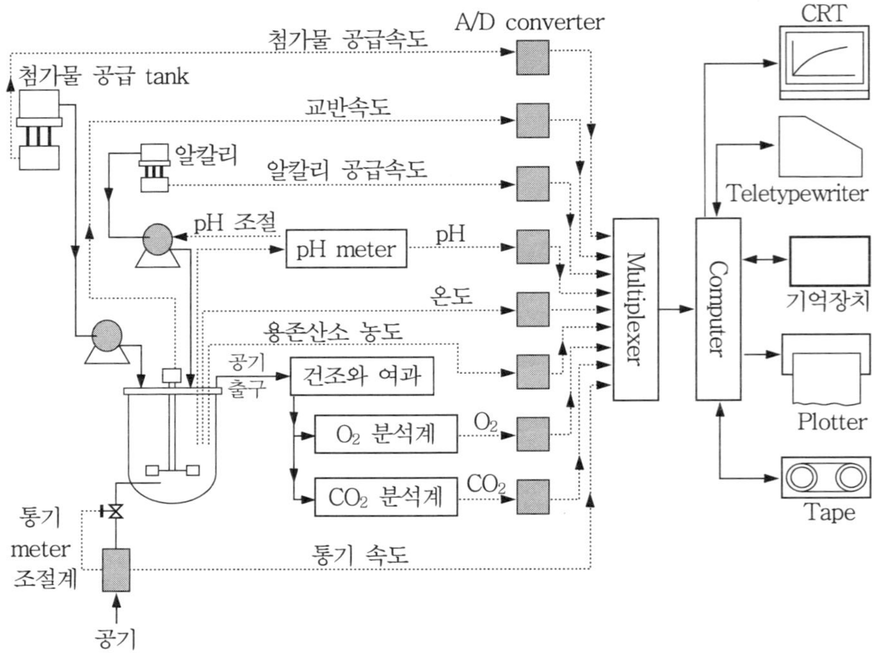

【그림 4-29】 컴퓨터제어발효의 기본구조

발효공정제어에 있어 컴퓨터가 가져야 할 기능으로서 세 가지를 들 수 있다.

1) 공정 데이터(proecss data)의 보관

공정 데이터의 보관은 적당한 하드웨어와 소프트웨어를 사용한 데이터 획득 시스템에 의해서 가능하다. 컴퓨터와 데이터를 검출하는 센서 사이에는 고유의 인터페이스(interface)가 필요하며 사용하는 소프트웨어는 센서출력을 연속적으로 검출해서 그것을 기억장치에 보관하는 프로그램을 보관하고 있어야 한다.

2) 데이터 분석

보관된 데이터의 분석은 수식을 조합시킨 계산 프로그램에 의한 데이터 해석 프로그램에 의해서 이루어진다. 분석결과는 출력하거나 데이터 뱅크에 보내든지, 공정제어의 신호로 제어장치에 피드백해서 이용된다.

3) 공정제어

공정제어도 컴퓨터 프로그램을 사용해서 실시할 수 있다. 컴퓨터에서 나온 신호는 인터페이스를 통해 밸브나 펌프의 스위치에 피드백되고 더불어 디스플레이 장치나 텔레타이프에 지시나 경보를 내게하는 일도 할 수 있다.

발효조의 컴퓨터 제어에 대한 기본적 두 가지 접근법이 있다. 첫 번째 접근법은 발효조가 컴퓨터 소프트웨어의 직접적인 제어하에 있도록 하는 것이다. 이를 Direct Digital Control(DDC)이라 하며, 두 번째 접근법은 발효조의 모든 제어함수들을 다룰 수 있도록 독립제어기를 사용하며, 컴퓨터는 제어기와 정보를 교환한다. 이를 Set-Ponit Control(SSC)이라 한다.

컴퓨터를 사용하면 데이터를 분석해서 모델 시스템과 비교하여 공정을 최적화하도록 제어 프로그램을 사용할 수 있다. 그러나 이와 같은 프로세스 최적화 프로그램은 발효공업에서는 현재 아직 실용화되지 못하였다. 컴퓨터를 이용하는 경우는 컴퓨터의 크기와 종류를 신중하게 선택하여야 한다.

4-7. 발효 생산물의 분리 및 정제

1. 분리 및 정제의 구성

배양액의 특성에 따라 목적하는 물질을 효과적으로 분리 정제하기 위해 여러 방법이 고안되어 있다. 이들의 구성 요소인 각 단위조작 자체는 최근 현저히 진보되었고, 기기장치류 또한 우수한 것들이 많이 고안되어 있으므로 신중히 방법을 설정해야 한다.

보통 생산물의 분리정제에는 주요한 분리수단으로 ① 침전법(precipiation method, 결정화법도 이에 속함), ② 염석법(salting out method), ③ 용매추출법(solvent extraction method), ④ 흡착법(adsorption method) 등이 있다. 또한 이들 주요 분리공정 이 외에도 이들을 보조할 수 있는 공정으로는 ① 균체분리(cell separation), ② 농축(concentration), ③ 탈색(decolorizarion), ④ 결정화(crystalization) 등이 있으므로 실제에는 이들을 잘 조합할 필요가 있다. 예를 들면 주요한 분리방법으로 이온교환수지를 이용한 흡착법을 사용하더라도 전체 제조공정은 그림 4-30과 같이 각종 단위공정의 조합으로 구성된다. 특히 배양액의 정제에 있어서는 다른 합성반응액 등과는 달리 균체를 함유하고 있으므로 균체분리는 주요한 공정의 하나가 되는 경우가 많다.

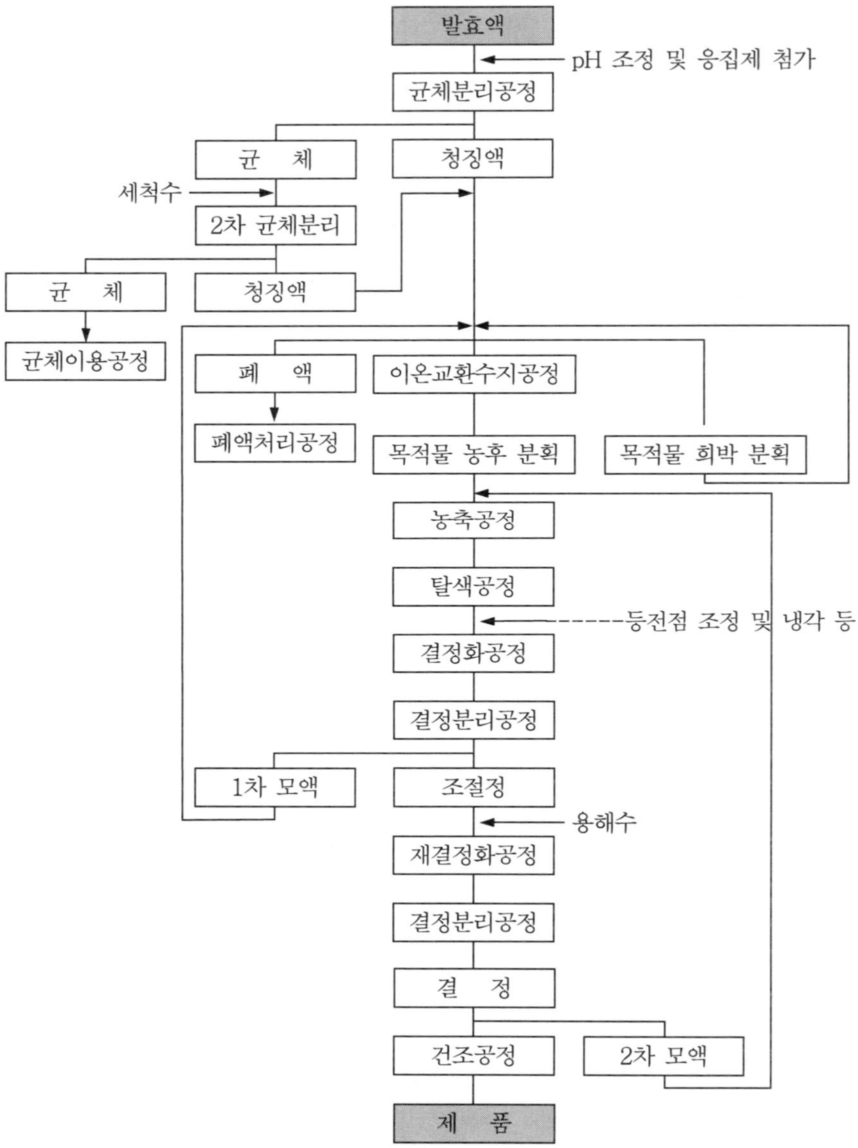

【그림 4-30】 이온교환수지법에 의한 정제공정

2. 균체와 기타 고형물의 분리

배양물 중의 미생물 균체와 기타 불용성 고형물들은 원심분리나 여과로 분리한다. 균체는 보통 매우 작기 때문에, 여과분리 시는 여과속도를 증가시키기 위해서 여과보조제(filter aid)를 사용하며, 원심분리의 경우는 침강속도(sedimentation rate)를 증가시키기 위하여 가열처리나 응집제의 첨가가 행해진다. 미생물이 전하를 띠는 성질을 이용한 electrophoresis(전기영동)와 dielectrophoresis(이차원 전기영동), 응집특성을 향상시키기 위한 초음파처리, 그리고 자기분리(magnetic separation) 등의 기술이 이용된다. 이런 기술들은 비용이 많이 들고 스케일 업이 어려운 단점 때문에 현재는 적용하기에 부적당하지만 앞으로 빠른 발전이 예상된다. 앞으로 관심을 끌고 있는 기술은 2상계 액체추출(two-phase liquid extraction)이다. 용해성 물질의 분리에 선택적으로 이용되고 있지만, 스케일 업이 쉽고 제품에 큰 영향을 미치지 않는 장점이 있다.

3. 균체의 파쇄

미생물은 매우 견고한 세포벽으로 보호되어 있다. 따라서 균체내의 물질을 추출해 내기 위한 여러 가지 방법들이 개발되어 왔다. 이들 중 어떤 방법을 사용하든지 처리과정에서 불안정한 물질이 변성되지 않을 것과 미생물에 존재하는 효소들에 의해 가수분해되지 않게 해야 한다. 실험실 규모에서는 만족스러운 방법들이 많이 있지만 대규모에서는 제한적으로 몇 가지 방법만이 사용된다. 균체를 처리하는 것은 아래에서 설명하는 여러 가지 방법에서 보듯이 어렵고 비용이 많이 든다. 처리방법은 다음과 같이 크게 분류해 볼 수 있다.

1) 물리적-기계적 방법

① 액체 전단(liquid shear) ② 고체 전단(solid shear) ③ 연마제를 이용한 교반(agitation with abrasives) ④ 결빙과 해동(freeze-thawing) ⑤ 초음파(ultrasonication)

2) 화학적 방법

① 약제처리(detergents) ② 삼투압 충격(osmotic shock) ③ 알칼리 처리 ④ 효소처리

4. 추출법

액체혼합물로부터 목적물질만을 선택적으로 용해하는 용매에 의해서 추출 분리하는 방법을 액-액추출(liquid-liquid extraction)이라고 한다. 사용되는 용매의 특이성에 따라 소량의 용매로서 목적물질의 추출률을 높게 얻을 수 있다.

대규모 추출을 행하기 전에 소규모 실험장치를 시용하여 여러 가지 용매에 대한 제품의 용해특성을 먼저 규명하는 일이 중요하다. 단순하게 '같은 것끼리 녹는다(like dissolves liks)'란 말로 용매의 특성을 기억하면 쉽다. 용해도 관계에서 '동질성(likeness)'이란 분자들의 극성(polar)과 관련이 있다. 극성인 액체는 서로 잘 혼합되고 염과 다른 극성고체를 용해시킨다. 무극성(non polar) 물질을 위한 용매는 극성이 전혀 없거나 아주 작은 액체를 선택한다.

한편 수성 이상분배법(水性二相分配法 ; two-phase aqueous extraction)은 고함수량과 계면 표면장역(interfacial surface tension)이 작다는 특성 때문에 생물제품의 분리에 적합하다

현재 아래와 같은 많은 방법들이 개발되어있다.

① 비이온성 고분자/비이온성 고분자/물, 예를 들면 polyethylene glycol/dextran

② 고분자전해질(polyelectrolyte)/비이온성 고분자/물, 예를 들면 sodium carboxymethyl cellulose/polyethylene glycol

③ 고분자전해질/고분자전해질/물, 예를 들면 sodium dextran sulfate/sodium carboxymethyl cellulose

④ 고분자/저분자물질/물, 예를 들면 dextran/propyl alcohol

초임계유체 추출기술은 초임계유체, 즉 초임계온도 및 초임계압력 이상의 유체의 용해능을 이용한다. 이 분리기술의 장점은 적당한 온도를 사용한다는

점과 값싸고 독성이 없는 유체를 이용할 수 있다는 점 등이다.

초임계유체는 호프유(hop oil), 카페인(caffeine), 바닐라(vanilla), 식물유(begetable oil), 그리고 베타-카로틴(β-carotene) 등을 추출하는데 사용되고 있다. 초임계유체를 이용하여 특정 스테로이드와 화학요법제(chemotherapeutic drug) 등도 추출할 수 있다.

현재 사용 중이거나 향후 사용될 가능성이 높은 응용분야는 잔류농약과 같은 불필요한 물질의 제거, 발효액으로부터 세균발육저지제(bacteriostatic agent ; 정균제)의 제거, 수용액중의 유기용매의 제거, 균체파쇄, 산업폐수의 처리, 그리고 리보솜(liposome) 제조 등을 들 수 있다. 그러나 이 기술을 사용하는 데는 다음과 같은 매우 중요한 많은 단점들이 있다.

① 용매의 상평형(phase equilibira)/용질계가 복잡하고 추출조건을 설계하는 것이 어렵다.

② 가장 널리 사용되고 있는 용매(이산화탄소)가 비극성이어서 비극성물질을 추출하는데 국한된다.

비록 극성물질의 추출을 위해서는 혼합용매(cosolvent)를 사용할 수 있지만, 그 이후 공정이 복잡해진다.

③ 고압을 사용하므로 장치비가 고가이고 운전비용 또한 높다.

따라서 초임계추출법을 이용하는 상업용 공정의 대부분이 비교적 소규모인데, 이는 경제적인 다른 공정이 있기 때문에다. 그렇지만 이 기술은 일부 분야에서 점차 그 사용이 증가되고 있는 것으로 보이는데, 예를 들면 재래식 추출이 부적당하고 독성이 강한 폐기물을 처리해야 하는 경우와 특정한 고부가생물 제품의 회수공장 등 이다.

5. 크로마토그래피

많은 발효공정에서 크로마토그래피 기술은 비교적 저농도의 대사산물들을 분리정제하는데 이용되고 있다. 크로마토그래피란 칼럼(column)에 액체를 통과시켜서 액체 중에 존재하는 두 가지 이상의 용질을 분리하는 기술이다. 용질들이 컬럼에 어떤 메커니즘으로 체류하는가에 따라 다음과 같이 분류된다.

① 흡착 크로마토그래피(adsorption chromatography)

② 이온교환 크로마토그래피(ion-exchange chromatography)

③ 겔 크로마토그래피(gel chromatography, 겔여과)

④ 친화성 크로마토그래피(affinity chromatography)

⑤ 역상 크로마토그래피(reverse phase chromatography)

⑥ 고성능 액체 크로마토그래피(high performance liquid chromatography)

6. 막공정(membrane process)

1) 한외여과와 역삼투(ultrafiltration and reverse osmosis)

두 공정 모두 서로 다른 크기의 입자들을 분리하기 위하여 반투막을 사용하므로 그 작용방법이 재래식 여과와 유사하다.

2) 한외여과

한외여과란 고분자량의 용질이 저분자량의 용질과 함께 용매에 녹아 있는 경우에 초미세한 세공을 가진 막을 높은 수압(약 7기압)으로 통과시킴으로써 저분자량의 용질과 고분자량의 물질을 분리하는 과정이라고 정의된다. 막의 세공 크기는 분자량 500~500,000의 범위로 분리할 수 있으며, 목적에 따라서 사용이 나누어지는데, 단백질, 효소, 호르몬과 바이러스 등의 분리가 가능하다. 막의 세공 크기가 다양하지만 분자량이 10배 정도 차이가 나는 분자들만이 실제로 분리될 수 있다. 이러한 막을 통과하는 유속은 막의 두께에 반비례하기 때문에 비대칭구조의 막이 사용되고 이때 막(~0.3 ㎛)은 0.3 mm 정도의 두께를 가진 지지체에 고정되어 있다.

한외여과에 의한 분리가 가능한지를 검토할 때에는 용질의 분자량뿐만 아니라 투과막에 영향을 주는 여러 가지 요인을 고려하여야 한다. 막의 표면에 용질이 축적되면 농도차 편극(concentration polarization)이 형성되기도 한다. 겔층의 형성은 pH와 같은 운전조건을 잘 선택하면 어느 정도 방지할 수 있다. 결국 고압을 사용하기 때문에 장치 및 에너지 비용이 고려되어야 하고 동시에 막의 수명도 중요하다.

3) 역삼투압(reverse osmosis)

역삼투압은 용매분자들이 외부압력에 의해서 삼투압과 반대방향으로 반투막을 통과하기 때문에 이름 붙여진 분리공정이다. 이 공정은 한외여과가 가능한 분자들 중에서 보다 저분자인 물질을 농축하고자 할 때 사용된다. 농도차 편극현상은 이 공정에서도 문제가 되는데, 막 표면에서 난류(turbulence)를 증가시키면서 제어하여야 한다.

4) 액막(liquid membranes)

액막은 어떤 용질에 대해 선택적이어서 서로 다른 두 액상을 분리할 수 있는 불용성 액체(예 : 유기용매)이다. 추출은 한 액상으로부터 다른 액상으로 용질을 전달시킴으로써 일어난다. 다음과 같은 이유들로 인해 생물제품의 추출과 정제분야에서 많은 관심을 끌고 있다.

① 추출면적이 크다.

② 분리와 농축이 한 단계로 끝난다.

③ 스케일 업(scale-up)이 비교적 쉽다.

지지된 액막을 사용하여 젖산과 구연산을 추출한 것을 이 기술의 응용 예로 들 수 있다. 비교적 빠른 속도로 액막을 통과하는데 있어 특정성분들에 대해 선택적인 운반체(carrier)를 사용할 수 있게 됨으로써, 이 기술에 관한 관심이 최근 증가되었다. 액막은 미생물 또는 효소의 고정화에도 적용할 수 있을 것이므로 제품의 생산과 분리/추출이 결합된 단일장치도 가능하다. 액막의 다른 잠재성있는 응용분야는 제품의 맛(flavour) 또는 물리화학적 특성에 영향을 주지 않는 것이다.

7. 건조

제품생산에서 건조는(생물제품을 포함해서) 흔히 마지막 단계가 된다. 이 공정은 열에 불안정한 물질로부터 그것들의 실활이나 영양성분의 손실이라든지 분해손실을 최소화하면서 최종적으로 수분을 제거하는 단계이다.

건조의 필요성은 다음과 같다.

① 제품의 수송비용을 절감할 수 있다.

② 제품의 취급과 포장이 용이하다.

③ 제품을 건조상태로 저장함으로써 보존안전성이 높다.

8. 결정화

결정화는 아미노산, 유기산의 회수에 이용되었으며 또 각종 발효제품의 최종 정제의 방법으로 널리 이용되고 있다. 목적물의 농축액을 더 농축시키거나 저온으로 하면 결정으로 석출된다. 결정화로 목적물은 더욱 농축되고 정제된다. 또 분리 및 정제의 최종단계로서 정제액을 농축하여 과포화상태에서 결정으로 석출시켜 분리하고 건조하여 제품을 얻게 된다. 이 때 결정화로 제품의 순도는 더욱 향상된다.

5장

주 류

주세법에서는 주정과 알코올분 1도 이상의 음료를 주류라고 정의하였다. 한편 알코올분 1도 이상의 음료는 물론 분말주도 주류에 포함되며 의약품일지라도 알코올 량이 6도 이상인 음료는 주류로 취급된다.

주류는 산지, 원료, 제조법에 따라 그 종류가 매우 많으나 제조 방법에 따라 분류하면 다음과 같이 발효주(양조주), 증류주, 혼성주로 구별된다.

- 주 류 (alcoholic beverage)
  - 발효주 (fermented not distilled)
    - 단발효주-포도주, 사과주, 기타 과실주, Kefier, Kumis 등
    - 복발효주
      - 단행복발효주-맥주
      - 병행복발효주-청주, 탁주, 약주, 소홍주
  - 증류주 (distilled)
    - 곡류-Whisky, Gin, Vodka, 고량주, Awamori
    - 고구마-소주
    - 당밀-Rum
    - 과실-Brandy
  - 혼성주 (compounded)
    - 재제주-홍주
    - 합성주-합성청주, 감미포도주 등
    - 약용주-인삼주, 매실주 등
    - Liqueur-Curacao, Absinthe, Peppermint

발효주는 알코올 발효액을 그대로 또는 여과하여 마시는 술로서 알코올 농도는 낮으나 엑스분은 많다. 발효주의 제조형식에 따라 단발효주와 복발효주가 있다. 단발효주는 포도주와 같이 당질원료에 함유된 당분을 그대로 효모를 사용하여 알코올 발효 시킨 것이고, 복발효주는 곡물과 같은 전분질 원료를 당화효소(amylase)로 당화시켜 발효한 것이다. 한편 복발효주에는 맥주와 같이 전분질 원료를 맥아의 amylase로 미리 당화시킨 다음 발효하여 음용하는 단행복발효주와 청주와 같이 전분질 원료를 국(koji, 누룩)균의 amylase로 당화 시키면서 동시에 발효를 진행시켜 만든 병행복발효주가 있다.

증류주는 발효주를 증류하여 만든 것으로 알코올 농도가 높고 엑스분이 낮으며 특유의 향기가 강한 것이 많다. 혼성주는 주류 또는 알코올에 향료, 과즙, 색소, 감미료, 한약재 및 조미료 등 기타성분을 첨가시킨 술이다.

5-1. 탁·약 주

탁주는 우리나라 술 중에서 우리 민족의 가장 오래된 역사를 가지고 있는 토속주(土俗酒)로서 감미, 산미, 신미, 고미, 삽미 등 맛이 고루 조화된 술이며, 영양적으로도 생효모나 비타민 B군을 비롯한 lysine 등의 필수아미노산 및 glutathione을 함유하여 영양가가 풍부한 술로 알려져 있으며, 농주로서 도시의 서민층과 농민에게까지 넓은 기호층을 가지고 있는 술이다. 전통 재래의 탁·약주는 주로 찹쌀이나 멥쌀을 원료로 하고 누룩을 발효제로 양조하여 왔는데, 양조학적인 측면에서는 쌀이나 밀, 기타 곡물과 누룩 등의 발효제를 넣어 발효시킨 탁한 술을 통칭하며 크게 동동주와 막걸리로 나눌 수 있다. 동동주는 발효된 술을 청주로 거르지 않고 또 물을 첨가하지 않은 채 거칠게 거른 술을 말한다. 이때 밥알이 술 위에 동동 뜬다 하여 동동주라 하였고 발효가 끝난 동동주의 알코올 도수는 대략 12~14도 정도이며, 막걸리는 원래 약주나 청주를 거리고 남은 찌꺼기를 물을 섞어 막걸렀다 하여 막걸리라고 부르게 되었으며 알코올 도수는 6~8도 정도로 하여 음용하였다.

현행 주세법상 탁주는 '곡류 기타 전분질 원료 또는 전분당과 누룩 및 물을 원료로 하여 발효시킨 술덧을 여과하지 아니하고 혼탁하게 제성한 것 또는 그 발효, 제성과정에 법정 첨가물을 첨가한 것으로 알코올분 6도 이상으로 되어 있다. 따라서 원료사용에 대한 제한이 철폐되고 첨가물 사용이 합법화되어 주질의 다양화와 주질의 향상을 기대할 수 있게 되었다.

탁·약주의 일반적인 제조공정은 다음과 같다.

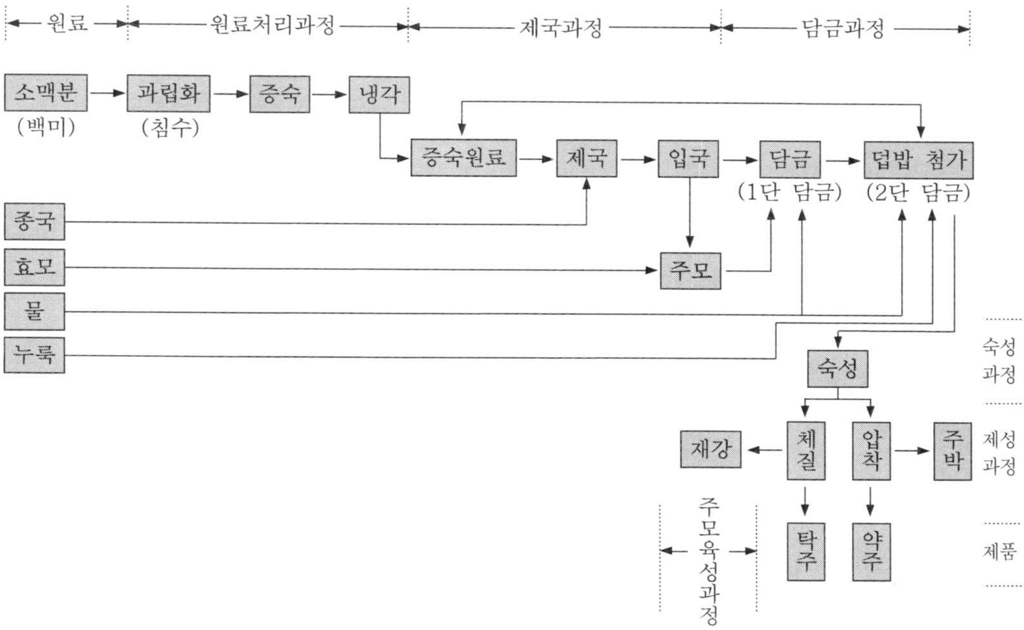

【그림 5-1】 탁·약주 제조공정

1. 원료 및 원료처리

탁·약주의 양조에 사용되는 주원료로는 쌀, 밀가루, 옥수수가루, 보리쌀 등의 곡류와 고구마, 감자 등의 원료에서 유래하는 전분질 및 전분당과 포도당이 있으며 담금 시 사용하는 양조용수 등이 있다.

1) 쌀

탁주에 이용되는 쌀은 멥쌀로써 일반식용 벼를 도정하여 사용하지만, 실제로 제조업체에서는 제조원가상의 이유로 정부미 또는 수입쌀이 이용되고 있어 탁주의 품질 고급화와 주질의 다양화를 위해서는 원료의 사용을 다양하게 검토할 필요가 있다. 쌀은 깨끗하게 세척하여 5~6시간 마다 물을 갈아

주면서 15~18시간 침지한다. 침지 후 1~3시간동안 물 빼기를 하고 1시간 정도 증자한 다음 냉각한다. 경질미인 경우 시루에 앉힐 때 한 켜씩 넣으면서 원료의 5~10% 정도 물을 뿌려 증자하거나, 1차 증자한 것을 펴내서 필요한 량의 물을 뿌린 후 시루에 넣어 다시 증자하는 방법이 사용되기도 한다. 이렇게 하면 탄력성이 있고 부드러운 증미를 얻을 수 있다.

2) 소맥분

밀가루는 gluten의 함량에 따라 강력분, 중력분, 박력분으로 나누어지는데 약·탁주의 제조용으로는 1등급의 중력분이 가장 적합하다. 원료 밀가루에 대한 중량비로 약 27%의 물을 살수하여 반죽기를 사용하여 골고루 혼합·반죽하고 1~2시간 방치하여 균일하게 수분이 흡수되도록 해둔다. 덩어리를 부수기 위해 체질을 하고 증기를 통해 40~60분간 증자를 하면 전분은 호화되고 동시에 살균이 된다. 증자가 끝난 것은 다시 체질을 하여 적당한 입자 상태로 해서 냉각시킨다. 종래의 반죽기는 밀가루 1포씩을 처리하는 회분식이어서 수율이 낮고 균일한 크기의 과립을 얻기 어려웠으나 근래에는 고성능의 연속반죽기가 보급되어 작업이 쉬워졌다. 최근에는 반죽과 증자가 동시에 가능한 기계장치도 보급되고 있다.

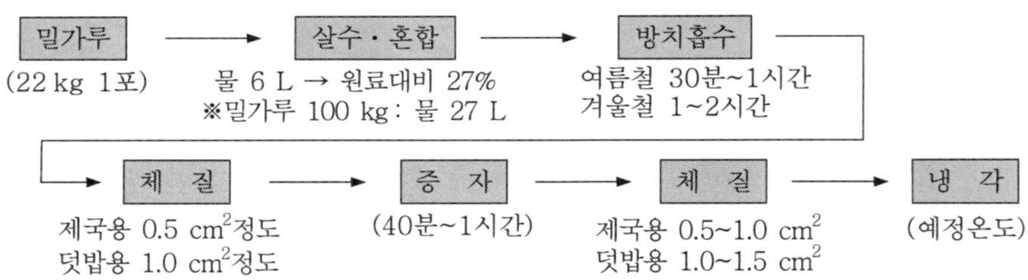

【그림 5-2】 소맥분의 원료 처리과정

3) 보리쌀

보리쌀은 1974년에 밀가루와 같은 양을 섞어 사용된 적이 있으나 근간에는 보리쌀을 이용하는 경우는 거의 없다.

보리쌀의 원료처리는 쌀과 거의 같으나 침지시간이 크게 짧은 편이다. 침지에 의한 수분 흡수율은 35% 정도로 조절한다. 제국용의 증자흡수율은 38~40% 정도가 적당하며, 덧밥용은 45% 정도가 적당하다.

한편, 압맥은 침지를 하지 않고 원료 100 kg에 대해서 물 35 L을 살수하여 2~3시간 방치하며, 이때 윗부분이 겉마르지 않도록 덮개를 덮어둔다. 이와 같이 퇴적흡수 후 약 1시간정도 증자하여 예정온도로 냉각한다.

4) 옥수수

탁・약주 원료로는 주로 옥분(옥수수가루)형태로 사용된다. 옥수수가루의 처리방법은 밀가루와 거의 같지만 살수, 반죽할 때 물의 양을 원료 중량의 40~60%로 하고 흡수시간, 증자시간이 연장되는 것이 특징이다. 옥수수 알갱이를 직접 이용하는 경우에는 롤러로 분쇄하여 조쇄립(粗碎粒, 입자크기 : 1 mm² 즉, 16 mesh 이상)으로 하여 사용한다. 그러나 옥수수 조쇄립은 경질이기에 수분 흡수속도가 느리므로 침지시간을 길게 하여 충분히 흡수시킨 다음 증자한다.

5) 양조용수

탁주에 사용되는 물은 원료 중에서 양적으로 가장 큰 비중을 차지하며 주질에 직접 영향을 준다. 물속의 성분은 미생물의 영양원으로서의 역할을 하며 효소작용의 완충제로도 작용하고 향미 등 발효과정과 제품에 큰 영향을 미친다. 따라서 양조용수로 사용하고자하는 물은 이화학적, 미생물학적 성질을 조사하여 양질의 물을 선택해야 하며 불순물이 많을 때에는 여과 또는 살균 등의 처리를 함으로써 수질을 개량하여 사용하여야 한다.

용수로서의 판정기준은 대체로 다음과 같다.

① 무색, 무미, 무취하고 투명해야 한다.

② 사계절에 따른 온도의 변화가 적어야 한다(14~18℃).

③ 증발잔사는 무색이고, 가열해서 흑색을 나타내는 것은 좋지 않다. 흑색은 다량의 유기물이 존재한다는 증거이고, 갈색은 철분의 존재에 의한다. 특히 용수 중의 철분은 제품의 색상과 관계되므로 가급적 낮은 함량(0.05 ppm 이하)이 좋다.

④ 반응은 미 알칼리성 또는 중성이어야 한다.

⑤ 질산, 아질산 및 암모니아는 흔적 이하이어야 한다.
⑥ 유기물 및 황산은 적을수록 좋으며 염소는 100 ppm 이하가 좋다.
⑦ 칼슘, 마그네슘의 함량은 100 ppm 이하가 좋다.

2. 발효제

탁주의 제조에 사용되고 있는 발효제에는 우리나라 고유의 전통적인 곡자(누룩)와 1945년 이후부터 점차 사용량이 증가되고 있는 입국 그리고 1960년대에 개발되어 실용화된 분국류(粉麴類)가 있으며, 1970년대에 이르러서는 정제효소가 개발되었다. 이러한 발효제는 제조 원료와 제조방법은 서로 다르지만 사용하는 목적은 모두 같다. 즉 효소제는 amylase와 protease를 속한 각 종 효소의 생성을 위해서 만들게 되는데 이들 효소에 의해 원료나 발효제 중의 전분 등을 분해함으로써 술밑(주모)과 술덧 중의 효모의 증식에 이용되고 또 알코올 발효가 진행될 수 있는 상태로 만들어주는 역할을 하게 되며 단백질을 분해하여 향미물질을 생성하고 때로는 야생효모도 존재하여 그 급원이 되기도 한다.

발효제는 그 종류에 따라 효소의 활성과 미생물의 종류 및 증식상태가 다양하다.

1) 곡자(누룩)

술 제조에 관여하는 미생물은 누룩을 만들어 자연계에서 생육시켰다. 누룩의 품질은 술 제조에 있어서 일차적으로 영향을 미치는 요인이 된다.

누룩이란 술을 빚을 때 사용하는 발효제로서 효소를 갖는 곰팡이를 곡류에 번식 시킨 것이다. 누룩곰팡이는 그 빛깔에 따라 황국균(黃麴菌), 홍국균(紅麴菌) 등이 있는데 우리의 막걸리나 약주에 쓰이는 것은 주로 황국균이다. 누룩은 한자로 국(麴)으로 표기한다. 국은 살균한 배지에 원하는 미생물을 인공적으로 접종한 경우에 사용되고, 국(麯, 曲子)은 미생물을 자연 접종한 경우에 사용하나 문헌에는 이 두 자를 혼동해서 사용한 경우가 많고 코지(koji)를 개량곡자라 부르기도 한다.

누룩은 크게 일정 틀의 형태로 빚은 떡누룩(병국, 餠麴)과 흩곡물의 낱알이 흩어져 있는 흩임누룩(산국, 散麴)으로 나눌 수 있으며, 병국은 다시 밀을 빻아 가루 내어 덩어리로 만든 분국(粉麴)과 거칠게 빻은 밀로 만든 조국(粗麴)으로 현재 주로 사용되는 곡자의 형태이며, 밀기울이 섞이지 않은 순 밀가루만으로 만든 것을 특히 백국(白麴)이라고 한다. 곡자는 그 제조시기에 따라 춘곡(1~3월), 하곡(4~6월), 추곡(8~10월), 동곡(11~12월)으로 구별하기도 한다.

제조방법은 원료 밀을 분쇄하여 증자하지 않고 적당량의 물을 살수한 다음 반죽을 하고 잠시 방치하였다가 일정량(0.8 kg 또는 1.6 kg)을 보자기에 싸서 틀에 넣어 원형 평판 상으로 성형한다. 이것을 곡자실 에서 보온하면서 약 10일간 배양하여 출곡하고 건조실에서 건조한 후 1~2개월 저장하였다가 출하한다.

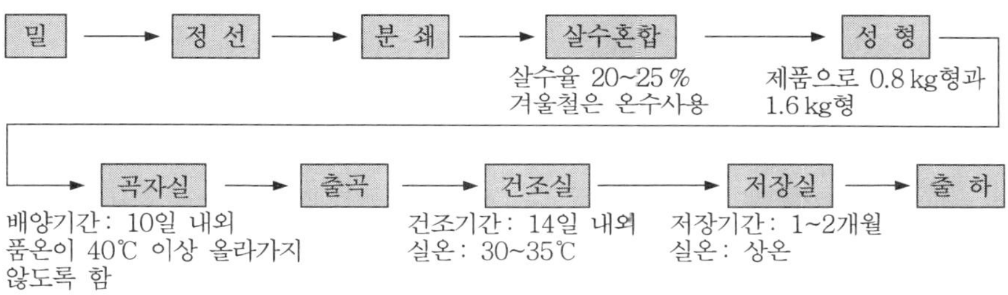

【그림 5-3】 곡자 제조방법

완성된 곡자의 품질은 속까지 고르게 균사가 발육하여 절단면이 담황색 또는 회백색인 것이 좋으며 절단면이 회갈색이나 갈색을 나타내는 것은 세균이 많이 번식한 것이므로 좋지 않다. 또한 풍미는 곡자 특유의 향미를 나타내는 것이 좋으며, 메주 냄새가 나는 것은 좋지 않다. 곡자의 규격은 0.8 kg형과 1.6 kg형이 있으며 당화력(SP)은 300 이상, 수분은 12% 이하이어야 한다. 곡자는 입국과 분국에 비해 내산성 당화력이 약하다.

이렇게 만들어진 곡자는 *Aspergillus, Rhizopus, Absidia, Mucor*속의 곰팡이가 번식하여 생성한 각종 효소와 밀 자체가 함유하고 있는 효소를 가지고 있으며 상당수의 효모도 존재하여 술밑의 종효모 역할도 하게 된다. 이들 미생물은 특별히 접종한 것이 아니며 원료나 제조과정에서 들어간 야생 균들이다. 그러므로 곡자는 사용원료, 제조방법, 제조지역 및 계절에 따라 미생물의 분포상태가 다양하고, 사상균, 효모, 세균 등의 번식상태에 따라 효소활성이 다르며, 따라서 주질에 미치는 영향도 서로 다르게 나타난다. 곡자를 사용할 때에는 함유되어 있는 효소가 용이하게 침출되도록 적당하게 빻아서 사용한다.

2) 입국

입국은 증미 등의 곡류에 곰팡이 배양물(종국)을 접종하여 단시간(2~3일)에 번식시켜 만든 koji를 말하며 일본에서 개발되어 보급된 기술이다. 앞에서 설명한 곡자(누룩)는 야생균에 의해서 된 것이며 입국과는 대조적이다.

탁주의 입국제조에는 백국균인 *Aspergillus kawachii*를 사용한다. *Asp. kawachii*는 *Asp. awamori*에서 육종된 변이주로서 원 균주는 자실체가 검정색인데 비해 이것은 백색에 가까운 갈색이며 원 균주는 검은색이어서 공업적으로 취급하기가 매우 불편했었으나 이 균은 그러한 결점이 없을 뿐 아니라 amylase와 유기산(주로 구연산) 생산능이 강하므로 입국 제조과정이나 술덧의 담금 숙성 중에 술덧의 pH를 낮추어 잡균의 오염을 방지한다. 입국의 제조방법은 원료를 취급하는 방법에 따라 보쌈바닥국법, 보쌈상자국법, 고층 퇴적 강제통풍법(기계국법)등이 있다.

(1) 제국 방법

① 보쌈바닥국법(상국법, 床麴法)

증자가 끝난 원료를 냉각한 다음 국실에 옮기고 여기에 *Aspergillys kawachii*의 종국을 0.1~0.3% 되게 균일하게 혼합하고 품온이 28~30℃가 되면 두둑하게 쌓고 살균된 보로 덮어서 보온한다(보쌈). 여기까지의 작업을 입국이라고 한다.(제1일 오후) 보쌈 후 10~14시간 정도가 지나면 곰팡이 포자가 발아하기 시작하고 서서히 품온이 오르기 시작한다. 품온이 35~36℃가 되면 쌓아 놓았던 것을 펴서 덩어리를 부스러뜨리고 골고루 섞으면서 30℃까지 냉각시킨다. 이 작업을 손질(1차 손질)이라고 한다(제2일 오전).

1차 손질 후에는 쌓는 높이를 1/3 정도로 낮게 하고 가급적 품온이 37℃를 넘지 않도록 조절한다. 1차 손질 후 3~5시간이 지나 다시 품온이 37~38℃가 되면 2차 손질(제2일 오전)을 한다. 2차 손질 후에는 원료 두께가 반이 되게 얇게 펴고 온도를 관리한다. 이렇게 해서 제 3일 아침(시간으로는 약 40시간)에 제국을 완료한다.

② 보쌈상자국법(국개법, 麴蓋法)

위의 보쌈바닥국법은 상자의 준비가 필요 없는 반면 넓은 장소가 필요하고 온도 관리에 어려움이 있으나 상자국법은 이와 같은 단점을 보완한 방법이다.

보쌈 후 1차 손질 할 때 상자(소형 30×45×5 cm, 대형 60×90×10 cm)에 일정량(1.5~2.3 kg)씩 넣어 바닥 전체에 평면으로 담는다. 담은 국 상자는 6~8장씩 바로 쌓고 선반에 나란히 두면서 온도를 관리한다.

입상 후 다시 온도는 상승하게 되고 상하 상자에 온도차가 생기므로 4시간 경과 후 상자의 상하를 바꿔 쌓는다(바꿔쌓기). 그 후 2시간이 지나면 품온이 다시 38~40℃로 되는데, 이때 국 상자 속의 입국을 골고루 섞고(2차 손질) 다시 상하 상자를 바꾸어 쌓아 둔다. 그 후 2~5시간 지나서 상하 국 상자의 온도차가 생기면 다시 바꿔 쌓는다. 또 1~2시간 뒤 품온이 40℃로 상승하면 3차 손질을 하는데 이때 열이 잘 발산되도록 몇 줄의 골을 파둔다. 이어 2~3시간 만에 다시 바꿔쌓기를 한다. 출국은 3차 손질 후 6~8시간 내외로 이때의 품은은 34℃ 정도이다. 보쌈으로부터 출국까지 40시간 정도를 표준으로 한다.

③ 고층 퇴적 강제통풍법(기계국법, 機械麴法)

이 방법은 10~15 cm로 두껍게 쌓여진 원료 사이를 온도와 습도가 조절된 바람을 강제로 통풍시켜 자동으로 온도와 습도를 조정하므로 인력이 절감되고 장소가 적게 필요하고 역가가 높은 제픔을 얻을 수 있는 가장 이상적인 제국방법이다.

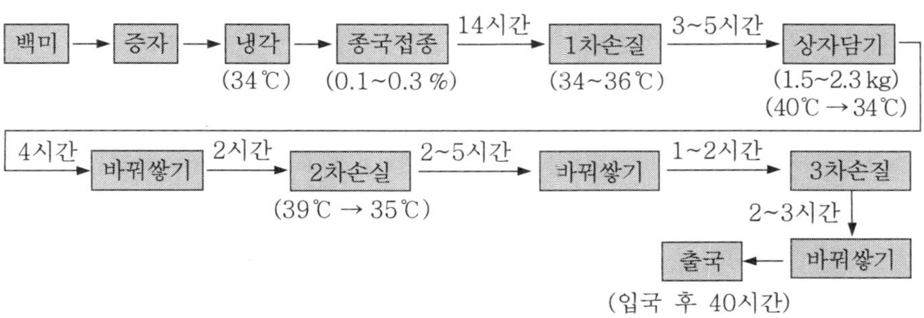

【그림 5-4】 입국(보쌈상자국법) 제조방법

(2) 입국의 품질

입국은 술덧에서 원료의 용해에 필요한 효소군과 술의 향미에 관여하는 성분의 급원이므로 입국의 품질은 주질에 미치는 영향이 크다. 입국의 품질은 관능적으로 파정(破精)상태와 출국 시기에 따라 결정된다.

입국은 파정상태에 따라 다음과 같이 구분된다.

① 총파정 : 입국 전체에 균사가 고루 깊숙이(길이의 1/2~2/3 정도) 파고 들어간 상태로 당화력, 단백질 분해력이 강하여 가장 품질이 우수하다.

② 겉발림 파정 : 균사가 입자내부에 파고 들어가지 못하고 표면에만 번식한 상태이다.

③ 멍텅구리 파정 : 균사가 입자 중심부까지 완전히 파고 들어가고 몸이 무른 상태로, 이 입국은 입자의 몸이 무르고 잡균오염의 우려가 높다. 너무 수분이 많거나 연한 증미를 사용하였을 때 이런 현상이 많으며, 술덧의 변패 원인이 되기도 한다.

④ 돌파정 : 균사가 입자에 부분적으로 깊숙이 파고 들어간 상태를 말한다.

⑤ 미파정 : 균사가 입자표면에 번식이 전혀 안된 상태로 효소가 생성되지 않아 자체 용해·당화의 부진으로 제품의 품질에 나쁜 영향을 준다. 이것은 제국조작 과정에서 지나친 건조나 냉각 등이 원인이다.

입국을 출국시기에 따라 구분하면 정상적인 출국시기를 넘긴 것을 노국(老麴), 정상적인 시기보다 일찍 출국한 것을 약국(若麴)이라 한다. 노국을 사용하면 당화력과 산생성력이 강하여 술덧의 발효는 안전하지만 입국자체의 전분 손실이 많아지며, 주질에 있어서도 색깔이 나빠지는 요인이 된다. 약국의 경우는 파정상태가 불량하여 주질에 나쁜 영향을 준다.

3) 분국

분국은 입국의 일종으로 가루모양이며 밀기울을 주원료로 하여 약간의 전분질을 첨가하여 증자살균하거나 생밀기울에 40~45% 정도의 물을 가하고 pH 3.2~3.5로 조절한 후 내산성 당화력이 강한 효소를 분비하는 *Asp. shirousamii*의 종국을 접종, 배양하여 입국에서와 같은 과정을 거쳐 제조한다.

분국은 독특하고 구수한 향취를 풍기는 담황색 과립 상태의 제품이 우수하며, 이취를 발생하는 것은 좋지 않다. 분국의 규격은 수분 10% 이하, 당화력(SP) 600 이상, 내산성 당화력(a-SP) 300 이상으로써 곡자나 입국에 비해 효소활성이 훨씬 강하므로 당화 시 입국의 효소활성 부족을 보강하고 술덧의 안전도를 높이기 위해 많이 사용되고 있다.

3. 주모

주모는 술덧의 발효를 위한 효모를 배양, 증식한 것으로 술밑 또는 밑술이라고도 한다. 국이나 누룩 중의 당화효소에 의해 전분질이 당화되면서 효모가 증식하여 술밑이 된다. 국 또는 누룩 중의 유기산(구연산)의 용출 또는 젖산의 첨가에 의해 잡균의 오염이 방지되면서 효모는 비교적 순수한 상태에서 번식하게 된다.

주모의 품질이 술덧의 발효와 제품에 큰 영향을 미치게 되는데, 약주와 탁주용 주모에는 일반적으로 수국 주모, 속양 주모, 곡자 주모가 있으며 수국 주모 및 속양 주모가 널리 이용되고 있다.

1) 수국 주모

물과 입국만 혼합하여 효모를 접종, 배양한 주모이며, 입국 중의 유기산(주로 구연산)에 의해 자동적으로 pH 3~4로 조절되므로 젖산을 따로 첨가할 필요가 없이 간편하게 제조할 수 있어 약주와 탁주제조용 주모로 가장 널리 사용되고 있다.

담금 배합은 입국 10 kg에 대하여 용수 15 L(150%), 종효모 100 mL 이다. 제조 방법은 용수 전량에 종효모를 첨가하고 입국을 가하여 교반 혼합하여 담금 한다.

이때의 담금 품온은 22℃ 내외, 실온은 20~25℃로 조절한다. 담금 후 4~6시간이 지나면 6~8시간 간격으로 고무래 등으로 다시 교반혼합을 한다. 이 같은 교반혼합으로 품온이 균일해지고 용해 및 당화가 촉진되며 효모증식에 필요한 산소가 공급되므로 원료의 용해, 당화 및 발효의 진행 상태에 따라 교반혼합의 횟수를 조절한다.

품온은 효모가 증식됨에 따라 상승하게 되는데 담금 후 2일 전후에 28~30℃에 달하게 된다. 이 후에는 품온이 갑자기 내려가는 것을 방지하면서 담금으로부터 5~6일 만에 숙성된다. 숙성된 주모는 찬 곳에서 보관하고,

사용할 때에는 잘 섞어서 사용한다. 완성된 주모는 향기가 있어야하고 산취나 부패취가 없어야하며 효모의 수는 10^5~10^7/mL 정도가 알맞다.

2) 속양 주모

곡자 이외의 발효제(입국, 분국, 기타 발효제), 덧밥(찐쌀), 물 및 효모를 원료로 하여 담금 초기부터 젖산을 가하여 pH를 조절 한 후(잡균증식 억제), 안전하고 신속하게 주모를 제조하는 방법이다.

담금 배합 비는 덧밥 10 kg, 분국 1 kg(분국비율 10%, 또는 입국), 용수 15 L, 75% 젖산 100 mL, 종효모 100 mL이다. 제조방법은 용수 전량에 효모와 젖산을 약 2시간 후 덧밥을 첨가하여 교반 혼합한다. 이 후의 조작은 수국 주모의 경우와 같다.

3) 곡자 주모

곡자와 덧밥, 물 및 젖산을 사용하여 제조하는 속양 주모의 하나로서 곡자 중에 다량으로 존재하는 자연효모를 종효모로 이용하므로 따로 종효모를 첨가하지 않는다. 담금 배합비는 덧밥 10 kg, 곡자 5 kg, 용수 15 L, 75% 젖산 120 mL이다. 담금 할 때 곡자의 효소는 산에 약하므로 덧밥과 곡자를 혼합한 후 담금하며 그 후의 조작은 위와 같다.

4. 담금

술덧은 주모, 발효제(곡자, 입국, 분국, 기타 발효제) 및 덧밥을 담금 용수와 혼합한 것을 말하며, 발효제의 효소작용에 의한 전분질 원료의 당화와 당화된 당액으로부터 주모의 효모에 의한 당의 알코올 발효가 동시에 진행되는 소위 병행복발효가 일어난다.

술덧 담금은 효모의 증식을 주목적으로 하는 1단 단금과 알코올 발효를 주목적으로 하는 2단 담금으로 구분한다. 일반적인 술덧 담금 배합비율은 원료에 대해 용수 비율 150~180%, 주모 사용비율 2~5%, 입국 사용비율 40% 이하, 곡자 사용비율 40% 이하, 분국 사용비율 5% 이하로 되어 있으며 약·탁주의 담금배합 비율은 표 5-1의 예와 같다.

【표 5-1】 약·탁주의 담금 원료 배합비율

담금 예		1	2	3	4
주원료 총계		100	100	100	100
입국	주모 1단 2단	2 8	2 18	2 33	2 28
덧 밥	1단 2단	90	80	65	70
곡 자	1단 2단	2.5	2.5	2.5	5.0
용수	주모 1단 2단 계	3 12 144 159	3 27 136 166	2.5 49.5 117 169	2.6 42 136 170.6

1) 1단 담금

1단 담금은 담금 배합 비에 따른 일정량의 용수를 먼저 담금 용기에 넣고 별도로 제조된 주모를 넣어 잘 혼합한다. 1단 담금액을 수국이라하는데 입국이 함유한 각종 효소 및 산을 침출시켜 안전한 효모증식과 입국자체의 용해와 당화를 목적으로 한다. 이때 잡균이 오염되지 않도록 유의해야하며 주모의 사용량은 여름보다 겨울에 더 많이 사용한다. 다음으로 입국을 첨가하고 담금 온도는 24℃ 내외로 하며 최고온도는 30℃ 이하가 좋다.

1단 담금은 효모의 증식이 주목적으로 품온 조절과 효모증식을 촉진하기 위해 1일 2~3회 정도 교반해 준다. 건전한 효모의 증식을 위해서 주모의 경우와 같이 충분한 산도가 유지되어야 한다, 보통 24~48시간 배양으로 효모는 충분히 증식하고 발효가 왕성해지면 2단 담금을 행한다.

2) 2단 담금

2단 담금은 1단 술덧에 일정량의 용수를 가한 다음 곡자, 분국, 기타 발효제를 넣고 잘 혼합한 뒤 알맞게 증자 냉각시킨 덧밥을 넣고 교반 혼합하여 담근다. 2단 담금의 품온은 덧밥의 온도를 적당히 조절하여 맞추는데 1단 담금 때 보다 1~2℃ 낮은 22℃가 적당하다. 2단 담금은 본격적인 전분의 당화작용과 당의 발효작용을 병행시켜 전분질을 알코올과 향미물질로 변화시키는데 그 의의가 있다.

2단 담금 후 10여 시간이 경과하면 담금 한 원료들이 수분을 흡수하여 부풀어 오르고 용해와 당화가 진행됨에 따라 가라 앉게 된다. 이때 가볍게 한 번 교반하며, 이후 발효작용이 더욱 왕성하게 되어 품온은 급격히 상승하기 시작하므로 2~4일간 매일 1~2회 교반하여 최고 품온이 30℃ 이상이 되지 않도록 해야 한다. 보통 2단 담금 후 약 3일이 경과하면 알코올 농도는 10~12%가 된다.

탁주의 술덧 담금 후 산도의 변화가 적은 것이 정상적이며, 산도가 급격히 상승하면 이상발효를 일으킨 것으로 유해세균의 오염을 나타내는 것이다. 2단 술덧의 산도가 9.0 이상인 경우는 잡균의 오염으로 인한 산패로 간주한다. 탁주의 술덧의 산도는 입국의 산도에 의존하므로 입국의 산이 부족한 것은 술덧의 경과에 비교적 위험성이 높으므로 이러한 경우에는 1단 담금에서 산을 보충하여 잡균의 오염에 의한 산패를 막는 것이 바람직하다.

또한 술덧의 품온이 너무 높으면 효모의 노쇠현상으로 이상발효를 나타내며, 특히 술덧의 품온이 35℃ 이상이 될 때에는 효소에 의한 당화작용은 촉진되는 반면 효모의 발효력은 현저하게 저하되거나 정지 상태에 이르게 되어 당화에 의한 감미의 상승과 고온에서 잘 생육하는 각종 세균 특히 산 생성균의 증식이 활발해짐에 따라 산미가 증가하여 감산패(甘酸敗)에 이르게 된다.

5. 제성

정상적인 발효에서 2단 담금 후 탁주는 2~3일에, 약주는 4~5일 만에 발효가 끝나 숙성상태가 된다. 이것을 제품으로 만드는 과정을 제성이라고 한다. 숙성된 술덧은 증류법으로 주정함량을 측정하여 희석할 물의 양, 즉 후수비율(後水比率)을 결정한다. 숙성술덧은 제성실로 옮겨 소정의 물을 가하여 잘 교반 하는데 이런 조작을 '할수(割水)'라 부르기도 한다.

탁주는 완전히 숙성되기 전의 술덧에 정해진 후수를 가하면서 주박을 체 또는 주박분리기로 분리하여 제성한다. 탁주는 제성한 후에도 상당기간동안 후 발효가 지속되며, 이때 발생하는 탄산가스의 용존으로 탁주는 상쾌하고 시원한 맛을 띄게 된다. 그러나 장기간 저장하면 후 발효가 끝남에 따라 청량미를 상실하므로 가급적 후발효가 지속되고 있는 기간에 소비자에게 공급되도록 제성시기와 공급시기를 조절하여야 하며 이를 위해서 발효 후기에 가급적 온도를 낮추어 탄산가스 포화도를 높이는 방법이 고려되기도 한다.

탁주의 맛에 영향을 미치는 각종 성분은 대부분 그 자체로 해결되지만, 후발효의 지속으로 인해 당분이 소모되어 감미가 소비자의 기호에 맞지 않게 되므로 출고 시에 인공감미료를 사용하여 감미를 보충하여 제성한다. 탁주의 감미료는 주로 아스파탐과 같은 비발효성 감미료를 사용함으로써 탁주에 감미가 오랫동안 지속되도록 하는 것이 일반적이다.

6. 탁 · 약주의 품질

탁주는 앙금이 쉽게 형성되는 것은 좋지 않으며, 앙금물질이 너무 많은 것도 기호적으로 좋지 않을 뿐만 아니라 알코올 수득율이 감소되므로 비경제적이다.

탁주(막걸리)는 알코올 농도가 6~8%이고 각종의 아미노산과 유기산 및 비타민 등이 있으며 발효과정 중 ester, aldehyde, fusel oil 등도 생성되어 특유의 향미를 형성하며, 좋은 품질의 탁주는 감(甘), 고(苦), 산(酸,) 삽(澁), 미(味)가 잘 어우러져 적당한 감칠맛과 청량미가 있다. 용존 탄산가스의 함량이 높고, 색은 백색인 것이 좋으며 누런색이나 빨간색을 띠는 것은 기호적으로 좋지 않다.

탁주와 약주의 일반 성분은 표 5-2, 표 5-3과 같다.

【표 5-2】 소맥분 탁주의 주요성분

알코올 (%)	조단백 (%)	총산 (%)	비타민 B1(γ%)	비타민 B2(γ%)	비타민 C(γ%)	나이아신(γ%)	퓨젤유 (%)	pH	칼로리 (cal/g)
6~8	1.1	0.2~ 0.5	2.4~ 7.0	28.8~ 44.5	740	150	0.02~ 0.04	3.8~ 4.7	81

【표 5-3】 약주의 일반 성분

시료성분	알코올	조단백	총산	총당	EX분	pH
쌀약주	10~13	1.6	0.12	1.9	3.8	4.5
밀가루약주	10~13	1.4	0.34	3.5	5.9	4.3

5-2. 청주

청주는 병행복발효주의 일종으로서 koji에 의한 당화와 효모에 의한 알코올 발효가 함께 진행되며, 또 고농도 담금과 저온발효방법은 청주양조의 특징이라고 할 수 있다. 청주는 주세법상 그 원료와 양조방법이 약주와 유사하다는 점에서 약주류에 분류되며 알코올분은 14도 이상으로 되어 있다.

우리나라의 청주는 본래 누룩과 쌀을 이용하여 발효시켰으며, 술독에 용수를 박아 그 안에 고인 맑은 액을 청주라 하였다. 그러나 일제시대에 주세법을 시행하면서부터 이와 같은 우리 고유의 전통적인 청주는 자취를 감추게 되었고 오늘날에는 그 제조방법으로 보아 일본식 청주(淸酒, *sake*)를 말하는 것으로 바뀌게 되었다. 즉, 우리나라 재래의 청주는 당화효소원으로 누룩을 사용했지만 일본식 청주는 koji를 사용한 점이 근본적으로 다른 점이며, 종래 청주는 쌀을 원료로 사용하였으나 주세법의 개정(1990년 12월)에 의해 쌀만 사용하거나 쌀을 제외한 기타 곡류, 기타 전분이 함유된 원료 또는 전분당을 쌀과 함께 사용할 수 있도록 하여 다양한 원료의 사용이 가능해 졌다.

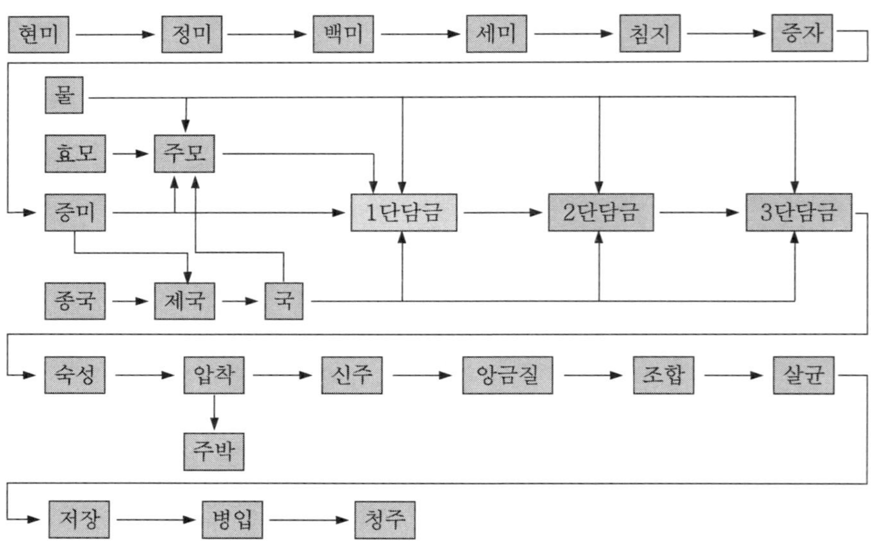

【그림 5-5】 청주의 제조 공정도

1. 원료

1) 양조용수

청주의 약 80%는 수분이므로 양조용수가 주질에 미치는 영향이 크며, 양조용수는 무색투명, 무미무취, 오수혼입의 우려가 없는 것으로 되어 있다. 예부터 이름난 청주는 수질이 좋은 지방에서 많이 제조되어 왔다. 일본청주 중의 명주산지로 이름 높은 '나다(灘, *Nada*)'지방의 양조용수는 예부터 '미야미즈(宮水, *Miyamizu*)'로서 알려져 있는데 이물의 특징은 다른 지방의 용수에 비하여 10~20배에 이르는 다량의 인산(2.5 ppm 정도)을 함유하고 있는 점이다(표 5-4).

【표 5-4】 양조용수와 쌀 무기성분의 비교

성 분	정백도 70% 백미	궁수(宮水) 11종 평균	양조용수 56종 평균 (궁수 제외)
K	362	20	12
인산	1,240	5.2	0.4
Mg	124	5.6	7.0
Ca	56	37	27
Cl	80	32	46
Na	60	32	32
Fe	0.8	0.001	0.02 이하

일반적으로 칼륨, 인산, 마그네슘, 염류를 다량 함유한 물은 강한 발효를 일으켜 좋은 양조용수로 취급되나 다량의 철, 암모니아, 유기물 등을 함유하고 있는 물은 좋지 않다. 따라서 원하는 성분의 양조용수를 얻을 수 없을 때에는 KH_2PO_4, $Ca(H_2PO_4) H_2O$, NaCl, $MgSO_4 \cdot 7H_2O$ 등을 첨가하여 양조에 효과적인 성분을 보강한다. 칼륨(K)과 인(P)은 국균과 효모의 증식, 발효에 필수성분이며, 백미에 많이 함유되어있다. 술덧 담금용수 중의 인산은 술덧의 초기에 백미에서 용출이 아직 불충분한 시기에 유효하게 이용된다. 식염(NaCl)은 효소의 용출을 용이하게 하고 술덧에 효소가 잘 용해되도록 해준다.

철(Fe)은 청주의 착색을 촉진하고 향미를 저하시키므로 양조용수에는 철이 적을수록 좋으며 0.02 ppm 이하라야 한다. 망간(Mn)은 일광착색을 촉진하는 인자이며 0.01 ppm 이하가 좋다. 유기물은 직접적인 유해성분은 아니지만 7 ppm($KMnO_4$ 소비량으로 환산)을 넘으면 오염이 되었음을 나타내고 있으며, 오염된 물은 술덧의 불순, 부조(腐造), 화락(火落, hiochi) 등에 관여될 가능성이 있으므로 주의해야 한다. 또 암모니아, 질산염, 아질산염 등도 유기물의 분해에서 유래되는 것이므로 양이 많은 것은 좋지 못하다.

2) 원료미

쌀은 청주의 가장 중요한 원료이며, 쌀의 품질이 주질에 미치는 영향에 관해서는 옛 부터 관심이 되어 왔다. 쌀에는 제품에 지배적으로 영향을 미치는 높은 향이 없고 청주공정은 극히 복잡하고 주질의 양부는 주로 공정관리에 의해 결정되고 있기 때문에 양조용 쌀의 양부 판정도 공정관리의 난이에 따라 관계하는 정도가 크다. 옛날부터 주조미의 적부 판정기준으로는 증자가 용이하고 좋은 증미가 되는 것, 국균의 균사퍼짐이 좋고 용해·당화가 좋을 것 등이 주조에 적합한 쌀이 가지고 있는 성질이라 열거할 수 있다. 쌀알의 중심부근에 백색 불투명한 부분이 있는 것을 심백, 백색 불투명한 부분이 복부에 있는 것을 복백이라 한다. 심백은 대립미(大粒米)에서 볼 수 있는 것으로 품종 고유의 성질이다. 심백미는 일반적으로 흡수성이 좋고, 소화성이 좋다. 또 국균의 파정도 좋다고 하며, 주조미로 선호하고 있다. 한편 복백미는 정미 시 조직이 연한 복백부가 쉽게 깎이므로 꺼리고 있다.

양조에 적합한 쌀의 성질은 정미에서 증미를 만드는데 이르는 원료 처리 과정에서의 처리의 난이, 제국과정에서의 관리의 난이, 모로미에서의 알맞은 정도의 용해 등 쌀알의 물리화학적 성질에 의한 경우가 많다.

주조용 쌀로는 흡수가 빠르고, 증미는 탄력성을 유지하며 국균이 번식하기 쉽고 술덧 중에서 당화작용과 효모의 작용을 받기 쉬운 성질을 갖는 연질미(軟質米)가 좋다. 일반적인 밥쌀은 청주양조용으로 지장이 없으나 경험상으로 본 쌀의 선정기준은 다음과 같다.

① 쌀알이 굵고 충실하며 쌀알 1,000개의 무게가 26 g 이상인 것

② 심백(心白, 쌀알 중심의 희고 불투명한 부분)이 많은 것. 심백이 중심에 있지 않고 편재해 있으면 쌀알이 깨지기 쉽고 좋지 않다.

③ 건조가 적당하고 (수분 14% 정도) 쌀알 몸통에 금이 없을 것
④ 연질미로 흡수가 빠를 것
⑤ 프롤라민(prolamin), 오리제닌(oryzenin) 등의 단백질이 적은 품종일 것

3) 원료미 처리

(1) 정미

현미의 외층부에는 단백질이나 지방이 많아 청주의 향미, 색택을 나쁘게 할 뿐만 아니라 좋지 않은 퓨우젤유(fusel oil)의 생성기질이 되며, 또 비타민과 회분도 많아 국균이나 효모의 생육이 과도하게 되기 쉬워 양조상의 관리를 곤란하게 하는 등 부적당한 것이 많다. 따라서 이들 유해성분을 제거할 목적으로 정미조작이 반드시 필요하다. 현미는 그림 5-6에 표시된 표면이 과피와 종피에 감싸져 있고, 그 내측에 배유가 있다. 배유의 외표면에는 단백질 및 지질이 풍부한 호분층이 있다. 호분층은 배부에 두껍게는 4~6층, 복부는 1~2층, 측면은 1층의 호분세포로부터 이루어져 있다. 호분층의 내측에는 전분 저장조직이 있는 배유세포가 있다. 배유세포의 배열을 쌀알의 종단면에서 보면 그림 5-6과 같고, 배유세포는 횡단면에 병행하는 방향으로 확대되어 있다.

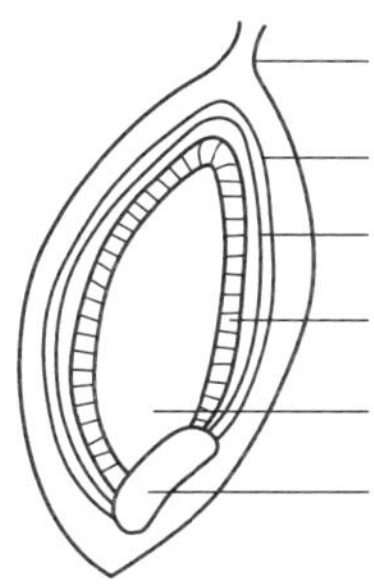

【그림 5-6】 쌀알의 내부구조

쌀은 정미기를 이용하여 겉층(호분층)을 깎아 내는데, 정미과정에서 얻어지는 백미의 현미에 대한 중량백분율을 정백도(精白度)라 한다. 표 5-5에서 나타낸 바와 같이 정백도 80%까지는 조단백질, 조지방, 회분의 감소도가 크

고, 70%를 넘으면 작아진다. 일반적으로 정백도가 작을수록 주질은 향상되며 가장 많이 감소되는 것은 지방이고 다음이 회분이다. 청주용 양조미로서는 보통 정백도가 75~70% 정도의 정백미가 쓰이지만 특별한 고급 청주를 만들기 위해서는 70~50%의 정백미가 사용되기도 한다.

【표 5-5】 정미중 성분변화

정백도	수분(%)	조단백(%)	조지방(%)	회분(%)	전분가(%)
현미	15.0	6.55	2.28	1.00	70.88
90%	14.5	5.66	0.67	0.378	73.49
80%	13.8	5.12	0.111	0.247	74.25
70%	13.0	4.41	0.095	0.190	76.12
60%	11.0	4.06	0.069	0.196	76.30
50%	10.5	3.80	0.051	0.154	77.62

(2) 세미, 침지

위와 같이 현미를 정미한 다음 세미(洗米)를 하여 백미에 붙어있는 미강 등 협잡물을 제거한다. 다음 백미를 물에 침지하여 적당량의 물을 흡수시킨다. 흡수의 정도는 흡수율(백미중량에 대하여 흡수하여 증가한 분의 중량 %)은 27~30%가 표준이다. 수분의 흡수속도는 쌀의 질, 정백도, 정미 후의 일시, 수온 등에 따라 차이가 나므로 침지에 요하는 시간은 공장마다 결정해놓지 않으면 안 된다. 일반적으로 연질미, 고도정백미, 또는 수온이 높을수록 흡수속도가 빠르며, 75%정도의 백미에서는 상기의 흡수율 정도까지 흡수하면 그 이상 흡수되지 않기 때문에 일반적으로 수시간에서 하룻밤 정도 침지한다. 그러나 고도로 정미한 백미(정백도 50%)에서는 흡수속도와 흡수율 모두 크므로 세미 침지에는 특히 주의를 요한다. 목표 흡수율에 도달할 즈음에 침지조의 물을 빼내고 30분정도 물 빼기를 하여 침지를 종료한다.

(3) 증자, 냉각

증자에 의해 β형의 쌀 전분은 가열 변화되어 α형으로 된다. α형이란 겔화 또는 호화라 하며, α형 전분은 β형 전분보다 국균의 생육과 효소작용을 용이하게 하므로 당화효소 작용을 쉽게 받게 되며, 원료미의 살균작용을 하므로 양조의 난이, 주질에 영향을 주는 중요한 조작이다. β형 전분은 X선 회절로 결정구조가 관찰되지만, α화 되는 데는 침지미 표면에 수증기가 도달되고부터 증기가 빠져나간 15분 후로 되어있어 결국 알맞게 흡수한 쌀입자의 전분은 증자에 의해 중심부까지 α화되는 데 약 15분을 요하며, 증자에 필요한 시간은 앞서 얘기한 필요한 시간에(공장에 따라 다름) 15분을 더하는 것이 최단시간이고, 최근에는 20~40분간이 일반적이다.

좋은 증미는, 말로 표현하기는 어렵지만, 증미 흡수율이 증자 직후 30~40%이고, 표면이 끈적거리지 않고 촉감이 좋은 것을 충분히 α화된 균질한 증미라 말한다. 과거에는 외연내강 증미가 좋다고 되어 있지만, 언어가 갖는 의미가 과학적으로는 아직 해명되어 있지 않다. 균질한 증미를 얻기 위해서는 백미수분을 일정하게 하여 침지후의 흡수율을 일정하게 하는 것이 중요하며, 증기가 쌀 층을 얼룩이 지지 않게 불어빠지게 하는 것이 필요하다.

증자에 의한 중량증가는 약 10% 전후이기 때문에 증미의 딱딱하고 연한 것을 결정하는 것은 백미의 흡수율과 침지미의 온도라고 말할 수 있다. 증자기에서 꺼낸 증미는 덧밥용으로는 5~20℃까지, 제국용은 35℃ 정도까지 냉각시켜 사용한다.

2. 국(麴, koji)

국(麴, koji)이란 증자한 쌀에 황국균인 *Aspergillus oryzae*를 증식시킨 것이다. 제국(製麴)의 목적은 α화한 전분질 원료에 국균포자를 접종하여 배양함으로써 가수분해효소, 특히 당화효소를 생산시키는 데 있다. 국에는 amylase, protease 등의 효소와 각종 대사생산물이 함유 되어있어 청주의 향미, 색택 및 주질에 영향을 미치므로 그 제조 및 국균의 선택은 매우 중요하다. 우리나라의 곡자(누룩)나 일본의 koji(麹)와 같이 곰팡이의 당화효소를 당화제로 이용하는 방법은 동양의 독특한 방법이며, 유럽에서는 맥아가 이 목적에 이용되고 있다.

청주제조에 있어 국의 역할을 들면 다음과 같다.

① 증미의 용해, 당화시키는 효소류를 주모, 모로미에 공급

이 역할에 관계하는 효소에는 *α*-amylase, glucoamylase, 산성 protease가 있다. maltose 발효능이 약한 청주효모의 알코올 발효는 glucoamylase

활성에 좌우 되며 또한, 증미의 전분을 당화효소 효모의 협동작용으로 증미를 용해, 당화시켜, 효모에 의한 알코올 발효가 진행된다. 한편 과잉존재한 당화계 효소는 제성주를 화입한 후 변성한 단백질 혼탁(흰색으로 변함)의 원인이 된다. 따라서 모로미의 병행복발효를 순조롭게 진행시키기 위해서 필요한 효소역가를 목표로 제국관리를 실시하지 않으면 안 된다.

② 영양소의 제공에 의한 청주효모의 증식, 발효 촉진

효모 중에서는 국의 산성 protease, 산성 carboxypeptidase의 작용에 의하여 쌀 단백질에서 아미노산이 생성된다. 청주효모가 아미노산을 포함한 배지에서 증식하기 위해서는 비타민(pantothenic acid)이 필요하다. 고도 정백미의 비타민 부족을 국이 보충하고 주모, 모로미에서 효모의 증식을 촉진시킨다. 또, 청주효모가 모로미 속에서 고농도 알코올을 생성하는 하나의 인자는 국균의 균체성분(proteolipid)에 있다고 한다. 이것이 국의 제2역할이다. 그러나 한편으로는 국이 생산하는 비타민류나 국의 효소의 작용에 의하여 효모, 모로미에서 생성되는 peptide, amino acid는 젖산균의 생육인자가 되고 모로미의 부조, 청주화락 등의 원인이 된다.

③ 국균생산물에 의한 주질의 직접적, 간접적 형성

국의 노약(늙고 젊음), 건습이 제성주의 주질에 주는 영향에 대하여 경험적으로 잘 알고 있다. 노국, 과습국을 사용한 청주는 ① 착색이 쉽고, ② 맛이 농순하고 극단의 경우는 잡미가 많고, ③ 산이 많고, ④ 숙성되기 쉬운 여러 경향을 나타내며, 젊은 국, 건조국과는 반대 경향이 나타난다. 이와 같이 주질 현상에 대한 영향력이 있다. 현재, 주질에 직접 영향하는 국의 성분에 대하여 철분에 의한 착색의 원인이 되는 deferrichrysine, 일광착색의 원인이 되는 후라빈, 프로토가테킨산이 알려져 있고, 또한 주박 갈변의 원인은 국의 tyrosinase에 있다. 이와 같은 주질 형성에 관여하고 박의 갈변의 성립 원인이 되는 국균생산물의 생성도는 국의 배양조건 즉 제국조건에 따라 달라지며, 원료미의 정미비율, 증미 흡수수율, 종국의 성질 및 사용량, 국실의 건습, 품온경과, 제국시간, 출국수율 등이 상호 조합되어 출국성분이 정해진다.

1) 종국과 국균

(1) 종국의 특성

청주용 국균인 *Aspergillus oryzae*에는 많은 변종이 알려져 있고 어떤 변종을 이용하느냐에 따라서 술의 질이나 품격에 차이가 나게 되므로 국균의 선택은 대단히 중요한 사항이다. *Aspergillus oryzae*는 청주용으로만 한정되지 않고, 된장, 간장용으로도 사용되고 있다. 이 외에도 간장용으로는 *Aspergillus soya*도 사용하고 있다. 청주, 된장, 간장용으로 사용하고 있는 *Aspergillus oryzae*는 전혀 aflatoxin을 만들지 않지만 이에 가까운 야생주 *Aspergillus flavus*에는 aflatoxin을 만드는 것이 있어 종국으로는 충분히 미생물 관리하에서 제조된 것만 사용하여야만 한다. 더욱 aflatoxin은 강한 독성이 있으므로 쥐에게 aflatoxin B_1을 1 mg(체중 kg당)을 주사할 경우 6개월 이내에 100% 간장암이 발생되었다.

청주용 국균으로서 구비해야 할 조건은 균사가 너무 길지 않고, 번식이 빠르며, 증미의 내외에 잘 번식하고, amylase 생산력은 강하며, protease 생산력은 약하고, 진한 색소를 생성하지 않으며, 좋은 향기와 풍미를 내는 것 등이다. 단일균주로서는 이와 같은 여러 가지 성질을 갖춘 것이 드물고 또 단일균주가 가지고 있는 결점이 나타나기 쉬우므로 종국(種麴)에는 대개 특성 있는 몇 종의 균주를 적당히 혼합하여 사용한다.

종국은 현미에 가까운 조백미(組白米)를 찐 후에 나무재를 섞고 여기에 국균을 번식시켜 포자를 충분히 착생시킨 다음 수분함량이 10~12%가 되도록 건조시킨 것이다. 나무재로서 떡갈나무, 줄참나무, 상수리나무, 동백나무 등의 재가 사용되고 재를 첨가하는 것은 국균에 필요한 무기영양원을 공급하고, 알칼리성으로 하여 잡균의 번식을 억게하며, 국균이 생산하는 산성물질을 중화하고 포자형성이 잘되도록 하기 위한 것이다.

(2) 국균의 증식 특성

종국의 살포에 의해 증미에 접종된 국균포자는 수분을 흡수하여 팽윤하고 머지않아 발아하고, 사상의 균체(균사)를 뻗으면서 번식한다. 균사는 50℃, 3분에 죽지만 포자는 죽지 않는다. 이와 같이 내열성이 다른 점 이외에 포자 발아의 조건과 균사증식을 위한 조건과는 다소 차이가 있으므로 입국시기와

쌓기 이후의 관리조건도 나누어 생각해야 한다.

① 발아의 조건

국균이 생긴 것을 육안으로 확인할 수 있을 때는 현행의 제국법으로는 접종 후 적어도 15시간 이상 경과하여 파정개시 이후이지만, 조건만 갖추어진다면 접종 후 1~2시간으로 접종된 50% 이상의 포자 발아가 시작된다. 그 최적 환경조건은 품온 30~35℃, 상대습도 97%이상, 탄산가스농도 0.1%, 산소농도 20%이다(국균의 발아는 탄산가스로서 촉진되지만 대기 중에서는 통상용적 백분비에 0.03%의 탄산가스와 21%의 산소가 포함되어 종국 접종시에는 발아의 최적조건에는 거의 만족된다.).

국미의 정미수율이 낮을수록, 증미의 흡수비율 16~50%의 범위에서는 수분이 많을수록 빨리 발아한다.

② 균사의 생육조건

발아조건과 비교하여 최적온도는 37~38℃로 높고, 최적온도 범위도 좁혀지지만 한편 환경의 상대습도는 75% 이상, 산소농도는 0.2% 이상 있으면 생육속도에 영향 없이 환경조건에 대한 허용범위가 넓어지고, 제국하기 쉽게 된다. 탄산가스 농도는 10% 이상을 초과하면 생육속도가 늦어지고 국균은 알코올 발효를 시작하게 된다.

원료미의 성분 중 국균의 생육속도에 많은 영향을 주는 것은 인산이며, 정미수율이 낮을수록, 같은 정미수율의 백미에서는 인산의 함량이 많은 쌀일수록 생육이 빠르다. 증미의 흡수율은 24% 이상이면 거의 생육속도에 영향을 주지 않지만 증미의 수분이 과다한 경우 품온의 상승이 방해되어 제국하기 어려우므로 주의를 요한다.

③ 효소의 생산

국균이 생산하는 당화계 효소와 단백질 분해계 효소는 본래 국균 자체의 균체를 만드는데 필요한 재료와 균체 합성에 필요한 에너지를 얻기 위하여 생산되는 것이므로 발아와 동시에 생산이 시작되고, 국균의 증식과 병행해서 생산된다. 그 최적온도는 α-amylase, glucoamylase는 37~38℃와 균사증식의 최적온도 부근에서 생산되지만, 산성 protease, 산성 carboxypeptidase

의 생산온도는 35℃ 부근이거나 그보다 약간 낮다.

2) 국의 효소

쌀 국 중에는 여러 종류의 효소가 생산되고 있음이 알려져 있다. 청주제조상 중요하다고 생각되는 것으로는 전분을 분해하는 amylase계와 단백질을 분해하는 protease계를 거론하고 있다. 또한 주박의 갈변을 야기시키는 tyrosinase도 제품관리상 중요시 한다.

(1) Amylase

근래 일본에서 감미도가 높은 청주를 즐겨 마시게 됨에 따라 소위 사단금법이 성행하고 있다. 원료 쌀로는 찹쌀이 좋으나, 일반적 가격이 저렴한 멥쌀을 사용하게 된다. 이때 α-amylase와 glucoamylase를 병행하면 아주 효과적인 담금을 행할 수 있다.

양조는 여러 가지 효소에 의한 알코올 발효와 외부 첨가효소에 의한 주류의 개선으로 소비자의 취향에 맞게 술을 제조하는 것이다. 이렇듯이 양조에 있어서 효소는 매우 중요한 의미를 갖는다.

① α-amylase

전분분자의 α-1,4결합을 비교적 무작위로 가수분해 한다. 따라서 전분액의 점도를 급속히 낮추고, 반응액의 요오드 청색반응을 빨리 소실시킨다. 최종산물은 주로 glucose이다. 청주제조에 있어서는 증미의 용해를 조정하고, 주모와 모로미의 용해를 좋게 한다. 실용상 호정화 혹은 액화효소라고 부르고 있다.

② Glucoamylase

전분분자의 α-1,4결합의 비환원성 말단측에서 glucose단위로 절단하여 glucose를 방출한다. 청주제조에 있어서는 환원당을 주로 생성하기에 당화효소라고 부르고 있다. 청주효모는 거의 glucose만을 발효할 수 있으므로 이 효소는 모로미의 발효관리상 매우 중요하다.

③ Transglucosylase

Maltose와 glucooligo당을 가수분해하는 α-glucosylase의 일종이지만 유리된 glucose분자를 다른 당에 전이 시키는 작용이 있으므로 transglucosylase라고 한다. 예를 들면 maltose에 작용하고 glucose를 생성하지만 이 glucose단편을 다른 glucose에 전이하여 isomaltose를 생산하고 또 maltose에 전이하여 pentose를 생산한다. 청주제조에 있어서는 이처럼 isomaltose, pentose라고 말하는 비발효성 isomaltooligo당 등의 생성에 관여하고 있다.

(2) Protease

① 산성 protease

단백질의 peptide결합을 비교적 무작위로 가수분해하면 여러 가지의 peptide가 생성되지만 아미노산까지는 분해되지 않는다. 쌀 단백질의 주성분인 glutenin(oligenin)에 작용했을 경우에 최적 pH는 3.0 부근에 있다. 청주제조에 있어서는 증미의 단백질에 작용하여 peptide를 방출한다. 또 증미의 용해에 대해서는 아주 큰 보조 작용을 하기에 모로미의 발효 관리상에도 중요하다.

② 산성 carboxypeptidase

단백질이나 peptide에 작용하고 carboxyl기 말단의 아미노산을 점차로 방출한다. pH는 합성기질을 사용했을 경우 pH 3.0 부근에 있다. 청주제조에 있어서 증미로부터 아미노산 생성을 기대하는 주된 것은 이 효소이다.

(3) Tyrosinase

Tyrosine을 산화해서 L-dopa를 생성하고 다시 melanine색소 형성을 촉매한다. 갈변성 국 중에는 이 효소가 존재하고 이 같은 국을 사용해서 사입할 경우에 제조된 주박은 흑박이 되기 쉬우므로 주의를 요한다.

(4) Cellulase와 hemicellulase

청주용 원료 쌀을 물에 침지할 때 쌀 중량의 0.02~0.1%에 상당하는 cellulase를 가하여 17시간 침지하면 수분이 쌀알갱이의 중심부에까지 균일하게 흡수됨에 따라 증강 후의 조직이 충분히 팽윤되어 녹말입자의 호화를 완전히 진행시킨다. 이로 인하여 쌀의 용해가 좋고 해묵은 쌀이나 경질미를 사용하여 정상발효를 꾀할 수 있다.

(5) Lipase의 이용

지방은 청주의 향기 생성에 영향을 끼친다. Lipase를 용해한 물에 쌀을 침지한 다음 증미함으로써 쌀 중의 지방 특히 불포화 지방산의 함량을 감소시킬 수가 있고 향기가 높은 우수한 청주가 얻어진다. 또 쌀코지 대신에 amylase 등의 효소제를 사용하여 청주를 만들면 향미가 묽어진다. 그러나 이때 Lipase를 첨가하면 종래의 청주에 필적되는 것이 얻어진다는 특허도 있다.

(6) 쌀코지 중 각 효소의 생성량

국세청 소정분석법에 따른 몇 양조장에서 취합한 25개의 시료 쌀코지에 대한 활성분포는 표 5-6과 같다.

【표 5-6】 청주 쌀코지의 효소 역가

효소	역가범위	평균	표준역가*
α-amylase	870~1,710	1,225	1,000
Glucoamylase	125~305	201	250
Transglucosylase	200-390	286	-
산성 protease	2,686-4,316	3,674	4,000
산성 carboxypeptidase	3,265-7,550	5,109	-

역가표시
α-amylase : Wohlgemuth가, $D_{30}^{40°}$/g국
Glucoamylase, Transglucosylase : mg glucose 생성량/hr/g국
산성 protease, 산성 carboxypeptidase : μg tyrosine 생성량/hr/g국
참고하기 위하여 표준이 되는 역가도 합쳐 표시 했지만 특히 glucoamylase 및 산성 protease가 이것보다 적을 때는 발효가 늦고 혹은 증미의 용해가 나빠지므로 주의를 요한다.

3) 제국(製麴)

국균증식의 요건은 말할 것도 없이 온도, 습도와 환기(산소의 공급과 탄산가스의 적당한 배출)이지만, 제국의 경우 이 들의 조절은 간단하게 국실의 실온, 건습차에만 의존하는 것이 아니라 증미의 품온이나 수분, 국균자체의 번식에 따른 발열, 수분이나 탄산가스의 방출량도 여기에 관여하기 때문에 제국 시 각각의 조작은 항시 이들을 감안하여야 한다. 원칙적으로 입상하는 증미, 사용종국, 국실의 조건이 일정하면 조작도 일정하여 대개 일정 품질의 국이 얻어진다. 쌀의 품질이 여러 가지로 변하거나 증미의 완성이 일정하지 않으면 우량의 국은 얻기 어렵다. 향기가 높은 담려한 주질을 원하는 경우 파정이 적은 젊은 국이, 농순주에는 균사가 잘 생육하여 파정이 충분한 약간 노국의 국이 사용된다.

국상자를 사용한 재래의 제국법은 사입규모의 증대, 작업인원의 감소 등에 따라 상자제국법에서 기계제국법까지 점차로 합리화 되어가고 있으나, 국균이라고 하는 미생물을 사용하여 효소, 기타의 주질관련 물질을 적당한 정도로 생산하는 일을 목적으로 하는 제국에 대한 개념에는 다름이 없다. 종래의 누룩은 30℃에서 접종하여 40~42℃로 출국하는 품온경과로서 만들어지고, 손질에 의한 품온관리를 위해서는 작업 전후의 품온변화와 국층내의 품온 불균일을 피할 수 없어 목표성분에 달하기까지의 제국시간을 상자제국법에서는 48시간을 초과하는 경우도 있었지만 품온 저하가 적은 상국법에서는 제국시간은 6시간 정도 단축되었다. 다시 품온이 자동제어가 가능한 기계제국법을 사용하게 되어 38시간 제국이 가능하게도 되었다. 국의 amylase계, protease계 효소의 생산은 국균의 증식과 병행해 가기 때문에 제국 조건이 국균의 생육조건에 맞추어감에 따라서 제국시간도 단축되어 왔다고 본다.

국균의 생육에는 적당한 온도와 습도가 유지되어야 하고, 산소의 공급과 탄산가스의 배출을 위한 환기가 필요하므로 이를 위해서 국실(麴室)이 사용된다. 국실은 단열 방수재로서 벽면, 천정, 바닥을 처리하고 환기창을 설치하며 조명 및 온도와 습도의 조절장치가 있다. 잡균의 오염을 방지하기 위해서 사용 전에 포르말린이나 유황훈증에 의한 아황산가스(SO_2)로 살균한다.

청주용 국(koji)의 제법에는 상자제국법(箱子製麴法), 대형상자제국법, 보쌈대제국법, 기계제국법 등이 있다. 증미에 종국을 C.1%~0.2% 정도 균일하게 혼합한 다음 위의 방법 중 적절한 방법으로 제국을 한다.

(1) 상자제국법

일명 국개법(麴蓋法)이라고 부르는 재래법으로 소형 국상자를 이용한 제국법이다. 제국방법은 다음과 같다.

① 35℃ 정도로 냉각된 증미를 국실의 상(床)의 중앙에 면포대를 싸서 퇴적한다(재우기).

② 증미를 펴서 종국을 0.1%~0.2% 정도 되게 살포하여 잘 혼합한 다음 퇴적하여 둔다(섞기).

③ 10~12시간 후 국균이 번식하여 호흡열에 의해 온도가 상승하게 되고 증미의 표면에는 흰 반점이 나타나기 시작하며 증미 사이에는 탄산가스가 충만 되어 산소결핍 상태가 되므로 증미를 펴서 덩어리를 부스러뜨리고 손으로 비빈 후 다시 쌓아 둔다(뒤지기).

④ 종국을 접종하고 약 20~23시간이 지나면 균은 더욱 왕성하게 증식하여 온도가 지나치게 올라가고 산소도 부족하게 되므로 국상자(45×30×6 cm)의 중앙에 약 1.5 kg씩 담아서 선반위에 6개 정도씩 포개어 둔다(담기).

⑤ 담기 3~4시간 후 포개어 쌓은 국상자의 상하에 온도차가 생기므로 상하 3개의 국상자를 뒤바꿔 준다(바꿔쌓기).

⑥ 다시 3~4시간이 지나면 품온은 37℃ 정도로 상승하므로 열을 발산시키고 탄산가스와 산소를 치환하기 위하여 국상자의 koji쌀을 손으로 잘 섞고 다시 쌓을 때에는 중심부의 온도 발산을 용이하게 하기 위해 중앙에 오목하게 골을 파둔다(제 1손질).

⑦ 제 1손질 후부터 제 2손질에 걸쳐 균의 생육이 가장 왕성하며 특유의 향기가 나기 시작한다. 제 1손질 후 3시간 정도 경과하면 상하 국상자의 위치를 바꿔준다(바꿔쌓기).

⑧ 제 1손질 후 5~6시간이 지나면 품온이 37~38℃로 상승하므로 다시 koji쌀을 손으로 휘저어 섞고 국상자 전면에 평편하게 펴서 3~4줄의 골을 파둔다(제 2손질). 이때의 koji쌀 표면의 80% 정도는 균사의 발육으로 백색을 나타낸다.

⑨ 제 2손질 3~5시간 후 균의 증식은 최고에 달하며, 품온이 40℃ 내외

로 되고 특유한 향기(구운 밤 냄새)가 나면 다시 한 번 상하 국상자의 위치를 뒤바꿔 준다(바꿔쌓기).

⑩ 제 2손질 후 8~12시간이 지나 순백색의 균사가 생성되고 구운 밤 냄새가 충분히 나면 국실 밖으로 출국하여 한랭한 장소에서 냉각한다.

(2) 상국법(床麴法)

상(床)위에서만 국을 만들기 때문에 상국법(床麴法)이라고도 부르며 보쌈대제국법을 말한다. 상자 대신에 국실의 보쌈대(床)를 이용하여 제국하는 방법이다. 조작은 쌓아 올리기 까지는 상자제국법과 같다. 그 후는 품온의 조절을 위해 쌀을 보쌈대위에 펴고 처음에는 약간 두껍게(10~15 cm), 이후 6~8시간마다 교반손질하고 이어서 쌀 층을 얇게(10 → 5 cm) 펴 나가면서 온도와 습도를 조절한다. 경과는 재래법과 동일하며 작업은 전체를 교반하는 것만으로 간단하게 이루어진다. 보쌈대(床)의 넓이는 인입량 100 kg에 대하여 4 m^2는 필요하다. 종래의 보쌈대(床) 그대로는 하부의 열이나 습기가 빠지기 어렵기 때문에 대자리 등을 깐다.

(3) 상국법(箱麴法)

상자제국법이 번거롭고 비능률적이므로 대형국상자를 사용하여 간편하게 제국할 수 있도록 상자제국법과 상국법(床麴法)을 절충한 대형상자제국법이다. 이 방법은 국상자를 두 사람이 나를 수 있을 정도의 상자(160×80×20 cm, 45 kg들이)를 이용하므로 국상자의 20~30개분이 들어가는 구조이다. 국상자 밑바닥은 통기가 잘되도록 간격을 설치한 구조로 되어 있어 국층은 공기가 유통하기 쉽고 교반작업도 간단히 할 수 있어 품온의 조절이 편리하고 작업도 간편하다. 적당한 선반을 만들어 겹치게도 할 수 있어 국실의 면적을 절약할 수 있다.

(4) 기계제국법

기계제국법은 적당한 온도와 습도로 조절된 공기를 대형용기에 넣은 증미(蒸米)층으로 불어넣어 제국 중에 발생하는 열과 이산화탄소를 밖으로 배출시키고 품온과 산소량을 적절히 제어함으로써 코지를 제조하는 방법이다. 제국기에 인입한 후는 출국까지 기계의 관리 이외에는 작업자의 손이 필요치 않으므로 관리조건이 일단 결정되면 경험이 부족하여도 균일한 국이 얻어진다.

제국 방법은 종국을 파종한 30~32℃의 증미를 제국기내 다공판위에 두께 30 cm로 넓게 펼치고 온도 32℃, 상대습도 90~94% 정도의 통풍을 하여 품온을 일정하게 하고 약 20시간 방치하여 뒤지기를 한다(뒤지기는 쌀 층이 균일해지고 균열 등이 생기지 않기 때문에 필요하다.). 이후 25시간째에 35℃, 30시간째에 38℃로 품온을 올린다. 습도는 30시간째부터 순차적으로 줄여 80% 정도로 하고 품온 38~40℃를 지속하여 36~40시간째에 출국한다.

또한 뒤지기 후에 35~37℃의 일정 품온으로 출국하는 방식도 행해지고 있다. 즉, 증미를 세절기로 부스러뜨리고 제국실에 설치된 제국조에 8~10 cm 두께로 고르게 쌓는다. 이때의 품온은 30℃ 정도이며 제어기의 온도를 35℃설정하여 8시간 동안에 걸쳐 이 온도 까지 상승하게 한다. 그 후에는 37℃, 39℃, 40℃로 점차 온도를 상승시켜 5~6시간이 경과하면 40℃가 되도록 하여 8~9시간 동안 최고온도로 지속시켜 출국한다.

제국기내에는 언제나 미생물의 적온이 유지되고 있기 때문에 잡균이 증식하고 오염을 일으키기 쉽다. 야생효모에 의한 모로미의 불순을 일으킨 경우나 불완전효모나 세균의 영향으로 붉은색의 국이 만들어지는 예도 있으므로 제국기내의 살균을 신경써야 한다.

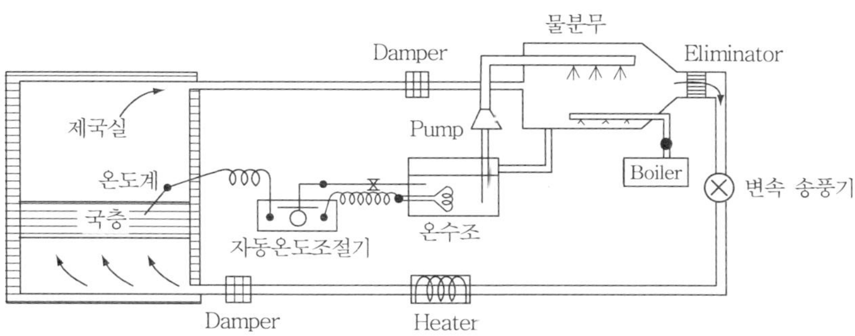

【그림 5-7】 기계제국장치의 구조

4) 주모(酒母 : 술밑, 모토)

술덧을 안전하게 발효시키기 위해 효모를 순수하게 대량 배양한 것을 주모 또는 술밑이라고 하며 일본에서는 모토(moto)라고도 한다. 청주는 개방된 용기에서 발효하게 되므로 야생균이 쉽게 발효과정에 침입할 수 있다. 따라서 발효 시 야생균의 침입을 저지하고 목적하는 효모가 충실하게 작용하기 위해서는 강력한 주모가 요구된다. 강력한 주모라 함은 건강한 효모세포가 많을 것과 다량의 젖산(pH 3.5 정도)이 있어서 잡균의 오염을 방지할 수 있는 술밑을 말한다.

주모의 종류는 술덧의 발효경과, 알코올이나 향미의 형성 더 나아가서는 주질에 중대한 영향을 미치는 것이다. 젖산의 존재는 주조의 안전 확립에 중요하고 젖산생성에 의해 주모에 잡균오염이 방지되는 것 이외에 술덧의 초기, 즉 효모의 증식, 발효가 충분하지 않고 알코올도 적어서 오염의 위험이 가장 큰 시기에 이것을 방지할 수 있다. 젖산은 당화작용 등을 저해하지 않고 항균력도 다른 산에 비해 매우 좋다.

(1) 주모의 종류

주모는 여기에 필요한 젖산을 어떻게 얻는가에 따라 두가지로 대별된다. 그 하나는 시판젖산을 첨가하는 속양계 주모와 다른 하나는 젖산균에 의해 젖산을 생성시키는 키모토계 주모이다. 주모는 증미, 국, 물을 가지고 담금(총 원료미의 7%)하는 데 전자는 시판 젖산을 첨가하여 산성으로 하여 당화를 진행하고 효모도 담금 시에 첨가하여 조기에 번식을 시킴으로써 단기간에 제조하는 이점이 있다. 후자는 예로부터의 주모육성법으로 저온담금만을 행하고 초기에는 질산환원균에 의해 아질산이 생성되고 이 아질산은 다음에 증식하는 젖산균이 생산하는 젖산과의 상승작용에 의해 야생효모를 도태시키고 주모는 거의 무균적으로 된다.

【표 5-7】 술밑의 종류와 그 특성비교

구분	젖산	담금온도	제조일수	조작	산도	관여미생물	종류
속양계 술밑	시판젖산	20℃	7~15일	간단	7	효모	속양주모 고온당화 주모
키모토계 술밑	젖산발효	8℃	20~30일	복잡	10	질산환원균 젖산균, 효모	키모토 야마하이 모토

① 키모토(生酛), 야마오로시 하이시모토(山御廢止酛)

키모토는 옛날부터 사용되어 온 전통적인 술밑이다.

키모토의 제법은 증미, koji, 물을 8개의 작은 목재합지박과 같은 용기에 나누어 담고(담금 온도 7~8℃), 15~20시간 후 증미가 충분히 연화되면 큰 주걱으로 원료를 짓이긴다. 이 조작을 야마오로시라고 하는데, 쌀알을 파쇄, 용해, 당화를 촉진시키기 위해 행하는 조작이다. 야마오로시를 행한 2일 후에 목재 용기의 내용물을 큰 통에 합쳐서 5~6℃로 4일간 방치한다. 이 후의 조작은 야마오로시 하이시모토와 같다.

야마오로시 조작은 노력을 많이 요하는 번잡한 조작이므로 근래에는 이 방법으로는 거의 제조되지 않고 있다.

야마오로시 하이시모토는 야마오로시 조작을 폐지한 기모토의 개량된 방법이다. 이 방법은 먼저, koji와 용수를 600 L 정도의 주모탱크에 넣어 잘 혼합하여 4~6℃에서 약 1시간 동안 효소의 일부를 추출하고(水麴), 저온에서 증미를 담가(담금온도 7~9℃) 약 8~12시간 방치한 후 주걱으로 교반하고 그 후 2~3시간마다 교반을 반복하여 약 4일간 방치한다. 이 때 품온은 8℃이하로 유지되어야 한다.

담금 후 4~6일 후 뜨거운 물을 넣은 통을 술밑 속에 넣거나, 가열기(heater)를 이용하여 주모탱크의 바닥을 가열함으로써 10~15일 사이에 품온을 14~15℃까지 서서히 상승시킨다. 이 기간 중에 담금 시에 사용한 용수와 koji에서 유래된 질산환원균, 예를 들면 *Achromobacter, Flavobacterium, Pseudomonas* 등이 작용하여 술밑 중의 질산을 아질산으로 환원한다(최고 10 ppm). 이 아질산은 야생효모의 증식을 저지시키는 작용을 한다. 그 후 koji에서 유래된 젖산균인 *Leuconostoc mesenteroides*나 *Lactobacillus sake*가 증식하여 젖산의 생성이 진형되며 젖산균이 증식됨에 따라 질산환원균은 젖산에 의해 점차 사멸된다.

이 젖산과 아질산의 상승효과에 의해서 야생효모는 도태되고 젖산균도 자신이 생산한 젖산과 효모에 의한 알코올에 의해서 도태되어 마침내 술밑은 매우 순수한 상태로 된다.

질산환원균이 거의 소실되고 젖산이 0.5% 정도에 이를 때 순수배양한 효모(*Saccaromyces cerevisiea*)를 술밑 1 g 당 10^5~10^6이 되도록 첨가하면 효모는 급속히 증식을 시작한다. 효모수가 10^8 cfu/g에 이르면 탄산가스의 발생으로 표면이 부풀어 오르고 거품이 일어서 구름모양으로 되고 품온이 20~23℃까지 상승한다.

고농도의 산과 알코올로 인해 효모가 사멸하는 것을 방지하기 위해 수일간 발효시킨 후 술밑을 적당히 나누어 품온을 10~15℃까지 낮추고 5~7일간 방치한 다음 사용한다. 이 술밑의 제조에는 20~25일 정도가 소요된다.

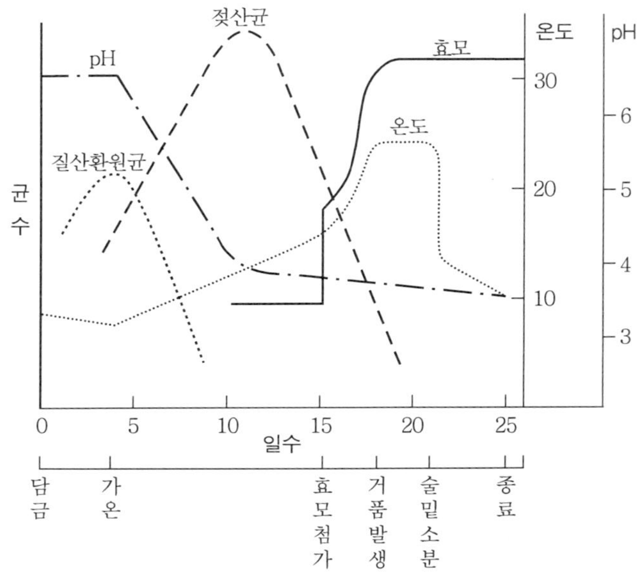

【그림 5-8】 청주술밑 중의 미생물

② 속양주모

현재 널리 이용되고 있는 방법인데 주모 담금 시에 용수 100 L당 시판되는 75% 젖산(비중 1.21)을 650~700 mL 정도 참가함으로써 잡균의 번식을 방지할 수 있기 때문에 처음부터 담금온도를 키모도계보다 높여서 증미의 용해 및 당화를 촉진시킬 수가 있다. 또한 순수배양 효모도 담금 시에 10^5 ~10^6 cfu/g 정도로 다량 첨가하므로 단시간에 주모의 배양이 완료된다. 이 외의 주모 배양조작은 야마오로시 하이시모토와 같다.

즉, 국과 용수를 주모탱크에 넣고 젖산과 효모를 첨가한다. 품온 10~12℃

로 약 20시간 방치하여 국에서 효소를 용출 시킨다. 여기에 적당하게 냉각시킨 증미를 가하여 18~22℃의 상태로 담금을 마친다. 이 후 1~3일간은 효소작용이 왕성해지며 효모증식의 준비기간이 된다. 담금 7일째 술밑의 표면은 활발한 발효에 의해 부풀어 오르고 거품으로 덮인다. 20℃ 정도에서 발효가 진행되어 알코올분이 10% 정도 되었을 때(담금 9~12일째) 급랭하여 발효를 중지시키고, 10℃ 이하에서 약 5일간 방치한 후 술덧의 담금에 사용한다.

속양주모는 기온이 높은 곳에서도 담금이 가능하며 기술적으로 쉬울 뿐 아니라 제품의 질도 담백하고 향미가 좋은 점 등 이점이 많다. 이외에도 koji, 용수, 증미를 혼합하여 55~60℃에서 6~8시간 당화하고 30℃로 급랭한 후 젖산과 효모를 가하여 주모탱크를 보온하면서 단기간 내에 주모를 제조하는 고온당화주모가 있다. 이 방법은 주모가 완성되기까지 약 9일이 걸린다.

③ 배양효모 첨가에 의한 주모생략법

통기교반 배양한 효모(액상, 진흙상, 압착효모)와 시판 젖산을 술덧 담금시(초첨)에 투입하여 발효시키는 방법이며, 주모를 따로 배양하지 않는다. 압착효모를 이용하는 경우 술덧 담금에 사용된 쌀의 총량의 0.03~0.05%의 압착효모를 술덧 담금의 초기에 첨가한다.

5) 술덧(모로미)

청주 술덧은 증미에 국과 물을 가하여 주모를 첨가하고 발효시킨 것인 데 다음과 같은 특징이 있다.

① 3단 담금

청주 술덧은 밀폐살균하지 않고 개방 발효시키는 경우 세균에 오염될 기회가 많다. 주모중의 산, 알코올(세균의 증식을 억제한다.) 및 효모밀도를 급격하게 희석하는 것을 피하고 증미나 물을 3회로 나누어 투입하여 주모를 순차적으로 증량시키도록 되어 있으므로 술덧의 효모수는 항상 10^7 cfu/g 이상이며 세균에 대해 압도적으로 우위를 유지하고 있다.

② 병행복발효

청주의 주모나 맥주의 술덧에서는 먼저 당화하고 나서 발효시키는 단행복발효형식을 취하지만 청주 술덧에서는 당화와 발효가 동시에 진행하는 병행복발효이다. 따라서 당화와 발효의 속도 균형을 유지하는 것이 술덧 관리의 목표가 된다.

③ 고농도 담금

청주 술덧에서는 총 쌀 1,000 kg에 대하여 1,250 L 정도의 용수를 가하는 데 이 전분농도는 맥주나 위스키의 경우와 비교하면 3~4배의 고농도 담금이다. 따라서 제성주의 알코올분은 20~23%나 달하게 된다. 이와 같이 고농도 기질의 발효가 가능한 것은 기질의 공급원이 고체상(쌀입자)인 것과 병행복발효를 취하기 때문이다.

④ 저온발효

청주 술덧의 발효온도는 통상 10~18℃이고, 효모의 발효 최적온도보다는 훨씬 낮다. 이것은 당화와 발효 속도의 균형을 유지하기 때문이기도 하고 또 저온 발효시키는 경우가 제성주의 향미가 우수하기 때문이다.

(1) 담금 배합

술덧의 담금 규모는 사용하는 백미의 총중량으로 나타내는데 보통 1,500~2,000 kg이 표준이다. 표 5-8에 총 원료미 함량 1500 kg의 술덧 배합예를 나타냈지만 담금배합에 의해 술덧의 발효 및 제성주의 주질이 크게 좌우되기 때문이며, 목표로 하는 주질이나 원료미의 성질 등을 고려하여 물의 량, 국의 량 등을 가감하는 것이 필요하다.

국 비율을 작게 하면 주박이 많이 나오고 주질은 담려하게 된다. 반대로 크게 하면 발효는 촉진되어 주박함량은 감소하지만 제성주에는 유기산, 아미노산 및 기타성분이 많아지고 강한 맛으로 품질이 나쁜 술이 되기 쉽다. 급수율의 경우는 커지면 발효가 빨라지고 작으면 늦어진다. 따라서 감미가 있는 술을 목표로 할 때는 급수비율을 작게하고 담금실내 온도가 낮을 때와 같이 발효가 지체할 때는 급수비율을 크게 한다.

【표 5-8】 표준담금 배합의 예 (단위 : kg)

	술밑	초첨	중첨	유첨	4단	합계
원료미	140	280	530	890	160	2,000
증　미	95	200	405	715	160	1,575
국　미	45	80	125	175	-	425
급　수	155	250	635	1,260	160	2,450

(2) 담금

술밑에 증미, koji, 용수의 혼합물을 3단계로 나누어 4일간에 걸쳐서 담금한다. 이 때 처음의 첨가를 초첨(初留), 두 번째를 중첨(中添), 세 번째를 유첨(留添)이라 하고 원료의 첨가량은 단계적으로 증가시킨다. 유첨 다음에 4단걸침의 방법이 있는 데 이것의 목적은 시장의 변화에 따라 감미가 있는 청주가 선호되므로 감미청주를 만들 경우 쌀(또는 부원료)을 급속하게 당화하여 술덧의 말기에 투입하여 감미를 부여하는 방법을 말한다.

술덧의 3단계 담금의 배합비는 전체 원료쌀의 7~8%의 술밀량을 기준으로 하여 술밀 : 초점 : 중첨 : 유첨 = 1 : 2.0~2.2 : 3.8~4.5 : 6.0~7.2 정도로 한다. 감미청주를 제조할 때에는 4단계로 8% 전후의 증미를 발효말기에 첨가하여 당화만 한다.

초첨의 다음날은 담금 하지 않으며 이것은 효모의 증식을 위해서이다. 이러한 방법에 의하여 술덧 중의 효모 수가 10^7 cfu/g 이상이 되어 잡균에 대해서 압도적으로 우위를 유지할 수 있게 되므로 중첨, 유첨시에도 안전한 발효를 도모할 수 있다.

담금 온도는 초첨 11~12℃, 중첨 9~11℃, 유첨 7~8℃로 술덧의 산과 알코올이 희석됨에 따라 세균침입의 우려가 있으므로 온도를 점차 낮게 한다.

(3) 술덧의 경과

유첨 후 10~12일째에는 15~16℃가 되도록 품온을 조절하여 5~6일간 지속한 다음 그 이후에는 온도가 자연히 떨어지도록 두고 20~24일 째 즈음에 알코올을 첨가하여 발효를 종료시키는 것이 표준이다. 술덧의 발효는 유첨 후 20~22일째에 끝나고 숙성술덧의 알코올은 18~20%에 도달하게 된다.

발효가 진행됨에 따라 술덧의 품온의 변화와 함께 표면의 상태나 향미도 변화하는 데 이 변화는 당화 및 발효의 진행정도를 판단하는 중요한 단서가 된다. 품온의 변화와 더불어 거품이 발생하여 최고가 될 때는 액층의 배(倍)까지 도달하는 수가 있다. 거품의 발생 상태를 보면 유첨 후 2~3일째에 그 표면에 줄무늬의 거품이 생기며, 3~4일째에는 엷은 막의 작은 거품이 술덧 표면에 퍼지게 된다(水泡). 이 시기의 술덧 맛은 약간 단맛이 있을 뿐이고 산미는 느끼지 못한다.

4~6일 째가 되면 거품의 점조성이 강해져서 바위처럼 솟아오르고(岩泡) 이어서 거품 량은 최고에 달한다(高泡). 탄산가스의 발생이 왕성하고 과실과 같은 향기가 발생한다. 4~7일간 이런 상태가 계속된 다음 거품이 점점 줄어들고(落泡) 구슬과 같은 거품으로 변한다(玉泡). 이 시기에 알코올 생성이 왕성하고 청주 고유의 맛이 강해진다. 그 후에는 거품이 점점 꺼져서 없어진다(蓋泡). 이와 같은 술덧 표면의 변화는 koji이나 증미의 경도, 온도 경과에 따라 다르고 특히 효모의 종류에 의한 영향이 크다. 특히 술덧에서 거품이 왕성할 경우에는 담금과정에서 대량의 담금을 하기에 어려운 문제점이 많으므로 일본 양조협회에서 개발되어 전국에 보급되어 사용 중인 협회 9호 효모는 거품없는 효모로써 담금탱크에 대량 담금을 가능하게 하여 생산성을 향상시키는 결과를 가져오고 있다.

(4) 성분의 변화

술덧 담금 후에는 먼저 amylase에 의해서 전분질이 용해되어 술덧 액의 성분이 농후해져서 보메(Be, 액체의 비중을 표시하는 단위) 도수가 상승한다. 술덧의 보메(Be) 도수는 담금 3일 후에 최고에 달하였다가(6~7도) 그 후부터 효모에 의한 당분의 소비가 많아지므로 신속하게 감소하게 된다. 보메 도수는 술덧을 여과해서 보메 비중계로 측정하는데 이 값의 감소는 당이 알코올로 발효되어짐을 나타내 주는 지표가 된다.

환원당의 변화를 보면 최고 6~8%에 달하였다가 말기에는 3% 정도로 낮아진다. 알코올은 담금 10일 후에는 10%, 15일 후에는 14~16%로 거의 1일에 1%씩 증가하고 발효를 계속하면 최고 20%까지도 상승한다.

산도는 발효의 안전성과 밀접한 관계가 있으며 일반적으로 발효전기에 증가하고 별로 증가하지 않는다.

그림 5-9에는 청주 술덧의 발효기간 중 성분변화를 나타내었다.

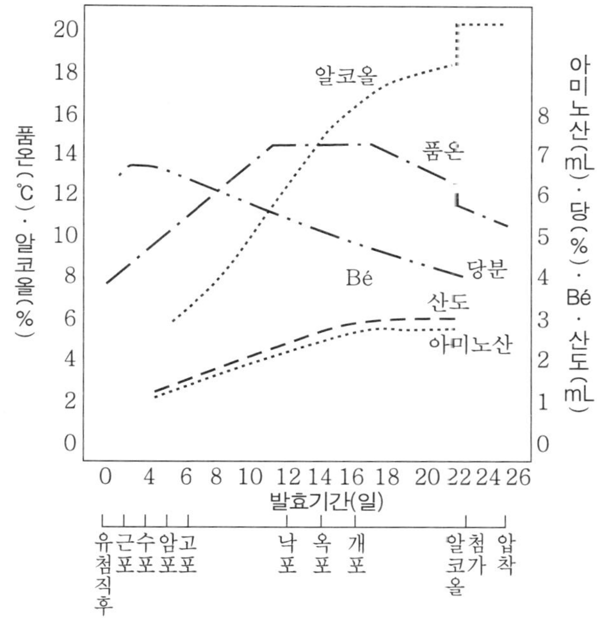

【그림 5-9】 청주 술덧성분의 변화

(5) 알코올 첨가와 증양(增釀)

한편, 제 2차 세계대전 중 식량부족으로 주조미의 공급사정이 나빠져 원료 쌀의 절약과 청주의 증양(增釀)을 목적으로 발효 숙성된 술덧에 알코올을 첨가하게 되었다.

정백미 1,500 kg으로부터 알코올 농도 20%의 청주가 2.7 kL 생산되는데 여기에다 30% 알코올 3.6 kL 첨가하면 알코올 20%인 청주 8.1 kL가 되어 약 3배량의 청주가 얻어진다.

이것을 3배 증양이라고 한다. 실제로 제조할 때에는 포도당, 호박산, 젖산, 글루탐산 나트륨 등을 물에 용해한 다음 정제한 40%의 알코올에 첨가하여 알코올 농도 30%인 조미알코올 용액을 만들어 사용하며, 당류에는 결정포도당, 분말엿, 물엿 등이 사용된다. 이 조미알코올을 술덧의 숙성기에 가하여 양조를 끝내면 감미가 많은 청주가 얻어지기 때문에 감미가 적은 알코올 첨가주와 조합하는 이점이 있다.

6) 제성

발효가 끝난 숙성술덧은 압착기로 짜서 청징화시키고 성분을 조정하고 살균해서 상품화하는 공정을 거치는데 이 공정을 제성(製成)이라 한다.

(1) 상조(上槽: 아게후네); 압착분리

알코올을 첨가한 술덧을 첨가후 2~5일 째에 액체부(청주)와 고체부(주박)로 분리하는 공정을 상조(上槽: 아게후네)라고 한다. 증양주와 같이 액부가 많은 술덧은 상징부(上澄部)를 빼내고 남은 술덧을, 보통 알코올 첨가주에서는 술덧 그대로를 5.5~9 L들이 술포대[면 또는 나이론이나 폴리프로필렌으로 만든 튼튼한 자루(30×70 cm)]에 반쯤 담아서 중간을 접어 통(목제, 콘크리트제, 스테인레스강제)에 규칙적으로 쌓고 수압기(또는 유압기)로 눌러서(최고 약 140 kg/cm²)압착하여 주박(酒粕)과 액(술)으로 분리한다. 여기서 얻어진 액은 아직도 혼탁한 상태이며 특유의 향취가 있으며 맛은 거칠다. 알코올을 첨가하여 증양한 경우에는 2~5일 경과 후 압착을 행한다. 주박의 생성비율은 원료 쌀에 대해 20~25% 정도이다. 이것보다 적으면 주질이 떨어지고, 많으면 경제성이 적어진다.

(2) 앙금질

압착하여 얻은 청주에는 파쇄전분의 미립자나 효모 등이 현탁되어 있어 유백색으로 혼탁된 상태이므로 차가운 장소에서 약 10일간 방치하여 앙금을 제거한다. 투명한 상징액에는 미세한 입자가 들어 있으므로 면여과, 규조토여과 또는 활성탄 여과를 하여 더욱 맑게 한다. 앙금 부분에는 아직 청주가 될 부분이 남아있기 때문에 술덧에 다시 첨가한다. 주박을 투입하고 다시 상조(上槽)하고 앙금질 탱크에서 상징액(上澄液)을 최대한 취하여 청주를 분리한다.

(3) 조합

청징 분리한 청주는 목표주질에 맞도록 다음을 고려하여 조합한다.

① 알코올 도수, 엑기스분, 산도, 아미노산도 등의 분석치

② 색, 맛, 향

③ 4단걸침의 유무, 증양 또는 알코올 첨가, 주모의 종류 등 제법의 차이

(4) 살균, 저장, 출하

살균은 생주(生酒)를 60~63℃에서 5~15분간 처리하나 주질의 상태에 따라 조정한다. 살균의 목적은 생주 속에 남아있는 미생물을 살균하고 향미를 순화시키고 효소 및 불안정한 단백질을 응고 침전시키는 데 있다.

살균조작은 사관식(蛇管式)장치(coil heat exchanger)나 판(板)열교환장치(plate heat exchanger)를 이용한다.

60~63℃로 가열한 청주는 밀폐식 저장탱크에 넣어 알코올의 휘발을 막고 세균의 침입을 방지하면서 저장한다. 저장 중 숙성이 이루어지며, 저장용기는 스테인레스강제가 이용되고 품온은 15~20℃로 조절한다.

저장 중 탱크 내의 청주를 취하여 주질을 검사한다. 이를 맛보기(呑切, 노미키리)라고 하는데 화락(火落, 히오치), 혼탁 등의 이상 유무를 확인하고 주질(숙성도)를 검사하여 출하시기를 판단하는 것이 목적이다. 출하시기가 된 청주는 앙금 침전제를 사용하여 다시 청징하고 활성탄 여과를 하여 색도 및 향미를 조정한 다음에 규정의 알코올 도수가 되도록 가수하여 병입한다. 병입시에는 병에 넣을 때 살균을 위해 60℃ 정도로 청주를 가열한 후 병에 넣거나(熱酒瓶入), 병에 넣은 후 가열한다(병살균).

7) 제품의 이상 현상

(1) 청주의 착색과다

청주의 색은 본래 담황색인데 착색이 과다하면 제품가치가 떨어진다. 청주의 착색은 양조 및 저장 공정 중에서 뿐만 아니라 병입 제품으로써 출하 후에도 일어나는 데 이들의 착색 중 특히 문제가 되는 것은 철분의 혼입에 의한 착색과 출하후의 제품의 착색이다.

청주 중에 철의 혼입은 양조용수중의 철분외에 저장탱크 내면의 핀홀(pin hole)에서의 철의 용출, 살균기내의 녹의 혼입 등이 원인인 데 이 철에 의한 착색은 국균이 생산하는 deferrichrysine(무색)이 청주 중에 존재하여 철과 결합하여 ferrichrysine(적갈색)이 되는 것으로 생각된다. 이 페리신은 통상의 청주의 착색물질인 플라빈이나 멜라노이딘과 달라서 활성탄에 의해 제거하기 어렵다. 또 염화알루미늄의 사용에 의해 다소는 탈색되지만 그 효과는

충분하지 않다. 따라서 철의 혼입을 방지하는 것이 중요하다. 출하 후 병제품의 착색은 주로 수송 또는 판매 중에 직사일광에 의한 것으로 생각되며 착색을 방지하기 위해 갈색병을 사용하는 것이 좋다. 일광에 의한 착색의 원인물질은 플라빈, 트립토판, 티로신 등이 관계되는 데 이들은 활성탄에 의해 제거되므로 병입 전에 충분량의 활성탄에 의해 처리하면 착색방지에 효과가 있다.

(2) 단백혼탁

청주를 살균하여 저장 중 또는 병입하여 출하 후 점차 투명도가 나빠져 백탁하는 경우가 있다. 이것이 세균성의 원인에 의한 경우는 화락(火落)이지만 가온하여 투명하게 되는 경우에는 단백혼탁으로 불리며 향미에 이상은 없지만 상품가치가 저하된다. 이 혼탁물질은 생주중의 효소단백의 변성도와 혼탁도의 사이에 관계가 있는 것, 혼탁물질은 함당단백이며 그 당조성 및 아미노산 조성이 효소단백의 조성과 가까운 이유로 혼탁이 발생한 경우에는 주로 국중의 당화형 아밀라아제가 변성한 것으로 추정된다.

국의 사용비율을 줄이거나 노국(老麴) 대신에 젊은국(若麴)을 사용함으로써 단백혼탁의 발생을 어느 정도까지 방지할 수 있지만 이미 혼탁한 것에 대해서는 여과하거나 침전제를 이용하여 앙금질하여 제거한다. 앙금질의 방법으로는 물리적방법으로 탄닌과 젤라틴에 의한 응고침전이나 알긴산의 산성에서의 응고 침전 등을 이용하여 이들이 응고할 때 혼탁물질을 공침시키는 청징이 있다. 효소적방법으로는 효소를 첨가함으로써 혼탁물질을 응고침전시키는 방법으로 프로테아제 작용에 의해 혼탁 단백분자의 일부가 분해되어 이들에 의해 일어나는 것으로 추정된다.

(3) 화락(火落)

청주의 저장 중 또는 출하 후에 화락균이 번식하는 것을 화락(火落, 히오치)이라고 하며. 화락이 일어나면 백탁이 되고 산미가 증가하며 화락향(火落香)이 생겨 상품의 가치가 떨어지게 된다.

화락균은 원래(1950년대) *Bacillus sporogenes sake*라 명명되었던 것인데, 그 후의 연구로 젖산간균인 *Lactobacillus*에 속하고 발효형식에 따라 호모형(homo type)과 헤테로형(hetero type)이 있음을 알게 되어 *Lactoba-*

*cillus homohiochii, Lactobacillus heterohiochii*라 명명하였다. 화락균은 알코올 농도 15% 이상의 청주에서도 생육할 수 있는 것이 특징이며 균주에 따라서는 생육인자로 hiochic acid(火落酸, mevalonic acid)를 요구하는 것도 있다. 화락현상을 방지하기 위해서는 살균을 철저하게 하여야 한다.

화락한 청주는 화입살균 후 혼탁제거, 탈산, 탈취를 행한다. 탈산에는 알칼리(Na_2CO_3, NH_4OH 등)를 첨가하는 법, 이온교환수지를 이용하는 법 등이 있다. 탈취에는 화락향의 본체로 생각되는 다이아세틸취를 제거하기 위해 과산화수소를 투입한 후 분말 활성탄 등을 사용한다.

(4) 흑박(黑粕)

제성한 박이 수일 후에 갈변하는 경우에 이것을 흑박이라 한다. 갈변은 박의 표면에 나타나 통상은 박중의 국입자를 중심으로 반점상으로 갈변한다. 심한 경우는 전면에 빠르게 갈변한다. 그 원인은 보통의 경우 국중의 산화효소에 의한 것으로 추정되는 데, *Pullularia* 또는 *Cladosporium* 의 번식에 의한 것이라는 보고도 있다. 흑박은 아황산 가스에 의해 방지되고 상조(上槽) 전의 술덧에 메타중아황산칼리를 첨가하는 방법이 채택되고 있다.

8) 청주의 성분

양조장에서 제성한 청주의 알코올분은 대개 20% 정도이나 출하할 때에는 물을 첨가하여 15~16%로 한다. 따라서 시판 청주의 알코올분은 특급 16.3~16.9%, 일급 15.7~16.4%, 이급은 15.1~15.9%이다. 당분은 2~6%, 산도는 1.2~1.6, 아미노산 함량은 0.8~1.5%의 범위이다.

청주의 맛은 알코올류, 당류, peptide류, 아미노산류, 유기산류 등으로 이루어진다. 당류의 대부분은 포도당이고 주로 전분에서 유래한다. 또 ethyl-glucoside도 비교적 많이 생성되고(약 0.5%) 청주의 맛을 진하게 느끼게 한다. 유기산은 약 70%가 술덧 중의 효모에 의해서 생성되고 술밑으로부터 약 20%, 국 및 쌀로부터 약 10%가 유래된다. 유기산 중 호박산(41.2 mg/100mL)과 젖산(59.8 mg/100mL)이 가장 많고 다음으로 사과산(34.9 mg/100mL)이 많다.

청주 중의 총 질소는 0.1%이다. 쌀 중의 단백질(5~6%)이 koji의 protease에 의해서 분해되어 아미노산 및 peptide로 되어 청주의 맛에 관여하고 착색에도 관계한다. 구성 아미노산으로는 glutamic acid가 많다.

청주의 향기는 매우 복잡하며, 각종 알코올류와 약 40여종의 ester가 청주의 방향(芳香)에 관여하고 있다. 특히 caproic acid의 ethyl ester와 iso-amyl alcohol이나 ethyl alcohol의 초산(acetic acid) ester가 중요하다. 이 외에 aldehyde, ketone류도 청주의 향기에 관여한다.

청주의 색은 flavin(황색)계, melanoidine(갈색)계 색소와 ferrichrysine(적갈색)이 관여하여 호박색을 띤다. Flavin은 원료 쌀, koji, 효모에서 유래되고, 대부분이 유리상태의 riboflavin이다. Melanoidine은 당류와 아미노산이 반응하여 생성되며, 양조나 저장 중 숙성에 의해 증가된다.

Ferrichrysine은 고리모양의 peptide구조이며, 국균이 생산하는 deferri-chrysine(무색)이 철이온과 결합하여 생성된다. 청주의 색에 기여하는 비율은 flavin이 1~10%, ferrichrysine이 10~50%, melanoidine이 40~80%로 알려져 있다.

청주 중의 무기성분으로는 K, Ca, Na, Mg, P 등이 대부분이고 Fe, Al 등 미량이면서 영향이 큰 것도 있다. 무기 성분은 청주의 착색촉진(Fe), 탈색(Al), 완충작용증가(인산, 양이온) 등과 관련이 있고, 염류로서 염미, 고미 등을 나타내기도 한다. 비타민은 다른 주류에 비해 적은 편이나, B_6는 많이 함유한다.

무기성분은 유효성분과 불량성분으로 나뉜다. 유효성분은 미생물의 생육과 발효에 필수적인 칼륨, 마그네슘, 무기 인 등과 효소의 추출과 안정화에 필수적인 칼슘, 염소가 있고, 그 외에 Na, Fe, Mn 그 외에 금속도 극미량 요구된다. 그 외에 키모토계 주모로는 질산이 필요하다. 불량성분은 다량으로 존재할 때 이상 착색을 나타낸다든가, 촉매 작용을 나타내는 것으로 철, 망간, 동이 있다.

5-3. 과실주

1. 포도주

1) 포도주의 종류

포도주는 종류가 많아서 분류방법이 다양하나 대체적으로 생산지, 포도품종, 색상, CO_2 함유 여부, 당 함량, 알코올 함량 등에 따라 분류된다.

(1) 색깔에 의한 분류

① 적포도주(red wine) : 과즙을 과피와 함께 발효시켜 포도주 중에 anthocyanin 색소가 용출되도록 제조하여 진한 자색, 진한 적색, 암적색을 띠며 과피와 종자의 tannin이 함께 용출되어 삽미가 강한 것이 특징

② 백포도주(white wine) : 적색의 포도과피를 미리 제거하거나 녹색포도를 원료로 하여 발효시킨 것이므로 다갈색, 엷은 황색, 엷은 황백색을 띠며 삽미가 없는 것이 특징이다.

③ 로제포도주(pink wine) : 적·백포도주의 중간 색깔을 띤 와인으로 흑색포도를 파쇄하여 색을 용출시킨 후 착즙하여 발효시키거나, 흑색포도와 백색포도를 섞어 착즙, 발효시켜 만든다. 또한 흑색포도를 적포도주와 같이 담금하여 1~2일간 발효시킨 후 발효액을 아래로부터 뽑아낸 다음, 이후 공정은 백포도주와 같은 방법으로 만들기도 한다. 로제포도주는 숙성을 단기간에 끝내며 대개 2년 안에 소비된다.

(2) 당분에 의한 분류

① 생포도주(dry wine) : 과즙의 당분이 거의 완전히 발효되어 당분이 1% 이하의 것으로 식사 시에 마시는 식탁포도주(table wine)이다.

② 감미포도주(sweet wine) : 기온이 그리 높지 않은 지방에서 포도를 나무에서 반쯤 건조될 때까지 과숙시킨 포도에서 만든 농후과즙을 저온 발효하여 당분을 남긴 포도주이다. 헝가리의 Tokay는 당분 10~30%, 프랑스의 Sautern은 1~6%이다. 포르투갈의 Port wine은 발효 도중 brandy 등을 가하여 발효를 정지시켜 당분을 남긴 것이다. 이 외에도 발효 과즙에 brandy를 가한 포도주를 북미에서는 Angerica, 그리스에서는 Samos라 하고, 여기에 다시 농축 과즙을 가한 포도주를 포르투갈에서는 Madeira라 한다. 시실리섬 근처에서는 발효가 끝난 생 포도주에 brandy와 농축 과즙을 가하여 Marsala라고도 한다. 반건과의 농축과즙을 완전히 발효시키고 충분히 숙성시킨 후에 과즙에 brandy를 가한 감미포도주를 스페인에서는 Sherry라 한다.

(3) 발포성 유무에 따른 분류

발포성포도주(sparkling wine)는 포도주 중에 CO_2를 고압으로 용해시킨 것이며 마개를 따면 거품이 발생하는 것으로 샴페인이 대표적이다. 비발포성 포도주(still wine)는 거품이 발생하지 않는 일반적인 포도주이다.

(4) 소비 방법에 의한 분류

① 식전포도주(appetizer wine) : 식욕을 증진시키기 위하여 식전에 차게 하여 마시는 포도주이다. 감미가 특징이며 향기도 좋다. Vermouth wine 같은 것이다.

② 식탁용 포도주(table wine) : 알코올 함량이 높지 않은 천연 포도주로 식탁에서 요리와 함께 마시는 포도주이다. 백포도주, 적포도주, 호도포도주와 같은 것이다.

③ 식후포도주(dessert wine) : 식후 사과와 함께 나오는 포도주이며, 알코올 함량이 비교적 높은 감미포도주로, 대표적인 것은 Port, sherry 등이다.

(5) 알코올(또는 브랜디) 첨가의 유무에 의한 분류

무보강, 무첨가 포도주(unfortified wine)란 포도 과즙 중의 당분에서 생성된 알코올만을 함유한 포도주이다. 보강 포도주(fortified wine)란 알코올과 당분을 보강시킨 것을 말한다. 보강에 알코올분의 증가만을 목적으로 한 경우(dry sherry)와 당분의 잔존을 목적으로 할 때가 있다. 후자의 경우는 포도주, 포도과즙, 포도주 술덧 등에 brandy를 가하여 만든 포도주이다.

2) 원료 포도

현재 재배되고 있는 포도의 대부분은 두가지 계열에 속하며, *Vitis*속이며 *Vitis vinifera*와 *Vitis labrusca*이고 전자는 유럽계이고 후자는 미국계 품종이다. 이 밖에도 대목으로 사용되는 *Vitis riparia*, 교배종이 다수 있다.

(1) 품종

① *Vinifera*종(유럽계)

*Vinifera*종은 카스피 해 남부의 카라카스지방이 발생지이다. 건조한 기후

에 잘 자라고, 다습지에서는 병해에 약하며 유럽전역에 분포되어 있으며 현재에는 60여종이 이용되고 있다. 유럽에서도 장소에 따라 품종과 재배량이 다른 것은 기후적, 토질적으로 당연하며 이것이 포도주의 성격을 결정짓는 중요한 요인이 되며, 그 토지의 독특한 포도주가 생산되게 되는 것이다. 예를 들면 프랑스의 보르도 지방에서는 *Cabernet Sauvignon*(적), *Merlot*(적), *Semillon*(백) 등이 원료로 되고, 부르고뉴지방에서는 *Gamay*(적), *Chardonnay*(백), *Pinot noir*(적, 백) 등이 이용되고, 독일에서는 *Riesling*(백)계의 포도가 주이며, 스페인에서는 *Palomino*(백), 포르투갈에서는 *Tinto Cao*, 헝가리에서는 *Furmint* 등이 유명하다.

② *Labrusca*종(북미계)

다습한 지역에서도 번식하고 병해에도 강한 북미가 원산지인 품종으로 포도가 자체에 품종 특유의 향미가 강한 것이 많아 오히려 양조면에서는 좋은 포도주 원료가 되지 않는다. 주요 품종으로서는 *Adirondac*(적), *Concord*(적), *Campbell Early*(적), *Niagara*(백), *Delaware*(백) 등이 있다. *Delaware*(백)는 미국산이지만 잡종이다. *Concord*는 포드주스용으로도 중요하며, 그 향기 중에 methyl- 또는 ethylanthranilate가 함유되어 있다. 일반적으로 *Labrusca*종은 foxy flavour(여우취)를 함유하고 색소가 불안정하여 고급포도주용으로 부적당하다.

③ 교배품종

포도화분의 교배로 육종된 포도 중 가장 우수한 것으로 *Riesling*과 *Sylvaner*의 교배종인 *Müller-Thurgau*이 있다. 우리나라에서도 널리 쓰이는 *Muscat Bailey* A(*Bailey* × *Muscat Hamburg*)나 *Black Queen* 등은 적포도주 원료로써 우수하다. 그밖에 Seibel계 포도도 여기에 속한다.

(2) 성분

포도는 기후와 수확시기에 따라 성분 조성이 달라지므로 당도, 산도 및 pH를 측정하여 포도주의 종류에 적합한 포도 원료로 이용한다(표 5-9).

포도의 조성은 과경(stem) 2~6%, 과피(skin) 5~12%, 과육(pulp) 85~87%, 종자(seed) 0~5%이며 포도를 파쇄하여 pulp와 포도주스를 포함한 과장(must)이 얻어지며 과즙(juice)의 수율은 80% 정도이다. 과즙의 중요한 성분은 수분과 무기질, 발효성 당을 포함하는 탄수화물, 미량의 알코올, 주석산을 포함한 유기산들, 페놀성분, 질소화합물, 지질 및 관련물질, 비타민 및 독특한 향미성분 들이 존재함으로서 알코올 발효에 관여한다.

【표 5-9】 포도주 제조를 위한 성분조성

포도주	당도(°Brix)	적정산도(%)	pH
White table	19.5~23.0	>0.70	<3.3
Red table	20.5~23.5	>0.65	<3.4
Sweet table	22.0~25.0	>0.65	<3.4
Dessert	23.0~26.0	>0.50	<3.6

원료포도를 파쇄하여 얻은 과장의 화학적 조성은 표 5-10과 같다. 일반성분 중에서 탄수화물은 주로 glucose, fructose로 구성되며 소량의 pentose, pectin, inositol이 있다. 유기산 중에서 주석산(tartaric acid)은 0.2~1.0%, malic acid는 0.1~0.8%가 존재하며, 비타민으로는 thiamine과 mesoinositol이 비교적 많으며 nicotinic acid, pantothenic acid, pyridoxine과 biotin이 존재하며 riboflavin은 매우 적다. 페놀성분은 포도와 포도주의 특징과 품질에 매우 중요하다. 이 성분들은 적색소, astringent flavor, bitter substances를 포함한다.

【표 5-10】 과장(must)의 일반성분

성 분	함 량(%)
수 분	70~85
탄수화물	15~25
유 기 산	0.3~1.5
pH	3.1~3.9
색소, 페놀류	0.01~0.15
질소화합물	0.03~0.25
무 기 질	0.3~0.5

효소는 각종 산화효소, invertase, tannase, pectic enzyme이 있으며 과피, 종자에는 포도주스의 갈변화에 관여하는 polyphenol oxidase가 있다.

과피의 색소에는 5종의 anthocyanidin(delphinidin, petunidin, malvidin, cyanidin, peonidin)이 알려져 있다. 이들 색소는 3-monoglucoside, 3,5-diglucoside, acetylated heteroside형태로 존재한다(그림 5-10, 그림 5-11). *Vitis labrusca*의 포도주에는 diglucoside가 함유 되나 *Vitis vinifera*로 만든 것에는 존재하지 않으므로 diglucoside 존재 유무로 포도주의 원료포도를 판별할 수 있다.

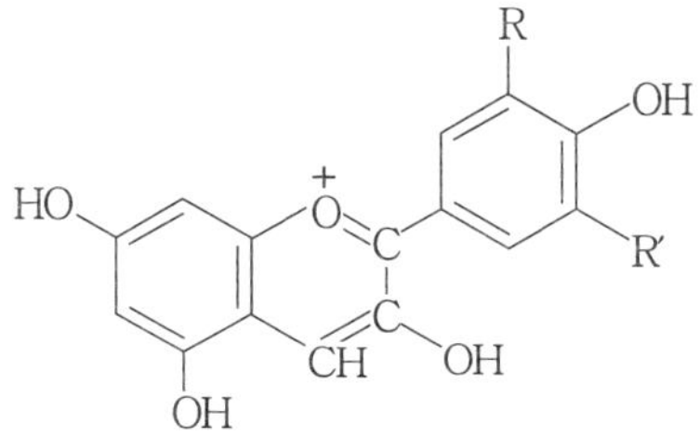

1. Delphinidin R=R′=OH
2. Petunidin R=OCH_3, R′=OH
3. Malvidin R=R′=OCH_3
4. Cyanidin R=OH
5. Peonidin R=OCH_3

【그림 5-10】 과피색소의 화학구조

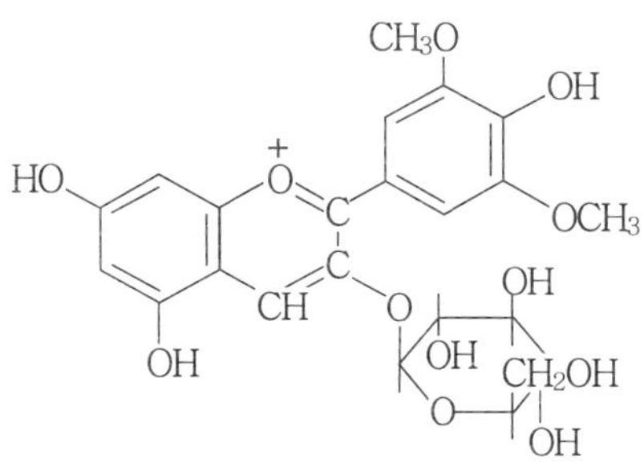

Monoglucoside-3-malvidin

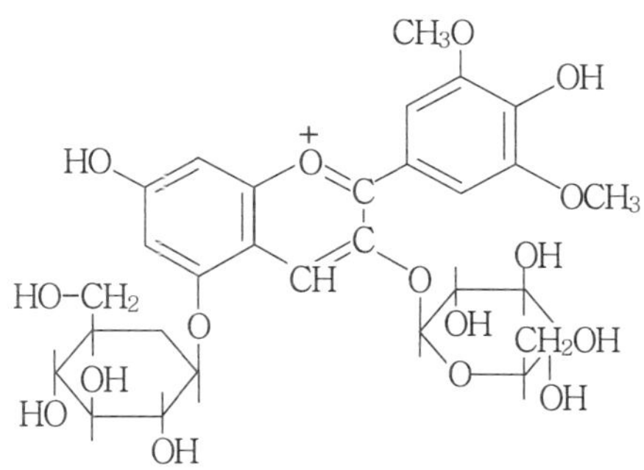

Diglucoside-3,5-malvidin

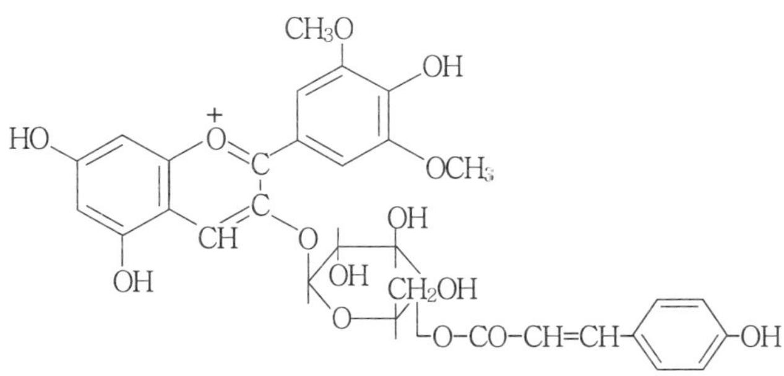

(p-Coumaryl-4-glucoside)-3-malvidin

【그림 5-11】 색소 중 Malvidin 배당체의 구조

과육의 성분은 표 5-11과 같다. 조섬유 이외는 과즙성분으로 볼 수 있다. 과즙성분 중 당, 산, 질소화합물, 무기질의 균형이 포도주의 품질을 좌우한다. 당분은 포도당과 과당이 많고 성숙기에 거의 같아진다. 양조 면에서 당분은 22%가 바람직하지만 우리나라의 양조용 포도는 대개 14% 내외이므로 보당이 필요하다. 펙틴은 과즙 중 0.02~0.2% 존재하며 양조 중에 분해된다. 백포도주는 착즙과정에 pectinase를 0.03% 첨가하는데 이렇게 되면 펙틴이 가용화 되어 착즙수율이 약 5% 증가한다.

【표 5-11】 과육의 성분

성 분	함 량(%)	성 분	함 량(%)
수 분	65~85	회 분	0.2~0.6
당 분	10~35	타 닌	미량
무질소물	15~35	사과산	0.3~0.5
질소물	0.05~0.5	주석산	0.4~0.8
조섬유	소량	향기성분	미량

과즙 중의 유기산은 주석산, 사과산, 구연산이 주성분이다. 주석산은 유리형과 결합형으로 존재하며, 대부분 유리형인 사과산은 총산의 20~50%를 차지하지만 완숙기에는 감소한다. 구연산은 사과산의 10% 정도이다. 총산(적정산도를 주석산으로 환산)은 0.7% 정도이지만 *Neo Muscat*나 *Mills*는 0.4~0.5% 정도로 낮은 편이다. *Black Queen*은 1% 이상이다.

아미노산은 약 20종이 발견되며 proline과 arginine이 많다. proline 외는 발효 중 효모에 의해 대사된다. 무기성분은 K와 인산이 거의 50%를 차지하고 Ca, Mg도 존재한다.

3) 제조공정

포도의 열매가 적당히 익었을 때 껍질과 씨와 과육 등의 하나하나가 포도주의 품격을 이룬다. 다양한 포도주 종류 중에서 식사와 함께 마시는 table wine의 제조공정에 대한 원료 처리, 과즙개량 및 착즙과정으로 이루어진 원료포도의 처리과정과 발효 및 숙성관리에 관한 내용은 아래와 같다. table wine의 제조공정은 그림 5-12와 같다.

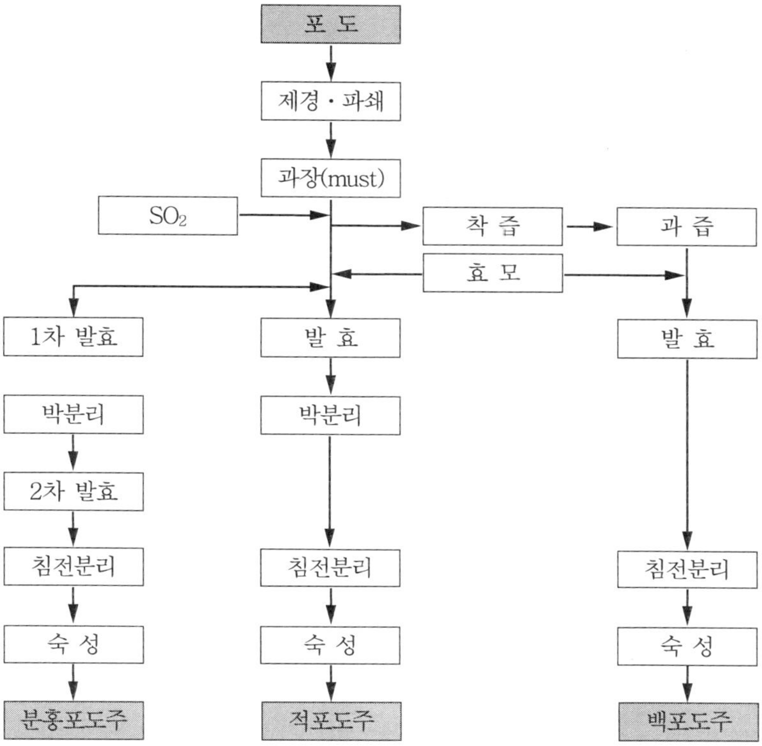

【그림 5-12】 포도주(table wine)의 제조공정

(1) 수확

Campbell Early, Adirondac 등의 조생종은 8월 중순, 하순, *Delaware*는 8월 하순에서 9월에 걸쳐 수확한다. 대개 포도의 수확적기는 9월 중순에서 10월 중순이다. 완숙기가 되면 당분과 색소가 증가하고 산이 감소하며 풍부한 향기를 지닌다. 포도의 품질은 기온, 일조시간, 강우량, 비료 등의 제 조건이 요인이 되기 때문에 이들 조건이 적합한 해를 포도의 품질이 가장 좋은 해라 하여 vintage year라 하며, vintage year에 생산된 포도로 만든 포도주는 품질이 우수하므로 vintage wine이라 하여 따로 구분한다.

포도를 수확에서 양조할 때까지 주의해야할 사항은 ① 수확은 청명한 날을 택하고, 기온이 높은 계절에는 아침 일찍 수확하여 술덧의 온도를 낮추는 효과를 가져오게 하며, ② 수확 후에는 가능한 빨리 양조하여 수확 운반 중

과립 손상에 의한 미생물 번식으로 인한 산패를 방지하여야 하며 시일을 요할 경우에는 냉장(5℃)보관하는 것이 좋다. ③ 소량으로 우량주를 만들고자 할 경우에는 불량과를 제거하고 사입한다. ④ 포도 과방은 후숙현상은 없으나 햇볕을 쐬이거나 40℃ 온실에 두면 당분의 증가와 산분의 감소효과를 가져올 수 있다.

(2) 원료포도의 처리

일반적으로 포도를 수확한 후 12시간이 지나면서 포도는 공기 중 산화에 의한 향기의 저하, 갈변화 작용 및 미생물에 의한 번식으로 포도주의 품질이 크게 손상될 수 있다.

① 제경(stemming)과 파쇄(crushing)

포도를 파쇄하는 기계로써는 파쇄제경기가 사용된다. 포도 과방은 홉퍼(hopper)로 투입되고 롤러로 압착 파쇄 한 다음 줄기가 방출되면 과즙과 파쇄된 과피인 과장(must)은 하부로 방출되는 구조로 되어 있다. 파쇄의 정도에 따라 청징 작업이 어렵게 될 수 있고, 종자의 파괴로 과즙의 탄닌 함량이 높아져 포도주의 쓴맛과 수렴성이 증가 된다.

② 아황산 첨가(sulfiting)

아황산(sulfur dioxide, SO_2)은 항미생물 작용을 나타내는 물질로서 포도주제조(wine making)에 필수적으로 사용되어온 일종의 보존제이다. 원료 포도의 과피에는 수많은 야생효모와 곰팡이, 세균들이 존재하는데 포도주 발효에 유용한 효모나 또는 순수배양 효모에 의한 발효를 통해 양질의 포도주를 제조하기 위해서는 해로운 미생물들의 생육을 억제시키는 것이 매우 중요하다. 아황산이 갖는 중요한 기능은 유해한 야생효모와 세균(젖산균과 초산균)의 생육을 억제시키며, 산화효소(polyphenol oxidase, browning enzyme)들의 활성을 저해시킨다.

예를 들어 아황산을 25~75 mg/L 수준으로 청징화된 주스에 첨가하면 polyphenol oxidase의 활성을 75~97% 저해시킨다. 그림 5-13은 아황산 농도에 따른 산화효소의 저해와의 관계를 나타낸다.

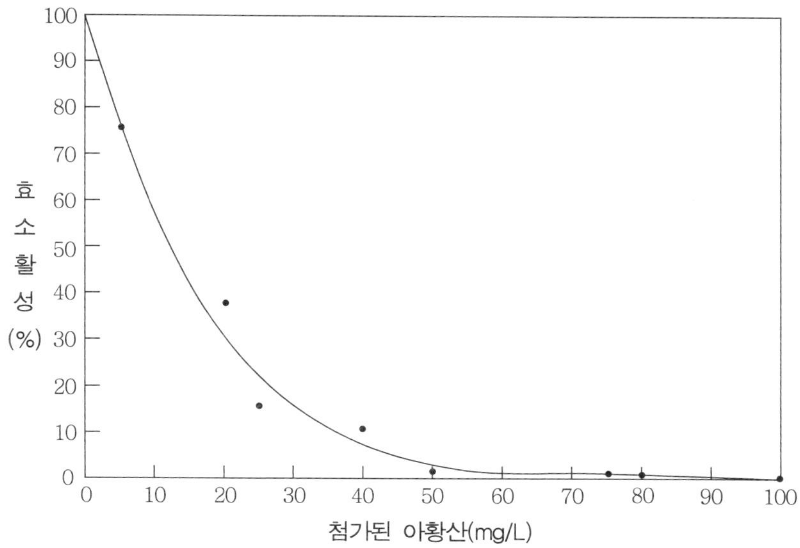

【그림 5-13】 아황산의 농도에 따른 polyphenol oxidase 활성저해

아황산의 첨가방법은 압력 하에 있는 액화 SO_2를 첨가하는 경우와 아황산 용액(5% surfurous acid, H_2SO_4), 결정형태의 potassium metabisulfite ($K_2S_2O_5$), sodium metabisulfite($Na_2S_2O_5$),sodium sulfite(Na_2SO_3), sodium bisulfite ($NaHSO_3$)를 첨가하는 방법이 사용되며, 포도주나 과장에 용해되어 50% 정도의 SO_2로서 작용한다. 그러나 지나친 아황산의 첨가는 주질을 손상시키므로 200 ppm 이하로 사용되며, 국가마다 첨가될 수 있는 농도수준은 다르다. 표 5-12는 국가별 아황산의 허용범위이다.

아황산염 및 중아황산염을 과즙에 첨가하면 산의 존재로 다음 반응에 의해서 아황산을 발생한다. 물, 포도주, 술덧 등에서 $H_2SO_3 \rightarrow H_2O + SO_2$의 반응이 일어나므로 SO_2의 냄새가 나고 이 H_2SO_3, SO_2가 각종 효과를 발휘하게 된다.

$$Na_2SO_3 + 2H_2(C_4H_4O_6) \rightarrow 2NaH(C_4H_4O_6) + H_2SO_3$$
$$NaHSO_3 + H_2(C_4H_4O_6) \rightarrow NaH(C_4H_4O_6) + H_2SO_3$$

【표 5-12】 각국의 포도주에 허용된 아황산의 첨가농도

	전체 SO_2(mg/L)			유리 SO_2(mg/L)		
	백포도주 (Sweet))	백포도주 (Dry)	적포도주 (Dry)	백포도주 (Sweet))	백포도주 (Dry)	적포도주 (Dry)
Algeria		300			30	
Austria		300			50	
Argentina	350	250	250		80	
Bulgaria		200			20	
Canada		350			70	
EEC+	260	210	160			
Israel		350				
Hungary		300				
Japan		350				
Morocco		450			100	
Rumania	300	200	200	50	50	50
Switzerland	400	250	250	50	35	35
Czechoslovakia		300			40	
Tunisia		300	250		60	60
URSS	400	200	200	20	20	20
USA		350				
Australia		350				
South africa		400		100		

③ 착즙 및 과장(must)의 처리

일반적으로 백포도주는 파쇄된 과장으로부터의 비압착주스(free-run juice) 또는 페놀함량이 적은 압착된 포도주스를 사용한다. 과즙의 채취는 산화와 과피성분의 용출(maceration)을 최소화하기 위해서 신속히 한다. 적포도주는 발효과정에서 과즙과 박의 분리가 수행되며 이때 착즙기(press)를 사용하여 압착한다.

과장의 착즙(pressing)은 포도주스를 회수하는 과정으로서 회분식(batch)과 연속식(continuous type)으로 구별된다. 회분식에서 압력 4~6기압 정도하에서 1~2시간 동안 압착되면서 주스와 박(pomance)이 분리된다. 연속식

방법은 screw press를 이용하는 것으로 커다란 helical screw가 원통 내에 장착되어 회전됨으로서 원료를 착즙한다. 최근에는 회분식 방법인 membrane press 방법이 선호된다. 이 방법은 원통형 탱크에 membrane을 장착하고 공기압을 공급함으로서 착즙이 이루어진다. 착즙 시에 주스의 착즙이 용이하고 착즙량을 높이기 위해서 과장(must)에 pectin 분해효소를 첨가한 후 자연 상태에서 흘러내리는 비압착과즙(free-run juice)을 회수한 후 압력을 가하여 압착과즙(press-run juice)을 얻는다.

포도과즙의 청징화(clarification)를 위해서 불용성물질들을 침전(setting), 여과(filtration), 원심분리(centrifugation) 방법으로 제거시키며 단백질들을 제거하기 위하여 bentonite를 처리하기도 한다. 특히 여과에 의한 방법에서 0.2~0.5 ㎛ pore size의 microfilter를 사용하여 규조토여과에 의한 효과를 대신함으로서 제균과 청징화된 포도주스(clear grape juice)를 제조한다.

④ 과즙개량(Amelioration)

• 보 당

일반적으로 과즙의 총수율은 포도 1,000 ㎏에서 470~650 L 정도가 얻어진다. 과즙의 당도는 22% 정도가 알맞으나 *Delaware*를 제외한 보통의 양조용 포도는 16% 내외이므로 고농도의 알코올을 함유한 과실주를 생산하기 위해서는 발효성 당의 첨가가 필요하다. 백포도주에서는 과즙을 이용하므로 보당량의 계산이 용이하나 적포도주용은 전체 용량의 80~85%를 과즙량으로 보고 산출한다. 보당은 원하는 최종 알코올 농도에 의해서 결정되며 설탕, 포도당, 과당 또는 시럽형태의 전화당 등이나 주로 설탕을 첨가한다.

$$\text{설탕첨가량} = \frac{\text{알코올(\%)}}{0.55} - (\text{과즙의 당도, °Brix})$$

과즙 발효성 당의 당도(°Brix : 설탕용액 %(W/W))를 아래의 식에 의해서 원하는 당도로 조정할 수 있다.

$$S = \frac{W(B-A)}{(100-B)}$$

W(kg) : 과즙의 무게　　A(%) : 과즙의 당도
B(%) : 원하는 당도　　S(kg) : 첨가해야 할 설탕

발효 전에 포도즙의 처리에는 산도와 당도 이외에도 필요에 따라 영양분 보강, 아황산첨가, 산도조절 및 열처리 등이 필요하다.

• 영양분 첨가(nutrient addition)

포도과즙의 발효에서 효모의 생육에 절대적으로 요구되는 성분(rate-limiting nutrient)들이 결여될 수 있으며 이들을 보충해 주어야 한다. 포도즙 발효에 관여하는 영양성분들로는 암모니아, 아미노산, 비타민 등이 있다.

포도과즙이 발효에서 ammonium salt의 첨가는 발효 속도를 촉진하는 것으로 알려져 왔다

• 산도 조절(acidity adjustment)

포도는 수확되는 기후나 숙성정도에 따라서 적정산도(titrable acidity)가 높거나 또는 낮기 때문에 조정이 필요하다. 전형적인 포도 과즙의 적정산도는 주석산으로 7~9 g/L이며, pH는 3.1~3.4 정도이다. 적정산도의 조정은 산을 첨가하거나, 이온교환수지를 이용할 수 있다. 산을 첨가하는 경우를 보면, 주석산(tartaric acid)을 과즙에 첨가함으로서 적정산도를 증가시킴과 동시에 pH를 낮춘다. 이때 첨가된 주석산은 malic acid, citric acid가 젖산균에 의해서 기질로 이용되는 반면에 미생물에 의해서 이용되지 않는다. 산도의 감소는 carbonate염인 calcium carbonate($CaCO_3$)를 첨가함으로서 수행된다. 최근에는 이온교환수지를 이용하여 적정산도의 조정이 가능하다.

적정산도는 과즙을 0.1N NaOH로 적정하여 적정에 소비된 양을 주석산(tartaric acid)로 계산한다.

$$\text{적정산도(g/100mL, tartaric acid)} = \frac{(V)(N)(75)(100)}{(100 \times S)}$$

V : NaOH 사용량(ml)　　N : NaOH의 농도(N)
75 : tartaric acid의 factor값　　S : 적정에 사용한 시료의 양(mL)

(3) 발효

① 관련 미생물

• 효모

포도의 과피에는 포도주 효모 이 외의 유해균(*Schizosaccharomyces,*

Pichia, Torulopsis, Mycoderma, Kloeckera, Rhodotorula 등의 효모류, 초산균, 젖산균 등의 세균류, 만부병균 등의 불완전균, 기타 곰팡이류)에 의해 오염되어 있으므로 파쇄한 포도과즙을 그대로 자연 발효시켜도 포도주가 만들어지지만 오염균에 의해 실패할 확률이 높다. 따라서 포도원료의 파쇄와 동시에 아황산을 가하여 유해균의 증식을 억제시키거나 살균시키고, 포도주 양조에 적합한 효모를 순수 분리하여 대량 배양한 주모를 첨가하여 안전하게 발효를 진행시킬 수 있다.

포도주 양조용으로 적합한 효모는 *Saccharomyces cerevisiae*와 *S. cerevisiae* var. *ellipsoideus*에 속하는 것으로서 발효력이 왕성하고 아황산 내성이 강하며 고온에 견디는 것이 좋다. 효모균종에 따라 생산되는 포도주의 향미가 다르므로 우수한 균주의 선택을 위해서는 많은 노력이 필요하다. 또 적포도주는 비교적 발효온도가 높으며 백포도주는 보다 저온일 때 주질이 좋다. 그러므로 적포도주에는 고온발효성, 백포도주에는 저온발효성의 것이 적합하다.

또 두가지 이상의 균주를 사용하는 혼합배양법이 단일 효모로써 발효하였을 때 주질이 단순해지는 결점을 보완한다는 의미에서 실시되기도 한다. *Saccharomyces* 이외의 효모는 비교적 SO_2 내성이 약하다.

• 세균

포도주 발효에 관여하는 세균은 주로 초산균류와 젖산균류이다. 세균은 SO_2 75 ppm 정도서 억제되므로 발효 중 오염은 일어나기 어려우나 발효덧 표면에 떠있는 과피에 증식해서 포도주의 향미를 손상시키는 경우가 있다. 초산균은 *Acetobacter aceti*나 *A. suboxydans*가 관여하며 알코올을 산화한다. 또한 글루콘산을 생성하거나 유기산을 분해한다. 젖산균으로로는 간균인 *Lactobacillus*와 구균인 *Streptococcus, Pediococcus, Leuconostoc*이 많은 편이며, 간균은 알코올 내성이 약하여 포도주를 변질시키지 않으나, 구균 중에는 젖산패 또는 점질패를 일으키는 종류도 있다. 포도주의 사과산을 젖산과 CO_2로 분해하는 malo-lactic fermentation에도 젖산균이 관여한다.

• 곰팡이

포도주 제조에 중요하게 관계되는 곰팡이는 *Botrytis cinerea*가 있다. 이

균은 포도 과피에 붙어서 과피의 왁스질을 분해하므로 포도가 쉽게 건조할 수 있게 된다. 따라서 식탁용 포도 생산자에게는 대단히 유해한 균이지만 이렇게 건조된 포도는 당함량이 상대적으로 높아지고 독특한 향미를 생성하므로 양질의 감미포도주를 만들기에는 아주 좋은 원료가 된다. 따라서 이 균을 귀부균(noble mold)라 부르고 이런 포도를 귀부포도(그림 5-14)라 한다. 프랑스의 Sauterne, 독일의 Trockenbeerenauslese 및 헝가리의 Tokay는 이 곰팡이를 이용해서 양조한 포도주이다.

【그림 5-14】 귀부포도

② 발효

포도주의 발효를 위해서 고체 사면배지에서 보존중인 포도주 효모를 살균한 배양액 100 mL 정도에 접종하여 20~25℃에서 3일간 배양한다. 이 배양액을 SO_2를 함유한 1~2 L의 과즙에 가하여 2~3일간 배양하여 주모로 사용한다. 배양된 주모를 발효액의 1~3% 첨가하여 담금을 완료하고 발효를 진행한다. 발효초기 온도가 20℃ 이상이면 다음날부터 발효가 진행된다. 발효온도는 25℃가 넘지 않게 관리하며, 발효기간은 발효온도, 사용한 효모의 종류와 제조하려는 포도주의 종류에 따라서 수일에서 수 주간 걸리는 데, 품온이 20~25℃이면 10일 만에 주 발효가 끝난다.

포도주의 발효에서 제조하고자 하는 포도주의 종류에 따라 온도관리 및 제조관리가 요구된다. 알코올 발효가 진행되면서 당도 1 °Brix가 떨어질 때 발생된 열에 의하여 1.3℃의 온도상승이 생긴다. 부적절한 품온관리에 의하여 발효온도가 고온일 때는 효모의 활동이 상실되어 발효가 정지되는 sticking현상이 생긴다. 이런 경우에 효모의 첨가, 효모 extract와 인산암모늄 같은 영양물질을 첨가하여 발효를 재개시키거나 활발하게 진행되는 다른 발효조와 섞는 방법이 좋다. 적포도주 경우에 과피로부터 요구하는 수준의 적색소와 탄닌이 용출되면 발효액을 채취하고 고형분은 압착하여 박을 분리시킨다. 이때의 당분함량은 6~10 °Brix이며, 대개 3~4일간이 소요된다. 분홍 포도주는 적포도주보다 과피와의 접촉시간을 줄여서 색깔이 분홍이 될 때 압착한 후 다시 발효시킨다. 발효의 완료는 포도주의 단맛 정도에 따라 잔존하는 당의 함량에 의해서 결정된다. 예를 들어 dry table wine은 잔당이 2.5% 또는 이하가 될 때까지 발효시키며, sweet wine은 wine spirit(brandy)을 첨가하여 효모작용을 중지시킴으로서 포도당 함량이 10~15% 남도록 한다.

• 적포도주(red wine)

적포도주는 적색 또는 흑색의 포도를 파쇄한 후 껍질, 씨와 함께 알코올 발효를 행하므로 발효 중 과피에서 색소, 씨에서 탄닌이 적당량 용출되도록 관리하여야 한다. 적포도주는 발효가 왕성해지면서 발효 중에 생성된 탄산가스에 의해 발효조 상단에 껍질(cap) 등을 형성시키는 데, 이것을 물리적으로 발효액 중으로 밀어 넣던지 밑에 있는 액을 펌프질해서 cap위로 덮어주어서 초산균의 번식을 억제하고 안토시안계 색소, 탄닌성분의 추출을 용이하게 한다. 적포도주의 생명인 독특한 붉은 색, 은근한 맛과 산미, 향이 생기게 한다. 발효온도는 대개 25℃ 정도에서 행한다. 적포도주 발효는 품온관리를 철저히 하면서 4~5일 경과 후 과피를 제거하고 후발효를 시킨다. 효모에 의한 알코올 발효(Primarily fermantation)가 끝나면 젖산균(*Leuconostoc oenos, Leu. mesenteroides, Leu. citrovorum*)에 의한 malo-lactic fermantation인 후발효(secondary fermantation)가 일어난다. 후발효는 포도주의 사과산(malic acid)을 카아복실기가 하나 적은 lactic acid로 변화시켜, 산도를 감소시킬 뿐만 아니라 적포도주의 부드럽고 우아한 맛을 준다. Lactic acid bacteria는 L(+)와 D(-) lactic acid dehydrogenase가 있어 그림 5-15와 같이 malic acid는 중간물질인 pyruvic acid로 전환된 후 2개의 이성체인 lactic acid를 생성한다. 특히 포도 재배기간의 기후조건에 따라 추운 지방에서 재배된 포도의 과즙은 산도가 높아 malo-lactic fermentation(그림 5-15)을 통해서 산도를 낮추는 것이 바람직하다.

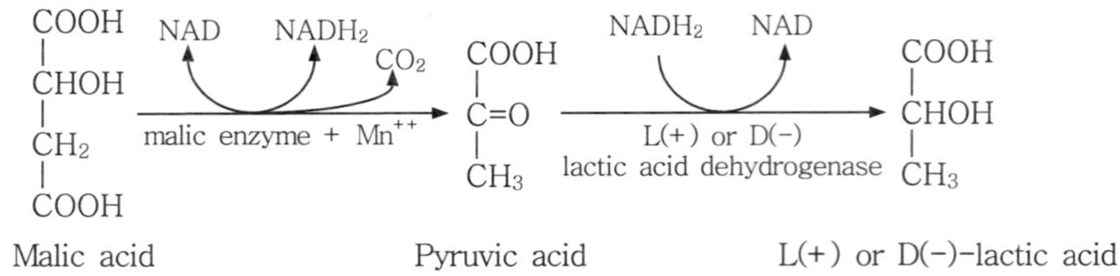

【그림 5-15】 malo-lactic 발효과정

• 백포도주(white wine)

백포도주는 적포도의 과피를 제거하고 발효하거나 청포도로 발효된 술을 말한다. 백포도주의 중요성은 알코올 발효를 향기롭고, 산뜻한 맛을 내도록 하는 것이며, 보통 15~19℃에서 발효를 행하고, 균주 선택 시 향기로운 성분을 생성하는 우량 균주를 선택하는 것이 중요하다. 백포도주의 향기에 관여하는 기본적인 성분은 ester, 고급알코올, 휘발성 지방산이다. 포도주의 ester 생성은 과즙의 산소량 및 발효온도와 밀접한 관계에 있다. Ethyl ester중 분자량이 큰 것은 백포도주의 꽃향기와 과일의 향을 부여하는 아주 바람직한 성분들이다. 반면에 Ethyl acetate는 식초 맛을 주므로 바람직하지 못하다. 고급알코올은 당과 아미노산의 탈아미노반응, 탈산반응에 의해 효모의 대수기 중에 생성되고, 이들의 함량은 과즙의 질소원 함량과 밀접한 관계에 있다. 휘발성 지방산 중 hexanoic acid, octanoic acid, decanoic acid의 양을 많이 함유할수록 포도주는 중요한 향기 성분을 가지고 있어, 질이 좋은 포도주의 맛을 갖는다.

• 분홍포도주(pink wine)

적포도주와 백포도주의 절충법으로 만든 포도주로 1차 알코올 발효 중에 적당하게 안토시안 색소가 추출되도록 하며, 추출 후에 껍질을 발효조에서 제거해 2차 알코올 발효를 백포도주의 제조와 동일한 방법으로 수행한다. 포도주의 색은 분홍색을 띠며 맛은 백포도주와 비슷하다.

③ 발효 중의 성분변화

발효과정 중 양적으로 가장 뚜렷하게 변화되는 것은 당류이다. *S. cerevisiae* 등의 효모에 의해 포도당이 과당보다 빨리 소비된다. 당류는 효모에 의한 알코올 발효로 에탄올과 탄산가스를 생성한다. 발효 중간체인 pyruvic acid, α-ketoglutaric acid도 소량 잔류한다. 글리서린은 생성물의 약 0.6% 정도이며 SO_2첨가량이 많을수록 증가하고, 귀부포도주에는 1% 이상 함유된다. 2,3-butylene glycol도 글리세린의 20~30%가 생성된다. 일반적으로 퓨젤유로 총칭되는 고급알코올은 아미노산에서 유래되며, 당류에서도 아미노산 대사계를 통해 생성된다. 질소화합물 중 아미노산류나 NH_3는 효모의 영양분으로 자화되며, Ehrlich반응(탄소수가 1개적은 알코올로 되는 것)에 의해 각종 알코올이 생성되어 발효향기의 주체가 된다. 또 발효말기에 사멸된 효모 균체에서 유래되는 아미노산류는 완성된 술이 맛에 큰 영향을 미친다.

유기산은 효모, 세균, 물리화학적인 방법으로 변화되며, 그 변화는 포도주에서 가장 특징적이다. 효모는 알코올 발효와 동시에 젖산, 호박산을 생성한다. 과즙중의 사과산은 효모에 의해 일부 대사되어 호박산으로 된다. 초산 등의 휘발산과 초산이소아밀, 카프론산에틸 등의 ester를 주체로 한 향기성분도 만들어 진다.

세균은 발효초기에 SO_2가 많아 증식이 억제되지만 발효말기에서 숙성기에 걸쳐서 젖산균이 증식하여 사과산을 젖산으로 전환시키는 반응, 즉 malo-lactic fermentation(MLF)을 일으킨다. 특히 적포도주에서는 MLF에 의해 산도감소와 함께 향미 개량효과를 얻을 수 있다.

주석산은 알코올 생성과 더불어 용해도가 감소되어 주석으로 석출된다. 저온일수록 석출이 빠르기 때문에 저장 후 포도주의 총 주석산은 감소한다. 적포도주는 발효 시 과피 중의 적색색소가 용출된다. 색소용출은 고온일수록 효과적이므로 적포도주의 발효온도는 높은 편이다. 종자에 있는 탄닌은 서서히 용출된다. 귀부포도주는 높은 과즙의 당분 때문에 발효기간이 길고 글리세린 생성량이 많다. Sherry주는 sherry효모의 산막형성에 의해 알데히드 등이 만들어 진다.

(4) 저장 과 숙성

① 저장, 숙성 조건

포도주의 숙성은 일반적으로 oak통에서 실시하며, 포도주 저장 나무통은 공기가 투과되며 견고하고, 청소가 간편하고 값이 싼 장점을 가지고 있다. 포도주는 숙성중 oak통의 공극(틈, 구멍)에 의해서 흡수되는 산소에 의하여 서서히 산화되면서 포도주의 주질에 결정적인 영향을 주게 된다. 따라서 양질의 적포도주는 나무통 속에서 적어도 2년간, 백포도주는 수개월에서 2년간 저장된다. 숙성된 포도주를 병에 담아 숙성하는 경우에 일반적으로 좋은 적포도주는 병 안에서 5~10년간 저장으로 충분하며 백포도주는 2~5년 후에 주질이 극치에 도달하게 된다. 숙성과정에서는 저장고의 온도관리가 중요하며. 대개 백포도주는 10~13℃, 적포도주는 13~15℃가 알맞으며 습도는 70~80% 정도이다.

② 저장, 숙성중의 변화

저장, 숙성중의 완만한 산화가 중요한 변화가 된다. 나무통 숙성에서 뚜렷하게 증가하는 성분은 aldehyde이며 이 aldehyde는 포도주 중의 각종 성분과 반응하여 향미가 좋아지며 색깔도 변화한다. 이 외에 포도주 중의 각종 알코올과 산으로부터 ester가 생성 된다. 주석산, 사과산, 호박산, 젖산, 카프릭산, 카프릴릭산, 초산 등의 산류와 ethyl alcohol, amyl alcohol, isoamyl alcohol, butyl alcohol, isobutyl alcohol 등의 알코올류의 반응에 의해 생성되는 ester류가 포도주의 방향 생성에 관여한다. 이들 ester류의 정상함량은 0.01~0.03%이고 산막효모에 오염되면 과량의 acetyl acetate가 생성된다. 한편 병 저장 중에는 aldehyde가 백포도주에서는 그대로 이지만 적포도주에서는 색소 및 tannin 등과 결합하여 감소한다. 그러나 ester는 통 저장과 병 저장을 통해서 계속 증가한다.

또 저장, 숙성 중에는 총산이 감소하여 주질이 부드러워 지는데 이것은 포도 중의 산의 상당부분을 차지하는 주석산(산성주석산칼륨)이 발효의 진행에 따른 알코올 농도의 증가로 대부분 불용성의 주석으로 침전되고 또 숙성 중 겨울철의 기온저하로 더욱 침전 석출이 촉진되어 감산율이 커지기 때문이다. 주석 석출 후 포도주에 남아있는 산미는 주로 유리상태로 존재하는 사과산에 의한 것이지만, 이 사과산은 젖산균에 의해 신맛이 보다 적은 젖산과 이산화탄소로 분해되어 포도주의 산미를 크게 감소시키고 온화한 향미를 생성한다. 이러한 발효를 malolactic 발효라고 부른다.

정상적인 발효를 거친 포도주는 저장에 의해서 맑게 된다. 이것은 주석이 미세한 결정으로 되어 침전하고, 단백질과 tannin이 결합하여 침전하며, colloid 물질도 응집하여 입자가 커져서 침전되기 때문이다.

(5) 여과, 병입

① 청징, 여과

숙성이 끝난 포도주는 여과하여 병입한다. 포도주에 혼탁을 일으키는 것은 미생물 세포, 단백질과 색소, 탄닌 등에 의한 침전물, 주석산의 결정성 침전물 등이며 이들은 청징제(fining agent)를 사용하여 침전 제거한다. 청징제로는 egg white, gelatin, casein 등의 단백질 흡착제, bentonite와 금속 제거제 형태가 있다. 단백질은 tannin과 반응하여 침전물을 만들며, bentonite는 미세한 물질들을 흡착하여 침전시키며 특히 혼탁을 일으키는 단백질을 제거하는데 효과적이다. Gelatin은 1% 용액을 만들어 0.5~1.0% 첨가하며 이와 함께 같은 양의 탄닌도 넣어준다.

활성탄(activated charcoal)은 색깔과 냄새를 제거하며, pectin 분해효소 등이 사용된다. 특히 주석산의 칼륨염은 발효가 진행 되면서 알코올에 의하여 용해도가 감소하면 결정화되어 분리된다. 주석산염을 제거하는 방법 중 저온처리법(cold stabilization)은 온도를 거의 빙점까지 냉각하여 주석산염 침전을 촉진한 후 저온에서 여과하여 제거하는 방법이다. 이온교환 처리법은 Na^+형태의 수지(resin)에 포도주를 통과시켜 Na^+와 K^+의 교환이 일어나도록 하며, 주석산의 K염은 Na염으로 바뀐다. 주석산의 Na염은 용해도가 크므로 침전되는 것을 방지할 수 있다.

여과는 포도주 제조에서 매우 일반적인 공정으로 직경이 50~200 ㎛ 정도인 포도 pulp, bitartrate crystals, 효모 등은 다양한 규조토 여과에 의해서 제거가 가능하며, 0.5~1.5 ㎛ 직경의 미생물들은 microfilter를 이용하여 제거될 수 있다.

② 병입

여과된 포도주는 병에 담아 코르크로 타전한 후 병을 기울여 젖은 상태로 하여 숙성 시킨다. 병을 세운 상태에서는 마개가 건조하여 공기가 병내에 들어가서 SO_2의 효력이 떨어지며 포도주가 산화되거나 표면에 산막효모가 증식하여 주질이 떨어진다.

코르크 마개는 5 cm 내외의 것을 사용하며 병입 후에도 숙성이 진행되므로 12℃ 내외의 암소에서 보관한다.

4) 포도주의 화학적 성분

포도주의 조성은 원료포도, 발효과정, 효모세포의 분해물질, 효모 이외의 미생물의 작용, 제조과정 중의 생화학적 반응들에 의해 영향을 받는다. 따라서 포도주의 조성은 매우 다양하며 복잡하다. 일반적으로 중요한 성분은 알코올, 유기산과 당성분이다.

실질적으로 당의 일부는 효모의 균체성분을 합성 및 부산물을 생성하는데 이용되므로 이론값의 95% 정도의 알코올을 얻을 수 있다. 에탄올의 함량은 적포도주에서 10~14% 정도이며 백포도주에서는 11~12% 정도가 보통이다. Methanol은 과피 성분인 pectin의 methyl ester가 가수분해 되어서 생성됨으로 적포도주에서 함량이 높다. 효모에 의해서 생합성 되는 glycerol은 포도주의 조직(body)을 좋게 해주며 1.0% 정도 함유한다.

포도주의 당 성분은 glucose, fructose, maltose, melibiose, lactose, sucrose, galactose와 5탄당인 arabinose, xylose 등으로 이루어져 있다.

휘발성산 중에는 초산이 가장 많으며, 초산의 함량은 포도주의 건전성의 지표가 된다. 따라서 백포도주 및 적포도주는 각각 0.11%, 0.12%를 초과하지 않는 것이 좋다. 비휘발성산은 주로 맛에 관여하여 tartaric acid는 거친 신맛을, malic acid는 신선한 과일 맛을 주며, lactic acid와 succinic acid는 조직과 향미에 중요하다. Dry table wine은 산도가 0.4~0.6%이면 좋고, 너무 높으면 맛이 거칠고 시며, 또한 낮으면 밋밋하고 김빠진 맛을 보인다.

포도주의 향미에 영향을 주는 성분들은 ester성분으로, 이중 고급지방산의 ethyl ester류는 aroma와 bouquet에 관련이 있다. Aldehyde 함량은 table wine의 산소접촉(산화) 정도를 나타내며, acetaldehyde는 dry white table wine에서는 100 ppm이 최대 허용치이며 적포도주는 보통 50 ppm 정도이다.

탄닌은 포도주의 조직을 개선시키며 색깔을 안정화 하고 수렴성을 부여한다. 일반적으로 white table wine은 0.01~0.04%, 적포도주는 0.10~0.20%이다. 포도주의 pH는 table wine의 방부성, 맛의 신선도와 anthocyanin색깔의 선명도를 고려할 때 3.4 이하가 좋으며, SO_2의 함량은 100 ppm 이하가 되는 것이 바람직하다.

Flavonoid중에는 catechin, epicatechin, gallocatechin, epigallocatechin

등이 있으며, Anthocyanin색소로는 cyanidin, delphinidin, peonidin, malvidin이 존재한다. 프랑스는 영국이나 미국과 같은 선진국에 비해 심장질환으로 인한 사망률이 낮으며, 이러한 효과는 포도주에 들어있는 페놀화합물의 flavonoids 등이 관여하는 것으로 보인다. 이 flavonoids 에는 flavonols, anthocyanins, cathechins의 중합체 등이 있다. 이 화합물의 총량은 적포도주에 1~3 g/L가 존재하며 백포도주에는 0.2 g/L가 존재한다. 또한 포도주에 포함된 페놀화합물은 항산화제(antioxidants)로서 작용한다.

5) 기타 포도주

(1) 귀부 포도주

프랑스의 Sauterne, 독일의 Trockenbeerenauslese, 헝가리의 Tocay는 향미의 차이는 있어도 제조면에서는 유사하다. 즉 프랑스에서는 *Semillon*, 독일에서는 *Riesling*, 헝가리에서는 *Furmint*의 품종이 사용되는 데, 원료포도는 완숙기에 일종의 불완전균(*Botrytis cinerea*)이 과피상에 번식하여 과피의 왁스질을 분해하므로 해서 포도 중의 수분이 증발하여 과육성분이 농축되는 것을 말한다. 동시에 균의 작용으로 산도가 감소하고 glycerol, gluconic acid가 증가하고 당농도가 50%로 높아진다. 이 곰팡이는 그 포자가 회색이어서 회색곰팡이라고도 부른다. 귀부포도를 착즙한 후 곰팡이의 산화효소가 강하기 때문에 다량의 SO_2(200~300 ppm)를 첨가하여 발효시킨다. 발효는 당농도가 높아 서서히 진행되며 수개월이 걸리기도 한다. 생성되는 알코올 농도는 10% 전후이며 잔당이 10~20%나 되고 강한 감미 외에 산미가 있고 독특한 향미가 있는 짙은 황색의 포도주이다. 프랑스의 사우테르느(Sauterne), 독일의 라인가우(Rheingau) 및 헝가리의 토케이(Tokay)가 귀부포도주의 명산지로 유명하다.

(2) 발포성 포도주

마개를 열면 거품이 나는 발포성 포도주에는 병 안의 탄산가스 압력이 20 ℃에서 4~6기압인 고발포성 포도주(sparkling wine)와 탄산가스 압력이 1~3기압인 저발포성 포도주(cracking wine)가 있다.

프랑스의 샴페인(champagne), 독일의 젝트(sekt), 이탈리아의 스푸망뜨(spumante)가 대표적인 발포성 포도주이다.

발포성 포도주의 제조방법은 2차 발효를 병내에서 하는 것(병내 재발효법, champagne 방식)과 탱크내에서 하는 것(탱크내 재발효법, charmat 방식)으로 나누어지며, 이외에 2차 발효에 의하지 않고 포도주에 인위적으로 탄산가스를 취입한 것이 있다.

① 병내 재발효법(champagne 방식)

샴페인법은 우리가 흔히 champagne이라고 부르는 포도주의 제조방법이다. 프랑스의 샹파뉴지역에서 만들어 지며, 원료품종, 수량, 발효법 등이 엄격하며, 원료는 *Pinot noir, Pino blanc, Chardonay*가 이용된다. 재발효를 하기 위한 원료 포도주는 맑고 휘발산이 적은 알코올 11~12%(v/v), 총산량 0.7% 이상의 생포도주(dry wine)를 사용한다. 재발효의 목적은 병내 탄산가스압을 10℃ 에서 4~6기압으로 만들기 위한 것이며 원료포도주 1 L에 대하여 4~4.3 g의 설탕을 가하여 완전히 발효시키면 1기압의 탄산가스압을 얻을 수 있다.

원하는 발효가스압이 되도록 계산량의 설탕을 원료 포도주에 첨가하고 총산량이 0.75%가 되도록 구연산을 가한 다음 순수 배양한 샴페인 효모를 3% 되게 접종한다. 이것을 내압성의 병에 넣어 코르크마개를 하고 철사 고리(agraffe)로 마개를 묶어 10℃ 내외의 저온에서 병을 눕혀 재발효를 시킨다. 저온에서의 재발효는 제품의 방향이 좋아지고 주석의 침전을 촉진시키며 세균증식의 억제와 병이 파손방지를 위해서 좋다. 발효는 약 6개월간 소요되며, 후기에는 눕혀둔 병을 흔들어서 내용물을 섞이게 하고 다시 눕혀둔다. 앙금이 들어있는 포도주를 그대로 2~5년간 숙성시키고 그 사이에 1년에 한 번 정도 흔들어 주고 다시 눕혀둔다. 숙성이 끝난 포도주는 앙금을 제거하기 위해 -4℃ 정도의 방에서 처음에는 병을 특수한 선반(disgorging rack)위에 눕혀 병의 벽면에 침전물이 가라앉도록 한 다음 거꾸로 45° 기울게 하고 이어서 60°로 하며 그 후 완전히 거꾸로 세우도록 한다. 이 기간 동안 매일 조금씩 병을 돌려준다. 26주간에 걸쳐서 앙금이 모두 코르크 마개 위에 모였을 때 병의 목 부분을 -15℃ 이하로 동결시킨 다음 코르크 마개를 따면 동결된 앙금이 병 내부의 가스 압으로 빠져나오게 되며(이것을 disgorging이라한다.), 이때 민첩하게 감소된 양만큼의 숙성 포도주를 첨가한 뒤 다시 코르크마개를 하고 철사로 마개를 묶어 둔다. 포도주 대신 당액을 첨가하여 달게 할 수도 있으며 보통 1~3%의 당분이 함유되도록 한다.

② 탱크 재발효법(charmat 방식)

1907년 Charmat가 개발한 대량 재발효법이다. 탱크 재발효법은 완전히 밀폐된 탱크내에서 계산량의 설탕을 첨가한 생포도주를 16~20℃에서 약 30일간 재 발효시킨 뒤 냉각시켜 탄산가스가 포도즈에 용해되게 하고 고압으로 여과한 다음 -4℃에서 1개월 정도 방치하여 주석이나 효모의 침전을 촉진하고 여과하여 병에 넣어 대량의 발포주를 생산하는 방법이다. 병내 재발효법에 비해 향미는 떨어지나 생산비용이 적게 든다. 이와 같은 방식으로 만든 것은 샴페인으로 표시할 수 없다. 이 방법은 독일의 젝트(sekt)와 이탈리아의 스푸망뜨(spumante)의 제조에 사용된다.

③ 탄산가스 취입법

이 방법은 인공적으로 탄산가스를 취입하여 모조품을 만든다. 0℃ 정도로 냉각된 포도주에 펌프를 이용하여 인공적으로 탄산가스를 취입하여 냉각상태에서 병에 넣어 마개를 한다. 이와 같은 모조품 발포성 포도주를 탄산포도주(carbonated wine)라고 한다.

(3) 보강 포도주(Fortified wine)

보강 포도주는 발효 중의 술덧이나 발효가 끝난 술에 주정성분이 높은 brandy 등을 첨가하여 알코올 농도 15~22%로 만든 것이다. 보강 포도주는 알코올 함량이 높아 미생물에 의해 품질이 저하될 우려가 없어 처음에는 포도주의 보존법으로 개발된 것으로 생각된다. 보강 포도주 중의 감미 포도주(sweet wine)는 식후 포도주로(dessert wine), 생포도주(dry wine)는 식전 포도주(appetizer wine)로 사용된다. 보강 포도주에는 포르투갈의 포트(port), 마데이라(madeira), 스페인의 쉐리(sherry) 등이 있다.

① 포트(port)

포르투갈의 두로(Douro)강 상류에서 생산되는 포도주이지만 오포르토(Oporto)항의 저장고에서 숙성시켜 수출되어 그 이름이 유래되었다. 전통적으로 포트는 적색의 감미포도주(red sweet wine)이며 백색의 생포도주

(white dry wine)도 생산되고 있다.

당함량이 높은 다수의 포도품종을 혼합하여 담금하며 9월 하순에서 10월 상순에 걸쳐 제조된다. 발효 중 당농도가 8% 정도 되었을 때 알코올 농도 70~80%의 brandy를 첨가하여 발효액의 알코올 농도를 18%로 조정한다. 이 때문에 발효가 정지되고 감미가 많은 술이 된다. 술덧을 압착하고 앙금질한 것을 떡갈나무 통에 넣어 오포르토(Oporto)항의 저장고로 운반하여 저장, 숙성시킨다. 숙성방법에 따라 여러 종류의 포트가 만들어진다.

루비포트(Ruby port)는 가장 일반적인 포트 이며, 통에서 4~5년간 숙성시킨 것으로 옅은 홍색을 띠며, 타우니포트(Towny port)는 더 장기간 숙성시킨 것이며 황갈색을 띤다. 빈티지포트(Vintage port)는 통 숙성기간이 2년 정도이지만 병에 넣은 후 더 숙성시킨 것이다.

② 마데이라(Madeira)

포르투갈의 마데이라(Madeira)섬이 명산지이며, 포도주 중에서는 가장 향기가 안정한 것으로 당도에 따라 여러 가지가 있다. Sercial, Bual, Veldelho, Malmsey의 4종류가 있다. Sercial은 스프에 어울리는 유일한 술이다. 마데이라 제조법의 특징은 백포도주를 대형 저장통에 채우고 실온을 서서히 올려 50℃로 한 다음 1개월 동안 온열하고 다시 서서히 온도를 내린다. 이 조작으로 포도주는 독특한 높은 향기를 낸다.

③ 쉐리(Sherry)

스페인의 제레쯔(Jerez) 지방이 명산지인 백포도주이며 제조방법에 따라 크게 피노쉐리(Fino sherry)와 올로로소쉐리(Oloroso sherry)로 나눈다.

• 피노쉐리(Fino sherry)

Fino type제조에는 당분이 25% 정도인 palomino 품종의 포도를 사용하여 1~2일 정도 햇볕에 건조시켜 당분을 높인 다음 포도를 밟아 으깨고 유출액에 이에소(yeso, 산도를 높이기 위해 첨가되는 그 지방 특유의 석고 함유 토양)를 첨가하여 나무통이나 탱크에서 발효시킨다. 발효 후 청징화 시킨 알코올 함량 14~14.5%의 백포도주를 나무통에 3/4 정도 채워서 저장한다. 저장 2~3주 만에 포도주 표면에 흰색의 막이 형성된다. 이 막은 꽃막(flor film)이라고 불리며, *Saccharomyces bayanus, Saccharomyces oviformis* 등의 쉐리효모가 떠서 형성된 막으로 쉐리 특유의 방향과 맛을 형성한다. 숙성은 솔레라(solera, 스페인어로 지면을 의미)방법이라는 독특한 장기숙성법에 의해 이루어진다.

Amontillado type은 솔레라 시스템(solera system)이라고 하는 장기숙성법으로 만들어 진다. 100여개의 나무통을 3단으로 쌓아서 아래쪽의 통일수록 오래된 술을 넣어둔다. 나무통의 3/4 정도의 포도주를 넣어두면 꽃막이 형성된다. 일년에 두 번씩 최하단의 통으로부터 꽃막이 흐트러지지 않게 1/4 정도의 포도주를 뽑아 제품화한다. 최하단의 통에는 그 윗 단의 통의 포도주를 빼내어 옮기고 각단의 나무통에서도 이와 같은 방법을 반복하면 결국 최상단의 나무통에는 새 술을 채워넣는 방식이 된다. 솔레라 시스템(solera system)은 꽃막에 의한 쉐리화와 더불어 숙성 및 혼합(blending)이 동시에 이루어지는 독특한 방법이다. 제품은 농축포도즙이나 감미포도주로 감미를 보강해주고 brandy를 보강하여 알코올분 15~18%로 한다.

• 올로로소쉐리(Oloroso sherry)

원료포도로 *Pedro ximenez* 품종을 사용한다. 원래 당분이 많은 품종이지만 수확 후 1주일정도 에스파르토(esparto)라고 하는 멍석 위에서 햇빛으로 말려 당농도를 높인다. 이것을 원료로 하여 만든 포도주는 알코올 농도가 15% 이상이고 잔당이 많다. 알코올 농도가 높아 꽃막이 형성되지 않아서 꽃막 향은 없는 것이 특징이다. 포도주를 나무통에 넣어 산화, 숙성시키는데 이때 휘발산, 초산에틸(ethyl acetate) 등이 증가하고 색도 짙어진다. dry type과 sweet type이 있으며 제품은 brandy를 보강하여 알코올분 20~24%로 한다.

④ Vermouth

알코올 15~21%를 함유한 약미포도주이다. 담색의 dry type과 농색의 sweet type이 있으며, 전자를 French type, 후자를 Italian type이라 한다. 숙성한 백포도주에 각종 향미성 식물을 20여종 이상 넣어 만든다. 그대로 음용이 되지만 특히 칵테일용으로 중요하다.

2. 사과주

1) 원료

(1) 품종

당함량이 높고 산도가 비교적 높은 품종이 사과주(apple wine, cider)의 원료로 적당하다. 따라서 홍옥(Jonathan)이 가장 적합한 품종이다. 국광(Ralls Janet)은 당분이 풍부하지만 산이 적으므로 홍옥과 섞어 쓰면 좋다. 또한 홍옥과 Delicious를 섞어 사용하기도 하는데, 특히 발포성 사과주(sparkling apple wine)에 적합하다.

우리나라는 최근 생식용 사과의 생산비중이 점차 높아지고 있는 반면 가공용인 홍옥, 국광 등이 감소하고 있는 추세이다. 사과는 산도와 탄닌함량에 따라 구분하는 것이 보편화되어 있다. 즉 sweet, bitter sweet, bitter sharp, sharp의 4가지 형이 있으며, 또한 사과의 독특한 풍미를 구분하는 기준이 되기도 한다.

(2) 성분

과즙의 pH는 3.0~4.4이고, 당함량은 13.7~17.5°Brix, 11.2~16.5% 정도이다. 구성당은 과당이 가장 많고 설탕, 포도당 순이며 전분은 거의 없다. 총산(사과산 기준)은 0.18~0.85%(w/v) 정도로 사과산이 대부분이고, 구연산이 소량 존재한다. 산은 제품의 풍미를 부여하고 과즙의 갈변방지에 기여한다.

탄닌은 0.06~0.32%(w/v)이며, 단백질의 침전에 의한 청징작용과 사과주의 보존성에 중요한 역할을 한다.

과즙중에는 펙틴이 다량 함유되어 있어서 사과주의 혼탁과 침전물 생성의 원인이 되므로 제거해야 한다. 질소화합물은 0.3~0.5% 정도 함유되며, amide태 질소가 주성분이다. amide태 질소는 발효 중 효모의 영양원이 된다. 사과의 회분은 K, Ca, Mg, P 등이 많은 편이다.

2) 제조 공정

그림 5-17에 사과주의 제조공정을 나타내었다.

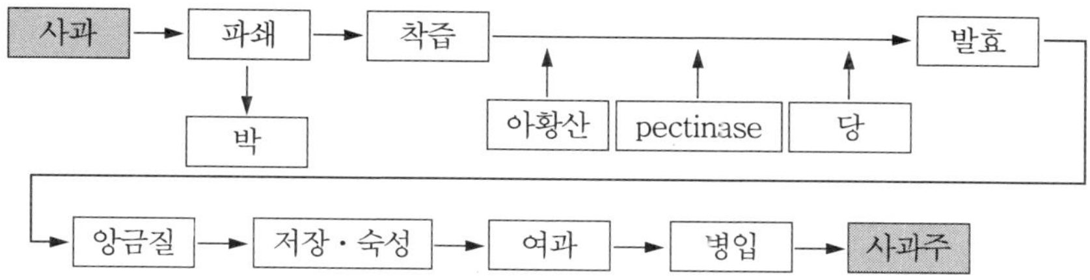

【그림 5-17】 사과주의 제조공정

펙틴 분해효소를 처리할 경우 40%의 자연유출(free run)과즙을 포함하여 약 75% 정도이다. 착즙전에 과즙을 개량할 목적으로 사과 pulp를 3~24시간 방치하는 소위 maceration이라는 조작을 거치기도 한다. 착즙 즉시 SO_2 50~200 ppm을 첨가하며, 사과주 혼탁의 원인인 과즙의 펙틴분해를 위해 펙틴 처리를 한다. 펙틴 분해효소를 첨가하여 40~45℃에서 4시간 정도 방치한다.

침전하는 펙틴 등을 제거하기 위해 간이 여과하고 설탕, 포도당 등으로 보당하여 발효탱크로 보낸다.

(1) 발효 및 저장

사과의 파쇄와 압착과정에서는 *Kloeckera, Candida, Cryptococcus, Torulopsis, Hansenula, Pichia, Rhodotorula, Saccharomyces* 등이 발견된다. 사과즙에는 이 가운데 *Saccharomyces*가 드문 경우가 많다. 사과주 효모로 *Saccharomyces mali ducleaux*(방향 우수)와 *S. mali risler*(맛 우수)가 예부터 알려져 왔다.

과즙의 자연발효에서는 유해균인 *Kloeckera apiculata*가 우세하기도 하지만 후반기에는 *Saccharomyces*로 대치된다. 공업적으로는 우량사과주 효모 *S. cerevisiae, S. uvarum* 등을 순수 배양하여 사용한다. 발효는 18~20℃에서 이루어지며, 대수증식기의 주모를 첨가하면 24~48시간 이내에 개시되어 10~14일간 지속된다. 발효가 완결되면 여과에 의해 침전물을 제거한 후 저온살균한다.

발효전을 부착한 저장탱크에서 8~10℃, 2~3개월간 후발효 시킨다. 저장과 숙성은 8℃ 이하에서 1년 정도 소요된다. 이 과정에서 산도의 감소, 산화, 향기성분의 생성 등이 일어나며, 특유의 호박색을 띠는 사과주가 된다.

3) 사과주의 성분

시판 사과주의 일반조성은 알코올분 11~14%, 당함량 1.56~5.58%(w/v), 산도(사과산 기준) 0.40~0.69%, 탄닌 0.028~0.171%(w/v), 총 SO_2 함량 64~189 ppm 등이다.

휘발성 화합물로는 2,3-methyl butyl alcohol, 2-phenyl ethanol, iso-butyl alcohol, *n*-propyl alcohol, *n*-hexyl alcohol 등이 함유되어 있으며, 향기의 주성분은 ester 및 그 유도체로 알려져 있다.

5-4. 맥주

1. 맥주의 종류

맥주는 이용되는 효모의 종류에 따라서 상면발효 맥주(ale beer)와 하면발효 맥주(lager beer)로 구분되며 상면발효 맥주는 주로 영국에서 생산되고 하면발효 맥주는 독일을 비롯한 유럽각국과 미국, 일본 및 우리나라에서 생산되고 있다.

상면발효 맥주는 하면발효 맥주에 비해 발효온도가 높고, 향기가 강한 것이 특징이며, 영국의 ale이나 stout 등이 유명하다. ale은 알코올분이 높고 맛이 농후하며 호프의 고미가 강한 것이 특징이며, 농색맥주로는 색상이 아주 진하고 조직이 풍부하며 비교적 약 호프성의 맥주인 영국의 Porter, Stout 등이 여기에 속하며, 담색맥주로는 색깔이 엷으면서 강호프성인 pale ale과 약간 짙은 색이고 중간정도의 호프 맛을 가진 mild ale로 다시 구분한다.

하면발효 맥주는 저온, 장기 저장 공정을 특징으로 하므로 이를 lager라 부르게 되었다. 종류에는 농색맥주로 색상이 진하고(dark-colored), 약 호프성이며 감미가 강한 Munich 지방의 Munchener가 있으며 담색맥주로 색상이 연하고(very pale colored) 호프의 고미가 강한 Pilsen지방의 Pilsner, 색상이 연하면서(pale-colored) 호프의 고미가 중간수준인 Dortmun 지방의 Dortmunder가 대표적이며 우리나라의 맥주도 대부분 여기에 속한다.

2. 원료

맥주는 보리, hop, 물을 주원료로 하고 때에 따라서는 쌀, 옥수수, 전분, 설탕 등 부원료로 사용하는 경우도 있다. 독일에서는 1816년 이래 Reinheitsgebot(순수성유지법)에 의해 수출맥주를 제외하고 국내 소비의 하면발효 맥주에는 부원료의 사용이 금지되고 있다.

1) 보리

맥주용 보리는 6조대맥과 2조대맥의 2종류가 있다. 6조대맥은 이삭의 축에 곡립이 여섯줄로 붙어 있어서 2조종에 비해 낟알이 작고 단백질이 풍부하며 효소활성이 강하다. 2조대맥은 여섯 줄 중 두 줄만 남고 나머지는 퇴화된 품종이다. 2조종은 낟알이 크고 껍질의 비율과 떫은맛이 적어서 맥주제조에 알맞다. 맥주용 보리의 품종은 6조대맥으로 Larker, Parkland, Traill 등이 있고, 2조종으로 Hanna, Wisa, Union, Sultan, Beka, Beecher 등이 있다. 미국, 캐나다에서는 6조대맥을 사용하는 것도 있지만, 한국, 유럽, 일본은 2조대맥을 사용한다. 우리나라는 2조대맥 계의 Golden melon이 남부지방에서 재배되고 있다.

보리는 맥주양조를 위해서는 이상적인 특성을 가졌기 때문에 변함없이 지금까지도 쓰이고 있는데 그 이유는 다음과 같다. ① 낟알에 견고하게 붙어있는 껍질에 의해 배아나 배유부가 보호되고 있어 수확, 정선공정에서 손상되지 않는다. 따라서 효소활성의 발현에 필수적인 발아력을 보전할 수 있고 발아공정에서 비교적 미생물 번식이 어렵다. ② 보리는 밀보다 단단한 외피를 가지고 있어, 담금 공정 중 당화 후 맥아즙을 분리할 때 이 껍질이 천연의 여과층을 형성하여 여과를 쉽게 해준다. ③ 보리전분의 호화온도가 52~59℃로 쌀, 옥수수 등에 비해 현저히 낮아 당화효소에 의한 전분 분해시 호화 조작 없이 당화가 일어나서 대단히 효율적이다.

원료 보리의 성분은 품종이나 재배조건 등에 따라서 크게 달라지지만 맥아제조에 알맞은 보리로는 ① 입자의 형태가 고르고, ② 전분질이 많으며 단백질이 적고, ③ 수분은 13% 이하이며, ④ 곡피가 엷고 ⑤ 발아력이 균일, 왕성하고, ⑥ 색깔이 좋으며, ⑦ 곰팡이가 슬지 않고 협잡물이 적은 것들이 필요조건으로 되어 있다.

맥주용 보리의 화학적 조성은 품질과 재배방법에 따라 다르나 대략적인 조성은 표 5-13과 같다.

【표 5-13】 맥주보리의 평균 조성

성　분	풍건물중(%)	무수물중(%)
수　분	12	-
전　분	56	63
단백질	9	10
Leucosin	0.35	0.40
Edestin	2.80	3.10
Hordein	3.25	3.60
Glutelin	2.60	2.90
지　방	2.5	2.8
Cellulose	4.3	4.8
무기질	2.6	2.9
P_2O_5	1.0	1.10
SiO_2	0.75	0.85
K_2O	0.6	0.65
MgO	0.25	0.30
Pentosan	8.0	9.0
무질소 엑기스분 (전분, cellulose, pentosan 제외)	5.6	6.2

2) 호프(Hop, *Humulus luplus L.*)

Hop는 맥주에 고미와 상쾌한 향미를 부여하는 이외에 거품의 지속성, 항균성 등의 효과도 있으며 또 hop의 tannin은 양조공정에서 불안정한 단백질을 침전제거하고 맥주의 청징에도 도움이 된다. 줄기가 덩굴지는 자웅이주의 숙근성 식물이며 수정이 안 된 암꽃을 사용한다. 암꽃이 발육하여 형성된 구과는 40~100매의 비늘잎이 겹쳐서 길이 3~4 cm의 타원 또는 구형의 솔방울 모양을 하고 있으며 숙성되면 비늘잎 사이의 과축 주위에 점착성 담황색의 분말이 부착한다. 이것을 lupulin립(粒)이라고 하며, 경이 약 0.2 mm의 lupulin선(腺) 이며 그 속에 분비된 황색의 수지로 차 있다(그림 5-17).

lupulin립은 고미를 나타내는 humulon, luplon, 기타의 수지 및 독특한 향기를 내는 hop oil의 유효성분을 함유한다. 암꽃은 수정하면 hop로서의 품질이 저하되므로 7월상순에 개화하며 8월 중순에 미수정의 꽃을 따서 품온 45 ℃ 이하에서 열풍 건조하여 수분 10~11%로 하고 휘발성분의 손실을 막고 흡습이나 산화에 의한 품질저하를 방지하기 위해서 압축 밀봉하여 0℃에 저장한다. 최근에는 분말 hop, 입상 hop, 농축입상 hop, 구과를 용제 추출한 hop extracts, hop extracts의 α-산을 iso-α-acids(K염)로 이성화한 pre-isomerized hop extracts 등의 가공된 것이 사용되고 있다.

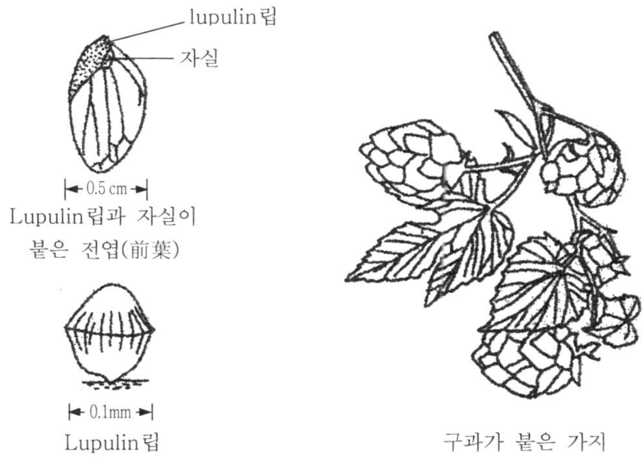

【그림 5-17】 Hop의 구과와 Lupulin

(1) 호프 수지(Hop resin)

Hop 수지성분은 각종 용매에 대한 용해성에 따라서 다음과 같이 나누어 진다.

이 중에서 맥주고미의 주체가 되는 것은 α-산이며 이것은 다시 humulone, cohumulone, 및 adhumulone의 주성분과 prehumulone 및 post-humulone 의 부성분으로 나눌 수 있다.

β-산은 고미성분으로서 가치는 적으며 lupulone, colupulone 및 adlupulone의 3가지 동족 화합물이 주성분이다(그림 5-18).

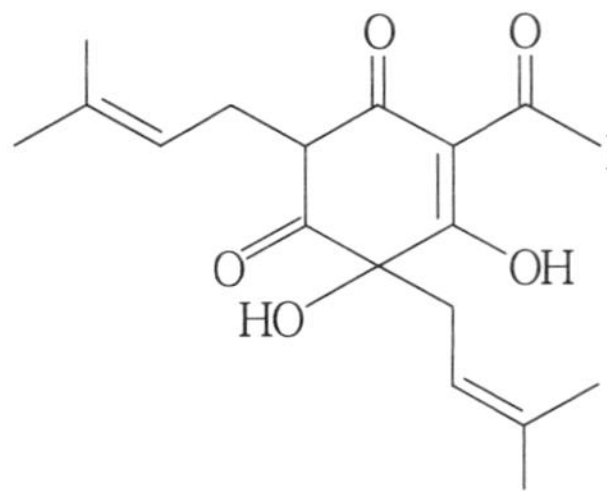

(Ⅰ)

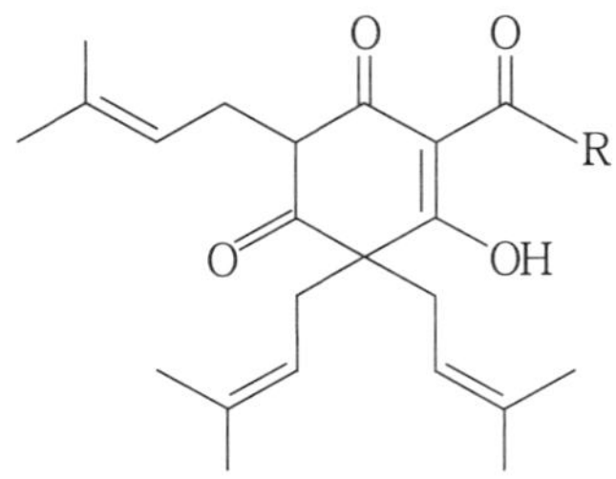

(Ⅱ)

acyl 측쇄(R)	α-산(Ⅰ)	β-산(Ⅱ)
- $CH_2CH(CH_3)_2$	Humulone	Lupulone
- $CH(CH_3)_2$	Cohumulone	Colupulone
- $CH(CH_3)CH_2CH_3$	Adhumulone	Adlupulone
- CH_2CH_3	Posthumulone	Postlupulone
- $CH_2CH_2CH(CH_3)_2$	Prehumulone	Prelupulone

【그림 5-18】 Hop의 α-산과 β-산의 구조

α-산 자체는 맥아즙에 극미량 용해할 뿐이며 고미도 거의 없으나 맥아즙을 끓임으로써 이성화하여 iso-α-acids로 변하여 가용성이 됨으로써 맥아즙 및 맥주에 고미를 부여하게 된다. 이때 5원자 고리 측쇄의 배치에 따라서 cis형과 trans형의 이성체로 되고 다시 2중결합의 전위에 의하여 alloiso-humlone이라는 이성체도 생기는 것이 알려져 있다. 또 다른 위치 이성체로서 isohumulone의 2배의 고미가 있는 anti-isohumulone의 존재도 알려져 있고 iso-α-acids에 대해서만 보더라도 맥주의 고미가 복잡하다는 것을 추측 할 수 있다(그림 5-19).

β-산도 용해도가 낮아서 그 자체는 맥주의 고미에 관여하지 않지만 hu-lupones과 같은 산화생성물이 되어 고미의 일부를 구성한다. 또 hop의 저장중에 α-산이 자동 산화되므로 오래된 hop로 만들어진 맥주에서는 수지의 여러 가지 산화생성물이 어느 정도 맥주로 옮겨지기 때문에 고미물질의 분석치는 낮게 나타나지만 실제 고미는 줄지 않는다. 또 iso-α-acids는 맥주거품의 지속성에도 관여하며 표면활성이 있는 맥아의 단백 획분과 결합하여 거품을 강화하여 거품의 안정성, 기벽부착성이 향상되고 α-산과 β-산은 방부효과도 있다.

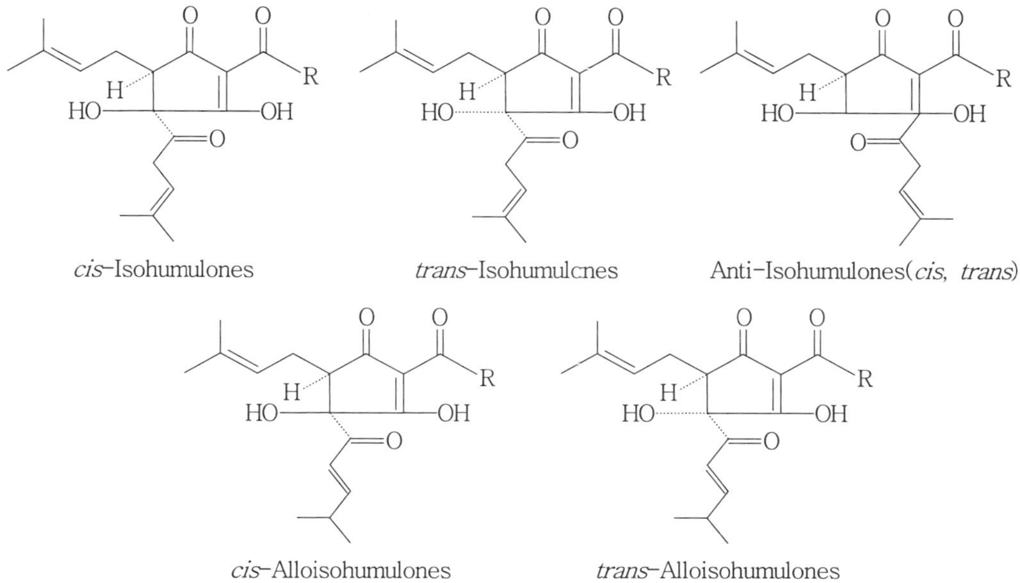

【그림 5-19】 맥주의 고미성분 (iso-α-acids)

(2) 호프 유(Hop oil)

Hop구과에는 humulene, myrcene 등의 terpene계 탄화수소와 에스테르산, 케톤, 알코올류와 같은 함산소화합물로 된 정유가 품종이나 재배조건에 따라 다르나 최고 2.5% 정도 함유되어 있어 이것이 hop 방향의 주체가 되고 있다. 특히 Hallertau종이나 Sazz종 등은 humulene이 많아 좋은 품종으로 되어 있다.

그러나 정유성분은 모두 친수성이 낮아서 맥아즙 자비 시에 대부분 증발하고 남은 것은 hop박이나 효모 등에 흡착되어 버리며 맥주 중에 그대로 남는 부분도 없지 않으나 그 양은 흔적량에 지나지 않는다. 현재는 hop정유는 거의 맥주향기에는 관여하지 않으며 hop의 저장 또는 자비 중에 그 정유나 수지가 산화적으로 분해하여 생기는 친수성의 휘발성 성분이 방향의 주체라는 생각이 유력하다.

(3) 호프 탄닌(Hop tannin)

동일분자내에 수산기가 두 개 이상 있는 polyphenol이며 hop 구과에 4~6 % 정도 함유되어 있다. Tannin 중 가장 많은 것은 anthocyanidin이며 약

80%를 차지한다. Tannin은 맥아즙을 끓일 때 맥주혼탁의 원인이 되는 단백질과 결합하여 맥주를 청징하게 하는 한편 이 anthocyanidin은 맥주에 수렴성의 맛을 부여하게 된다. 그러나 호프의 탄닌이 산화되면 적갈색의 phol-bahpene으로 변하여 맥주의 맛과 색깔을 나쁘게 한다.

(4) 호프제품

호프는 구과를 그대로 사용하는 것보다 분말, pellet, extract 등으로 가공한 제품이 널리 쓰인다. 가공품의 장점으로는 다음과 같은 점을 들 수 있다. ① 용량이 1/3~1/10 이하로 감소되어 수송이나 포장비용이 줄고 하역이 용이하며, 호프의 품질저하를 막기 위해 필요한 냉장보관비용이 절감된다. ② 마대포장 대신 밀폐성이 우수한 용기 포장에 의해 흡습, 산화 등의 품질 저하를 억제할 수 있다. ③ 맥아즙과 lupulin의 접촉이 용이하게 하여 α-산의 이용률이 향상된다. ④ 품질의 규격화가 가능하므로 공업제품으로서 유통, 사용하는데 편리하다.

3) 양조용수

맥주공장에서는 담금용수, 제맥용수, 세척용수, 보일러용수, 냉각용수 등 맥주 생산량의 10~15배량의 물을 사용한다. 이 중에서 담금용수의 수질은 맥주의 품질에 커다란 영향을 주는 데, 담색맥주에는 연수, 농색맥주에는 경수가 좋다고 알려져 있다. 물에 들어가 있는 여러 가지 성분 중 특히 Ca^{2+}이온과 Mg^{2+}의 함유량으로 경도를 표시한다. 독일 경도 1°라하면 물 1 L 중에 CaO 10 mg 또는 다량의 MgO가 들어있는 상태를 나타낸다. 경도 4~8°를 연수라 하고 경도 8~12°를 경수라 한다. 어떤 물은 가열하면 경도가 낮아지는 경우가 있는 데 이런 경우를 일시경도라 하고 그렇지 않은 경우를 영구경도라 한다. 일시경도는 Ca 및 Mg의 탄산염을 함유한 물에서 볼 수 있으며 이 물을 가열하면 가용성 중탄산염이 불용성 탄산염으로 침전되어 제거되므로 물이 연화되게 된다.

$$Ca(HCO_3)_2 \xrightarrow{\text{가열}} CaCO_3\downarrow + H_2O + CO_2\uparrow$$

한편, 영구경도는 염산, 황산, 초산 및 유기산 등의 Ca 및 Mg염으로 된

경도이므로 끓여도 변하지 않는다. 역사적으로도 황산염이 적고 중탄산염이 풍부한(일시경도가 높은) Bayern지방의 물을 이용하여 농색이고 고미가 적은 München형의 맥주가 생산되었고, 염류가 극히 적은 단물이 특징인 Pilsen지방의 물에서 담색이고 고미가 많은 Pilsen형 맥주가 생산되었다. 따라서 Pilsen형과 같은 담색맥주의 제조에는 염류가 대단히 적고 경도가 낮은 물이 적합하고 흑맥주와 같은 농색맥주를 위해서는 경도가 높고 산도가 낮은 물이 적합하다. 그러므로 흑맥주와 같은 농색맥주를 양조용수에는 필요에 따라 탄산칼슘 등을 첨가하는 경우도 있다. 특히 양조용수 중 Ca^{2+}과 HCO_3^-의 영향이 가장 크며 무기염류는 물과 mash의 pH를 변화시켜 담금과정의 물질변화, 제품의 맛과 내구성 등에 영향을 준다. 증류수로 담근 mash의 pH는 5.7~5.9이며, amylase를 포함한 맥아효소는 pH 5.4 이상에서는 활성을 충분히 나타내지 않는다. 또 pH가 높으면 보리껍질에서 polyphenol, 규산염 등이 용출되어 맛을 나쁘게 한다. 그 밖에도 맥아즙 자비 공정에서 고분자단백질의 등전침전을 방해하여 맥주가 혼탁해지기 쉽고, 호프수지 성분이 과도하게 용해되어 뒷맛이 나쁜 맥주가 되는 등 문제가 많다. Ca^{2+}은 인산이온과 반응하여 불용성의 염을 만든다.

$$3Ca^{2+} + 2HPO_4^{2-} \rightleftharpoons Ca_3(PO_4)_2\downarrow + 2H^+$$

그 결과 반응이 우측으로 진행되어 H^+가 유리되기 때문에 mash의 pH는 저하된다. 마그네슘의 경우는 인산마그네슘의 용해도가 비교적 크기 때문에 pH저하는 칼슘이온의 반 정도이다. 인산은 맥아성분에서 유래되어 원래는 무기태지만 phytin, 핵산, 인단백질 등의 유기화합물에서 phosphatase의 작용 유리, 용출된 것도 포함된다. 이처럼 칼슘이온에는 pH 저하작용이 있기 때문에 맥주 양조용수로서는 일반적으로 100~200 mg/L 정도가 알맞다. 경도가 낮은 물은 황산칼슘을 사용하여 칼슘이온을 보충해 준다.

한편 물의 일시경도의 본체인 HCO_3^-는 mash의 가열이나 맥아즙 자비 때 다음과 같이 분해되어 CO_2를 생성하면서 pH를 상승시키므로 맥주에는 유해하므로 일시경도가 높은 물은 산에 의한 중화, 가열, 가스세척 등의 전처리가 필요하다.

$$HCO_3^- \longrightarrow CO_2\uparrow + OH^-$$

4) 부원료

맥아즙 중의 발효성 당분의 공급원으로서 맥아 이외에 보리, 밀, 옥수수, 쌀, 각종 전분, 당시럽, 설탕 등을 부원료로 흔히 사용한다. 이들은 맥아 보다 값이 싸서 경제적일 뿐 아니라 맥아의 질소화합물을 희석하게 되어 맥주의 맛을 산뜻하게 광택이 좋아지며 혼탁방지의 효과도 있어서 품질향상의 목적으로도 이용된다.

부원료 중 전분의 호화온도는 보리보다 높아 원통형의 스테인리스제 담금솥에서 자비, 호화시킨 후 담금조의 맥아 mash와 혼합하여야 한다. 쌀과 같은 것은 미리 분쇄기에서 거칠게 분쇄해야 하고, 거칠게 분쇄한 옥수수, 옥수수 전분 등은 그대로 담금솥에 넣어 교반하면서 가열, 비등시킨다. 이때 10% 정도의 분쇄맥아를 함께 넣어 α-amylase의 액화력에 의한 호화 전분액의 점도저하를 유도한다. 담금솥에서 1.5시간 정도 가열한 후, 액화된 부원료 mash는 펌프로 담금조에 보내 맥아 mash와 혼합되어 당화공정에 들어간다. 에너지 비용의 증가로 가열처리 필요없는 부원료인 액체당액, 당액시럽 등의 사용이 늘어나고 있다. 쌀, 옥수수 등 전분질 부원료의 사용이 과다하면 맥아효소에 의한 분해가 불완전하고, 맥주에서 효모의 영양원이 되는 저분자 질소화합물의 부족을 초래할 우려가 있다. 사용비율은 맥아의 80% 정도가 한계치이고 대개 50% 미만을 사용한다.

3. 제맥 공정

제맥은 ① 원료 보리를 침맥하고 발아시켜 맥아즙 제조에 필요한 효소를 생합성 또는 활성화시키고 ② 일부 저장물질을 분해시킨 다음 ③ 맥아를 배조함으로써 특유의 향미와 색소를 생성시키고 저장성이 있는 맥아로 만드는 공정이다.

1) 대맥의 정선, 선립

수확, 건조된 보리(수분10~13%)는 일정기간(6~8주간) 저장하여 휴면시킨 후 정립기로 풍력과 체질에 의해서 협잡물을 제거하고 다음에 선립기로 보리 알갱이의 크기에 따라 일정하게 선별한다. 선립기에는 원통형체를 갖는 것과 수평체를 갖는 것이 있다. 세립은 제맥용으로는 부적합하므로 사료용으로 매각한다. 대맥은 입자의 크기에 따라 효소력이나 화학적 성질도 다르므로 수분 흡수속도나 발아가 균일하게 진행되도록 하기 위해서는 정확하게 선립할 필요가 있다.

2) 침맥

입자의 크기나 형태가 일정하게 선별된 보리를 물에 침지하여 발아에 필요한 수분을 흡수시킨다. 보리의 수분 흡수속도는 초기에는 빠르고 40% 이상이 되면 완만해진다. 발아를 완성시키기 위해서 필요한 수분은 42~43%이며 이 수분 함유량에 도달시키는 데 요하는 시간은 수온에 따라서 다르고 수온이 높을수록 침맥시간은 단축되지만 대맥의 표면에는 많은 미생물이 존재하여 수온이 높으면 발아 중에도 쉽게 번식하게 되므로 실제에는 20℃ 이상은 피하도록 한다. 또 수온이 너무 낮으면 침맥시간이 연장되어 보리가 질식하는 등의 위험이 있으므로 보통 우물물의 온도인 약 12~14℃에서 침맥한다. 대맥은 저장 중에서도 호흡을 하지만 수분함량이 어느 한계를 넘으면 강하게 호흡을 시작하고 이 경우 통기가 부족하면 호흡에 의해 발열이 축적하고 그 때문에 대맥의 생명력을 해치거나 산소부족 때문에 분자 내 호흡을 일으켜 그 생산물에 의해 생명력이 해가 된다. 따라서 대맥 저장에서는 습기를 피해 통기를 좋게 하도록 주의가 필요하다.

침맥에 의해서 수분이 40% 이상으로 되므로 호흡현상은 왕성해지고 산소의 소비가 많아지며 산소가 결핍되면 발아가 균일하게 되지 않게 된다. 또 호흡의 의해서 발생하는 CO_2로 발아를 저해하므로 침맥시에는 침맥조의 하부로부터 통기하며 침지와 물 빼기를 반복하고 물을 빼어 수 시간 동안 CO_2를 제거하든가 침맥조의 하부로부터 흡인 제거한다.

침맥조의 구조는 그림 5-20과 같이 상부는 원통형, 하부는 원추형으로 전체의 높이는 통기가 용이하고 균일하도록 3 m를 넘지 않도록 한다. 침맥조의 하부에는 환상의 통기관이 장착되어 있다. 침맥조의 바닥으로부터 물을 넣어 보리를 낙하시켜 침맥하고 통기관으로부터 압착공기를 맥층 내에 통하여 산소를 공급한다. 또 조의 중심부에는 수직관이 장치되어 있어서 관하부에도 공기를 취압하면 보리는 물과 함께 수직관 내를 상승하게 되어 다시 침맥조내로 낙하하고 보리는 혼합, 세척된다. 또 수직관 위에 자유롭게 회전하는 수평관이 있어서 상승한 보리는 이 수평관을 통하여 침맥조내로 비스듬히 낙하하여 수평관은 그 반동으로 회전하게 되어 세척, 혼합이 더욱 효과적으로 이루어진다. 침맥한 최초의 물은 더러우므로 첫날에는 여러번 물을 바꾸고 침맥기간 중 6~7회 물을 바꾸며 그때마다 일정시간 물을 빼어두고 공기를 공급하며 CO_2를 제거한다.

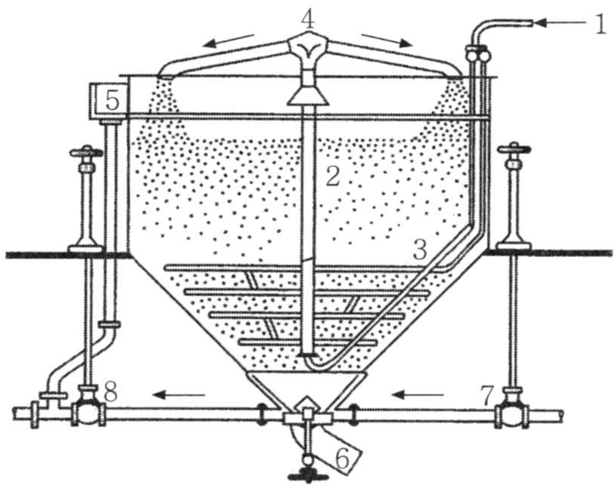

【그림 5-20】 침맥조

침맥시간은 수온이나 보리의 성질에 따라 일정하지 않으나 보통 약 40~50시간 소요된다. 침맥의 방법 및 장치는 여러 가지로 개량되고 있다. 대맥의 세척은 다시 잘하여 동시에 공기의 공급도 좋게 하기 위해서 하나의 침맥조에서 다른 침맥조로 펌프로 번갈아 이동시키는 방법이 사용되고 있다.

보리의 세척에 따라서 표면에 부착된 오물이나 곡피 중의 색소, tannin류, 고미성분 등의 불량물질이 용출 제거된다. 이 용출작용은 물의 알칼리성이 강할수록 효과적이므로 세척 수에는 NaOH나 $Ca(OH)_2$를 가하는 경우가 많다. 또 보리의 곡피 중에 존재하는 cumalin 기타 여러 가지 생장저해물질도 침맥에 의해서 제거된다. 보리에 부착되어 있는 미생물을 살균하는 목적으로 포르말린이나 과산화수소를 침맥수에 가할 때도 있고 또 발아촉진제로서 gibberellin을 침맥수에 가하거나 발아상 위에 살포하여 발아기간의 단축을 꾀하는 경우도 있다.

대맥의 흡수의 정도를 침맥도라 하고 이것을 측정하기 위해서는 다수의 작은 구멍을 갖는 금속제의 원통에 대맥 100 g을 넣어 침맥조 내의 맥층 중에 넣어두고 측정 시에는 이것을 끌어올려 대맥을 빼내고 부착수를 잘 닦아낸 후 대맥의 무게를 재어 다음과 같이 계산한다.

$$침맥도 = \frac{침맥후의\ 중량 - 100 + 원대맥의\ 수분}{침맥후의\ 중량} \times 100$$

침맥도는 대맥을 손가락으로 눌러 곡피의 박리상태나 낱알을 절단하여 중심까지 수분이 침투했는가의 여부에 의해서도 판단할 수 있다.

3) 발아

침맥이 끝난 보리는 발아장치에 옮기고 습한 공기를 통기하여 온도(12~17℃)를 일정하게 유지하는 동시에 산소를 공급하여 CO_2를 배출시켜 보리가 질식하는 것을 방지하고 맥층을 뒤집어 어린뿌리가 엉키지 않도록 한다. 이렇게 하여 약 1주일 후에는 수 개의 어린뿌리가 알갱이 길이의 약 2/3까지 자란다. 발아의 6~7일째부터 건조공기를 송풍하여 어린뿌리를 위조(萎凋)시킨다. 이렇게 해서 발아시작부터 7~8일로 발아는 완료되고 알갱이 전체가 가루처럼 연하게 된다. 이것을 녹맥아라 하고 이때 수분함량은 42~45%이다.

(1) 발아의 의의

보리를 발아시켜 맥아로 만드는 주목적은 ① 발아에 의해서 보리 중에 여러 가지 효소를 생합성 또는 활성화시키고 ② 배유의 세포벽을 용해하여 내용물이 효소작용을 받기 쉬운 상태로 만들어 주는 동시에 ③ 저장물질을 적당히 분해하는 데 있다.

휴면이 끝난 보리는 적당한 온도에서 수분을 흡수하면 산소의 존재 하에서 식물로서의 생명력이 활성화되어 배유의 저장물질을 영양분으로 하여 배아가 생장하기 시작한다. 저장물질은 고분자물질이므로 배아 생장의 에너지원으로 이용되기 위해서는 효소에 의해서 가용성의 저분자물질로 분해되어야 하고 이들을 분해하는 효소가 생장과 동시에 생합성 또는 활성화된다. 또 이들 효소는 세포막을 통과할 수 없으므로 우선 세포막을 분해하는 효소인

hemicellulase가 생성된다. Hemicellulase는 배아 내에서 분비되기 때문에 세포막의 용해는 배아에 가까운 부분부터 시작되어 맥립의 끝으로 향해 진행된다(그림 5-22). 세포막의 용해에 의해 배유는 부드러워지고 손으로 눌러 부스러뜨릴 수 있게 된다. 맥아는 충분히 용해되지 않으면 안 된다. 용해되지 않는 부분에는 효소가 작용하지 못해 맥아제조 중에 필요한 물질변화가 일어나지 않는다. 예를 들면 함질소화합물의 분해 등이 일어나지 않기 때문이다. 함질소물질을 분해하는 peptidase는 온도에 민감하고 맥아의 배조에 의해 대부분이 파괴되므로 함질소화합물의 분해는 발아 중에서 중요한 과정의 하나이다. 배아의 생장 및 효소생성의 에너지는 호흡효소의 작용으로 탄수화물의 일부와 지방의 작은 부분이 연소하므로써 얻어진다. 이 때 산소가 부족하면 분자 내 호흡이 일어나 알코올과 알데하이드가 생기고 알코올은 유기산과 결합하여 에스테르를 만들어 이들이 배아에 유해작용을 끼쳐서 발아를 저해한다.

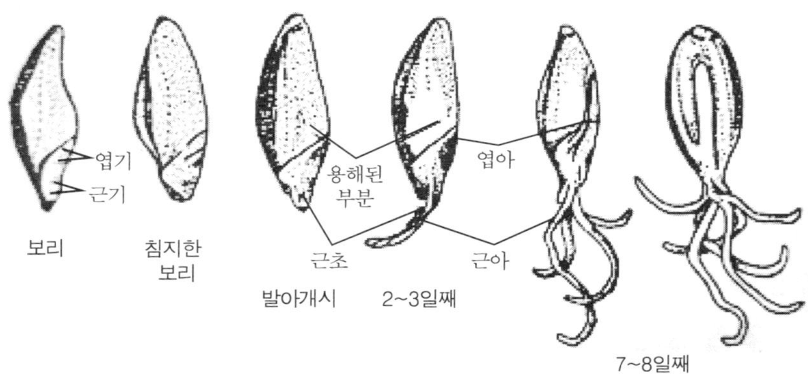

【그림 5-22】 보리의 발아과정

발아에 의해 여러종류의 효소가 생성하는 데 그 중에 양조상 가장 필요한 것은 amylase, hemicellulase, protease, phytase 및 산화효소이다.

Amylase중 α-amylase는 배유전분중에 amylopectin에 작용하여 dextrin을 만들고, β-amylase는 전분의 glucose직쇄를 끊어 maltose를 생성하는데, 맥아 중에서는 이들 amylase에 의해 전분의 분해는 근소하여 5%에 지나지 않는다. β-amylase는 단백질과 결합한 상태로 보리에 함유되어 있다가 발아 중에 단백질 분해효소의 작용에 의해서 유리, 활성화되고 α-amylase, endo-β-glucanase, protease, phytase 등 기타 효소는 발아와 더불어 생합성된다. 맥아의 α-와 β-amylase의 함량사이에는 비례적인 관계는 없다. 맥아의 amylase역가는 대맥의 품종에 의해 다르고 같은 품종에서는 함질소물질이 적을수록 크다. Hemicellulase는 맥아의 "용해"에 중요한 관계가 있는 것은 전술과 같다. 단백 분해효소는 proteinase와 peptidase의 두 그룹으로 나뉜다. 맥아의 단백 분해력은 대맥의 약 5배이다. 맥아의 단백 분해력도 대맥의 품종에 따라 다르고 동일품종에서는 함질소화합물이 많을수록 단백 분해력이 강하다.

Phytase는 pytin에 작용하여 inositol과 효모의 영양에 필요한 인산염으로 분해된다.

산화효소는 호흡에 관여하고, 여기에는 본래의 산화효소와 과산화효소 및 catalase가 있고 그 외에 *o*-phenylendiamin 산화효소, pyrogallol 산화효소 및 맥아 중에 polyphenol을 산화하는 효소가 있다.

배아가 수분과 산소를 흡수하여 약 1일이 경과하면 배아에서 gibberellin이 먼저 합성되고 곡피 안쪽의 배유부를 싸고 있는 aleurone층으로 침투하게 된다. Aleurone층의 세포는 gibberellin의 자극으로 여러 가지 효소를 합성하게 되고 이들이 서서히 배유로 확산된다. 효소작용은 배아에 가깝고 aleurone층과 인접한 배유부분부터 알갱이의 안과 끝으로 향하여 진행되어 배유는 연해지고 손가락으로 부스러뜨릴 수 있게 되며 단맛이 증가하게 된다. 이러한 변화를 용해라고 한다. 발아초기에 먼저 β-glucan 용해효소가 합성되고 배유 세포벽의 75%를 차지하는 β-glucan을 가용화하여 세포벽을 소멸시키게 되므로 발아 및 담금 공정에서 세포내 저장물질의 분해가 용이하게 되고 또 맥아즙의 점도를 낮게 되어 여과가 쉬워진다. 발아 중에 생성된 amylase의 작용으로 분해되는 전분은 전체의 약 5%에 지나지 않으며 대부분은 다음의 담금 공정에서 분해된다. 그러나 보리 중의 단백질은 발아 중에 carboxypeptidase를 비롯한 protease의 작용으로 약 40%를 가용화하여 맥아즙 질소화합물의 약 80%가 이 단계에서 생성 된다. 생성되는 아미노산은 효모의 영양원이며 맥주 향기성분의 전구물질이기도 하다. 맥아 단백질의 분해가 불충분하면 맥주가 혼탁 되는 원인이 되고 분해가 지나치면 거품의 안전성이 떨어지게 된다.

발아 중에 생성되는 gibberellin에 의존하지 않고 gibberellin의 첨가에 의해서 인위적으로 효소합성을 자극할 수 있으므로 호흡과 맥아나 맥근의 신장에 따른 저장물질의 손실을 초래하는 발아현상을 될 수 있는 대로 억제하면서 gibberellin 첨가에 의해서 합성을 촉진하는 방법이 이용되기도 한다. 또 호흡에 의한 손실을 줄이기 위해서 발아가 어느 정도 진행되어 효소가 합성된 단계에서 통기량을 줄이거나 CO_2농도가 높은 공기를 순환시켜 호흡을 억제하면서 충분한 용해를 꾀하는 방법도 있다. 후자를 탄산가스휴식이라고 한다.

(2) 발아방식의 종류

① Kasten 방식

현재 가장 널리 이용되고 있는 방식(그림 5-22)으로 길이 16~20 m, 폭 4~5 m의 장방형의 개방함인 Kasten속에서 발아하게 하는 것으로 바닥에서 40~60 cm의 높이에 구멍이 있는 철판제의 발아상이 있고 이 발아상 위에 보리를 0.6 m의 두께로 쌓는다. 1 ㎡당의 양은 250~300 kg이며 한 개의 Kasten에 20~30 톤의 보리가 수용된다. 발아상 밑으로부터 습한 공기를 통기하고 수개의 수직나선형의 교반기가 회전하면서 Kasten의 끝에서 끝으로 왕복하여 맥층을 뒤집어 놓는다. 이 방식은 설비비가 적고 장소도 많이 필요하지 않기 때문에 대단히 효율적이다.

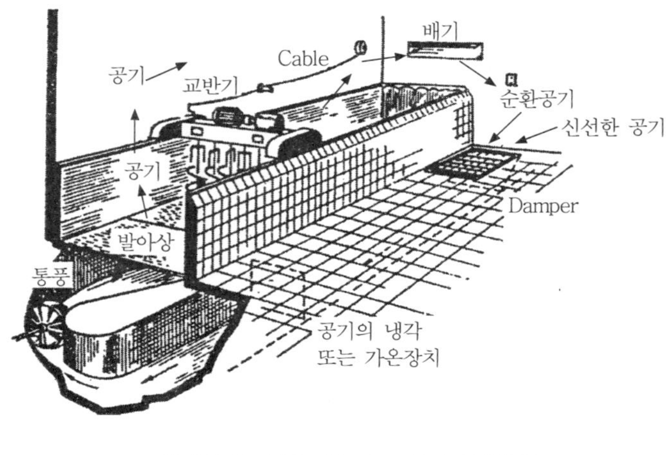

【그림 5-22】 Kasten식 발아장치

② Wanderhaufen 방식

이 방식은 8개의 Kasten을 길게 연결한 것과 같은 구조의 것이며 Kasten과 같이 구멍이 있는 발아상이 있고 보리는 한 쪽 끝에 가까운 부분에 쌓아서 분무, 살수한다. 특수한 구조의 교반기를 이용하여 뒤집을 때마다 보리는 차례로 Kasten의 반대방향으로 조금씩 이동된다.

이동되면서 발아는 계속되고 발아 완료시에는 Kasten의 끝에 도달하여 conveyer에 의해서 배조실을 옮겨진다. 이와 같이 연속적인 발아작업이 계속되고 발아상 밑은 16개로 구획되어 각 구획 위에 있는 보리의 발아단계에 따라 적당한 통기를 한다. 이 방식은 가장 새로운 발아방식으로 거의 인력을 필요하지 않으므로 맥주회사에서 많이 채택되고 있는 방식이다.

4) 배조

발아가 끝난 녹맥아는 수분함량이 약 42~45%이므로 수분함량 8~10%로 하는 건조와 다시 이것을 1.5~3.5%로 하는 배초(焙焦)의 공정을 배조(焙燥)라하고 한다. 배조의 목적은 ① 녹맥아의 성장과 용해작용을 정지시키고, ② 저장성을 부여하며, ③ 풋내를 제거하고 맥아 중의 당과 아미노산이 반응하여 melanoidine색소를 생성하여 맥아에 특유한 향기와 색을 부여하고, ④ 뿌리의 제거를 용이하게 하는데 있다.

(1) 배조실

배조실은 그림 5-23과 같이 상, 하 또는 상, 중, 하 2~3단의 바닥이 있고 바닥은 금속망으로 되어 있다. 녹맥아를 상단에 펴고 최하부의 공기가열장치의 가열관 속을 통하여 가열되어 공기혼합실에서 온도가 균일하게 된 공기를 하단으로부터 차례로 상단으로 통풍하여 상부의 배기통을 통하여 배출된다. 녹맥아는 온도가 낮은 상단으로부터 차례로 온도가 높은 중단, 하단으로 옮겨지면서 배조된다. 각단에는 맥층교반기가 바닥 위를 왕복하면서 회전 교반하여 보리의 온도를 균일하게 한다.

근년에는 다단식에서 금속망이 하나로 된 배조바닥이 있고 맥층의 두께는 0.8~1 m로 열풍을 강제 통풍함으로써 교반이나 이동의 필요가 없으며 배조가 끝난 후, 바닥이 중앙에서 두 개로 갈라져 V자형으로 경사지게 되어 있어서 배조가 끝난 맥아를 간단하게 꺼낼 수 있는 배조장치가 이용되고 있다. 이 방식은 인력을 필요로 하지 않고 매우 능률적인 방식이다. 강제통풍이므로 높은 배기통이 필요없다.

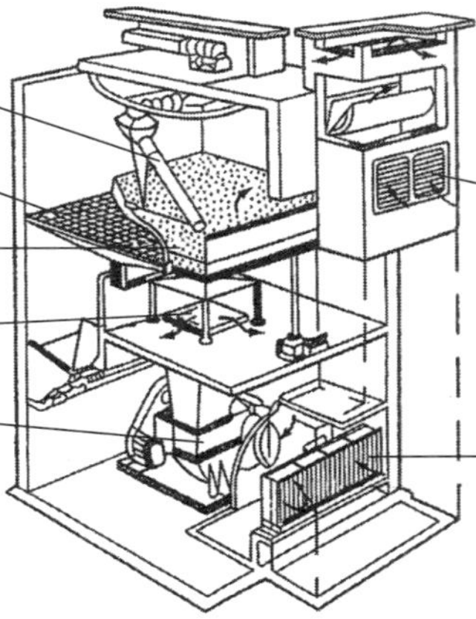

【그림 5-23】 배조실의 구조

(2) 배조 조작

배조의 온도와 통기량은 맥아의 종류에 따라서 다르고 효소는 수분이 많으면 고온에서 더욱 쉽게 파괴된다. 그러므로 수분이 10% 이하가 될 때까지는 50℃ 이상으로 가열해서는 안되며 또 수분이 많을 때 서서히 가열하면 효소에 의한 분해작용이 진행되어 대량의 분해산물이 생성된다. 그러므로 농색맥주의 경우에는 배조 전반에 가열온도를 높여서 서서히 가열하고 담색맥주의 경우에는 낮은 온도에서 대량의 통풍을 하여 빨리 건조시키도록 한다. 농색맥주 특유의 짙은 색은 분해산물인 당과 아미노산의 결합에 의해서 생성된 melanoidine에 의한 것이다.

배조 후반에 더욱 고온으로 되고 계속해서 melanoidine이 생성되는 한편 효소의 활성은 떨어지게 된다. 효소 실활의 정도는 효소의 종류나 가열경과에 따라서 다르나 일반적으로 β-amylase는 그 활성도가 95% 이상, carboxypeptidase는 80~90%의 활성이 유지된다. 실제로 담색맥아의 경우에는 35~40℃에서 수분을 45%에서부터 30%까지 줄이고 40~45℃에서 수분을 30%로부터 10%까지 줄여서 최후에 품온 83~85℃로 하여 3~4시간 동안 온도를 유지하여 배조하고 수분은 3%정도로 한다. 배조시간은 24~36시간이며 1상식(1床式)에서는 18~20 시간이다. 배조가 끝난 맥아는 탈근기로 옮겨 건조에 의해 이탈하기 쉽게 되어 있는 어린뿌리를 비벼서 분리 제거한 다음 정선기에서 먼지를 제거한 후 냉각하여 맥아저장고에 보존한다.

정선된 보리 100 kg으로부터 보통 75~82 kg의 맥아가 얻어진다. 이상과 같은 제맥법 이외에 세척, 침맥, 발아, 배조를 자동연속화한 장치들이 고안되고 있다.

(3) 배조 중의 품질변화

배조 중의 변화로 배조공정의 후반부터는 수분이 감소함에 따라 효소반응이 진행됨과 동시에 아미노산과 환원당이 Maillard 반응을 일으켜 맥주 특유의 향기와 색의 기본이 되는 melanoidin을 생성한다. 담색맥주용 맥아는 배조온도가 비교적 낮아 caramel화 반응이 일어나지 않지만, 농색맥주용 맥아는 효소활성보다는 발색과 배조향을 중시하므로 melanoidine 생성을 촉진하기 위해 초기의 가열온도를 높게 한다.

후반으로 갈수록 온도가 상승하여 melanoidine 생성은 계속되지만, 효소활성은 다소 감소된다. β-amylase는 실활이 가장 심하여 녹맥아의 1/3로, phytase의 경우는 70%까지 실활된다. 반면에 α-amylase는 거의 실활을 볼 수 없고, carboxypeptidase도 내열성이 있어 활성의 80~90%가 맥아에 이행된다.

휘발성 함황화합물인 dimethylsufide는 하면발효 맥주에 10~50 μg/L 정도 함유되어 맥주 특유의 향기발현에 기여한다. 이 물질은 발아 중에 생성된 S-methylmethionine을 전구체로 하여 배조 중에 생성된다. 배조 중 보리의 결합수까지 제거되므로 맥아는 미생물 번식이 어렵다. 따라서 맥아는 장기간의 수송과 저장에 견딜 수 있다.

5) 맥아의 품질

좋은 맥아의 조건으로 ① 맥아는 어린뿌리가 잘 제거 되어 있고, 손상된 알갱이, 기타 불순물의 혼입, 곰팡이, 벌레 등이 없어야 하고, 알갱이가 비대하고 균일해야 한다. ② 맥아 특유의 향기가 있고 담색맥아는 담황색이며 광택이 있으며, 내부는 고른 흰가루 상태로 되어 깨물었을 때 쉽게 부서지며 단단한 부분이 없고, 약한 감미가 있으며 산미나 기타의 변화가 없어야 한다는 것들이며, ③ 화학적으로는 수분이 4% 정도이며, 당화력이 강하고, 단백질이 적고 엑기스분이 많으며, 맥아즙의 여과속도가 빠르고 투명하며, 색이나 용해의 정도가 적합한 것들이다.

4. 맥아즙의 제조

부원료 및 호프를 이용하여 맥아즙을 제조하는 공정으로 맥아분쇄, 담금, 맥아즙 여과, 맥아즙 자비와 호프첨가, 맥아즙 냉각의 5개 공정으로 나뉜다.

1) 맥아분쇄

맥아는 담금전에 다시 정선하여 분쇄기로 분쇄하여 내용물과 물과의 접촉을 용이하게 하고 가용성물질의 용출과 효소에 의한 분해가 충분히 진행될 수 있도록 한다. 맥아는 배유부와 곡피부로 나뉘어져 곡피부에는 맥주의 품질에 나쁜 영향을 주는 anthocyanogen과 고미물질이 있으므로 곡피부는 잘게 분쇄되지 않도록 하고 배유부만을 잘게 분쇄하여야 한다. 이러한 목적으로 수개조의 로울러와 체가 짝이 된 분쇄기가 이용된다.

분쇄의 양부는 엑기스분에 영향을 미칠 뿐만 아니라 담금작업의 난이, 맥아즙여과, 맥주의 맛, 색, 탁도 등에도 영향을 주므로 분쇄의 관리는 매우 중요하다. 또한 맥아의 성질, 맥주의 종류, 담금방법, 맥아즙 여과장치의 종류에 따라 각기 적합한 분쇄도를 선택하지 않으면 안된다. 분쇄맥아의 샘플을 표준체로 체질하여 나누고 각 구의 중량을 측정하여 이것이 소정의 비율이 되도록 분쇄도를 조절한다. 곡피가 잘게 분쇄되는 것을 방지하기 위하여 습식분쇄법이 고안되어 있다. 이것은 분쇄하기 전에 맥아에 증기를 불어넣어 맥아의 표면을 가습하는 방법으로 미리 맥아를 물로 충분히 세척하고 담금용수를 뿌리면서 로울러로 분쇄하고 펌프로 담금조에 이송하는 방법이다. 이 방법에 의하면 곡피가 분쇄되지 않고 미분이 생기지 않기 때문에 맥아즙여과가 매우 용이하다.

2) 담금

담금의 목적은 분쇄한 맥아 또는 부원료로부터 맥주발효에 적합한 조성의 맥아즙을 많이 얻는데 있으며 이것은 적당한 온도와 pH의 담금용수로 이루어진다.

맥아성분의 추출은 10~15%는 단순한 용해에 의한 것이지만 대부분이 효소에 의한 용해에 의한 것이다. 맥아의 amylase는 맥아 및 부원료의 전분을 dextrin과 maltose로 분해하며 단백분해효소는 단백질을 가용성의 함질소물질로 분해된다. Phytase는 phytin을 inositol과 인산염으로 분해된다. 45~50℃에서는 함질소물질의 분해, 용해가 촉진되고 phytase가 작용한다. 60~65℃에서는 발효성 당이 가장 많이 생성되며 70~75℃에서는 전분의 액화는 빠르고 60~65℃에서보다 dextrin이 많아진다. 이와 같은 각 단계온도에 유지하는 시간의 장단에 따라 추출성분의 종류와 비에 여러 가지 차이가 생긴다. 담금 용수 pH가 높으면 효소작용은 저하되므로 맥아즙 여과에 보다 많은 시간이 걸리고 맥아즙이 투명하게 되지 않는다. pH가 높은 맥아즙으로부터 제조된 맥주는 색이 짙고 고미가 강하며 맥즈의 혼탁에 대한 내구성이 떨어진다. 그러므로 이러한 용수는 $CaSO_4$나 산을 첨가하여 pH를 조절한다.

(1) 담금장치

담금솥과 담금조를 이용한다. 담금솥이나 담금조는 보통 그림 5-24와 같이 원형의 솥 또는 조이며 상부에는 둥근 뚜껑과 배기통이 있고 바닥부에는 큰 프로펠러형 교반기가 장치되어 있으며 담금솥 바닥은 증기 jacket으로 가열하게 되어 있다. 그러므로 솥바닥은 보통 열전도율이 좋은 구리로 만들어진다. 또 그 후에 개발된 Blocksudweck라는 담금장치는 장방형통형의 담금조, 담금솥을 상하로 쌓아올린 형식의 것이어서 차지하는 면적이 적고 여열을 효과적으로 이용할 수 있는 등의 장점이 있다.

독일의 Steinecker 회사의 열수가열식 자동담금장치는 그림 5-25와 같이 한쪽으로 경사진 바닥을 가진 네모꼴의 담금조, 담금솥, 자비솥으로 되어 있고 바닥에는 띠 모양의 분기된 가열관이 용접되어 있다. 바닥이 경사되어 있으므로 가열면적이 넓고 강한 자비가 가능하며 끓을 때 액이 심하게 유동하고 단백질의 응고나 액의 증발에 유리한다. 맥아분쇄기에는 곡피의 지나친 분쇄를 방지하기 위하여 전에 증기로써 맥아의 표면을 적시는 살수식 분쇄기가 이용되고 있다.

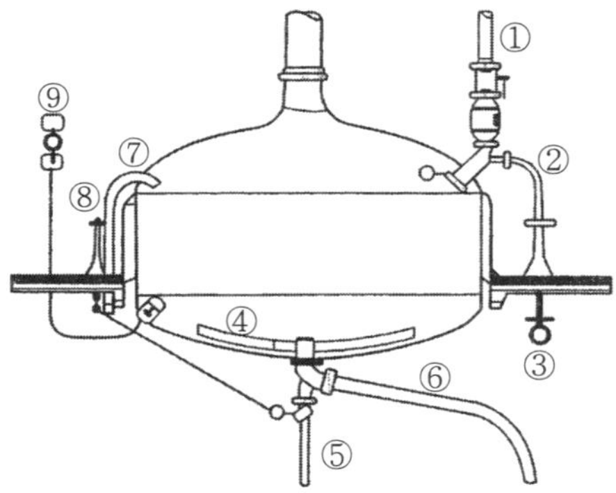

① 분쇄맥아도입관
② 온도계
③ 온수와 냉수의 혼합장치
④ 교반기
⑤ 교반기축
⑥ Mash 이동관
⑦ Mash 도입관
⑧ 개폐전 핸들
⑨ 자기온도계

【그림 5-24】 담금조의 구조

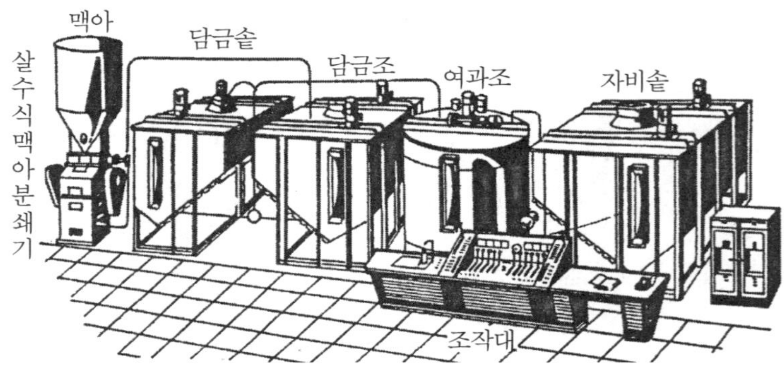

【그림 5-25】 Steinecker의 담금 장치

(2) 담금방법

담금솥 중에서 쇄미나 전분 등의 호화온도가 높은 부원료와 소량의 분쇄맥아를 뜨거운 물과 혼합하여 80℃에서 10분간 유지한 다음 끓인다. 이로써 전분질을 맥아의 amylase에 의해서 액화되어 당화되기 쉽게 된다. 한편 담금조에서는 분쇄맥아와 온탕을 혼합하여 40~60℃로 40~60분간 방치하면 주로 단백질이 peptide나 아미노산으로 분해되고, 60~70℃에서 60~90분간 방치하면 전분질이 amylase에 의해서 dextrin을 거쳐 maltose로 분해된다. 다음에 담금액의 일부를 담금솥으로 보내서 끓인 후 다시 담금조로 되돌려 조의 온도를 75~80℃로 승온시켜 효소를 실활시킴으로써 효소반응을 정지시키고 여과하게 된다. 담금 중의 온도나 시간은 맥아의 성질이나 만들고자

하는 맥아즙의 조성에 따라서 정해두고 정확하게 지켜야 한다. 담금의 온도 경과의 예는 그림 5-26과 같으며 1회 담금에 약 3~4시간 소요된다.

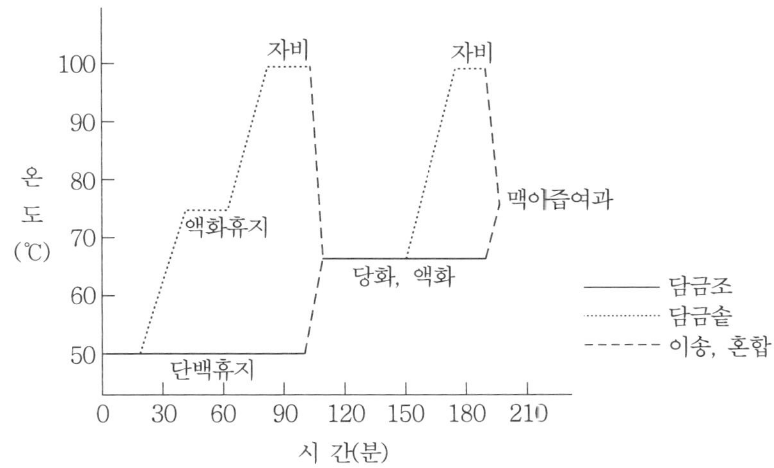

【그림 5-26】 Two mash process 에 있어서의 온도경과

이와 같이 담금솥으로 맥아즙을 2회 끓이는 담금 방법을 two mash process라 하고 널리 이용되고 있으며 one mash process 또는 three mash proecss가 이용되는 경우도 있다. 이와 같이 일부 담금액을 끓여서 온도를 단계적으로 올리면서 맥아가 가지고 있는 각종 효소활성을 최대한으로 이용하는 방법을 decoction method라 불리우며 하면발효 맥주의 담금에 이용된다. 이에 대해서 용해가 더 진행된 맥아를 사용하여 맥아즙 전체를 거의 일정한 온도에 유지하면서 효소분해를 하게 되는 방법을 infusion method라 불리며 상면발효 맥주의 담금에 이용되고 있다.

(3) 담금 중의 물질변화

① 탄수화물의 분해

담금 중에 탄수화물은 맥아의 α-, β-amylase에 의해 분해된다. 맥아즙 전분의 약 80%가 분해되어 맥아당, maltotriose, 설탕, 단당류 등 발효성당으로 바뀐다. 맥아분의 75~80% 정도인 amylopectin은 α-amylase와 β-amylase에 의해 순차적으로 분해된다. α-amylase는 전분의 α-1,4결합을 무작위적으로 분해하여 저분자의 dextrin을 생성하고 β-amylase는 비환원성 말단의 α-1,4결합을 분해하여 맥아당을 생성한다. 분해가 안된 dextrin은 그대로 제품까지 이행되어 맥주 extract의 70~80%를 구성한다.

맥아전분의 20~25%를 점하는 amylose는 20~25개의 포도당이 직쇄상으로 결합되어 있으며, β-amylase에 의해 분해되어 맥아당을 생성한다. 맥아의 β-amylase는 비교적 저온에서 활성을 나타내지만 액화되지 않은 전분의 분해력은 약하다. 따라서 β-amylase는 담금초기 저온단계에서는 dextrin 분해력이 약하지만 온도를 높여 65~68℃가 되면 α-amylase에 의한 전분액화와 함께 본격적인 당화를 일으킨다. 담금초기의 저온기에는 endo-β-amylase도 활성화 되어 발아공정에서 가용화된 β-glucan을 저분자화 한다. 이와 함께 점도 저하가 일어나서 여과공정이 용이하게 된다.

② 단백질의 기타 물질의 분해

보리의 단백질 분해는 제맥아 공정에서 상당히 진행된다. 이 공정에서 생성된 아미노산이나 저분자 peptide는 담금공정에서 맥아즙 중에 용출된다. 단백질은 단백질 휴지기에 주로 분해되지만 맥아즙 자비, 발효, 숙성과정에서도 조금씩 감소되면서 맥주까지 이행된다.

맥아즙의 아미노산은 효모증식에 필요한 영양원이고 맥주의 향기 성분 생성에 큰 영향을 미친다. 또한 아미노산 peptide는 맥주의 맛에도 영향이 크다. 단백질의 분해가 지나치면 맥주의 포지력에 나쁜 영향을 주고, 불충분하면 고분자 peptide의 응고 맥주가 혼탁해질 우려가 있다.

3) 맥아즙 여과

담금에 의해 당화 및 단백분해가 끝난 mash를 박과 맥아즙으로 분리하기 위해서 여과조 또는 여과기로 보낸다. 여과조의 구조는 그림 5-27과 같다.

여과조의 바닥은 가늘고, 긴 구멍이 있는 금속제의 여과판과 그 아래 10수개의 맥아즙 유출관에 연결되는 구멍을 지닌 바닥면과의 이중으로 되어 있다. 이 관의 끝부분에는 각각 콕크가 붙어있어 여과판에서 여과된 맥아즙은 이로부터 빠져나와 모여져서 증자솥으로 들어간다. 여과조 내에는 중심의 회전축으로부터 좌우로 연결되어 솥에 붙어있는 해조기(解槽機) 및 살수장치가 있어 중심축 주위로 조용히 돌면서 박의 층에 동심원상의 작은 고랑을 만들어 맥아즙의 여과 및 박중에 잔류하는 엑기스분을 용이하게 씻어낼 수 있게 한다.

여과기는 주물철제의 각형 여과쇄와 스텐레스제의 여과격자를 좌우로 상호 각각 50매씩 겹치게 한 것으로 이것을 2조를 함께한 이중형도 있다. 여과쇄와 여과격자의 사이에는 여과포를 끼워 맥아즙이 새지 않도록 조여 놓는다. Mash는 담금조에서 펌프로 여과쇄내로 이송하여 넣고 그 양측의 여과포에서 여과되면 박은 여과쇄내에 남고 맥아즙은 여과격자의 하부 앞측에 달린 콕크로 유출되어 자비솥으로 들어가며 이것을 1번 맥아즙이라 한다. 박중에 남아있는 엑기스분은 온수를 보내 씻어내고 이것을 2번 맥아즙이라 하며 1번 맥아즙과 함께 자비솥에 모은다. 여과기는 여과조에 비하여 여과면적이 넓고 여과시간이 현저하게 단축된다.

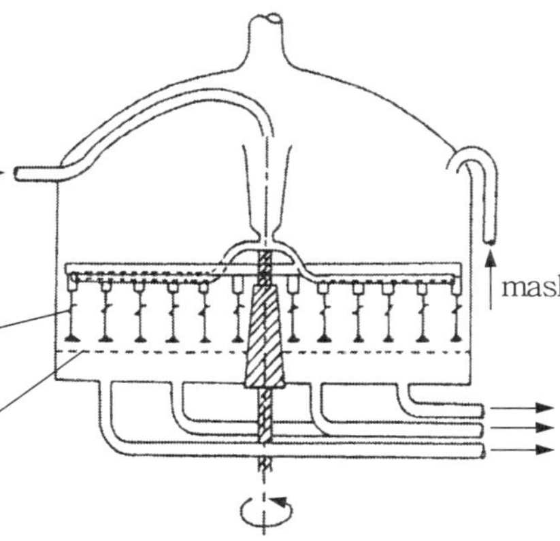

【그림 5-27】 여과조의 구조

4) 맥아즙 자비와 호프첨가

1번 맥아즙과 2번 맥아즙을 자비솥에 모아 호프를 첨가하여 자비한다. 자비의 목적은 2번 맥아즙으로 묽어진 맥아즙을 소정의 농도(보통 맥주공장의 경우는 엑스분 함유량 10~10.7%)까지 끓여 농축하며, hop의 고미성분이나 향기를 추출하고, 가열에 의해서 응고하는 단백질이나 tannin 결합물을 석출시키며 효소의 파괴 및 살균하는 것이 목적이다.

Hop의 첨가량은 완성된 맥아즙 1 kg에 대해서 1.5~1.8 kg 정도이고 맥아즙을 끓이는 동안 2~3회에 나누어 첨가하며, 첨가 시기나 첨가량은 맥주의 종류나 hop의 종류에 따라 달라진다. 상쾌한 적당의 고미와 방향을 부여하도록 신중한 과학적 관리와 고려를 필요로 한다. 맥아즙 자비솥은 담금실에서는 가장 큰 솥으로 담금솥과 같이 증기 jacket에 의해서 가열하나 가열효과를 높이기 위하여 솥 내부에 증기코일을 장치한 것도 있다.

자비솥의 용량은 맥아 1,000 kg당 7~8 kL의 크기를 요하는 데 제조량의 증가와 함께 90~100 kL의 것이 사용되고 있다. 끓이는 시간 1~2시간 정도이며 농축된 맥아즙에는 단백질 등의 열응고물이 생기고 액은 윤이 있고 감미와 상쾌한 hop의 향기 및 고미를 띠게 된다.

5) 맥아즙 냉각

끓인 맥아즙을 펌프로 hop박 분리기로 이송하여 다공판을 통과시켜 hop박을 분리하고 침전조에 1시간 가량 정치하여 열응고물을 침전시킨다. 가공호프를 사용하는 경우는 호프박 열응고물이 결합된 상태이므로 호프분리기가 필요 없다. 최근에는 whirlpool tank가 쓰인다. Whirlpool tank는 직경이 약 5 m인 원통형 탱크로 맥아즙 바닥으로부터 0.5~1 m의 위치에서 접선방향으로 고속으로 송입하여 소용돌이를 만드는 침전조이다. 이 소용돌이가 계속 회전하면 응집물이 탱크 가운데에 퇴적하게 된다. Whirlpool tank는 침전조에 비해 분리가 빠르고 원심분리기처럼 많은 에너지를 필요로 하지 않는 장점이 있다.

맥아즙 중에는 자비할 때 생긴 열응고물과 맥아즙을 50℃ 이하로 냉각한 경우에 생기는 냉응고물(cold break) 등이 있어, 이들 응고물은 주로 단백질이며 tannin, hop수지 등이 함유되어 있다. 이들의 응고물, 특히 냉각응고물은 5 ㎛ 이하로 미세하지만 발효과정에서 효모대사에 악영향을 주므로 맥주의 숙성을 촉진하고 맛을 좋게 하기 위해서 완전히 제거하여야 한다. 다시 제거를 완전하게 하기 위하여 원심분리기와 규조토 여과기를 이용하는 방법이 있다.

응고침전을 분리 제거한 맥아즙은 평판형 열교환기로써 5℃로 냉각한다. 냉각으로 냉각응고물이 생기고, 효모의 증식에 필요한 산소를 공급하기 위하여 맥아즙을 주발효조로 수송하는 배관 중에 무균공기를 취입한다. 효모의 증식에 필요한 산소는 6~8 mg/L이다.

5. 발효

1) 맥주효모

맥주효모는 *Saccharomyces*에 속하는 단세포 미생물로 출아에 의해 증식하고 내생포자를 만든다. 맥주효모는 수백년의 오랜 세월을 거쳐 맥주용으로 적합한 균주를 반복 선발하고 순양된 배양효모가 이용되고 있다. 맥주효모를 실용상 구분하는 방법의 하나로 상면발효 효모와 하면발효 효모로 나누어진다. 상면발효 효모의 학명은 *Saccharomyces cerevisiae*, 하면발효 효모는 최초에 *S. carlsbergensis*로 명명되었으나 그 후 *S. uvarum*으로 바뀌었고 다시 Kreger van Rij편 The Yeast 제3판(1984년)에서는 *Saccharomyces cerevisiae*로 분류되고 있다. 분류학적으로 가장 큰 차이는 하면효모는 melibiose 자화성이며 H_2S, mercaptan을 비교적 많이 생성하는데 대해서 상면효모는 melibiose를 발효하지 않고 ethanol 자화성이라는 점이 서로 다른데, 기본적으로 양자는 뚜렷한 차이가 없다는 생각에서 두 효모가 모두 *Saccharomyces cerevisiae Meyenex Hansen*으로 분류되고 있다. 그러나 melibiose 발효성은 겨우 1개의 유전자에 의해 지배될 뿐이어서 가역적인 변이가 일어나기 쉽다는 점에서 결정적인 차이로 볼 수 없다. 이외에도 상면효모는 호흡력이 높아 발효조에서의 증식률도 7~10배로 하면효모의 약 2배가량 크다. 또한 두 효모는 세포벽 조성의 차이 등도 발견되고 있다.

상면발효 효모에 의한 상면발효 맥주의 발효온도는 보통 15~20℃로 높아서 발효가 빨리 진행되어 4~5일로 끝나며, 효모는 발효 중에 발생하는 탄산가스와 함께 액면에 떠서 최성기를 지나면 거품과 함께 두꺼운 갈색의 크림 상태의 층을 형성한다. 하면발효 효모에 의한 하면발효 맥주의 발효온도는 6~8℃의 저온이며 주발효는 10~12일간으로 끝나고 효모는 발효말기에 발효조 바닥에 침전한다. 또 맥주효모에는 발효액 중에서 세포가 응집하여 상면발효 효모의 경우 액 표면에 뜨거나 하면발효 효모의 경우 바닥에 가라앉는 성질이 있는 응집성 효모와 잘 응집도 하지 않고 비교적 오랫동안 발효액 중에 부유하는 성질이 있는 비응집성 효모(진상효모, 塵狀酵母)가 있다.

응집성이 강해서 발효액 중의 부유효모수가 조기에 감소되면 효모세포와 발효액과 접촉 면적이 감소하므로 발효와 숙성이 완만해지는 반면, 응집성이 약해서 효모가 부유해 있게 되면 발효는 왕성하더라도 효모 회수량이 감소하고 발효액이 맑아지는데 장시간 소요되어 다음의 맥주 여과공정에 지장을 미치게 되므로 발효 중에는 잘 분산되고 발효가 진행된 후에는 응집, 침강하는 것이 이상적이다. 발효가 끝난 후 침전한 니상효모(泥狀酵母)를 세척하여 다음 발효에 수회 내지 10회 정도 반복 사용하는 방법이 일반적인 하면발효에 이용되고 있다. 특히 맥주효모는 야생효모나 잡균이 오염되지 않도록 엄중히 관리하는 것이 중요하다. 또 우량한 맥주효모라 하더라도 수회 반복사용하거나 기타 조건이 변하면 변이하거나 퇴화하게 되므로 항상 엄밀한 검사와 함께 수시로 신선한 효모를 사용할 수 있도록 종효모로부터 무균 공기하에서 배양한다.

2) 주발효

응고물을 제거한 5℃의 냉맥아즙을 효모첨가조에 넣고 1 kL의 맥아즙에 약 5 L의 비율로 니상효모를 첨가하여 18~20시간 정치하면 효모는 액 중에 고르게 분포하고 동시에 약한 효모 등은 침전하기 때문에 침전물을 남기고 액을 발효조로 이송한다. 효모는 맥아즙 중의 영양분을 취하여 왕성하게 증식하여 발효가 시작된다. 발효의 경과는 하면발효의 경우 대체로 다음과 같이 4단계로 진행된다.

(1) 제1기

발효조로 옮기고 나서 약 24시간 후에는 액면이 탄산가스의 미세한 거품으로 덮히는 소위 용부(湧付, ankommen) 현상이 나타난다.

(2) 제2기

용부 현상이 일어난 뒤 2~3일이 지나면 미세한 거품이 마치 하얀 누에고치를 모아놓은 것처럼 엉키면서 부풀어 오르고 전면에 솟아올라 광택이 있는 요철의 거품 층으로 되고 이어서 거품이 높아진다. 이것을 크로이젠(kräusen)이라 한다. 발효에 의한 발열로 액온이 상승하게 되므로 발효조 내의 냉각코일에 냉수 또는 기타 냉매를 통하게 액온을 조절한다.

(3) 제3기

발효가 최고조에 달하여 거품도 최고로 높아지는 시기로 이 시기를 호크크로이젠(hochkräusen)이라 한다. 액온이 최고 7.5~8℃가 되도록 조절한다. 이 시기는 3~4일 계속된다.

(4) 제4기

그 후 발효는 점차로 약해지고 거품도 줄어들며 거품층도 낮아지게 되며 이시기를 쇠퇴기(Zurückgehendeerkräusen)이라 한다. 액온은 점차 강하하여 3℃ 내외로 한다. 액면은 석출한 단백질, hop수지, 효모 등을 된 갈색의 층으로 덮이게 되고 대부분의 효모는 바닥에 가라 앉게 되며 발효성 당은 거의 알코올로 발효되어 소량의 maltotriose만을 남기게 된다. 주발효는 대개 10~12일간에 완료된다. 하면발효에 의한 주발효의 경과의 일례를 들면 그림 5-28과 같다.

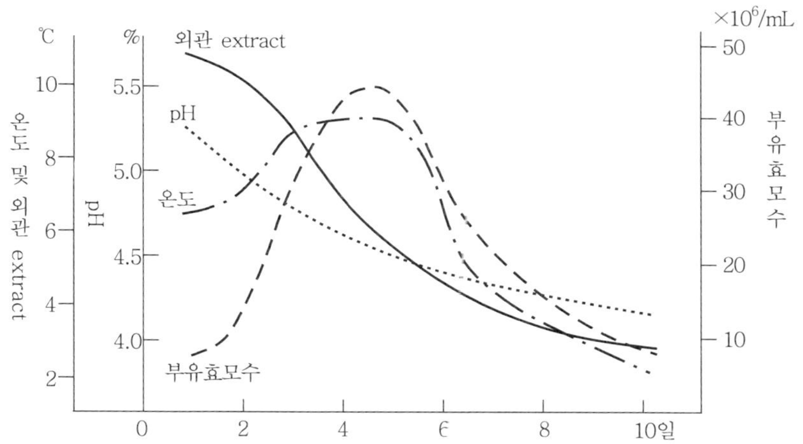

【그림 5-28】 주발효 중의 경과 예

발효에 의해서 맥아즙 중의 발효성 당분이 알코올과 탄산가스로 분해되는 이외에 propyl alcohol, butyl alcohol, amyl alcohol, isoamyl alcohol 등의 고급 알코올, 초산, 호박산, 젖산 등의 유기산, butyl acetate, ethyl acetate, amyl acetate 등의 에스테류가 생성되고 그 양은 미량이지만 맥주의 맛에 미묘한 영향을 미치게 된다. 발효의 진행과 더불어 액의 pH는 5.5~6.5에서

4.2~4.1로 되고 산의 증가에 따라 단백질이 응고되며 고미물질의 일부는 응고물이나 효모에 흡착되어 약간 감소된다. 주발효가 끝난 맥주를 young beer라고 하며 주발효가 끝난 맥주는 침전한 효모를 분리하여 다음의 후발효로 옮겨진다. 침전효모의 수득량은 발효액 100 L당 진한 니상효모로서 2 L 전후이다.

3) 주발효의 설비

발효실은 단열벽으로 둘러싸여 있으며 냉동기에 의해서 실온은 항상 5℃ 내외로 유지된다. 발효조는 이전은 콘크리트 또는 철제의 개방식의 것이 사용되었으나 근래에는 조별로 관리할 수 있는 알루미늄이나 스테인레스강으로 된 밀폐형이 사용되고 있다. 발효조 내에는 발효액의 냉각을 위하여 냉각 코일관이 장치되어 있거나 외부가 jacket로 되어 있다.

6. 맥주의 저장

1) 후발효와 숙성

저주(貯酒)공정은 후발효라고 칭하며 주발효에 이어지는 발효공정으로 동시에 맥주의 숙성도 이루어진다. 주발효를 끝낸 맥주중의 효모는 대부분 침전 또는 원심분리하여 제거되지만 후발효에 필요한 량의 효모는 발효액과 함께 저주탱크로 이행하여 저온에서 서서히 발효를 계속한다. 또 young beer는 맛과 향기가 거칠기 때문에 저온에서 서서히 나머지 엑기스분을 발효시켜 조화로운 향미가 나도록 숙성을 하는 동시에 필요량의 탄산가스를 함유시키면 된다.

즉 저주의 목적은 ① 발효의 엑기스분을 완전히 발효시킨다. ② 발생한 CO_2를 저온에서 적당한 압력으로 필요량을 맥주에 녹인다. ③ 여분의 CO_2를 조용히 방출시켜 young beer 특유의 미숙한 향이나 용존하여 있는 이질가스를 CO_2와 함께 방출시킨다. ④ 효모나 석출물을 침전 분리하여 맥주의 여과를 용이하게 한다. ⑤ 거친 고미가 있는 hop의 수지의 일부를 석출 분리하여 세련되고 조화된 향미를 만든다. ⑥ 맥주 혼탁의 원인이 되는 tannin 물질과 단백질의 결합물 등을 저온에서 석출시켜 분리된다. 이상의 목적을 위해서 저주조는 단열구조로 차단된 0~-1℃의 저주실내에 설치된다. 저주조는 내부가 glass lining이나 합성수지 도장이 된 철제나 알루미늄제 또는 스테인레스강제의 옆으로 누인 원통형 탱크로써 manhole, 맥주출입구, 압력 조절변 등이 있다. 저주조 내에서 발효는 계속되고 8~14일 후에는 압력 조절변으로 내압을 조절하여 서서히 발생하는 CO_2를 맥주 중에 포화시킨다. CO_2는 맥주의 풍부한 거품과 상쾌한 맛을 위해서는 없어서는 안되고 저주조 내압을 0.38~0.4기압으로 조절하면 탄산가스 함량은 0.48~0.5%(w/w)로 된다. 후발효 기간은 맥주의 종류에 따라 다르나 보통 생맥주의 경우 40~60일, 병맥주의 경우 70~90일 정도이다. 근년에는 주발효 말기에서 후발효 초기에 걸쳐 높은 온도로 유지하여 후발효 기간을 단축하는 경우도 있다.

2) 저장과정의 성분변화

(1) 향기의 숙성

맥주 향기 숙성의 핵심은 미숙취의 주체인 diacetyl의 제거이다. Diacetyl 생성은 온도가 높을수록, pH가 낮을수록 촉진된다. 후발효 과정에서는 활성이 있는 효모를 부유시켜야 하며, 그 방법으로는 처녀맥주를 발효탱크에서 저장탱크로 이송하는 transfer법과 후발효 초기에 Kräusen기의 주발효 맥주를 10~20% 정도 첨가하여 발효시키는 Kräusen 첨가법이 있다. 아세트알데히드를 주체로 하는 휘발성 알데히드류는 효모에 의해 환원되어 무취화되거나 역치 이하로 줄어든다. 황화수소나 mercaptane류도 효모의 대사작용으로 감소되며, 일부는 잔류 extract의 발효에 의해 생성된 이산화탄소의 세척효과에 의해 발효가스 중에 배출, 제거되는 것으로 알려져 있다. 숙성 중의 성분변화는 수개월간의 숙성기간을 거쳐 일어나는 것이 아니라, 숙성조건에 따라 다르겠지만 대개 일정기간이 지나면 정상상태에 도달하여 그 이후의 분석치는 거의 변화가 없다. 숙성완료의 지표는 diacetyl과 그 관련물질의 총량을 VDK(vicinal diketone)치로서 측정하여 이용한다. 저장 중 맥주와 효모의 접촉시간이 길어지면 활성이 미약한 효모에서 균체성분의 일부가 분비되어 맥주에 효모취와 같은 불쾌취를 부여할 수 있다.

(2) 맛의 숙성

발효에 이어 저장 과정에서도 호프수지의 불용화와 석출이 진행되어 맥아즙에서 맥주가 될 때까지 고미질 함량은 20~30% 감소한다. 고미질 함량의 감소는 호프의 α-산 이용면에서는 손실이지만, 맥주의 뒷맛에 상쾌한 고미를 부여하는데 도움이 된다. 효모균체 성분의 용출과 관련하여, 효모의 자기소화에 의해 세포막이 소실되면 맥주의 불쾌미를 부여하므로 바람직하지 않다. 그러나 자기소화의 초기에는 효모에 의해 각종 정미물질이 분비되는데, 이 물질은 맥주의 농순한 맛의 발현에 어느 정도 기여하는 것으로 알려져 있다. 따라서 최근에는 효모의 자기소화와 균체외분비를 구분하는 경향이 있다.

7. 맥주의 여과 및 제품화

1) 여과

저주탱크에서 후발효를 끝낸 숙성 맥주는 여과에 의해 투명한 맥주로 만든다.

저장이 끝난 맥주는 잔존효모, 부유물 등과 같은 영구 혼탁물질을 제거하는 외에 저온에서 불안정한 교질상태를 만드는 단백질·탄닌 복합체와 같은 한냉혼탁 물질을 제거하여 맥주를 이화학적·생물학적 안정화시킨다. 맥주의 청징방법에는 ① 저온에 의한 침전법 ② 흡착제에 의한 흡착제거법 ③ 효소에 의한 분해법 ④ 원심분리법 ⑤ 여과법 등이 있다.

한냉혼탁(chilled haze)이란 저온에서 생성되었다가 상온에서 없어지는 가역적인 혼탁을 말한다. 한냉혼탁을 방지하기 위해서는 단백질을 효소로 분해하여 가용화하는 방법과 탄닌성분을 흡착제로 제거하는 방법이 이용된다. 단백질 분해효소로는 papain, pepsin 등이, 흡착제로는 isinglass, nylon, polyvinyl pyrrolidon 등이 사용된다.

맥주의 부유물과 침전물을 제거하기 위해서는 여과과정을 거친다. 여과의 목적은 ① 맥주 중의 효모나 석출된 hop수지나 단백질의 대부분은 저주조 바닥에 침전되어 제거되지만 일부분은 맥주에 현탁되어 있기 때문에 이것을 여과하여 광택이 있는 맥주로 만든다. ② 맥주혼탁의 원인이 되는 불안정한 콜로이드 물질을 제거한다.

여러 개의 저장탱크에 있는 맥주를 균일하게 혼합하고, 또 단백질 등의 석출을 좋게 하기 위해 저주 탱크와 여과기의 사이에 냉각기를 설치하여 맥주가 얼기 바로 전 온도(0~1℃)까지 냉각하여 여과한다. 여과에 있어서는 다음의 모든 점에 유의하여야 한다. ① 맥주에 포함되어 있는 CO_2가 손실되지 않도록 여과는 역압(back pressure)하에서 진행한다. ② 미생물에 의한 2차 오염이 일어나지 않도록 한다. ③ 맥주는 공기 중의 산소에 의해서 산화되어 색이 붉은 빛을 띠고 불쾌한 산화취, 산화미를 생성하고 혼탁하게 되므로 공기가 말려 들어가거나 여과한 맥주가 공기를 접촉하는 것을 절대로 피해야 한다.

맥주의 여과기에는 면여과기, 규조토 여과기, Schichten 여과기, micro-filter 등이 있다. 면여과기가 오랫동안 사용되어 왔으며 여과기로써 가장 널리 이용되고 있는 것이 schalen filter이다. 이것은 많은 여과틀 사이에 압착한 여과면을 삽입하여 전체를 조여서 밀착시킨 일종의 press filter이다. 맥주는 각 틀내로 흘러 들어가 여과면을 통하여 여과된다. 근년에는 규조토 여과기가 널리 쓰인다(그림 5-29).

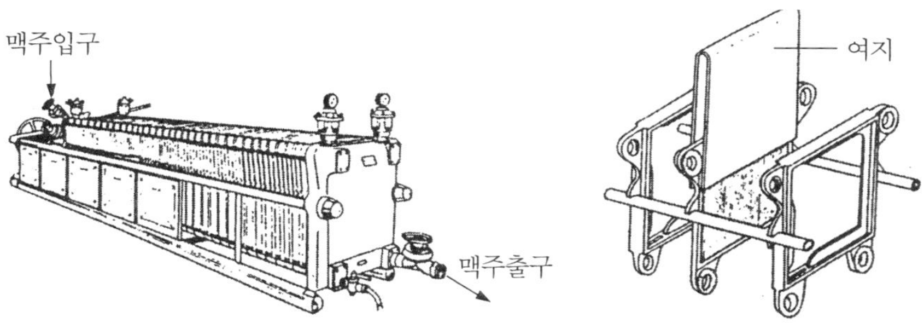

【그림 5-29】 여지, 규조토 여과기

규조토 여과기에는 가는 금속망의 틀을 사용하는 것과 종이의 섬유로 된 두께 3 mm의 filter pad를 이용하는 것이 있고, 이 방식은 규조토를 물과 함께 틀에 통과시켜 금속망이나 filter pad 위에 규조토의 여과층을 형성시켜 여과하게 된다. Schichten 여과기는 흡착력이 있는 석면을 20~40% 함유하는 여지로 여과하며 세균도 여과되나 막히기 쉬워서 미리 규조토 여과기 등으로 여과한 것을 무균여과하는 데 이용되고 있다. Microfilter는 millipore filter라고도 하며 직경 0.8~1.4 μ의 미세한 구멍이 있는 cellulose ester나 기타의 중합체로 만든 막으로써 여과하는 것이며 효모도 완전히 제거 된다.

2) 제품화

(1) 포장

여과가 끝난 맥주는 병이나 캔 또는 생맥주통에 포장한다. 보통의 여과법으로는 효모의 완전제거가 불가능 하여 50~60 cfu/100L 정도는 남아 있으므로 생맥주는 오랜 저장할 수가 없다. 그리고 오래 동안 보존성이 요구되는 병맥주나 캔맥주는 저온살균을 한다. 그러나 이렇게 하면 열에 의한 다소의 풍미의 손상은 피할 수 없게 된다. 맥주의 살균은 60℃에서 20분간 실시한다.

(2) 살균

여과된 맥주는 병, 관, 알루미늄, 스테인레스강 또는 나무로 된 통에 넣어서 제품화된다.

여과 후 가열살균하지 않고 그대로 통 등의 용기에 채운 것이 생맥주이며, 병이나 관에 주입 전 또는 주입 후에 가열살균하며 보존성을 부여한 맥주가 일반적인 병맥주, 캔맥주이다.

여과한 맥주 중에는 극히 수는 적으나 효모나 그 외의 미생물이 존재할 수 있고 용기에 주입하여 포장한 후 시일이 경과하면 번식하여 혼탁하든가 향미가 변화하게 되며 또 invertase 등의 효소가 맛의 변화를 촉진하는 경우도 생각할 수 있으므로 살균과 불활성화를 위하여 저온살균을 한다. 살균맥주의 경우 살균온도는 낮을수록 좋고 가열이 지나치면 소위 살균취가 발생할 우려가 있다. 일반적으로 병 타전 후의 살균법이 실시되어 왔으며 이 방법에는 tunnel pasteurizer가 이용되고 있다. 이들의 장치는 폭 4~5 m, 길이 15~20 m의 터널내의 온수가 분사되는 속을 맥주병이 통과하면서 살균되도록 되어 있다. Vortex살균기의 예에서 보면 예열조, 과열조, 살균조, 예냉조 및 냉각조의 5조로 이루어져 있고 맥주의 온도가 60℃에서 20분 유지되도록 되어 있다.

병주입 전의 살균방법으로서는 평판열교환기와 holding tube로 된 순간살균기를 이용하여 70℃에서 20여초간 가열살균하는 방법으로 가열에 의한 맥주향기의 변화가 적고 보존성이 높은 맥주를 얻을 수 있다. 터널식살균(tunnel pasteurization)은 60℃ 15~20분, 순간살균(flash pasteurization)

의 경우는 70℃에서 20~60초 정도 살균한다. 맥주의 살균효과는 PU(pasteurization)으로 표시된다. 1 PU는 60℃에서 1분간의 살균효과와 같다. 60℃에서 20분간의 처리는 70℃에서 44초의 가열과 동일한 효과이고 모두 20 PU에 해당된다.

8. 맥주의 성분

맥주의 종류에 따라 그 조성은 다양하지만 주성분은 탄수화물 2~8%, 알코올 2~5%, 조단백 0.15~0.65%, 탄산가스 0.3~0.5%이며 이외에 isohumulon, 기타의 hop 물질, 유기산, glycerol, 회분, 비타민을 함유하며 pH 4.2~4.7이다. 제품 맥주의 분석에는 표 5-14와 같다.

【표 5-14】 맥주의 분석 예

종 류	담 색 먹 주			농색맥주
	독 일	미 국	일 본	영 국
진성엑기스(%)	4.12	4.33	3.63	6.55
알코올(w/w%)	3.73	3.63	3.63	6.09
맥아즙엑기스(%)	11.4	11.4	10.2	18.0
환원당(맥아당으로서)(%)	1.50	1.21	1.05	0.98
Dextrin(%)	–	–	1.85	3.34
총질소(mg/100g)	59	53	53	80
Formal N(mg/100g)	23	–	19	–
산도(0.1N NaOH의 mL/100g)	25.5	15 6	19.8	34.1
색도(0.01N I_2의 mL/100g)	4.5	4.2	4.2	4.1
pH	3.7	4.0	3.7	–
Isohumulon(ppm)	25.3	17.3	23.9	46.6
가스압력	2.35	–	2.33	3.00

맥주는 투명하고 광택이 있어야 하며 갈색 또는 적색을 띤 맥주는 산화된 증거이다. 거품은 순백색으로 잘 일고 또 쉽게 꺼져지지 않으며 오래 지속되는 것이 좋고 맥주 컵을 비웠을 때 컵벽에 거품이 많이 남는 것이 좋다. 맥주의 맛에는 다른 맛이나 냄새가 있어서는 안 되며 산미, 고미, 감미 기타의

좋은 맛들이 조화되어 있어야 하고 맛은 온화하고 고상하여야 한다. 또 원숙한 지미가 있으면서도 상쾌한 맛이어야 한다. 뒷맛은 산뜻하여야 하고 고미나 삽미가 오래 남는 것은 좋지 못하다. 병맥주는 오래 보존하면 적갈색이 되고 동시에 향기나 맛도 떨어지게 된다. 맥주를 빛에 쪼이면 일광취가 발생한다. 일광취는 본체는 isohumulone이 광분해되어 H_2S와 반응하여 생성된 3-methyl-2-butene-1-thiol의 구조를 가진 mercaptan이라고 한다. 이 광화학반응은 파장 400~ 500 nm의 광선에 의해서 진행되므로 이 파장범위의 광선이 통과하기 어려운 갈색 또는 암녹색의 병에 넣어 품질을 보호한다. 병맥주가 오래되면 산화취가 생기나 이것은 isohumulone의 산화에 유래된 휘발성의 탄소수 7~10의 불포화 알데히드 때문이다.

9. 맥주의 품질

1) 맥주의 품질

(1) 색과 탁도

투명하고 광택이 있는 것이 좋으나 농색맥주에서는 판정이 곤란하다. 담색맥주의 색은 약간 푸른빛을 띤 광택이 있는 담황금색이 최상이며 갈색이나 붉은기를 띠는 것은 좋지 않다. 붉은기를 띠는 것은 산화된 증거이며 향미의 열화와도 관계된다.

(2) 거품

거품은 순백색으로 미세한 것이 좋다. 또 그래스에 따랐을 때 거품이 잘 일어나고 거품이 쉽게 꺼지지 않으면서 유지가 잘되는 것이 좋다. 또한 맥주를 마시고 난뒤에도 그래스의 벽에 거품이 부착하여 남는 것이 좋은 것이다. 맥주의 거품이 양호할 때는 보기에도 미각을 돋구지만 콜로이드 성분, 함질소화합물, 탄수화물, 무기염류, 호프수지 등이 거품을 내고 유지하는 데 관계가 있고, 거품이 양호한 것은 맥주의 농순(濃醇)한 맛을 느낄 수 있다.

(3) 맛과 향

맥주에는 여러 종류가 있고 각 지역마다 전통적인 기호가 있어 정확하게 향미를 표현하거나 수치화하기는 어렵지만 향미의 공통개념으로 다음의 네

가지 조건을 구비해야하는 것으로 되어 있다.

① 순수성(Renheit)

불량의 원료나 양조공정 중 잡균의 오염에 의한 이미, 이취, 산소의 영향에 의한 산화미, 산화취, 병입 후 햇볕에 노출되어 생기는 일광취, 기타 금속성 맛, 떫은 맛 등 어느 것도 불순한 향미이므로 조금이라도 있어서는 안된다.

② 조화성(Harmonie)

맥주의 고미, 감미, 산미 등의 맛이 조화되어 은화(mild)해야 한다.

조잡한 고미, 떫은 맛, 수렴성의 맛을 동반하는 맥주는 조화로운 맛이 아니다.

③ 풍순성(豊醇性, Vollmundigkeit)

콜로이드 물질의 분산도가 관여되고 있는 것으로 단순히 진한 맛이 아니라 감칠맛과 둥글한 맛이 어우러진 농순한 맛으로 가볍고 상쾌한 맛이어야 한다.

④ 상쾌성(Schneidigkeit)

마신 후에도 입안에 쓴맛이나 떫은맛이 남지 않고 소위 끈김이 있는 신선하고 상쾌한 맛 등이 필요하다.

2) 맥주의 변질과 이상 현상

(1) 맥주의 분출

맥주에는 과포화량의 이산화탄소가 함유되어 있으나 병을 흔들지 않고 조용히 마개를 열면 이산화탄소의 유리가 서서히 이루어진다. 그러나 어떤 경우에는 마개를 따는 순간 돌발적으로 거품이 일어나 맥주의 1/3~1/2이 분출해 흘러내리는 현상을 분출이라 한다. 분출의 원인은 금속이온, 원료대맥의 품질, 맥아 중의 분출 전구물질, 병내 공기량 등 많은 인자가 관계하고 있다. 또한 정상 맥주에서도 운반중이나 뚜껑을 따기 전의 흔들림, 저장 중의 급격한 온도변화 등이 분출현상을 유발한다.

(2) 색의 변화

맥주는 햇볕에 노출되는 시간에 따라 적갈색으로 되기 때문에 병입맥주가 문제된다.

(3) 향미의 변화

맥주의 병입 후 장기 보존할 때 병입 시의 신선한 향미가 소실되고 산화취가 생성된다.

산화취는 주로 맥주의 고급알코올, 불포화지방산, iso-α-acid 등이 저장 중 산화적으로 분해, 생성된 휘발성 알데히드에서 유래된다. 또한 trans-2-nonenal은 맥아유래의 리놀산을 전구물질로 하여 병 내에서 생성되는 산화취의 원인물질이다. 산화취는 맥주에 남아있는 산소에 산화작용에 기인하므로 효모에 의한 환원작용을 기대할 수 없는 숙성이후의 공정에서 맥주가 공기와 접촉하지 않도록 해야 한다.

일광취 또는 광열화취는 맥주를 일광이나 형광등에 노출될 때 생성되는 짐승의 오줌냄새에 가까운 냄새이다. 이것은 색의 변화와 함께 병내에 잔존하는 공기에 의해 촉진되며 일광의 350~500 nm의 단파장의 광선에 의한 혐기적 광화학반응으로 생긴 prenylmercaptan 때문이다. 따라서 맥주는 이 파장영역의 광을 잘 투과하지 않는 갈색병에 넣는다.

기타 풋내 및 노향의 본체는 iso-α-acid의 측쇄가 광분해되어 공존하는 황화수소와 반응하여 형성되는 3-methyl-2-butene-1-thiol로 알려져 있다.

(4) 효모 혼탁

생맥주의 경우 후발효 중의 청징불량, 저장기간이 짧은 경우, 여과 불량, 탄산가스가 부족한 경우 등에는 맥주의 품온이 상승하면 효모가 증식을 재개하여 효모혼탁을 일으킨다. 또한 맥주오염에서 가장 큰 문제가 되는 것은 배양효모에 섞여있는 야생효모에 의한 오염으로 *Saccharomyces diastaticus*가 대표적인 효모이다. 이 효모는 dextrin 자화능이 있어 맥주에 번식이 쉬우며 병입시 몇 마리만 혼입되어도 유통과정에서 병내 발효를 일으켜서 이취, 혼탁의 원인이 된다. 이 때문에 순간살균 맥주의 포장시 야생효모가 오염되지 않도록 병입기나 용기의 세척, 살균에 많은 노력이 필요하다.

(5) 한냉 혼탁

맥주를 0℃에 냉각한 경우에 생기는 혼탁이 20℃ 이상으로 가온하면 소멸되는 경우 이것을 한냉 혼탁이라 하며, 20℃ 이상으로 하여도 혼탁하는 경우는 영구 혼탁이라 한다. 한냉 혼탁은 맥아와 호프에 유래하는 안토시아노겐이 단백질, 당류, 금속과 결합하여 생기는 것이다.

(6) 세균의 오염

맥주는 pH가 4.1~4.3 정도로 낮고 이산화탄소에 의해 혐기상태로 보존되며 호프수지가 다소의 항균력을 가지므로 병원균, 유포자효모, 곰팡이 등은 생육할 수 없는 것으로 알려져 있다. 그러나 호프내성이 있는 혐기성 또는 통성 혐기성 세균이나 야생효모에 의한 오염은 가끔 일어난다. 그 중에서도 *L. brevis*는 맥주분리 젖산균인 80%를 차지할 정도로 가장 발생빈도가 높으며, 맥주의 혼탁, 이미나 이취의 원인이 되거나 점질의 다당류를 생산하여 맥주를 점액화시킨다.

그 밖에 점질물은 생성하는 것으로 *L. pastorianus, Acetomonas oxydans* 등이 있고, *Pediococcus damnosus*는 젖산 생성 외에 다량의 diacetyl을 생성하여 맥주에 악취를 부여한다. 초산균 *Acetomonas, Acetobacter* 등은 호기적 상태에서 알코올을 초산으로 변화시켜 맥주에 초산냄새를 나게 한다.

5-5. 증류주

증류주는 양조주를 증류하여 알코올 도수를 높인 주류를 말하는 것으로 나라마다 독특한 것이 있고 유명한 것 들이 소주, 위스키, 브랜디, 보드카, 데킬라, 럼, 진 등이다.

우리나라에는 안동소주, 문배주, 한주, 옥로주 등의 유명한 소주가 있으며, 전통적으로는 오래 전부터 국내에서 생산되는 쌀과 약초를 원료로 여러 종류의 약용주를 제조하여 음용하여 왔으나 술 제조 금지 조치로 활성화되지 못하고 일부만이 보존되어 왔다.

1. 소주

1) 소주의 유래

소주는 양조주를 증류하여 이슬처럼 받아내는 술이라 하여 노주(露酒), 화주(火酒) 또는 한주(汗酒)라고도 불리며 백주(白酒) 또는 기주(氣酒)라고도 불렀다.

소주는 탁주와 더불어 우리나라 전통곡주의 하나로서 증류방식으로 제조되는 술이다. 그러나 해방 후 식량난으로 곡물 사용이 금지되면서 고구마, 보리, 타피오카 등을 원료로 만든 발효주정으로 생산되는 희석식 소주가 공급되면서 국내 주류산업을 선도하는 술이 되었다.

알코올 함량 17~23%인 희석식 소주는 우리나라에서 대중화된 술로 정착되어, 오히려 외국에서 생산되는 단식 증류한 리큐르와 구분될 정도이다. 각 지역별로 생산되는 소주는 제조과정에서 주정을 희석하는 물과 첨가되는 감미료와 조미료의 양과 배합비율에 따라 맛이 조금씩 달라진다. 1987년부터 시판되기 시작한 사카린을 사용하지 않은 소주, Tetra-pack 포장용기를 사용한 소주 등의 생산으로 소비의 활성화와 차별화가 모색되었으며, 1990년에 들어서면서 소비자 기호도의 다양화와 고급화에 따라 순한 '프리미엄(premium) 소주'가 시판되기 시작하였다. 또한 쌀을 원료로 한 전통적인 증류식 소주 생산이 허용되면서 소주시장은 더욱 다양화하기 시작하였으며, 특히 독한 술보다는 부드러운 술을 선호하는 추세가 확대됨에 따라 알코올 함량을 21%로 낮춘 순하고 뒤끝이 깨끗한 '순한 소주'로 바뀌었다.

2) 소주의 제조방법

(1) 재래식 소주

재래식 소주는 전분질 원료로 멥쌀, 찹쌀, 보리, 기장 등이 사용되었으며, 밀이나 기장 등으로 만든 곡자와 함께 항아리에 물을 넣고 하룻밤 재웠다가 증자한 곡물을 여러 차례 나누어가며 투입하여 발효 숙성시켜 증류하여 제조하였다. 증류방법은 고려시대에서 조선시대 말기까지 증류기 및 제조법이 조금씩 변하여 왔다. 일반 가정에서는 솥에 숙성된 술을 넣고 시루를 얹은 후, 그 안에 주발을 넣고 시루 위에 솥뚜껑을 거꾸로 덮는다. 솥에 불을 때면서 솥뚜껑 위의 물을 자주 갈아주면 소주가 주발에 고이게 되는 원시적인 방법으로, 소주 만드는 것을 '소주 내린다'고도 말하게 되었으며, 이와 같은 원리로 흙으로 빚어 만든 소주 내리는 기구를 '는지'라고 하였다.

이보다 조금 발전된 것이 '고리'이다. 이 증류장치는 2개의 부분으로 되어 있으며, 밑부분은 아래가 넓고 위가 좁았다. 위의 부분은 그와 반대로 밑이 좁고 위가 넓다. 위쪽에 숨이 나오는 주둥이가 있어 주발을 밖에 놓고 소주를 받았다.

이 고리는 흙으로 만든 것은 '토고리', 동으로 만든 것을 '동고리', 쇠로 만든 것을 '쇠고리'라고 하였다. 충남, 전라도, 황해도, 경상도는 '토고리', 개성은 '쇠고리', 함경도는 '는지'나 '토고리'를 쓰다가 나중에 '동고리'를 주로 쓰게 되었다.

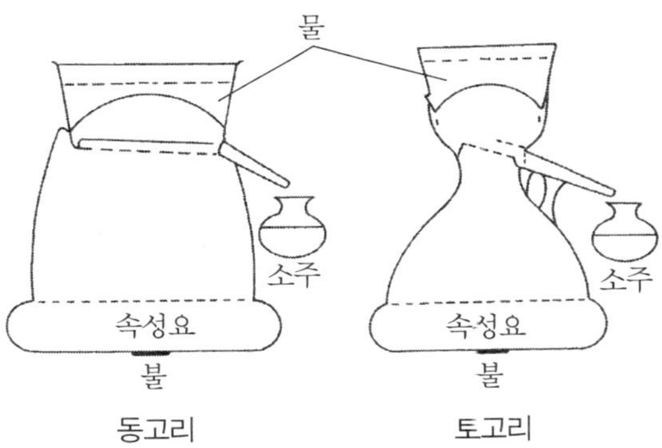

【그림 5-30】 소주 고리의 종류와 구조

(2) 신식 소주

① 증류식 소주

• 제국

코지를 제조하기 위해 사용되는 국균은 흑국균인 *Aspergillus awamori*나 변이주인 *Aspergillus kawachii* 또는 *Aspergillus usamii*, *Aspergillus shirousamii* 등이 사용되는 데 이들은 모두 산생성력이 강하여 pH를 저하하므로 술덧 담금 시 안전관리가 용이한 것 들이다. 증자된 곡류에 0.1~0.3%의 종국을 접종하고 탁주의 제국방법에서와 같이 일정품온(30~38℃)을 유지하면서 바꿔쌓기와 손질을 번갈아 하면서 41~45시간여 만에 출국한다. 완성된 국은 산미가 좋으며 전체적으로 쌀입자에 파정이 잘된 것이라야 좋다.

• 담금

담금공정은 주모를 따로 만들지 않고 2단 담금 방법을 행한다. 1단 담금은 술밑에 해당되는 것으로 *Saccharomyces cerevisiae*에 속하는 소주용 효모를 다량 번식시키는 것으로 종효모는 사용하지 않으나 배양된 효모를 소량 첨가하면 안전하다.

국에 120~150%의 물을 가해 25~30℃에서 3~5일간 발효시킨다. 2단 담금은 숙성된 술덧에 1단 담금원료의 2~3배 원료를 증자하여 150~200%의 물과 함께 넣고 25℃에 담금하여 5~7일간 발효시킨다. 2단 담금은 주원료의 당화와 발효과정이므로 미생물 관리와 품온 관리가 알코올 수량 및 제품의 품질에 영향을 끼치는 것이 크다.

• 증류 및 제품화

증류는 증기 취입식 단식 증류기에 의하여 대기압하의 증류법(상압증류법)이 이용되고 700~800 L의 술덧을 증류하는 데 4시간이 소요된다. 증류기로부터 처음 나오는 초류액에는 알코올 외에 알데히드, 에스테르, 퓨젤유(fusel oil)등이 많고, 유출액의 알코올분이 25~15도 이하가 되는 후류액에는 열분해로 생성한 furfural성 물질에 유래하는 좋지 않은 냄새가 점차 강해지므로 알코올분 8~10도에서 증류를 끊는 것이 일반적이다. 따라서 그 중간의 증류액 부분의 품질이 좋으므로 이 부분을 모아서 증류 원액으로 한다. 증류한 원액은 고급지방산 에스테르 등의 불용성분 때문에 제품이 백탁하거나 유성(油性)부유물을 생성하므로 10℃ 이하로 냉각하여 석면여과를 하여 청징한 제품으로 한다.

향미가 너무 강한 경우에는 활성탄 여과 또는 이온교환수지를 통하여 부드러운 향미를 갖도록 조절한다. 최근에는 상압증류 시 향미가 강하거나 이취가 생성되는 결점을 보완하기 위하여 증류장치 내부를 감압하여 저온에서 술덧을 증류하는 감압증류로 전환되고 있다.

② 희석식 소주

희석식 소주는 옥수수, 보리, 고구마 등의 전분질 원료를 당화시킨 후 배양효모를 이용하여 발효시킨 술덧을 연속식 증류기로 증류하여 생산된 정제 주정을 희석, 탈취하고 법적으로 허가된 물료(物料)만을 첨가하여 조미・배합한 것이다.

• 탈취

주정을 정제수로 일정농도로 희석하여 입상(粒狀)활성탄 충전탑을 통과시키고 분말활성탄을 첨가하여 때때로 교반하면서 2~3일간 처리한 후 면여과기, 규조토여과기, micro-filter 등으로 여과하여 불순물, 이취 등을 흡착 탈취시킨다.

• 조미 및 제품화

탈취된 주정은 고미가 강하며 주정취와 함께 맛이 밋밋하고 가벼워서 기호성이 떨어지므로 조미물질을 첨가하여 맛을 개선시킨다.

주세법상 조미물질은 설탕, 솔비톨, 스테비오사이드, 아스파탐 및 물엿 등의 감미료와 아미노산류, 무기염류 등이 해당된다. 또한 희석식 소주에 증류식 소주 또는 곡물주정을 알코올 총량의 20% 범위 내에서 첨가한 혼합식 소주를 제조하기도 한다.

2. 위스키

1) 위스키의 유래

위스키는 맥아의 효소를 이용하여 옥수수, 호밀, 보리, 밀 등의 곡물 원료를 당화하고 효모에 의하여 발효시킨 술덧을 증류하여 얻은 술을 oak통에 넣어 숙성시킨 것으로 숙성 중 향미와 향취를 자아내는 증류주이다.

위스키의 원형은 12세기경에 켈트(Celt) 사람들이 '생명의 물'이라고 여긴 우스퀴보(uisgebeatha)를 아일랜드에 전하였으며, 1170년 헨리 2세가 아일랜드를 정복함에 따라 그 후 스코틀랜드에도 전해졌다.

15세기에는 고지대인 하이랜드에서 위스키가 제조되었으며, 위스키는 아일랜드의 아이리시(irish) 위스키와 스코틀랜드의 스카치(scotch) 위스키로 나누어지게 되었다.

2) 위스키의 제조방법

(1) 스카치 위스키(Scotch whisky)

① 맥아 위스키(malt whisky)

스코틀랜드에서 생산되는 위스키의 총칭으로 4개 지역 Highland, Lowland, Islay, Campbelltown에서 독특한 특성을 지닌 맥아 위스키가 만들어진다. 보통 스카치라고 해도 스카치 위스키를 뜻한다. 스카치 대신 Scots라고 표시한다. 1952년 영국에서 발명된 관세와 면허세법에 의하면 맥아의 diastase에 의해 당화된 곡류의 거르지 않은 술로써 스코틀랜드 내에서 증류하여 최소한 3년간 통에 저장·숙성시킨 위스키에 한하여 스카치 위스키라고 출고허가증과 매도증명서에 기입하도록 되어 있다.

• 제맥공정(malting)

보리는 2조종의 Golden melon을 사용한다. 발아에는 약 1주간이 소요되는 데 침전조에서 보리를 24~48시간 동안 물에 담가 놓았다가 15~17℃의 발아실로 옮겨 발아시켜 수분 42% 정도로 유근이 곡립의 1/2~2/3 정도 신장한 녹맥아를 건조탑으로 보낸다. 건조탑내에는 금망상의 건조상(kiln floor)위에 70~80 cm의 두께로 녹맥아를 깔고 아래부터 열풍을 보내 최초는 50℃ 정도에서 건조가 시작되고 점차 온도를 올려 최후에는 75~80℃에서 맥아를 건조한다. 건조 시 니탄(泥炭, peat)을 때서 생긴 특유의 훈연취를 열풍에 혼합하여 보냄으로써 맥아의 특유한 향기를 부여한다. 건조시간은 48시간 정도 실시하는 것이 보통이며 건조맥아의 수분은 4~5% 정도이다. 건조탑을 나온 맥아는 제근하여 저장한다.

• 당화(mashing)

건조맥아를 분쇄하고 약 4~5배의 온수(溫水)를 가하여 교반하면서 가온하고 처음에는 50℃ 정도에서 시작하고 점차 온도를 올려 70℃ 정도가 되도록 하여 3~7시간 당화를 진행한다. 당화액을 압착필터 또는 여과기로 여과하고, 여과하고 남은 잔사(殘渣)는 다시 온수를 가하여 75℃로 가열하여 추출하고 최초의 당화액에 가하여 발효조로 보낸다. 당화액은 Balling 15~20°이다.

• 발효(fermentation)

당화액은 20℃ 정도로 냉각하여 효모(*Saccharomyces cerevisiae*)를 첨가한다. 주모의 첨가량은 술덧의 약 2~5%로 주모 대신에 니상효모(泥狀酵母)를 가하는 경우도 있다. 위스키제조에 이용되는 효모는 영국에서 이용되는 맥주효모와 유사하며 발효력이 강하다. 발효온도는 30℃를 넘지 않도록 온도를 조절하며 3~4일간에 발효를 종료하고 알코올분 5~8%의 발효액을 얻는다.

• 증류(distillation)

단식 증류기 또는 연속식 증류기를 사용하며, 단식 증류기로 2~3회 증류한다. 알코올을 완전히 회수하도록 증류한 유액은 알코올분 18~24% 정도이며, 이것을 같은 단식 증류기를 이용하여 재차 증류한다. 증류 시 각 성분의 움직임은 제품의 향미에 크게 영향을 끼치므로 중요한데 증류의 초기에는 많이 유출하고 알코올분이 저하됨에 따라 감소한다. 그 정도는 성분에 따라 다르기 때문에 어느 구분의 유액을 취하느냐가 품질 상 커다란 문제가 된다. 통상적으로 초기 유출분은 전회 증류의 잔사 의에 알데히드류 등 자극성이 강한 성분을 많이 함유하기 때문에 소량을 제하고 초류분(初留分)으로 하여 그 이후를 위스키분(fine spirits)으로 한다.

증류가 진행되어 알코올분이 50%를 하회하게 되면 휘발성분은 거의 유출이 끝나고 유액에 불쾌한 성분이 혼입되기 때문에 이후의 유액은 초류액과 함께 다음 증류시의 조류액(粗留液)에 가한다. 위스키분인 중류분(中留分)은 알코올분 60~70%인 데, 이것을 일정의 알코올분이 되도록 가수하여 180~360 L의 오크통에 저장한다. 통상 증류기에는 몰트위스키를 적은 용량으로 알코올 함량 70% 내외로 증류하는 경우에 이용하는 단식 증류기(pot still)와 그레인위스키에서처럼 많은 용량으로 알코올 함량 90% 내외로 증류하는데 이용하는 연속식 증류기(patent still)로 구분된다.

• 숙성(maturation)

증류된 무색투명한 위스키 원액을 참나무(oak) 통 속에 저장하여 3년간 이상을 숙성시킨다. 숙성 중에는 위스키 특우의 향미가 생성되고 맛이 둥글해진다. 숙성기구에 대해서는 분명하지 않지만 먼저 숙성통이 증류분의 불쾌한 성분을 흡착하고, 한편 재질의 가용성분이 용출한다. 숙성통을 통해 공기가 드나들므로 용출성분의 산화가 서서히 진행한다. 이 들 성분과 증류분에 함유되어 있는 성분과의 사이에 여러 반응이 일어나고 또한 알코올 분자와 물분자와의 회합 등도 진행되어 맛은 부드러워지고 깊은 향이 있는 위스키가 만들어진다. 한편 통으로부터 용출된 성분에 의해 액은 갈색으로 된다. 일반성분의 변화로는 산, 에스테르가 급증하고 pH는 저하한다. 탄닌, 고형물이 점차 증가하지만 알코올분 등도 약간 증가한다. 이것은 이들 분자로부터 물분자가 통을 통하여 휘산하기 쉽기 때문으로 여겨진다. 이들 성분의 휘산 때문에 통안의 액량은 매년 수%씩 감소한다.

참나무 재질 차이는 숙성할 때에 위스키의 맛과 향에 영향을 미친다. 숙성기간이 오래될수록 향기가 가해지고 감미로우며, 술의 품질이 향상된다. 고급위스키는 12년 이상 숙성된 원액을 사용한다.

• 블렌딩(blending)

이와 같이 저장한 위스키는 다시 숙성년도가 다른 것, 제조장이 다른 것, grain whisky와 혼합한다. 이 블렌딩 작업에 의해 품질의 균일화가 이루어질 뿐만 아니라 조합전의 개개의 위스키의 거친 맛 등의 결점이 없어지고 품질이 향상된다. 다시 여기에서 각사의 제품의 특색이 만들어지는 것이다. 대부분 30여 종류의 몰트위스키 원액과 1가지 또는 몇 가지의 그레인 위스키 원액을 알맞은 비율로 조합한 후 물을 첨가하여 제품화한다.

• 메링(marring)

조합한 여러 위스키 원액이 서로 잘 조화될 수 있도록 일정기간을 통 속에서 저장한다.

• 제품화

저장이 끝난 위스키 원액에 물과 첨가물을 넣어 blending 함으로써 제품화하며, 알코올 함량은 40~43%이다. 제품의 종류에는 한 가지 증류주의 몰트위스키 원액만 사용한 것, 여러 증류주의 몰트 위스키 원액을 혼합한 것, 그레인 위스키 원액만 사용한 것, 몰트 위스키 원액과 그레인 위스키 원액을 조합한 것 등이 있다. 몰트 위스키 원액과 많은 양의 그레인 위스키 원액을 조합한 제품이 대부분이다.

② 곡류 위스키(grain whisky)

그레인 위스키의 원료는 옥수수, 호밀 등을 이용하고 맥아의 사용량은 전 원료 곡류의 10~20% 정도이다. 곡류는 분쇄하여 120~150℃, 3시간 증자하여 당화조에 보내 냉각하고(60~65℃) 분쇄맥아를 가하여 당화한다. 당화력이 강한 6조종의 대맥으로부터 얻은 맥아를 사용하거나, 당화를 완전히 하기 위해 미리 황산에 의한 산당화를 하고 당화가 대략 종료하면 칼슘을 첨가하여 중화한 후 pH를 조절하고 맥아를 가하여 당화를 완료하는 방법도 취해진다.

당화액을 통상 여과하지 않고 그대로 주모를 가하여 3~5일간 발효하여 종료하면 알코올분 5~7%의 발효액이 얻어진다. 이 발효액을 2탑식(塔式)의 연속 증류기로 증류한다. 이 증류기는 patent still이라 불리는데 정류능력이 양호하여 알코올분 85~95%로 유출하는 유분은 경쾌한 향미를 갖는 타 곡류에 유래하는 특유한 향미를 갖고 있다. 이것을 통에 저장하는 데 malt whisky에 비해 숙성이 빠르고 2년 정도로 사용이 가능하여 malt whisky와 혼합하면 malt whisky의 거친 맛이 사라지고 양질의 위스키가 된다. 저장전의 grain whisky는 보드카나 진의 원료로도 사용된다.

(2) 아이리쉬 위스키(Irish whisky)

아일랜드산의 위스키를 총칭하며, 사실상 최고의 전통을 자랑하는 위스키이다. 영국의 법률에 의하면 아이리쉬 위스키란 몰트를 사용하여 당화된 'Cearial Crain'의 Mash를 발효하여 Nothern Ireland에서 증류에 의해 얻은 Spirit를 증류가의 창고내의 술통 또는 보세창고 내의 술통 안에서 최저 3년간 숙성한 것이다. 아이리쉬 위스키는 아일랜드산의 알갱이가 작은 곡류만을 원칙으로 하기 때문에 보리(그중 40%가 맥아)가 주종이다. 과거에는 밀, 라이맥을 섞어 사용하였으나 현재에는 귀리가 사용된다.

맥아는 전통적인 방법으로 제조하되 건조시 peat를 사용하지 않는다.

증류는 단식 증류기를 사용하여 3회로 나누어 실시한다. 1회 증류에서 초류분(알코올 50% 정도)과 후류분으로 나누어 진다. 후류분을 재증류하여 알코올이 높은 부분을 전자와 합친다. 이 알코올분을 다시 증류하여 초류(head), 중류(whisky), 후류(feint)로 나눈다. 중류분(알코올 70~75%)이 위스키의 원주가 된다.

블렌딩은 곡류 위스키와 하지 않고 동종끼리만 한다. 최근에는 patent still의 grain sprits을 조합하는 수도 있다. 스카치 위스키보다 보리맥아의 향이 강하며, 맛이 짙고 중후하다.

(3) 아메리칸 위스키(American whisky)

미국에서 생산되는 위스키의 총칭으로 대표적인 것은 Bourbon whisky이다. 원료는 반 이상(60~75%)이 옥수수이고 라이맥(13~28%)과 보리맥아(12% 정도)가 함께 사용된다. 원료는 회분식과 연속식으로 증자한다. 증자 후는 63~67℃가 되게 냉각하고 분쇄맥아를 첨가하여 converter에서 65℃로 당화시킨다. 종효모는 라이맥과 맥아의 당화액에 젖산균 *Lactobacillus delbrückii*를 배양하여 산성화시키고 효모를 배양하여 제조한다. 발효는 20℃에서 시작하여 최고 30℃ 정도에서 3일간으로 끝나며 이 때 7~8%의 알코올을 얻는다. 발효술덧은 다단식 연속증류기로 증류하여(알코올 40~80%) white oak통에서 최저 2년 이상 저장한다. 저장주의 알코올분은 62.5%이다.

(4) 캐나디안 위스키(Canadian whisky)

캐나디안 위스키는 아메리칸 위스키와 제조방법이 유사하고 주원료인 옥수수, 라이맥을 보리맥아로 당화하여 발효시킨다. 술맛이 부드럽고 향기가 그윽한 것이 특징인 데 대체로 향기가 적은 편이다. Flavouring과 base가 있으며 양자의 조합으로 제품화한다. 숙성은 white oak통 안에서 3년 이상이지만 6년 이상 숙성 시킨 제품도 있다.

3. 브랜디

1) 브랜디의 유래

브랜디는 연금술의 실험과정에서 생긴 증류주의 일종이다. 약 13세기경에 프랑스에서 연금술사이며 의사인 아노드 빌라 노바가 이것을 '아쿠아 비타(Aqua vitae)', 곧 '생명의 물'이라고 불렀다. 그는 이 생명의 물에 알코올이라는 단어를 처음 사용하였다. 아랍어의 Koh'l은 눈썹을 그리는데 사용하는 가루인데 여기서 관사 Al을 붙여서 Al Koh'l이라 이름 붙였는데 이것이 나중에 alcohol로 변한 것이다. 이와 같은 이름을 붙인 것은 와인의 증류과정이 눈썹을 그리는데 사용되는 검은 가루를 만드는 과정과 같았기 때문이다. 아쿠아 비타는 처음에는 약용으로 사용되다가, 점차 술로 인식되어 오늘날과 같은 브랜디로 발전하였다.

우리나라에서의 브랜디는 1968년도에 한국산토리(해태산업)가 국산 포도를 원료로 제조하여 저장하던 중, 1975년 프랑스의 브랜디 제조회사인 헤네시(Hennessy)와 기술을 제휴하여 국산 브랜디와 헤네시의 원주를 혼합하여 생산하였다. 1977년에는 완전한 국산 브랜디로 대체하여 생산하게 되었다. 그러나 국산 브랜디는 경쟁력이 떨어져, 지금은 수입에 의존하고 있다. 브랜디 중 가장 유명한 것으로 Cognac과 Argmanac이 있다.

2) 브랜디의 제조방법

브랜디의 제조방법에는 종류별로 큰 차이가 없어서 꼬냑의 제조방법을 와인제조, 증류, 저장, 블랜드 순으로 설명하면 다음과 같다.

(1) 와인 제조

브랜디의 원료로 사용되는 포도품종은 생산지에 따라 다르나, 프랑스에서는 *Folle Blanche, Saint Emillion, Columbard* 종을 주로 사용한다.

9월에서 10월 하순에 걸쳐 수확하여 곧바로 브랜디의 원료가 되는 와인이 만들어지는데, 신맛이 강해서 와인으로서의 맛은 아주 나쁘다. 그러나 이 신맛이 고급 브랜디에는 불가결의 요소로 되어 있다.

(2) 증류

브랜디의 증류는 와인을 2~3회 Pot Still로 증류하는데 위스키의 것과는 조금 다르다.

첫 번째 증류에서 알코올성분 27~30% 정도의 증류액이 얻어지는데 이것을 부루일리(brouilis)라고 한다. 이것을 다시 증류하여 알코올 성분 약 70%의 증류액이 얻어지는데 이것을 라 본느 쇼프(La Bonne Chauffe)라 한다. 이렇게 2단계로 나누어 증류하면 평균 8통의 와인에서 1통의 브랜디가 얻어진다. 여기서 더 좋은 브랜디를 얻으려면 다시 10~15시간에 걸쳐 세 번째의 증류를 하게 된다.

(3) 저장 및 숙성

증류한 브랜디는 White oak Barrel에 넣어 저장한다. 술통은 새것보다 오래된 것이 더 좋다. 새 술통을 사용할 때에는 반드시 열탕으로 소독하고 다시 화이트 와인을 채워 유해한 색소나 이취물질(異臭物質)을 제거한 후 화이트 와인을 쏟아내고 브랜디를 넣어 저장한다. 저장기간은 최저 5년에서 20년이나, 오래된 것은 50~70년 정도 되는 것도 있다. 저장 중 브랜디의 양은 증발에 의해 줄어드는데, 이는 술통의 나뭇결에서 발산하므로 2~3년마다 다른 술통에 채워 넣는다.

브랜디도 위스키처럼 혼합을 하는데 가장 중요한 공정 중의 하나이다. 오랜 경험과 예리한 감각을 지닌 Blender에 의해 Blending된 브랜디는 다시 어느 정도 숙성시킨 후 병입되어 시판되는 것이다.

숙성 과정을 크게 추출(extraction), 숙성(aging), 산화(oxidation)의 단계로 나눌 수 있는데 추출 과정은 증류원액이 오크통과 접촉하면서 오크통으로부터 탄닌, 리그닌 등의 성분이 녹아 나오게 되고 색도 점점 진해져 호박색의 황색을 띠게 된다. 숙성 과정은 오크통에서 녹아 나온 성분과 증류원액과의 화학적 반응을 통해 자연에서 얻어지는 향기 성분인 아로마(aroma)와는 다른 새로운 향기 성분인 부케(bouquet)가 형성되며 색도 진해지게 된다. 산화과정은 오크통을 통과한 공기와의 접촉을 통하여 이루어지며 최종적인 브랜디의 부케 향과 황금빛 색을 띠게 된다.

숙성 기간 중에 오크통에 담긴 원액으로부터 알코올이 통 밖으로 증발하게 되는데 이로 인하여 숙성 장소의 벽면은 그을린 듯이 색이 변하게 된다. 초기 증류원액에서 숙성이 끝나면 40%정도 떨어지게 되는데 사람들은 이렇게 없어진 알코올을 '천사의 몫(The Angel's share 또는 Angel's drink)'이라고 부른다.

3) 브랜디의 종류

(1) 꼬냑(Cognac)

꼬냑 지방은 와인의 명산지인 보르도의 바로 북쪽으로 경계를 맞대고 있으며 서부 대서양으로 유입되는 지롱드 강의 북부에 위치한 지역이다. 꼬냑이라는 술이 생산되는 지역은 꼬냑과 인접 두 프랑스 구역인 세곤작과 쟈르낙을 일컫는다.

이 지역에서 재배되는 포도로 발효한 와인은 상대적으로 알코올 함량이 낮고 품질이 좋지 않으나, 증류할 때 산이 알코올과 반응하여 향기 성분이 에스테르를 형성하게 되고 알코올 농도가 높은 와인보다 다량의 와인을 사용하여 증류함으로써 와인의 향이 농축되는 효과를 얻어서 높은 품질의 브랜디를 생산할 수 있다.

프랑스 정부는 법률에 의해 꼬냑 지방의 포도 재배구역을 6개로 구분하고, 100% 그 지역에서 산출되는 포도를 사용하여 만든 꼬냑에 지구명을 붙여 판매하는 것을 허용하고 있다.

(2) 아르마냑(Armagnac)

꼬냑과는 달리 아르마냑은 증류를 한 번만 한다. 그 대신 증류기는 반연속식으로 5~8개의 단식 증류장치를 연결시켜 놓은 형태의 다단식 증류장치를 이용한다. 또한 저장용 목통에서도 꼬냑이 화이트 오크통을 쓰는데 비해, 아르마냑은 블랙오크로 처음 2년 동안 새 통에서 숙성시키고, 다음에는 오래된 오크통으로 옮겨서 숙성시켜 신선한 향미를 지닌 브랜디로 숙성된다. 아르마냑은 꼬냑보다 남성적이며 신선한 살구향에 가까운 아르마냑 고유의 향을 가지고 있다. 꼬냑이 정교한 솜씨에 의해 다듬어진 술이라면, 아르마냑은 힘이 넘치는 야성적인 술이라 할 수 있다.

(3) 칼바도스(Calvados)

사과를 원료로 하는 브랜디로 가장 대표적인 것으로는 프랑스의 노르망디 지방의 특산주로서 이 지방은 겨울의 추위가 혹독하기 때문에 포도재배는 적합하지 못하고 한냉지에 강한 사과가 풍부하여 사과주와 사과 브랜디의 특산지가 된 것이다. 다양한 종족이 모인 이곳에는 미식가가 많아서 사과즙을 발효시킨 사이다라는 음료를 일찍부터 만들어 마셨다.

이 사이다를 증류하여 만든 것이 바로 칼바도스이다. 1946년에 제정된 A.O.C.법은 칼바도스를 생산할 수 있는 지역을 한정하였으며, 사이다와 칼바도스의 제조를 규정하게 되었다.

4) 브랜디의 품질과 등급

브랜디는 향기를 맡기 위해서 마시는 술이므로 향기를 충분히 즐기기 위해서 브랜디 바룬(튤립 모양을 한 대형 글라스)이 쓰인다. 꼬냑과 아르마냑은 서로 그 방향(芳香)을 다투어 우열을 가리기 힘든 명주이다. 이 양자는 산지가 다를 뿐만 아니라 증류주의 제조에 있어 가장 신경을 곤두세우는 증류 공정, 특히 증류기에 큰 차이가 있는 데다 저장 숙성하는 통에도 큰 차이가 있다.

증류기에서는 꼬냑은 양파형의 단식 증류기로 2번 증류하는 것임에 반해서 아르마냑은 다단식의 반연속 증류기여서 한번만 증류한다. 또한 저장·숙성은 꼬냑은 리무쟁 숲의 오크재(Limousin oak)로 만들어진 오래된 통에 넣어 잠재우는 것임에 반해, 아르마냑은 가스코뉴의 검은 오크(Gascon black oak)에 저장하여 숙성시키는 것이다. 이러한 차이는 양자의 향미에 결정적인 차이를 나타내게 된다. 양쪽 다 숙성기간은 5~8년이며, 최고급 명주 중에는 25년 이상 조용히 숙성시킨 것도 있다. 너무 숙성이 지나친 것은 때로는 저장연수가 적은 것과 섞이기도 한다.

프랑스에서 브랜디의 저장연수의 표시는 메이커가 그 제품의 저장연수를 그대로 표시하는 수가 많지만, 특별한 협정이 없어서 가지각색이다.

브랜디는 품질을 구별하기 위해서 여러 가지 부호로써 표시하는 관습이 있다. 그러나 오늘날에는 그 브랜디 자체의 품격을 대변하고 있다. 꼬냑 브랜디에 처음으로 별도의 기호를 사용한 것은 1865년 헤네시회사에 의해서이나 브랜디의 등급표시가 제조회사마다 공통된 부호를 사용하는 것이 아니다.

숙성연도에 따른 기준으로 보면 Five star 10년 이상, VSOP 25~30년, Napoleon 30~40년, X(Extra) 40~50년 정도로 알려져 있으며, V.S.O.P. X. 등의 표시는 E(Especially), S(Superior or Special), O(Old), P(Pale or Products), V(Very), X(Extra)의 의미를 뜻한다.

4. 일반 증류주

1) 진(Gin)

진(Gin)은 17세기 중엽 네덜란드의 Francisco dela Boe에 의하여 만들어

졌으며, 이뇨(利尿)와 구풍건위(驅風建胃) 등에 효과가 있는 두송실(杜松實, Juniper berry)의 정유성분을 알코올로 침출하고 이것을 증류하여 만든 무색의 술로서 알코올 농도는 40~50%이다. 따라서 진은 독특한 송진 냄새가 난다. 진의 향기성분은 산화되기 쉬우며 산화에 의해 테르펜(terpene) 냄새를 내기 때문에 진은 저장하지 않고 그대로 음용하며, 칵테일의 기주(基酒, base)로도 많이 쓰인다. 진의 종류에는 크게 영국의 런던진(London gin)과 네덜란드진(Holland gin, 일명 Geneva)이 있다.

(1) 런던진(London gin)

런던진의 제법은 먼저 곡류(보리맥아, 호밀, 옥수수)를 원료로 하여 발효시킨 술덧을 연속식증류기로 증류하여 무취의 알코올을 얻는다. 이 알코올을 물로 희석하여 알코올 농도 60%가 되게 하여 목이 긴 진 증기류(gin still)에 넣고, 여기에 두송실(Juniper berry)과 소량의 향료식물을 넣거나 증류기의 정상에 설치된 시렁 위에 놓고 증기로 가열하여 증류한다. 두송실 등의 향료식물의 정유성분은 알코올액과 그 증기에 의해서 추출되어 유출하고, 증류액은 진 특유의 향미를 가지게 된다. 증류액 중 처음 것과 마지막 것을 제외하고 중간부분(heart)만을 모아 물을 가하여 소정의 알코올 농도로 맞추어 제품화한다. 이렇게 만들어진 진은 감미가 없어 쌉쌀한 맛이 나므로 드라이진(dry gin)이라 한다. 한편 런던드라이진에 설탕이나 glycerin을 1~2%되게 첨가하여 감미를 부여한 탐진(Tom gin)도 있다.

(2) 네덜란드진(Holland gin, Geneva)

네덜란드진(Holland gin, Geneva)의 제법은 먼저 호밀(rye), 옥수수, 보리맥아를 원료로 하여 당화, 발효시킨 후, 단식증류기로 3회 증류하여 알코올 농도 45%의 증류액을 얻는다. 여기에 두송실을 주체로 한 향료식물을 첨가하고 다시 증류하여 저장없이 제품화한다. 네덜란드진은 매우 깨끗하나 맥아의 향미가 강하다. 이 때문에 칵테일용으로는 부적합하다.

2) 럼(Rum)

(1) 종류

럼(Rum)은 사탕수수 즙이나 사탕수수 당밀(당분 약 55%) 등을 발효, 증류한 증류액을 나무통에서 저장한 술로 주산지로는 Jamaica, Demerara, Cuba, Puerto Puerto, Trinidad 등이 있다.

알코올분 43~53%로 특유의 향미를 지니며, 성질 및 제법에 따라 heavy(dark), medium, light의 3타입으로 나뉜다. Heavy는 자마이카 럼으로 대표되며, 농색으로 향이 강하고 에스테르, 알데히드가 풍부 하며, medium은 색이 엷고 향기가 적으며 Demerara, light는 무색에서 담황색까지 색이 다양하며 Cuba, Puerto Rico가 유명하다.

이와 같이 럼은 풍미에 의한 분류 이외에도 색상에 따라 다음과 같이 분류된다.

① 헤비 럼(Heavy-bodied Rum, Dark Rum)

감미가 강하고 짙은 갈색으로 특히 Jamaica산이 유명하다. 주요 산지로는 Jamaica, Martinique, Trinidad Tobago, Barbados Demerara, New England 등이다.

② 미디엄 럼(Medium-bodied Rum, Gold Rum, Amber Rum)

Heavy Rum과 Light Rum의 중간색으로 서양인들이 위스키나 브랜디의 색을 좋아하는 기호에 맞추어 Caramel로 착색한다. 주요 산지로는 도미니카(Dominica), 남미의 기아, Martinique 등이 있다.

③ 라이트 럼(Light-bodied Rum, White Rum)

담색 또는 무색으로 칵테일의 기본주로 사용된다. 쿠바(cuba)산이 제일 유명하다. 주요 산지로는 Cuba, Puerto Rico, Meico, Haiti, Bahamas, Hawaii 등이다.

(2) 제조방법

럼의 원료는 사탕수수를 롤러(roller)로 눌러 부순 뒤 여과한 당액을 그대로 쓰는 경우와 제당공정의 부산물인 당밀을 쓰는 두 가지 방법이 있는데, 후자의 경우가 많이 사용된다. 원료가 이미 당분이므로 당화의 공정은 불필요하다. 당액을 발효시키는데 라이트 럼은 2~4일 정도이고 헤비 럼은 5~20일 정도에 걸쳐 서서히 이루어진다. Jamaica산 럼은 *Saccharomyces* 계 효모를 이용하며 일반적으로 고온성 효모가 많다. 35~40℃에서 발효시키며 통상 발효는 2일 정도로 비교적 짧지만 독특한 향미와 유기산을 생성시킬 목적으로 초산균, 낙산균 등의 박테리아를 첨가하는 경우도 있어 발효시간이 길어진다. 산발효를 조장하기 위해 발효용의 천연 이스트인 버개스(bagasse)를 첨가하는 수도 있다. 이 발효과정에서 이스트균의 영양분으로써 발효를 돕는 작용을 하는 던더(dunder)를 첨가하는데 이것이 특유의 독특한 방향을 내게 한다. 향기를 한층 강하게 하기 위해 아카시아 수액이나 파인애플의 즙을 첨가·발효시키는 수도 있다. pH 5.8, 당농도 9~11%에서 발효가 진행되며 발효는 light가 2~3일, heavy가 6~12일로 완료 된다.

증류에는 단식 증류기나, 다단식 증류기, 연속식 증류기가 사용되며 Jamaica rum(heavy type)은 단식 증류기로 2회 증류하며, 산지에 따라 light rum은 연속식 증류기로 증류하는 수도 있다. 연속식 증류기를 이용하여 정류된 유액(알코올분 80~94%)은 가수하여 60~70%로 희석하고 oak통에서 저장한다. 갓 증류된 럼은 미숙한 향미를 지니므로 오크통 속에서 저장하여 향미를 증진시키게 되는데, 오크통의 내측을 태워 숙성효과를 높인다. 숙성기간은 보통 2~10년이며 자메이카 럼과 같이 헤비 럼의 경우는 대개 10~12년, 때로는 15년까지도 숙성시킨다.

3) 보드카(Vodka)

보드카는 슬라브 민족의 국민주라고 할 수 있을 정도로 애음되는 술이다. 이때 러시아인들은 병채로 아주 차게 해서 스트레이트로 단숨에 들이킨다. 러시아를 여행하는 외국인이 기대하는 것의 하나로 Caviar에 보드카를 곁들여 마시는 것을 꼽을 수 있을 것이다. 이러한 보드카의 어원은 12C경의 러시아 문헌에서 즈이즈네니야 보다(생명의 물)라는 기록에서 유래한다. 15C경에는 보다(Voda: water)라는 이름으로 불리었고 18C경부터 보드카라고 불리어졌다. 즉 보드카는 "Little Water"라는 뜻의 애칭이다. 이것은 위스키나 브랜디가 생명의 물이라고 불리는 것과 같이 비슷한 어원을 가지고 있다. 오늘날에는 러시아뿐 아니라 세계적인 증류주의 하나로 미국을 비롯한 유럽 여러 나라에서 인기가 대단히 높다.

보드카의 종류는 크게 두 가지로 나눌 수 있다. 그 하나는 원래의 전통적인 보드카이며, 또 다른 하나는 레몬껍질, 오렌지 등의 과실이나 후추, 벌꿀,

약초 따위를 이용하여 향미를 가미한 flavoured vodka이다. 전 세계적으로 유명하게 알려진 보드카는 영국의 Masquers English Vodka, 미국의 Smirnoff, 스웨덴의 Absolut, 핀란드의 Finlandia 등이다.

보드카의 원료는 보리, 옥수수, 밀, 라이맥 등의 곡류(grain)나 고구마류에 보리 또는 라이맥의 맥아를 첨가해서 당화, 발효시키고, 연속 증류기(patent still)를 통하여 증류한 95% 정도의 주정을 40%로 희석한 후 자작나무의 활성탄이 들어 있는 여과조를 20~30번 반복해서 여과한다. 활성탄 여과를 통하여 Fusel Oil 등의 불순물이나 냄새성분이 흡착되어 제거되면 거의 무색무취의 순도 높은 알코올로 정제된다. 탈취에는 일반적으로 두 가지 방법이 사용되는데 그 하나는 주정탱크 내에서 분말 숯(분말 활성탄소)과 교반시키는 방법이며, 다른 한 가지 방법은 컬럼 안에 엽상 숯을 채워 넣고 주정을 통과시키는 것이다.

4) 데킬라(Teguila)

데킬라의 원산지는 멕시코의 중앙 고원지대에 위치한 제2의 도시인 라다하라 교외에 데킬라라는 마을이 있으며, 여기서 멕시코 인디언들에 의해 창안 생산되기 시작하였다. 멕시코의 여러 곳에서 유사한 증류주를 생산하는데 이를 메즈칼(Mezcal)이라고 부르며, 이러한 메즈칼 중에서 데킬라 마을에서 생산되는 것만을 데킬라라고 부르며 어원도 이 마을 이름에서 유래된 것이다.

데킬라의 원료는 용설란이라는 2~3 m 크기의 선인장의 일종으로 멕시코 서부 하리코스주 일대를 중심으로 재배되고 있으며, 7~10년이면 완전히 성장한다. 일반적으로 8년생 전후의 것을 채취하여 수액을 짜내어, 과육에 함유된 전분을 먼저 발효시켜 소위 '플케(Pulque)'라고 부르는 우리나라의 막걸리와 같이 걸쭉한 형태의 전통양조주를 만든다. 이것은 알코올분 3% 정도의 것으로 멕시코인들은 이 플케를 단식 증류기로 증류시킨 후 2년 이상 오크통 속에서 숙성시킨 것이다. 증류에 의해 알코올분은 40~50%로 높아진다.

5) 고량주

고량주는 중국의 증류주이다. 도정한 수수(고량)를 원료로 만드는데, 이외에 옥수수도 원료로 사용하는 경우도 있다.

도정한 수수를 물에 담근 다음 물을 빼고 증자한다. 증자 후 냉각하고, 분쇄한 곡자(누룩)를 혼합하여 고체발효한다. 고체발효가 끝난 것을 증류하여 만든 증류주이다. 빼갈이라고도 하며 도수는 35~60도까지로 굉장히 높다.

5-6. 혼성주(리큐르)

혼성주는 보통 리큐르라고도 한다. 주세법에는 엑스분 2도 이상으로 ① 전분 또는 당분이 함유된 물료를 주원료로 하여 발효시켜 증류한 주류에 인삼이나 과실(포도, 사과, 배, 딸기, 머루 등 발효시킬 수 있는 과실 제외)을 침출시키거나 그 발효・증류・제성과정에 인삼이나 과실의 추출액을 첨가한 것 ② 기타 주정, 소주류, 위스키류, 브랜디류, 일반 증류주의 발효・증류・제성과정에 당분, 산분, 조미료, 향료, 색소, 방향성 초제, 과실 등을 첨가한 것으로 되어 있다. 따라서 인삼주, 매실주, 오가피주 등이 리큐르의 일종이라 할 수 있다.

1. 원료

원료 알코올은 정류한 브랜디나 순 알코올액이 자주 이용된다. 포도주를 이용하는 경우도 있다. 물의 성질도 제품의 질에 크게 영향을 미친다. 통상 순수가 이용된다. 당류로서 설탕이 자주 이용되고 포도당도 점조미를 부여하기 때문에 이용된다. 색소로써는 캐러맬, 체리엑기스, 클로로필, 사프란, 코치닐, 바닐라엑기스, 인디고 등 식물색소 외에 합성색소도 잘 이용된다.

향료물질의 재료로는 초본류, 나무껍질, 뿌리, 꽃, 씨앗, 과실 등으로 구분된다.

① 초본(herbs) : basil, bison류, centaury, sweet clover, cocoa 잎, genip, herb ivy, hyssop, knapweed, peppermint, rosemary, 차잎 등

② 나무껍질(barks) : aloe, cinnamon, guaiacum, myrrh, sandal wood 등

③ 약근(drugs & roots) : alant, calamus, celery, cloves, curuma, gen-itan, ginger, turmeric, valerian, 감초, 대황 등

④ 꽃(flowers) : arnica, camomile, cinnamon, citrus blossom, clove, ivy, lily, rose, saffron 등

⑤ 씨앗과 과실(seeds & fruits) : cardamon, caraway, celery seeds, juniper berries, cola nuts, nutmeg, 아몬드, 살구씨, 선인장, 감귤껍질, 정향, 코코아, 커피, 복숭아씨, 피망, 건포도, 콩, 버찌, 나무딸기, 바닐라 등

⑥ 기타 : 꿀, 계란 노른자 등

1) 제조방법

리큐르는 향미성분을 부여하는 방법에 따라 다음 같이 대별된다.

(1) 증류법

베이스가 되는 술과 향미를 부가하는 배합재료를 함께 증류솥에 넣어 증류하는 방법이다. 주로 향초류, 과실피, 꽃잎, 잎 등을 이 방법으로 만든다. 95% 주정 200 L당 향료식물, 인삼을 제외한 약재, 과실, 유실 또는 이들과 유사한 것 9 kg 이상을 사용한다.

(2) 침출법

베이스가 되는 술에 과실, 식물, 허브 등의 배합 재료를 침지시켜 그 성분과 향미를 추출시키는 것으로 리큐르 중에는 이 종류가 가장 많다.

① 과실 또는 유실을 원료로 하는 경우는 95% 주정 200 L당 매실, 모과, 복숭아, 유자, 온주밀감과 이에 유사한 과실은 100 kg 이상이며, 잣, 구기자와 이에 유사한 기타 유실은 30 kg 이상을 사용해야 한다.

② 인삼을 원료로 하는 경우는 알코올 농도 95% 제품 200 L를 기준하여 4년근 이상의 수삼 2 kg 이상을 사용하여야 한다.

③ 인삼을 제외한 약재를 원료로 하는 경우는 95% 주정 200 L에 원료 18 kg 이상을 사용해야 한다.

(3) 주류를 원액으로 사용하는 방법

① 과실주 또는 맥주를 증류한 일반 증류주를 원액으로 사용하는 경우

② 주정, 소주를 원액으로 사용하는 경우

③ 기타 일반 증류주를 원액으로 사용하는 경우로 나눌 수 있다.

(4) 에센스법

배합 재료에서 정제된 에센스 또는 합성 에센스를 베이스가 되는 술과 조합(調合)한다. 프랑스에서는 합성 에센스나 이미테이션 향료의 배합을 금지시키고 있으나, 나라에 따라서는 합성 에센스와 이미테이션 향료를 증성스피릿(알코올)에 배합해서 만들고 있다.

(5) 원액의 사용비율과 저장기간

주세사무처리규정 제38조 제3호에 따라 제조한 원액을 사용하는 주류는 제품규격으로 환산한 수량의 50% 이상으로 한다. 다만, 제품의 규격이 10% 미만인 경우는 80% 이상으로 한다. 인삼을 제외한 약재를 원료로 하거나, 또는 과실주, 맥주를 증류한 일반 증류주나 기타 일반 증류주를 원액으로 사용하는 경우는 원액으로 사용하는 주류는 20% 이상으로 하며, 제품의 규격이 10% 미만인 경우는 30% 이상으로 한다. 과실, 유실 또는 인삼을 제외한 약재원액을 사용하는 주류는 침출기간을 포함하여 90일 이상이며, 인삼원액 주류는 180일 이상이다.

6장

주류와 발효식품

발효란 미생물로 특정 물질을 분해하거나 변화시켜 인간에게 유용한 물질을 만들어 내는 하나의 기술이다. 연구결과 발효식품의 이러한 산물들의 그 기능성이 하나하나 밝혀지고 있는데, 발효를 통한 오묘한 맛, 차별화된 풍미 그리고 발효과정 중 생성되는 여러 생리활성물질들이 우리 건강에 긍정적인 영향을 준다는 것이다. 21세기 고령화시대가 도래되면서, 웰빙 바람과 함께 건강에 대한 관심이 높아지고 있는데, 소비자들은 발효식품을 건강식으로 인정하기 시작하고 있다.

이와 같은 발효식품은 인류문명이 발달하기 이전부터 자연 발효되어 이용하게 되었다. 나라마다 그 지역에서 생산되는 재료를 이용한 식품이 고대로부터 개발, 식용되어 왔으며, 식문화권에 따라 각각 독특한 특색을 지니며 발달하여 오늘에 이르고 있다. 또한 발효식품은 식품 가공·저장의 한 수단으로 발전하여 왔다. 우리도 우리 전통발효 식품을 계승, 발전시켜, 한식세계화에 우리 발효식품이 한 몫을 해주기 바란다.

이 장에서는 알코올 음료인 주류를 제외하고 콩 발효식품(간장, 된장 고추장 및 청국장), 우유 발효식품(요구르트, 치즈, 발효버터), 채소 발효식품(김치, 단무지, 피클, 사워크라우트) 그리고 수산 발효식품(젓갈, 액젓, 식해) 등에 관하여 서술하고자 한다.

6-1. 조미식품

1. 간장

간장은 단백질과 탄수화물을 함유한 원료에 식염 등을 가하여 발효하거나 산분해법 등으로 가수분해하여 얻은 액체를 가공한 것 또는 이들의 혼합물로 조미료로 주로 사용된다. 간장은 발효 중 생육하는 미생물에 의하여 젖산, 인산, 주석산 등이 생기고 이로 인하여 pH가 낮아진다.

감칠맛의 주성분은 글루타민산(glutamic acid), 아스파르트산(aspartic acid), 트레오닌(threonine) 등 10여종의 아미노산이며 이들 아미노산의 양에 의하여 품질이 좌우된다. 또 원료 중의 전분은 코오지 중의 아밀라아제에 의해 포도당이 되고 다시 알코올로 변하여 풍미성분이 된다. 간장 덧에 작용하는 미생물 중 효모는 대부분은 *Torulopsis*속이고 젖산균은 내염성을 가진 *Pediococcus*속 등으로 간장의 독특한 풍미에 관여한다. 양조간장은 대두, 탈지대두, 곡류 등을 제국하여 식염수 등을 섞어 발효, 숙성시키고 여액을 가공한 것이며 산분해 간장 또는 효소분해 간장은 단백질 또는 탄수화물을 함유한 원료를 산 또는 효소로 가수분해한 후 중화하고 그 여액을 가공한 것이다. 혼합 간장은 양조간장에 산분해 간장 또는 효소분해 간장을 적정비율로 혼합하여 가공한 것이며 한식간장은 한식메주를 주원료로 하여 식염수 등을 섞어 발효, 숙성시킨 후 된장을 분리하고 그 여액을 가공한 것이다.

1) 양조간장(개량식 또는 왜간장)

(1) 원료

한식간장의 경우는 간장·숙성중의 잔사(殘渣)는 된장으로 이용되므로 대두를 그대로 사용하지만, 양조간장에서는 간장박으로 폐기되므로 대부분 탈지대두를 사용한다. 탈지대두는 콩에 비해 가격이 저렴할 뿐만 아니라 원료중의 TN(total nitrogen) 함량이 1.2배 정도 높고, 원료처리의 편리성, 질소이용률의 향상, 숙성기간의 단축 등 여러 가지 이점이 있다. 전분질 원료로는 주로 밀이 이용되는데 밀에는 약 80%의 전분질을 함유하며 이것이 간장덧 중에서 발효를 유도하며 독특한 향기나 색택을 형성하는데 주요한 역할을 한다. 또한 소금의 품질은 제품의 맛과 직결되므로 가급적 $MgCl_2$ 등 쓴맛을 내는 성분이 적어야하고, 철분도 제품의 색택에 악영향을 주므로 용수 사용 시에 고려하여야 한다.

(2) 제국(製麴)

증자된 콩 또는 탈지대두와 거칠게 분쇄한 밀을 거의 같은 양으로 혼합하고 원료에 대하여 0.1~0.2% 정도의 종국을 넣어 잘 섞는다. 간장용 종국에 사용되는 국균은 황국균에 속하는 *Aspergillus oryzae*나 *Asp. sojae*가 주로 사용된다. 제국법에는 상자제국법과 기계제국법이 있는데 온도와 습도관리가 용이하고 노력이 적게 들며 잡균증식이 억제되어 강력한 효소활성을 지닌 국을 얻을 수 있는 기계제국법이 널리 사용된다. 기계제국에 의한 방법을 보면 제국기의 다공판위에 혼합된 원료를 쌓고 고습도의 공기를 원료 층에 통과시키면서 온도를 조절한다. 입국 후 11시간 동안은 26~27℃로 유지하면서 잡균의 증식을 저지하면서 국균 포자를 발아시키고 그 후 품온을 30℃로 상승시켜서 약 12시간 유지하는 동안에 1번, 2번 손질을 하고 다시 25℃로 내려서 약 17~18시간 경과 후에 출국한다. 과거의 상자제국법과 비교 시 저온 경과를 택함으로써 잡균증식을 억제하고 보다 강력한 효소활성을 지닌 코지를 얻을 수 있다.

(3) 담금

담금 시 원료국과 소금물의 비율이나 염도는 숙성이나 제품의 품질에 크게 영향을 미치게 된다. 염수의 염농도는 보통 뽀메 비중계로 측정시 보메(Bé) 19~20°(NaCl 23.1~24.6%)의 염수를 사용하지만 목표하는 덧의 염농도를 고려하여 결정한다. 덧 중의 최종 염농도는 16.5~18%의 범위를 벗어나면 좋지 않다. 즉 너무 낮은 염도에서의 발효는 바람직하지 못한 미생물균이 작용할 수 있고 또 너무 높은 염도에서는 코지의 효소작용에 지장을 주게 된다. 급수비율은 통상 원료대비 120% 정도가 통례로 되어 있다. 급수가 적으면 진한 간장을 얻을 수 있으나 질소 이용율이 저하되는 결점이 있다. 담금 시 염수온도는 여름에는 5℃, 냉한기에는 상온으로 하고 담금액의 온도는 10℃로 조절하여 작업한다.

(4) 발효, 숙성

담금 후 초기에는 매일 한 번씩, 후기에는 2~3일에 한 번씩 교반하면서 발효, 숙성시킨다. 간장덧은 염분이 18% 정도가 되므로 주로 내염성 미생물에 의해 발효숙성이 진행된다. 즉 국의 아밀라아제, 프로테아제에 의해 원료 중의 전분과 단백질이 분해되고 내염성 젖산균인 *Pediococcus sojae*가 주로 증식하여 pH가 낮아지고 온도가 상승하면 내염성 효모 *Zygosaccharomyces rouxii*가 증식하게 된다. 이 효모는 에탄올, 유기산, 에스테르, 고급 알코올 등을 생성하여 간장의 향미 형성에 중요한 역할을 담당한다.

담금 후 3개월 정도 경과하면 *Zygosaccharomyces rouxii*가 *Candida versatilis*(old name *Torulopsis versatilis*), *C. polymorpha* 등으로 대체된다. 숙성이 진행됨에 따라 간장덧 중에 아미노산, 당, 유기산, 알코올 등이 증가하고 점차로 착색되며 향기성분인 4-에틸구아야콜(4-ethyl guaiacol) 등이 생성된다. 담금 후 6개월 정도면 발효, 숙성이 완료된다.

(5) 제성

장기간 발효 숙성된 간장덧은 걸쭉한 상태로 되기 때문에 한식간장과 같이 액즙과 고형물의 분리가 용이하지 않다. 따라서 숙성된 간장 덧은 튼튼한 압착포와 강력한 압착기를 이용해서 압착하여 여과한다. 여과한 생간장은 맛이 거칠고 향기가 조화롭지 못할 뿐만 아니라 각종 미생물이 존재하여 저장성이 없으므로 달이는 게 좋다. 압착된 생간장은 필요에 따라 설탕, 캐러멜 등의 부원료를 넣고 다른 제품(화학간장 등)과 혼합하여 적당한 품질이 되도록 조합한다.

조합된 생간장은 잔존 미생물의 살균, 유취의 제거, 풍미와 색조의 증진, 응고물의 제거 등의 목적으로 판형 열교환기로 80℃ 정도에서 고온순간살균한다. 핵산계 조미료를 첨가하는 경우는 이것을 분해하는 포스파타아제의 불활성 조건인 83℃에서 10~15분의 조건이 필요하나 안전성은 고려해서 85℃에서 20~30분의 조건을 택하기도 한다. 살균이 끝나면 침전물을 여과기로 여과하여 제품화한다(그림 6-1).

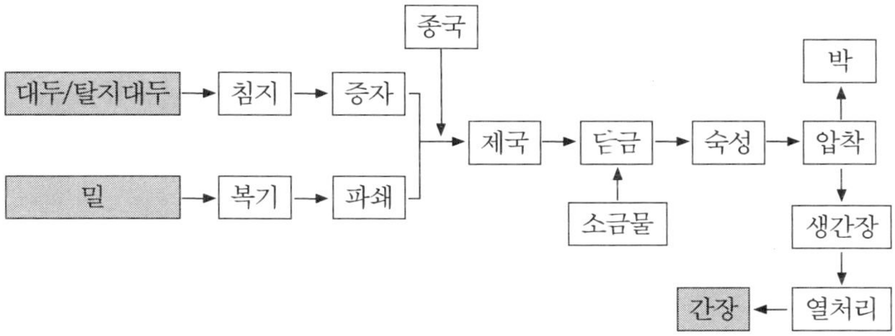

【그림 6-1】 개량식 양조간장 제조공정

2) 한식간장(재래식 양조간장)

(1) 메주 만들기

콩을 잘 씻은 후 솥에 물과 같이 넣고 삶거나 증자기를 이용하여 찐다. 콩을 삶을 경우에는 콩의 부피가 2.0~2.6배로 늘어나므로 이를 감안해서 물의 양을 조절하고, 미리 콩을 실온에서 8~12시간 정도 물에 침지하여 충분히 불린 다음 삶는다. 삶은 콩은 절구에 찧어서 15×15×8 cm 정도의 덩어리로 성형하여 약 2주 동안 표면을 건조한 다음 볏짚으로 묶어 따뜻한 방안에 겨우내 매달아 둔다.

메주는 이듬해 봄에 볏짚을 풀어 따뜻한 방에서 포개쌓고 4주간 재우기를 하고 햇볕에 건조하면 전통메주가 완성된다. 메주가 만들어지는 원리는 메주덩이를 따뜻한 곳에 보관하는 동안 볏짚이나 공기로부터 유래한 *Bacillus subtilis, B. pumilus* 등의 세균과 *Aspergillus*속, *Mucor*속 등의 각종 곰팡이가 생육하면서 콩의 성분을 분해할 수 있는 단백질 가수분해 효소와 전분가수분해 효소를 분비하고 간장에 고유한 맛과 향기를 내는 미생물이 더 번식하게 된다. 메주를 띄우는 과정에서 표면이 마르기전에 곰팡이가 자라게 되면 그 중에서 곰팡이독(mycotoxin)을 생성할 수도 있는 *Penicillium*이나 *Aspergillus flavus* 등이 자랄 수 있기 때문에 메주의 표면은 건조시켜 곰팡이 생육을 방지하는 것이 중요하다.

(2) 담금 및 숙성

메주는 깨끗이 세척하여 쪼갠 후 햇빛에 충분히 말려서 항아리의 반 정도를 채우고, 미리 녹여 놓은 소금물을 부어 가득 채운다. 담금과정에서 염수 타기는 중요한 작업으로 미생물의 생육 및 간장의 숙성과 밀접한 관계가 있으며 염수가 너무 묽으면 숙성과정에서나 제품 보관 중에 변질의 우려가 있고 너무 진하면 메주성분의 용출에 지장이 있고 또 너무 짜서 맛이 없는 장이 된다. 소금물은 약 19보메(Bé) 정도로 물 1말당 소금 5 kg씩 녹여서 사용한다. 일반적으로 가정에서 소금물을 만들 때는 장 담그기 하루 전에 만들며, 간수를 뺀 천일염을 사용한다.

담그는 시기는 음력으로 1~3월 사이인데, 계절의 온도차를 감안하여 1월장(正月장)은 3월장에 비하여 소금량을 조금 적게 사용하였다. 담금이 끝나면 액면위로 나온 메주덩어리에 소금을 한줌씩 얹어놓아서 노출된 메주의 표면에 잡균이 붙지 못하도록 한다. 발효숙성 중에는 햇빛이 있으면 뚜껑을 열어 주면서 액면에 생길 수 있는 산막효모의 발생을 억제하여 간장의 풍미 저하를 예방한다.

전통 간장덧(소금물＋메주)의 숙성 중에 관여하는 미생물로는 호기성 세균인 *Bacillus*속과 내염성 젖산균 및 내염성 효모류가 있다. 이중에서 내염성 젖산균과 내염성 효모는 간장의 독특한 풍미형성에 크게 관여한다. 젖산균으로는 *Pediococcus halophilus, Lactobacillus casei, Lac. plantarum, Leuco. mesenteroides* 등이 있으며, 효모에는 *Zygosacch. rouxii, Zygosacch. acidofaciens, Torulopsis dattila* 등이 관여한다. 씻어 말린 메주를 항아리에 넣고 소금물을 부어 담근 다음 숯, 대추, 고추 등을 넣어 햇볕이 잘 드는 곳에서 약 40~50일간 숙성, 발효시킨다.

(3) 제품화

숙성이 끝나면 메주 덩어리를 건져내고 항아리 바닥에 침전된 메주 부스러기를 체로 받쳐서 액체부(간장)와 고형물부(메주)를 분리한다. 분리한 날간장은 각종 효소나 미생물이 잔존하며 미숙한 맛과 풍미를 지니므로 저장성을 높이고 풍미와 색깔을 향상시키기 위해서 달이게 된다. 끓는 상태에서 10~20분 정도 가열시킴으로서 간장을 농축시키는 효과도 있다. 살균이 끝난 간장은 청징 작업을 한 다음 제품화한다(그림 6-2).

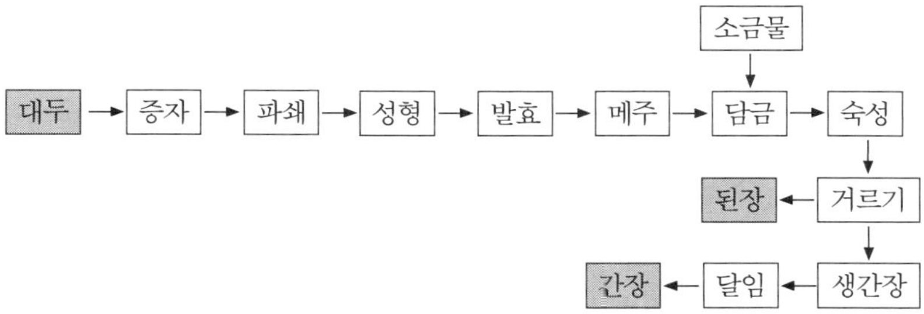

【그림 6-2】 한식간장 제조공정

3) 산분해 간장(아미노산 간장 또는 화학간장)

원료로는 가격이 저렴하고 지방함량이 적은 탈지대두 또는 글루텐을 이용한다.

단백질 원료와 염산의 배합비율을 조절하여 염산 농도가 18% 정도가 되도록 하여 가수분해한다. 가수분해 시간은 탈지대두인 경우, 약 107℃(끓는 온도)에서 20시간 정도 소요되며, 가수분해가 끝나면 중화조에서 NaOH나 Na_2CO_3로 중화를 한다. 중화작업은 충분한 시간을 가지고 실시하며, 중화제는 조금씩 서서히 투입하면서 중화해야만 좋은 품질의 간장을 얻을 수 있다. 중화의 종점은 pH 4.8~5.2 정도로 조정한다. 중화된 액은 압착기로 압착하고 여과기로 여과하여 간장액과 고형분을 분리시킨다.

산분해 간장의 가장 큰 결점은 분해취이다. 이 분해취를 개선하기 위한 방법으로 저온분해법이 이용되기도 한다. 즉 분히온도를 80℃ 내외로 하고 60~70시간 분해시키면 분해취가 개선된 제품이 얻어진다. 산분해 간장은 제조기간이 짧고 시설과 자본이 적게 소요되고 질소 이용률도 양호한 장점이 있다(그림 6-3).

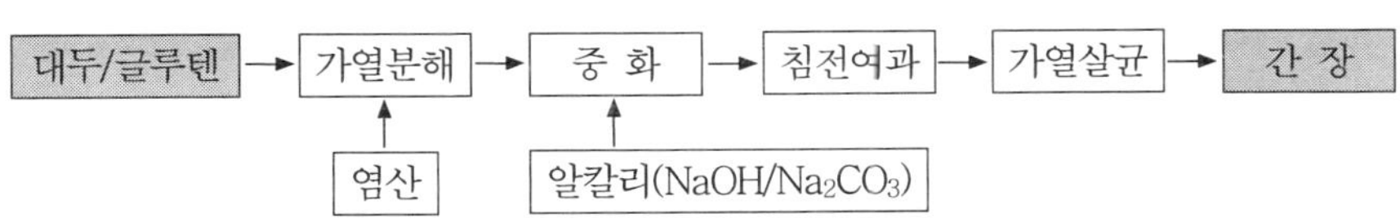

【그림 6-3】 산분해 간장 제조공정

2. 된장

된장은 대두, 쌀, 보리, 밀 또는 탈지대두 등을 주원료로 하여 제국하고 식염수를 섞어 발효, 숙성시킨 것으로 우리나라 음식을 조리하는데 있어 간을 맞추고 맛을 내는 조미료이면서 곡류 위주의 식단에서 부족하기 쉬운 필수 아미노산을 공급해 주는 중요한 식품이다.

한식메주에 식염수를 가하고 발효한 후 여액을 분리하거나 그대로 가공한 한식된장에는 메주로 장을 담가서 간장을 떠내고 건더기를 숙성시킨 복용식 된장과 메주에 소금물을 알맞게 부어 장물을 떠내지 않고 숙성시킨 단용식 된장, 그리고 이 두 가지를 절충한 절충식 된장 등이 있다. 이 외에 계절에 따라 담그는 별미장으로 봄철에 담그는 담북장, 막장이 있고 여름철에 담그는 집장, 생황장(生黃醬), 가을철에 담그는 팥장(小豆醬), 청태장(靑太醬), 겨울철에 담그는 청국장(淸國醬) 등이 있다.

1) 한식된장

한식된장은 옛날부터 일반 가정에서 만들어 온 방법으로 발효가 되어 잘 띄워진 메주는 흰색이면서 갈색 빛을 띄며, 흰 곰팡이가 겉으로 나온 것이 좋으며 속은 황갈색인 것이 좋다. 메주가 잘 띄워져야 장맛이 좋은데 메주가 검은 색을 띤 것은 잡균이 부패를 일으킨 경우로 장을 담갔을 때 맛이 쓰고 짜다.

간장발효가 끝나면 메주 덩어리를 걸러내어 액체 부분은 간장으로 만들고, 고형물에는 소금을 더 넣어 다른 항아리에 재워 두면 한식된장이 된다. 또한 메주를 만들었을 때의 1/10에 해당되는 콩을 삶아 찧고 소금으로 간을 맞추어 함께 섞어 넣어 담그면 맛이 더욱 좋다. 항아리에 담을 때는 공기가 들어가지 않도록 눌러 담으며 윗 표면에 소금을 두껍게 뿌린다. 소금은 잡균에 의한 부패방지 효과가 있다. 항아리를 고를 때는 너무 크지 않은 것이 좋으며, 된장이 항아리 주둥이 부분까지 차있어야 햇볕을 많이 받을 수 있어 발효가 잘되고 변질이 되지 않는다(그림 6-4).

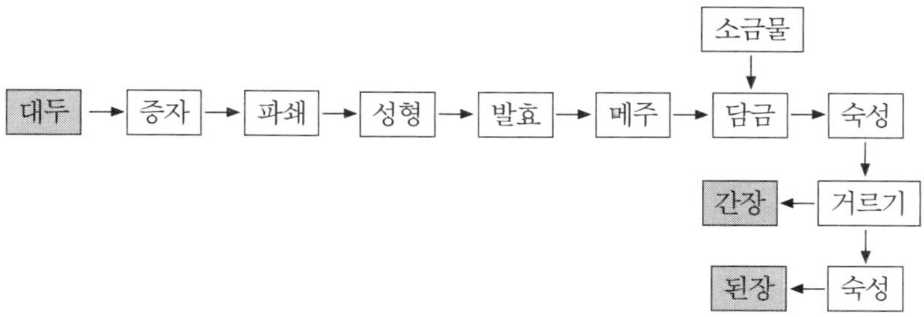

【그림 6-4】 한식된장 제조공정

2) 개량식 된장

재래식 방법으로부터 공장단위로 된장을 양산하기 위하여 개량된 것으로 콩 이외에 쌀 또는 보리를 원료로 사용한다(그림 6-5). 쌀이나 보리를 씻어 물에 담가 불리고 쪄서 베보자기에 쏟아 35℃ 정도까지 식히면서 큰 덩어리를 비벼서 부순다. 쌀 180 kg에 대하여 100~150 g의 종국을 넣고 손으로 버무려 골고루 섞이게 하여 30℃ 정도로 식힌 다음 마포(麻布)를 덮어 따뜻한 방에 둔다. 12~15시간 경과하여 쌀 표면에 국균이 발육하기 시작하면 곰팡이의 발육에 필요한 산소를 공급하기 위하여 다시 헤치고 큰 덩어리를 부수어 안쪽과 바깥쪽 쌀을 섞어 다시 수북이 모아놓고 마포를 덮어둔다. 이런 뒤섞기를 5~6시간 간격으로 3회 정도 반복하여 15~20시간이 지나면 쌀 표면 전체에 균사가 덮이고 일부에 황색 포자(胞子)가 생기기가 시작되면 배양을 끝낸다. 잘 발효된 쌀누룩은 쓴맛이나 신맛이 없고 끈기가 없어 쌀알을 손으로 쥐어도 뭉쳐지지 않는다. 제조된 쌀누룩은 된장을 담글 준비가 될 때까지 소금과 잘 혼합하여 담아둔다. 한편, 콩을 불려서 푹 삶아 40℃ 정도로 식으면 누룩, 콩, 소금을 섞어 혼합한다. 이 혼합물을 빻은 다음 콩 삶은 물을 약 50% 가량 부어 독에 넣고 공간이 없도록 단단히 눌러 자연적으로 숙성되게 한다. 개량된장의 특징은 담그는 초기부터 콩과 함께 곡류를 사용하는 것이 재래식 된장과 다르며 발효과정에서 곡류에 있는 녹말이 가수분해되어 당을 생성함으로써 된장에 단맛이 많이 나게 해준다.

된장발효에서 종국균으로는 *Aspergillus oryzae*와 *Asp. sojae*가 주로 사용되고 된장 숙성 중에 번식하는 젖산균 중에서 *Streptococcus faecalis*(*Enterococcus faecalis*)는 잡균의 번식을 억제하고 *Pediococcus sojae*

와 *P. halophilus*는 된장의 숙성을 촉진한다. 된장의 향미 성분을 생성하고 숙성에 관여하는 주된 발효효모는 *Zygosaccharomyces rouxii*이고 후숙에 관여하는 효모는 *Candida versatilis*이다.

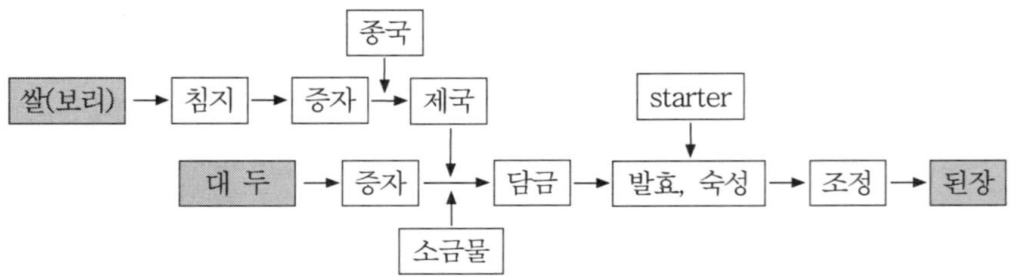

【그림 6-5】 개량식 된장 제조공정

3. 고추장

우리나라 고유 조미료의 하나로 멥쌀, 찹쌀, 보리, 밀 등으로 질게 지은 밥이나 떡가루 또는 되게 쑨 죽에 메주가루와 엿기름 가루를 넣고 삭인 다음 소금과 고춧가루를 섞어 담근 장이다. 전분과 메주콩의 가수분해로 생성된 당과 아미노산의 단맛, 구수한 맛, 고춧가루의 매운맛 등의 조화로 특유한 맛을 낸다.

전통 고추장의 제조방법으로는 찹쌀 등 전분질 원료를 가루로 만들고 증숙한 다음 엿기름을 첨가하여 잘 삭히고 냉각한 다음 쌀 2.5에 메주가루 0.26, 고춧가루 0.1, 소금 0.3 정도의 비율로 혼합하여 담근 후 발효, 숙성시키는 방법[그림 6-6(a)]과 찹쌀 등 전분질 원료를 침지, 증자한 다음 메주가루를 혼합하여 삭히고 고춧가루 및 소금을 넣어 발효, 숙성시키는 방법[그림 6-6(b)]이 있다.

담금 시 가장 중요한 것은 수분함량 조절이다. 과학적으로는 40~50% 정도 되는 것이 좋다. 수분이 과하면 숙성과정에서 이상발효를 일으킬 위험성이 있을 뿐 아니라 제품의 저장성에도 지장이 있고 과소하면 숙성에 지장이 있다. 숙성용 용기는 가급적 입구가 좁은 것을 택해서 고추장의 표면적이 적게 되도록 담는다. 산소와 접촉되는 고추장의 표면에는 갈변현상으로 색이 검어지고 풍미도 나빠지며 또 산막효모도 끼게 되므로 두꺼운 것이 좋고 입구도 필름으로 밀봉하는 것이 좋다.

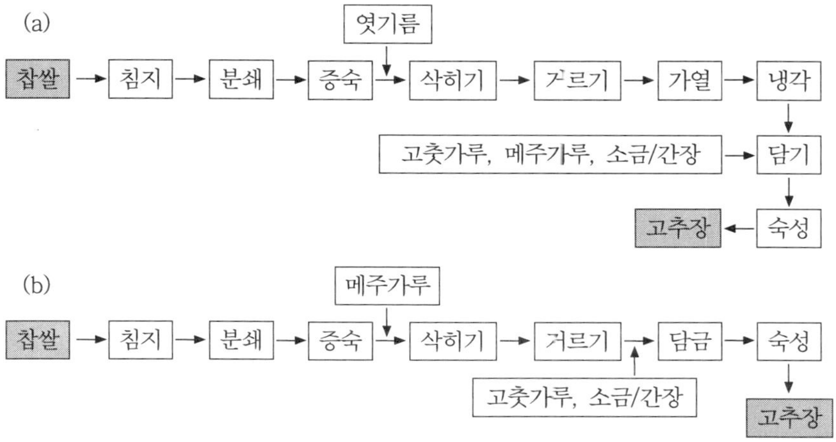

【그림 6-6】 전통 고추장 제조공정

개량식 고추장 제조방법은 전통적 제조방법을 공장단위에서 대량 생산하기 위해 개량한 것으로 쌀 또는 소맥분(2급품 또는 3급품) 등의 전분질 원료에 *Aspergillus oryzae* 곰팡이를 현대식 설비로 제국한 코지를 전통식 메주 대신에 사용하며 고춧가루를 숙성 전에 첨가하는 전첨식과 숙성 후에 첨가하는 후첨식이 있다(그림 6-7).

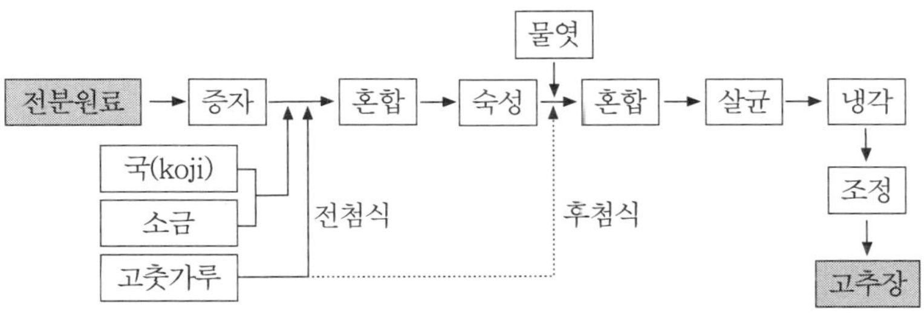

【그림 6-7】 개량식 고추장 제조공정

코지와 소금, 물 등을 혼합하여 8∅망으로 통과시켜서 마쇄한 후 스텐리스 용기에 다져 넣는다. 담금 시에 숙성은 수분함량에 따라 좌우되며 보통 50% 내외가 적당하다. 숙성기일은 계절에 따라 다르며 여름에는 약 30일, 기타 계절에는 3개월 정도가 걸리게 된다. 고춧가루 선첨의 숙성된 고추장덧은 구수한 국향이 나고 색이 선명한 적색을 띠며 미숙한 덩어리 즉 손가락

사이에서 뭉개지지 않는 것이 없어야 한다. 또 고춧가루를 먼저 첨가하지 않고 숙성시킨 덧은 감미가 있으며 노란색을 띠고 국향외의 이취나 이미가 없어야 하며, 여기에 고춧가루와 혼합조미료를 첨가하여 혼합한다. 제조된 제품 간의 차이와 성분규격을 맞추기 위해서 배합시키며 저장성 향상을 위해서 살균공정을 거친다. 일반적으로 고추장의 배합 및 살균을 위해서 스팀열교환기인 당화기를 사용하며 당화기의 압력 1 kg/cm^2 이하에서 가열함으로서 당화기 표면에 눌러 붙지 않도록 한다. 고추장의 살균 가열온도는 일반적으로 70℃의 범위에서 10~20분 정도가 적당하며, 그 이상의 온도에서는 고추장의 갈변에 의한 변색이 심하게 된다. 살균이 끝난 제품은 40℃ 이하로 냉각하여 마쇄기(2.25∅)로 곱게 갈아낸다. 마쇄가 끝난 고추장은 즉시 포장하거나 저장조로 옮긴다. 고추장은 냉장 온도에서 3개월 이상 저장이 가능하다.

4. 청국장

청국장(淸國醬)은 삶은 콩을 볏짚에 붙어 있는 *Bacillus subtilis*(枯草菌)를 이용하여 따뜻한 곳에서 띄워 만든 우리나라 장류의 한가지로 지방에 따라 담북장이라고도 한다. 일본에서는 낫토(納豆, Natto)라고 하여 우리의 청국장과 발효과정이 비슷한 고초균을 이용한 발효식품이 있는데 낫토는 간장과 계란을 넣어 저어서 그대로 먹는 식습관을 가지고 있는 데 비하여 우리의 청국장은 파, 고춧가루, 마늘, 소금 등을 넣어 마쇄한 다음 이를 후숙시켜 저장성을 갖게 한 점과 끓여서 먹는 식습관에 차이가 있다. 청국장은 발효과정 중에 고초균이 생산하는 효소에 의해 특유의 맛과 냄새를 내는 동시에 원료 콩의 당질과 단백질에서 유래된 끈적끈적한 점질물을 생성한다. 6개월 이상 걸려야 먹게 되는 된장과는 달리 청국장은 2~3일 후면 금방 먹을 수 있어 영양적인 면에서나 경제적인 면에서도 아주 효율이 높은 콩 발효식품이다. 또한 청국장에는 프로테아제, 아밀라아제 등 여러 효소가 포함되어 있고 비타민 B군도 많이 함유되어 있으며 최근에는 혈전용해와 예방에 효과가 있고 혈압강하 작용, 항암작용, 골다공증 예방효과, 항균효과가 인정되어 새로운 영양음식으로 부각되고 있다.

청국장 제조방법은 다음과 같다.

우선 좋은 콩을 선별해 깨끗이 씻고 물에 침지한다. 침지조건은 0~5℃에서는 24~30시간, 10~15℃에서는 16~20시간, 20~25℃에서는 8~12시간으로 한다. 침지후 대두의 증자는 대두 단백질의 적절한 변성을 위해서 증기로 3~4시간 지속하여 증자하는 평압식 방법과 1.5 kg/cm^{2}의 압력 하에서 20~30분간 열처리하는 가압식 방법이 있다. 증자후 종균을 접종하는 경우에는 배양된 균을 원료대두 1 kg당 5×10^7 cfu/g 정도 되도록 접종하고 발효상자에 약 5 cm 두께로 담아서 발효시킨다. 온도와 습도 조절이 가능한 발효실에서 온도를 42~43℃로 유지하면 5~6시간 후에 접종된 포자가 발아하면서 서서히 품온이 상승한다. 품온을 50~53℃ 이하의 온도로 유지하였다가 품온을 서서히 내린다. 일본식 낫또의 모양으로 완성할 경우는 입실 후 14~18시간에 발효를 중지 시키고 냉장고에 수용한다. 청국장은 24~48시간 발효시키는 것이 일반적이다.

5. 젓갈

젓갈은 우리나라의 대표적인 수산 발효식품으로 어패류의 근육, 내장 등에 소금을 가하여 부패균의 번식을 억제하고 어패류 자체의 효소와 외부 미생물의 효소작용으로 육질을 분해시켜 숙성시킨 것으로 독특한 맛과 풍미가 있으며 지방에 따라 다양한 재료로 만들고 있다(표 6-1).

1) 젓갈의 종류

젓갈은 발효방법과 숙성기간, 첨가재료에 따라 다음과 같이 젓갈류, 식해류 그리고 액젓으로 구분된다.

(1) 젓갈류

소금을 첨가해 발효시킨 것으로 식염만을 첨가해 제조하는 방법과 양념류를 첨가해 제조하는 방법으로 구분할 수 있다. 식염만을 첨가하여 발효시키는 젓갈과 같은 원료를 사용하여 양념젓갈을 제조할 수 있다. 원료의 상태는 신선품, 냉동품, 염장품 형태로 구분되며, 보통 원료를 소금으로 발효 시킨 후 고춧가루, 마늘, 생강, 깨, 파 등을 첨가하거나 소금과 함께 양념류를 첨가해 발효시킨 제품으로 우리가 흔히 볼 수 있는 명란젓, 창란젓, 오징어젓, 꼴뚜기젓, 아가미젓, 어리굴젓 등이 이에 속한다. 젓갈의 숙성은 어육이 분해되어 거의 형체를 유지하지 않게 되고 국물이 구수하거나 감칠맛을 띠게 되는 현상으로 미생물의 단백질 가수분해 효소나 생선 자체의 소화효소에 의해 어육이 가수분해되어 일어난다. 그러므로 소화 효소가 많은 내장기관을 깨끗이 제거하면 숙성이 늦어지고 특유한 맛과 냄새가 없어진다. 숙성발효기간은 보통 1~3개월 이상 소요되며 대부분 장기저장 할 수 있다.

【표 6-1】 우리나라 지방별 젓갈의 종류

지 방	젓 갈 명
경기도	조기젓, 오징어젓, 새우젓, 비웃젓(청어), 꼴뚜기젓, 황석어젓, 밴댕이젓
충청도	새우젓, 어리굴젓, 꼴뚜기젓, 조개젓(해피젓), 밴댕이젓, 꽃게젓, 황석어젓, 박하지젓, 소라젓, 실치젓, 짜구리젓, 낙지젓, 민어아가미젓, 오징어젓, 까나리젓, 멸치젓, 갈치젓, 갈치속젓, 조기젓, 무룩젓,(소라의 새끼)
강원도	명란젓, 명태포식해, 서거리젓(북어아가미), 창란젓, 오징어젓, 방게젓, 도루묵식해, 멸치식해, 한치젓, 명란식해
경상도	멸치젓, 꽁치젓, 성게젓, 대구포젓(대구아가미), 꼴뚜기젓(호리기젓), 조기젓, 뱅어젓, 밤젓(전어내장), 꿀내기젓, 고명굴젓, 전복젓, 무멧젓, 가자미식해, 갈치젓(속젓), 장지젓(대구내장), 아기미젓, 밀양식해(북어, 마른오징어)
전라도	굴젓(구젓), 고흥석화젓, 돔배젓(전어내장), 꼴뚜기젓(고록젓), 황석어젓, 송어젓(밴댕이젓), 갈치젓, 갈치속젓, 전복창자젓, 뱅어젓, 토하젓, 새우젓, 대합젓, 장대젓, 민새우젓, 콩게젓, 조기젓, 멸치젓, 소라젓, 고노리젓, 화란젓
제주도	자리젓, 고등어젓, 성게젓, 멸치젓, 소라젓, 게웃젓(전복창자), 깅이젓
황해도	까나리젓, 묵은굴젓, 연안식해, 참게젓, 꽃게젓, 황새기젓, 밴댕이젓, 조기젓, 청어젓
평안도	청어젓, 대합조개젓, 게알젓, 대하알젓, 건댕이젓, 조기젓, 황새기젓, 조기젓, 오징어젓
함경도	연어알젓, 가자미식해, 동태식해, 도루묵식해, 대구젓, 명란젓, 창란젓

(2) 액젓류

젓갈과 같은 방법으로 염장하여 숙성발효 시킨 후 상등액을 분리 여과하여 곧바로 제품화 하거나 조미하여 제품화한다. 젓갈과의 차이점은 기존의 젓갈들이 2~3개월 숙성 발효시켜 원료가 완전히 분해되지 않은 상태에서 식용하는 데 비하여 액젓은 일반적으로 발효 숙성기간을 1년 또는 그 이상이지만 숙성 발효조건에 따라 숙성 발효기간을 6개월 전후로 단축할 수도 있다. 저장기간이 오래 지속되면서 원료 육질의 층분한 가수분해와 숙성이 이루어지면 여과장치로 걸러내면 액젓이 되는 것이다.

(3) 식해류

소금만 첨가하는 젓갈류와는 달리 곡류를 혼합하여 숙성 발효시킨다. 일반적으로 익힌 곡류(밥, 찰밥, 조밥 등), 맥아, 누룩, 고춧가루, 마늘, 생강 등 향신료, 무등 야채류와 소금 등을 부원료로 한다. 식해류는 젓갈보다는 낮은 농도의 소금을 사용하는 것이 특징이지만 익힌 곡류 등을 가하여 젖산발효를 유도함으로서 젖산생성에 의한 낮은 pH 조건을 조성함으로서 풍미와 저장성을 동시에 추구하는 것이 특징이다.

젓갈 제조방법은 원료나 지방에 따라 다르나 대개 다음과 같은 과정을 거쳐 제조한다(그림 6-8).

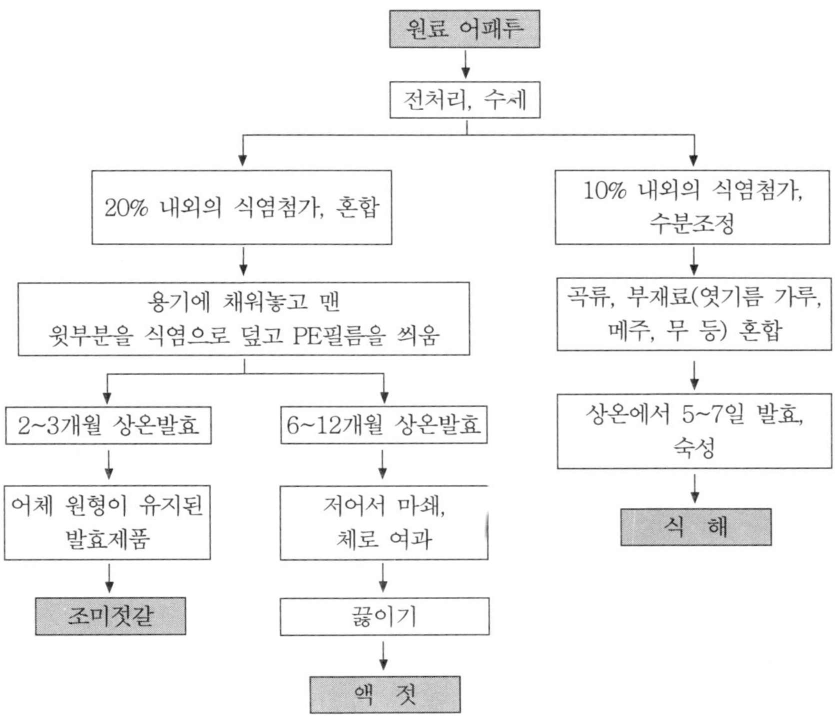

【그림 6-8】 각종 젓갈류 제조공정

원료 어패류를 필요에 따라 내장과 비늘 제거 등의 전처리하고 물로 씻은 다음 20% 정도의 소금을 첨가하고 혼합한다. 이것을 용기에 채워넣고 맨 윗부분을 소금으로 덮은 다음 폴리에틸렌 필름으로 밀봉한다. 2~3개월간 상온에서 발효, 숙성시키면 어체의 원형이 유지된 젓갈을 얻을 수 있다. 여기에 다시 고춧가루, 마늘, 기타 양념을 혼합하여 숙성시키면 양념젓갈이 된다. 또 앞서와 같이 처리한 것을 6~12개월간 상온에서 발효한 다음 잘 저어서 마쇄하고 체로 여과하여 끓이면 액젓을 얻을 수 있다.

식해류는 10% 이내의 저염조건에서 익힌 곡류 등과 함께 숙성한 것으로 다량의 젖산 생성과 효모의 다량 증식 등 젖산균 발효가 일어나는 것이 특징이다. 대부분의 식해는 1~2주 동안에 완숙하며 1개월 이상 장기저장은 곤란하다. 원료 어패류의 내장, 비늘 등을 제거하고 물로 잘 씻은 다음 10% 정도의 식염을 첨가하고 수분을 조정한다. 여기에 엿기름 가루, 메주, 무, 고춧가루 등의 곡류 및 부재료를 혼합하고 상온에서 5~7일간 발효, 숙성하면 식해가 완성된다.

6-2. 발효유 제품

발효유 제품은 동물의 유즙을 표 6-2에서 볼 수 있는 것처럼 젖산균, 효모, 곰팡이 등 각종 미생물로 발효하여 만든 식품으로 독특한 맛과 풍미를 가지고 있으며 다양한 형태의 제품이 생산되어 이용되고 있다. 발효 유제품을 제조하기 위해서는 스타터(starter)라는 것이 필요한데 이것은 신선한 우유나 유청(whey)에 발효에 유익한 미생물을 배양하여 산성화된 것이다. 발효유제품의 스타터는 응유효소(rennet)의 작용을 도와주고 커드(curd)로부 유청의 배출을 도와준다. 또 산에 의해 다른 잡균을 죽여 보존성을 높이고 숙성 기간 중 치즈 속의 단백질 분해를 도와주며 휘발성 지방산을 생성하는 등의 작용을 한다.

1. 발효유

유즙을 젖산균으로 발효하여 만든 발효유 음료에는 불가리아의 요구르트(yoghourt), 불가리안 밀크(Bulgarian milk), 독일의 애시도필러스 밀크

(Acidophilus milk), 비피더스 밀크(Bifidus milk), 바이오거트(Biogurt), 미국의 발효버터밀크(cultured butter milk), 이탈리아의 기오뜨(Gioddu), 스칸디나비아의 타에테(Taette), 아이슬랜드의 스카이르(Skyr), 인도의 다히(Dahi), 이집트의 자바디(Zabady) 등이 있다.

0.2~0.8%의 알코올을 함유하는 발효유 음료에는 코카사스의 케피어(Kefir), 중앙아시아의 쿠미스(Kumiss)와 칼(Chal), 아라비아의 레벤(Leben), 알바니아의 마준(Mazun), 칼파챠의 우르다(Urda), 칠레의 스쿠타(Scuta), 몽고의 유주 등이 있다.

발효유 중에서 가장 대표적인 요구르트 제조 원료유로 서양에서는 전지우유를 사용하지만 한국에서는 주로 탈지유를 사용하며 풍미와 외관을 위해 탈지분유, 가당연유, 한천 등을 첨가하고 감미료로서 설탕, 꿀 등을 첨가하여 균질화시켜 가열, 살균(95℃, 5분간)한다. 요구르트 제조에 쓰이는 젖산균은 *Lactobacillus delbrueckii* ssp. *bulgaricus, Streptococcus salvarius* ssp. *thermophilus, L. acidophillus* 등인데 각각을 적온에서 배양하고 그 중 2~3가지를 적당히 배합하여 스타터로 사용한다. 스타터로써는 고온형의 *Lactobacillus bulgaricus*와 *Streptococcus lactis*의 혼합배양이 사용된다. *L. bulgaricus*는 배양적온이 높고 풍미도 좋으며 응유가 부드러우면서도 안정적인 이점이 있으나 산의 생성이 빨라서 그 규제가 어렵다는 단점도 있고 또 *Str. lactis*는 풍미는 다소 단조롭지만 산의 생성이 완만해서 품질을 유지하기 쉽다.

셀요구르트의 경우 제품의 규격에 따라 원료유의 지방을 0~3.8%로 표준화하고 농축유 또는 분유를 2~4% 첨가한 다음 설탕 및 안정제 첨가를 첨가하여 90℃에서 10분간 살균한다. 살균이 끝나면 균질화하고, 단용의 경우는 37℃로 6~8시간 발효시킨 후 산도가 0.7~0.8%가 되면 0~5℃로 저장한다. 이 젖산균이 발효를 정지할 수 있는 온도는 20℃ 이하이며, *Str. lactis*의 경우는 10℃ 이하이다. 이 두 균을 혼합 사용할 때는 *Str. lactis* 1에 대하여 *L. bulgaricus* 1~4의 비율로 혼합하고 33℃로 10시간 발효하는 것을 기준으로 한다. *Str. thermophilus*의 경우는 45℃로 3~4시간에 발효가 완료된다. 발효 완료 후 4℃로 냉각하여 완성된 제품을 냉장 보관한다.

호상 요구르트의 경우 발효과정까지는 셀요구르트의 경우와 같고, 그 다음에 발효로 형성된 응고물을 부순 다음 20~25℃로 냉각하고 여기에 과일 잼을 첨가하고 인라인 믹서(in-line mixer)로 혼합한 다음 용기에 포장하여 4℃에서 냉장 보관하는 과정이 다르다(표 6-2).

【표 6-2】 우유발효 유제품 관련 미생물의 성질과 기능

관련 미생물	최저증식 온도(℃)	내염성 (%)	최종 산물 및 기능	발효유 제품
Lactococcus lactis ssp. *lactis* *Lactococcus lactis* ssp. *cremoris*	30 30	4~6.5 2~4.0	젖산 젖산	발효버터밀크, 발효크림, 카테지치즈, 체다치즈 등
Leuconostoc citrovorum *Streptococcus diacetilactis*	25~30 25~30	4~6.5 4~6.5	젖산, 초산, diacetyl CO_2, 젖산, diacetyl	발효버터밀크, 발효크림 발효크림버터
Lactobacillus delbrueckii ssp. *bulgaricus* *Streptococcus salvarius* ssp. *thermophilus*	37~45 37~45	~2 ~2	젖산 젖산	스위스치즈, 이태리치즈, 요구르트, 불가리아버터밀크, 케피어, 쿠미스
Lactobacillus acidophilus	35~38	~2	젖산	애시도필러스 밀크
Propionibacterium freulenreichii ssp. *shermanili*	30	~3	초산, 프로피온산, CO_2, 치즈눈	스위스치즈, 엠멘탈 치즈
Brevibacterium linens	22	>15	단백질분해, 풍미	림버거치즈
Penicillium roqueforti	21~27	높다	지방 및 단백질분해	로크포르치즈, 블루치즈
Penicillium camemberti	21~27	높다	지방 및 단백질분해	카망베르치즈
Kluyveromyes fragilis	21~30	높다	알코올생산, 비타민 합성, 산도저하	케피어, 쿠미스

2. 치즈

치즈(cheese)는 우유에 응유효소(rennet)를 작용시켜 얻은 커드(curd)를 덩어리로 만든 다음 세균이나 곰팡이 등으로 숙성시켜 만든 식품으로 제조공정, 경도 등에 따라 수많은 종류의 제품이 만들어지고 있다. 제조공정에 따른 대표적인 치즈 종류는 표 6-3과 같다.

식품 공전에서의 정의는 "치즈는 자연 치즈와 가공 치즈로 나뉘고 자연 치즈에 대해서는 원유 또는 유가공품에 유산균, 단백질 응유효소, 유기산 등을 가하여 응고시킨 것이며, 그 종류로서 경성 치즈, 반경성 치즈, 연성 치즈, 생치즈의 4종으로 구분하고 있다. 또 가공 치즈에 대해서는 자연 치즈를 주원료로 하여 여기에 식품이나 첨가물 등을 가해서 제조한 것이거나 자연

치즈에 속하지 아니한 것을 말한다." 라고 되어 있으며, 그 종류로서는 경성 가공 치즈, 반경성 가공 치즈, 혼합 가공 치즈, 연성 가공 치즈의 4종으로 구분하고 있다. 치즈는 수분함량에 따라 초경성 치즈(34% 이하), 경성 치즈(39%이하), 반경성 치즈(50%), 연성 치즈(50% 이상)로 구분하기도 한다.

【표 6-3】 제조공정에 따른 치즈의 분류

분류 / 치즈	최대 수분 함량(%)	고형분 내 최소 지방함량(%)	숙성방법	치즈의 종류
연성 치즈	80	-	비숙성	Cottage
	55	-	비숙성	Cream
	-	50	숙 성	Brie
	-	50	백색곰팡이로 표면숙성	Camembert
반연성 치즈	44	50	청색곰팡이로 내부숙성	Blue
경성 치즈	39	50	숙 성	Cheddar
	45	46	숙 성	Gouda
	41	43	숙 성	Swiss
초경성 치즈	32	32	숙 성	Parmesan
	34	38	숙 성	Romano
Pasta filata	52~60	45	비숙성	Mozzarella
저지방 치즈	38	-		Sap sago
가공 치즈	43	47		살균가공치즈
	44	-		가공치즈식품
	44~60	-		가공치즈스프레드
유청 치즈	18	33		Mysost

1) 체다 치즈의 제조공정

(1) 원료유 검사 및 표준화

품질이 좋은 치즈를 제조하기 위해 원료유가 신선하며 항생물질 등의 이물질이 없어야 하며 시유처리 과정에서 알코올 시험, 환원 시험 등의 유질검사와 발효시험, 항생물질 검출시험을 하여 신선도를 검사한다. 일반적인 신선한 우유는 수분함량이 88%, 고형분 12% 전후이며, pH 6.5, 산도 0.16% 이하이다. 우유의 성분들은 우유 단백질들과 유당이 주된 고형분이며, 우유 단백질 중에서 유청단백질(whey protein)의 주된 성분인 β-lactoglobulin은 열에 불안정하며 산에는 안정한 반면 카제인(casein)은 열에 안정하며 산에는 불안정하여 산성조건에서 침전되어 유청단백질과 분리된다. 또한 카제인은 응유효소인 rennin의 처리에 의해 응고되어 유청단백질과 분리된다. 치즈의 주성분은 카제인(casein)과 지방이므로 이들이 많을수록 치즈 생산량이 많아진다.

(2) 살균

원유에는 각종 효소가 존재하는 데 catalase, peroxidase, 염기성 phosphatase, amylase, protease, lipase 등은 치즈제조에 영향을 미친다. 특히 염기성 phosphatase는 정상적인 살균과정인 63℃에서 30분 가열에 의해서 불활성화되기 때문에 우유살균의 적절성 지표가 된다. 일반적으로 치즈제조용 우유는 미생물학적 성질을 조정하기 위해서 저온살균 열처리를 한다. 과도한 살균은 우유단백질을 열변성시키므로 rennet에 의한 응고작용이 불충분하게 되어 치즈제조에 불리하다. 원료유의 살균은 시유와 같은 방법으로 하며 살균유는 생유에 비해 응유효소(rennet)에 의한 응고작용이 떨어지고 숙성이 늦게 되므로 0.01%의 염화칼슘을 첨가하고 스타터를 약간 많이 사용한다.

(3) 스타터 첨가

우유를 응고시키기 위해서는 카제인의 등전점에서 응고되도록 pH를 저하시켜야 하므로 젖산균 스타터를 사용하여 발효한다. 스타터로 이용되는 젖산균은 40℃ 이하에서 유당을 발효해주는 *Streptococcus cremoris*와 *Str. lactis*가 있고 고온 발효형 젖산균은 *Str. thermophilus, Lactobacillus bulgaricus* 및 *Lac. helveticus* 등이 있다. 살균이 끝나면 약 30℃로 냉각한 다음 응유효소에 의한 응고작용에 적당한 산도를 갖게 하고 숙성을 순조롭게 하기 위하여 스타터를 넣고 산도가 0.18~0.22%가 될 때까지 발효시킨다.

(4) 렌넷 첨가

치즈제조에서 가장 중요한 단계로서 우유단백질들의 응고는 최종 만들어지는 치즈수율에 영향을 주며, 특히 지방, 단백질, 불용성염의 농도 등에 의해 치즈수율이 좌우된다. 일반적으로 선택되는 응유효소는 단백분해능보다는 단백응고성이 높은 것을 선택하여 단백분해로 인한 치즈수율의 감소를 피하여야 한다. 주로 산성 프로테아제인 rennet을 사용하며, *Mucor miehei, Mucor pusillus, Endothia parasitica* 등의 곰팡이로부터 얻어지는 미생물 응유효소를 이용하기도 한다.

Rennet은 75~95%의 chymosin과 소량의 pepsin으로 구성되며, rennet의 응고 적온은 40~41℃, 최적 pH는 4.8이며 Ca^{2+} 이온을 필요로 한다. 응고과정은 casein micelle을 구성하는 κ-casein이 rennet에 의해 para κ-casein으로 전환되는 단계와 칼슘이온의 존재하에서 para κ-casein이 침전되는 단계로 구성되는 데, 이것은 κ-casein이 rennet에 의해 선택적인 절단으로 친수성을 나타내는 glycomacropeptide가 떨어져 나가면서 casein micelle이 불안정하게 되며 결국은 침전되어 커드를 형성한다. 우유가 소정의 산도에 달하면 역가에 따라 적당한 양의 응유효소를 증류수에 용해시켜 균일하게 첨가한다. 응유효소를 첨가하면 우유는 응고하게 되는데 적당한 굳기가 되면 커드를 절단한다.

(5) 커드 처리

우유 중의 단백질이 응고되면 커드와 유청으로 분리된다. 응고된 커드는 적당한 굳기가 되었을 때 커드절단기로 절단하는데, 커드절단은 커드의 표면적을 넓게 하여 유청의 배출을 용이하게 하고 가열할 때 균일하게 열을 받도록 하기 위하여 하는 것이다. 이 때 연질치즈는 크게 절단하여 유청의 제거를 줄이고, 경질치즈는 작게 절단한다.

(6) 커드 가열과 교반

절단하면 커드 조각은 아래쪽에 유청은 위에 있게 된다. 이때 그대로 방치하면 조각들이 응집하게 되므로 교반하면서 서서히 가열(cooking)한다. 가열하면 유청의 배출이 빨라지고 커드 조각 표면에 부드러운 막이 형성되어 지방 손실이 방지되며 탄력성이 있는 조직이 된다. 2~5분에 1℃씩 상승하는 속도로 경질치즈는 38℃, 연질치즈는 31℃까지 가열한다.

(7) 유청 배출

유청의 산도가 0.15% 정도 되고 커드의 크기가 반 정도로 수축되어 탄력성이 있으면 양쪽으로 커드 조각을 갈라 쌓은 후 여과포를 대고 유청을 배출시킨다. 유청을 배출시킨 후 수분함량을 조절하여 단단한 조직을 갖도록 하기 위해서 통의 온도를 30~32℃로 유지하면서 15분마다 뒤집기, 세우기, 올려놓기를 한다.

(8) 틀에 넣기 및 압착

유청 배출이 끝나면 cheese hoop(mould) 안쪽에 살균된 천(cheese cloth)을 깔고 담기 쉽도록 적당한 크기로 나누어 커드를 넣고 압착하여 일정한 크기와 모양을 만든다. 최종적으로 제조된 치즈는 일종의 우유단백질의 응고형태로 풍미와 맛이 완전하지 못한 생치즈이다.

(9) 가염

치즈의 풍미를 좋게 하고 과도한 발효를 억제하며 잡균에 의한 이상발효를 억제하기 위하여 가염(salting)한다. 가염방법으로는 1~2%의 식염을 압착을 하기 전에 섞는 건염법(dry salting)과 18~24%의 식염수에 48~72시간동안 담그는 습염법(wet salting)이 있다.

(10) 숙성

생치즈는 숙성과정 중에 미생물학적, 효소학적 및 생물학적 반응에 의해서 특유한 풍미와 조직감을 가지게 된다.

숙성조건은 치즈의 종류에 따라서 다르나, 숙성(ripening)을 시킬 때에는 먼저 나무선반에서 표면을 건조시킨 후 실내 온도 10~20℃, 습도 80~95%인 숙성실에서 매일 뒤집으면서 몇 주 또는 몇 개월간 숙성시킨다. 숙성중의 변화로는 치즈의 중량 감소, 단백질의 가수분해, 지방의 가수분해 및 풍미생성을 비롯하여 유당으로부터 젖산의 생성으로 인한 잡균의 오염과 증식을 억제하여 정상적인 발효를 시킨다. 숙성 1~2주 후에 수분증발에 의한 감량과 곰팡이의 발생을 방지하기 위하여 왁스(wax) 또는 파라핀(paraffin)으로 코팅한다.

3. 버터

버터(butter)는 유지방, butter milk, 소금, 색소를 첨가한 혼합물로서 조성은 제조방법에 따라 달라진다. 버터에는 젖산균을 넣어 발효시킨 발효버터

(sour butter)와 젖산균을 넣지 않고 숙성시킨 감성버터(sweet butter)가 있다. 미국과 유럽에서는 발효버터를 많이 사용하고 한국과 일본에서는 감성버터를 많이 사용한다. 또 식염의 첨가 여부에 따라 가염버터, 무염버터, 중염버터로 구분하는데 가정용은 모두 가염버터이다. 무염버터는 보존성이 짧고 식탁용으로는 맛이 부족하므로 제과원료나 조리용으로 이용되며 신장병 환자를 위한 특수용도로도 사용된다. 이 외에 분말버터, 유청버터, 저지방버터 등이 있다.

발효버터는 젖산균으로 발효시킨 크림으로 제조한 것이며 상쾌하고 방향성이 있고 산도가 높다. 원료유는 원심분리기나 원판형 크림 분리기(cream seperator)를 이용하여 크림을 분리한다. 분리된 크림은 $NaHCO_3$, Na_2CO_3 등을 이용하여 산도를 0.18% 이하로 중화한다. 살균은 크림의 유해미생물과 지방분해 효소를 파괴하여 버터의 보존성을 향상시킬 목적으로 행하며 HTST(high temperature short time) 또는 UHT(ultra high temperature)로 처리한다. 살균된 크림은 20℃로 냉각되어 0.5%의 젖산균 스타터를 넣고 산도가 0.3% 정도가 되게 한다. 젖산균 스타터로는 *Str. lactis, Str. diacetilactis, Leu. cremoris* 등을 혼합하여 사용한다. 젖산발효된 크림은 점도가 낮아지고 지방의 분리가 빨라지므로 교동작업이 용이하게 되며 젖산발효의 부산물인 acetoin, diacetyl과 같은 방향성 물질이 존재한다. 발효 후에 6℃ 전후에서 8시간 숙성을 행하면서 크림중의 지방구를 완전히 고화시켜 지방의 손실을 적게 한다.

숙성된 크림은 교동기에서 진탕하면 버터입자가 생성되는데 이 조작을 교동(churning)이라 한다. 교동작업은 교동기에 10℃ 내외의 크림을 교동기에 1/3정도 넣어서 60 rpm의 속도로 40~60분간 진탕시켜 버터입자가 대두립처럼 형성되면 교동을 종료하고 버터밀크를 분리한다. 버터밀크를 제거한 후 버터입자의 경화와 풍미를 개량하기 위하여 버터밀크와 같은 양의 물을 넣고 교동기를 회전시켜 수세한다. 이 작업을 3~4회 반복 처리한다. 수세된 버터입자는 필요에 따라 2% 식염과 색소를 넣고 혼합한 후 연압기를 이용하여 연압하여 조직을 갖는 버터 덩어리로 만든다. 제조된 버터는 충전·포장하여 제품화 한다.

4. 기타 발효유 제품

케피어(Kefir)는 코카서스의 산악지대에서 유래된 것으로 젖소, 염소, 양의 젖으로 만든다. 젖산과 알코올 발효가 함께 일어나며 발효유 중에서 가장 오랜 역사를 가지고 있는 것 중의 하나이다. *Torula kefir, Saccharomyces kefir* 등의 효모, *Lactobacillus caucasium, Lactococcus lactis* ssp. *lactis* 같은 세균으로 구성된 젤라틴 모양의 덩어리인 케피어 그레인(kefir grain)으로 발효를 시켜 제조한다. 우유를 95℃에서 5분간 멸균하고 22~23℃로 냉각한 다음 2~3%의 스타터 접종한다. 이것을 18~20시간 발효한 다음 4~6℃로 신속히 냉각, 포장하여 제품화한다.

버터밀크(butter milk)는 버터 제조시에 나오는 부산물로서 지방함량은 약 0.5%로 레시틴을 많이 함유한다. 최근에는 탈지분유나 저지방우유를 젖산균으로 발효시켜 만들기도 한다. 발효크림(sour cream)은 유지방 함량 12% 이상인 크림을 *Lactococcus lactis* ssp. *lactis, Lactococcus lactis* ssp. *cremoris* 등으로 발효시킨 것으로 조직이 매끄럽고 점도가 높으며 맛이 순하고 신맛이 있다.

애시도필러스 밀크(Acidophilus milk)는 미국에서 많이 연구되고 소비하는 발효유이며 탈지유를 멸균하고 약 40℃로 냉각한 다음 *Lactobacillus acidophilus*의 벌크 스타터를 약 5% 접종하여 18~24시간 발효하면 산도 1.0%의 curd가 형성되며, 이것을 10℃ 정도로 냉각, 포장하여 제조한다.

쿠미스(Kumiss)는 전통적으로 말젖으로 제조되는 젖산-알코올 발효유로 현재는 상업적으로 탈지우유로 제조하며 발효균으로는 *Lactobacillus delbrueckii* ssp. *bulgaricus*나 *Torula*속 효모를 사용한다.

6-3. 침채류

1. 김치

우리나라 고유의 채소 염장식품의 하나로 배추, 무, 오이 등을 소금에 절이고 고춧가루, 파, 마늘, 생강, 젓갈 등의 양념으로 버무려 발효시킨 식품이다. 김치를 담그는 것은 채소를 오래 저장하는 수단이 될 뿐만 아니라 발효 중에 여러 가지 미생물의 번식하여 유기산이 생성되어 청량미가 있고 장내 부패균의 번식을 억제하여 정장작용을 하는 등의 효과가 있다.

김치를 크게 나누면 계절 구분 없이 담가먹는 보통김치와 저장해 놓고 한 겨울에 먹는 김장김치로 나눌 수 있다. 김치는 기호, 풍습, 지방, 계절에 따라 담그는 방법과 사용 재료 및 양념 등이 다양하며 그 맛도 가지가지이다. 가장 일반적인 배추김치를 제조하는 과정은 그림 6-9와 같다.

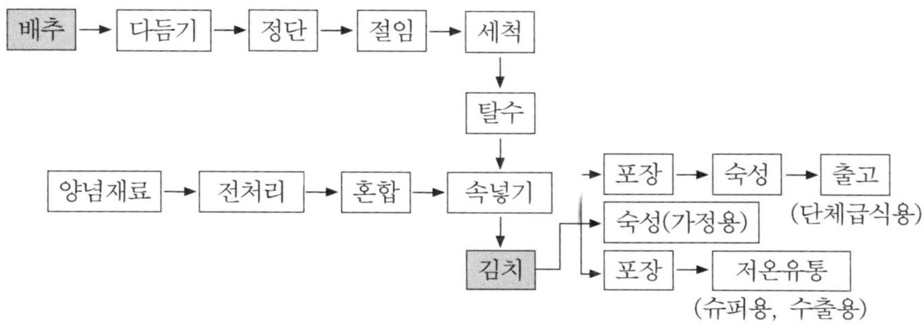

【그림 6-9】 배추김치 제조공정

원료배추는 흙으로 오염되어 있는 겉잎과 병든 잎을 제거하고 포기를 둘로 갈라 절임공정을 거친다. 배추의 절임공정은 배추의 품질을 결정하는 가장 중요한 공정이다. 지나치게 절여지면 김치의 염도가 전체적으로 높아지게 되어 관능특성상 섭취하기 어렵게 되며, 배추가 덜 절여지면 김치 제조 후에도 덜 절여진 배추로부터 삼투압에 의해 지속적으로 물이 나오게 되어 외관상 품질이 나빠지게 되고 풍미를 해치는 원인이 되기도 한다.

일반적으로 야채의 삼투압은 5~10기압으로 염수에 비하여 대단히 낮기 때문에 소금에 절인다는 것은 야채의 세포를 농도가 높은 삼투압액 중에 침지하는 것이 된다. 즉 식물세포가 삼투압이 높은 액 중에 노출되면 세포내 수분은 세포외로 빠져나오게 되고, 일정시점에 이르러 세포내 수분이 지나치게 탈수되면 원형질분리가 일어나 세포는 사멸하게 된다. 세포가 사멸하게 되면 외부에 존재하는 양념 액이 서서히 세포내로 침투하면서 절임이 진행된다. 염수의 삼투압은 1% 용액에서 약 7.3기압이고, 전리도에 따라 다르나 2% 용액에서는 15기압이 되며, 10%의 염수에서는 60% 전리하는 것으로 볼 때 약 70기압이 된다. 따라서 염분의 농도가 높을수록 삼투압의 세기가 커지므로 삼투압이 낮은 배추는 고농도의 염용액에 노출되면 즉시 절여지게 된다. 따라서 배추의 절임은 원료의 상태에 따른 차이를 제외하고 일반적으로 절임시간, 절임온도 및 절임에 사용한 소금의 농도가 영향을 준다.

통상적으로 절임에 사용되는 시간은 평균적으로 15~18시간 정도이며, 절임에 사용되는 염수농도는 계절마다 수온에 따라 다소 차이가 있으나 여름철에 7~9%, 봄, 가을에 9~11%, 겨울철에 11~13% 정도이다.

절임이 끝난 배추는 세척기에 의하여 3회 이상 깨끗하게 세척하여 절임배추의 표면에 묻어 있는 오염물질과 염분을 제거한 후 탈수한다.

양념에 사용되는 무, 대파 등의 야채류는 채썰기하거나 세절하고 마늘, 생강, 새우젓 등은 갈아서 사용한다. 양념의 제조 시에는 모든 재료를 균일하게 혼합하는 것과 배합표에 따라 정확히 계량하여 혼합하는 것이 중요하다. 양념은 제조 후 야채로부터 물이 나오고 내용물이 균일하게 혼합되어 절임배추에 바르기 좋은 paste상태가 될 때 사용하면 좋다.

김치는 소금의 삼투작용과 미생물의 발효, 효소작용이 복합적으로 이루어짐으로써 숙성되는데 소금물의 농도와 저장온도에 따라 영향을 받는다. 따라서 소금의 농도가 높고 온도가 높은 여름철에는 삼투작용과 숙성이 빨리 일어난다. 고추나 마늘, 젓갈, 기타 양념 등에 들어 있는 효소가 가수분해 및 발효작용을 일으키므로 산, 알코올, 에스테르 등의 조미성분이 만들어지고 이들이 소금과 함께 채소에 스며들어 독특한 맛과 향기를 지니게 한다. 이러한 분해작용과 발효작용은 소금의 농도가 높아짐에 따라 저하되어 숙성속도가 늦어진다.

김치 발효에 관계하는 미생물은 소금의 농도, 계절, 온도 등에 따라 큰 차이가 나는데 가을에 담근 배추김치의 주요 발효미생물은 발효 초기에는 이상 젖산균인 *Leu. mesenteroides*가 발효를 주도하여 유산과 함께 탄산가스 및 초산을 생성하여 호기성 세균의 생육을 억제한다. *Streptococcus* sp.와 *Pediococcus* sp.는 발효 중기에 생육하며 산도가 높아지면서 발효후기에는 *Lactobacillus plantarum*과 *Lactobacillus brevis*는 발효후기에 생육한다. 정상젖산균인 *Lactobacillus plantarum*은 *Leuconostoc*속 보다 3~4배 산생성능이 높으며 김치 발효 후기까지 지속적으로 생육함으로써 김치의 산패를 일으키는 원인균이다. *Streptcoccus faecalis*는 발효초기에 나타났다가 소멸하는 것으로 보아 내산성이 약하며, *Pediococcus cerevisiae* 역시 *Lactobacillus plantarum*과 더불어 내산성이 강하며 김치의 산패에 관여하는 것으로 보인다(그림 6-10).

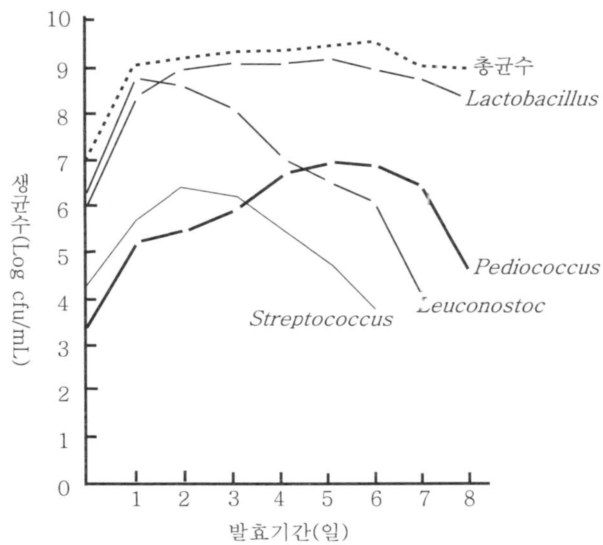

【그림 6-10】 김치 발효과정 중 미생물상의 변화

2. 단무지

단무지는 무를 소금에 절인 다음 소금기를 적당히 제거하고 각종 조미료를 첨가해 맛을 가미하여 일정기간 숙성시킨 염장식품으로 크게 3종류로 나눌 수 있다.

건조식 단무지는 원료 무를 일광에 건조시킨 후 겨 및 식염 등과 함께 장기간 숙성시키고 2차 가공 처리하여 제조한 것으로 제품의 맛은 무의 건조 정도에 따라 크게 좌우된다.

염압식 겨 단무지는 원료 무를 건조시키지 않고 소금에 절여 삼투압 작용으로 무 조직이 유연하게 된 것을 겨에 절여서 제조한다. 염압식 조미 단무지(그림 6-11)는 우리나라에서 가장 많이 생산, 소비되는 제품으로 겨 단무지에 비해 품질은 낮으나 속성으로 제조할 수 있다.

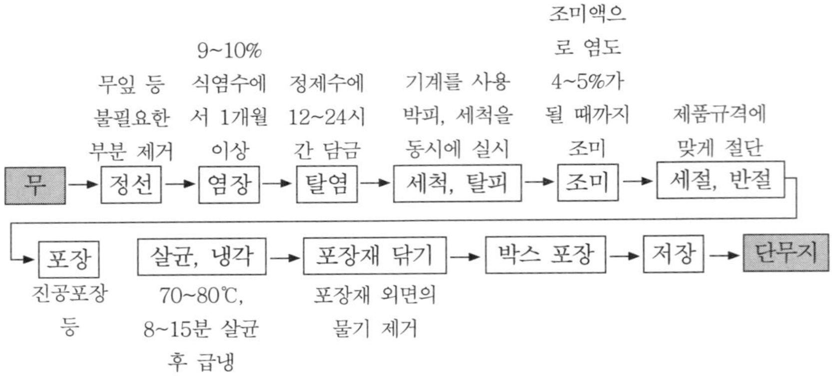

【그림 6-11】 염압식 조미 단무지 제조공정

3. 피클

피클(pickle)은 채소나 과일에 각종 향신료를 첨가하여 만든 서양식 소금(초) 절임 식품으로 우리나라의 장아찌와 비슷한 것이라 할 수 있다. 장기간 보존할 수 있고, 언제든지 쓸 수 있기 때문에 서양에서는 여러 가지 종류의 피클을 만들어 오르되브르, 샌드위치, 샐러드, 냉채요리의 장식 또는 카레 요리의 양념 등으로 사용한다. 절이는 방법도 매우 다양한데, 대체로 설탕, 소금, 식초를 혼합한 조미식초에 절이는 방법과 향신료를 혼합한 소금물에 절여 발효시키는 방법이 있다. 재료는 오이, 양파, 토마토, 피망, 양배추, 콜리플라워, 당근, 비트, 버섯, 버찌, 올리브 등이 쓰인다. 향신료로는 월계수 잎, 계피(cinnamon), 육두구(nutmeg), 딜(dill), 파슬리, 세이지(sage), 붉은고추, 마늘, 후춧가루 등이 쓰인다.

오이 피클을 제조하는 방법으로 자연적으로 발효가 일어나게 하여 제조하는 자연발효법(natural fermentation)과 발효과정을 제어하면서 제조하는 방법(controlled fermentation)이 있다. 자연발효는 밭에서 수확한 오이를 수세하여 염도계로 약 25°로 조정한 소금용액에서 일어나게 하는데 저장하는 동안 소금을 점차 첨가하여 소금농도가 45~60° 정도 되게 조절한다.

*Leuconostoc mesenteroides, Pediococcus cerevisiae, Lactobacillus brevis, L. plantarum*에 의해 연속적으로 발효되며 발효조건에 따라 7~14일 동안 약 0.6~1.2%의 젖산이 생성되고 pH가 3.2로 낮아짐에 따라 *L. plantarum*의 대사작용은 억제된다.

발효과정을 제어하여 피클을 제조하려면 오이를 수세하고 염소 수용액으로 처리를 하여 바람직하지 않은 미생물을 제거한 다음 염도계로 20~25되게 조절한 소금물을 초산으로 산성화시키고 초산나트륨이나 수산화나트륨으로 완충한다. 여기에 순수배양한 *Lactobacillus*를 가하여 발효시켜 만든다. 이 방법으로 만들어진 피클은 저장하는 동안 소금을 추가로 첨가할 필요가 없다.

발효 피클은 팽창(bloater)이나 연화(softening)를 일으켜 문제가 되는 경우가 종종 있다. 팽창은 발효하는 동안 세균과 효모 등의 생육으로 오이의 내부에 가스가 축적되어 발생하며 이를 방지하기 위해서는 소금용액에 절이기 전에 오이에 구멍을 뚫어준다. 연화는 오이조직을 분해시키는 펙틴분해효소에 의해 발생하는데 이를 방지하기 위해 오이에 붙어 있는 꽃을 제거하는 방법, 오이를 81℃에서 데치는 방법, 염화칼슘을 첨가하는 방법, 산성화시키는 방법 등이 사용된다.

4. 사워크라우트

사워크라우트(sauerkraut)는 썰은 양배추를 2~3%의 소금물에서 발효시켜 독특한 맛과 향이 나는 발효 침채류로 피클과 더불어 서양 침채류의 대표적인 것이며 독일과 인근 국가에서 많이 만든다. 제품의 빛깔이 황금색을 띠는 것이 좋은 것이며 신맛이 나고 씹으면 아삭거린다. 그대로 먹는 경우는 드물고 육류를 가공할 때, 또는 스튜나 샌드위치에 넣기도 하고 소시지나 햄 등과 함께 기름에 볶는데 사용한다.

사워크라우트는 잘 키운 양배추를 바람이 잘 통하는 곳에 얼마간 두어 시들게 하거나 가볍게 소금에 절인 후 다듬고 2~3 cm 너비로 썰어서 2~2.25%의 소금을 뿌리면서 통에 차곡차곡 넣고 월계수 잎이나 캐러웨이(caraway) 등의 향료도 함께 넣고 밀봉하여 발효, 숙성시켜 만든다. 사워크라우트 발효에 있어서 양배추와 탱크의 청결도, 미생물의 종류와 수, 소금의 농도와 분산 정도, 온도 관리와 밀봉정도 등이 품질에 큰 영향을 주는 인자들이다. 사워크라우트는 *Leuconostoc mesonteroides*에 의해 발효가 시작되고 산이 축적됨에 따라 *Lactobacillus brevis*와 *Pediococcus cerevisiae*에 의해 발효가 계속되며 마지막에는 *Lactobacillus plantarum*에 의해 발효가 진행된다. 소금농도가 너무 낮으면 맛이 좋지 않고 무른 사워크라우트가 만들어지고 소금농도가 너무 높으면 젖산균의 생육억제, 사워크라우트의 변색, 효모의 생육 등이 일어날 수 있다. 또 밀봉하여 공기를 차단하지 않으면 곰팡이와 효모가 양배추 표면에서 생육하여 양배추를 무르게 하고 색을 어둡게 만들며 좋지 않은 맛을 내게 된다.

7장

대사생성물의 생산

동·식물이나 마찬가지로 미생물도 외계에서 영양물을 세포내에 섭취하여 이것을 효소의 작용으로 분해한다. 이때 생성되는 에너지를 이용해서 새로 세포성분을 합성, 생명유지와 생장을 하게 된다. 미생물은 특정한 조건하에서 영영양분을 이용하여 여러 가지의 분해 및 합성산물을 축적하는데 아미노산가 같이 거의 모든 미생물에 의해 만들어지는 유기화합물을 제1차산물(주산물)이라 하며, 항생물질과 같이 어떤 특정 유기화합물이 만들어지는 경우는 제2차산물(부산물)이라한다, 이장에서는 제1차 및 제2차산물 발효에 관하여 설명하기로 한다. 즉 유기산, 아미노산, 핵산, 항생물질, 생리활성물질, 알코올, 유기용매 및 효소 생성에 관하여 설명한다.

7-1. 유기산 발효

발효에 의한 유기산의 생성은 미생물에 의한 당대사의 주경로에 의하여 생성되는 것이 많다. 미생물 당대사에 의한 유기산 생성연구의 진보와 더불어 초산, 젖산, 구연산, itaconic acid, 호박산, 사과산, gluconic acid 및 국산의 발효생산이 해명되었다. 그 용도는 조미료, 양조제품, 낙농제품, 의약품 및 공업약품으로 널리 이용되고 있으며 공업적 양산이 기대된다. 한편, 석유미생물 연구가 진전됨에 따라 값싼 탄화수소계 원료로서의 발효생산이 개발되고 있으므로 유기산 발효공업은 더욱 발전될 것 같다. 원료기질로서는 당, 전분, 당알코올, 알코올, 유기산 등이 충당되고 있으며 이들의 당대사에 있어서는 산화적 경로, EMP경로, 혹은 TCA회로 중의 어느 경로를 거치는 것으로 해석되고 있고 또 유기산 생성의 반응에는 축합, 환원, 가수, 탈수소, 탈탄산, 개환, 이성화 등의 어느 하나가 관여한다. 미생물에 의해서 발효 생산되는 유기산의 수는 현재 60종 이상 있으나 그 수는 점차 증가하고 있다. 이들 유기산 가운데서 실제로 공업화 된 것은 제한되어 있다. 해당계 및 TCA 관련 유기산은 젖산, 구연산 등 표 7-1, 직접 산화에 의한 주된 유기산은 표 7-2에서 나타내었다.

【표 7-1】 해당계 및 TCA회로와 관련되는 유기산 발효

생산물	원 료	생산균
Lactic acid	Glucose Sucrose 등	*Streptococcus lactis* *Pediococcus lindneri* *Leuconostoc mesenteroides* *Lactobacillus delbriickii* *Rhizopus oryzae*
Citric acid	Sucrose Sucrose Sucrose *n*-Paraffin *n*-Paraffin *n*-Paraffin	*Citromyces pfefferianus* *Aspergillus niger* *Asp. wentii, Asp. awamori* *Candida lipolytica* *Arthrobacter paraffineus* *Penicillium janthinellum*
α-Ketoglutaric acid	Glucose *n*-Paraffin *n*-Paraffin	*Pseudomonas fluorescens* *Candida lipolytica* *Arthrobacter paraffineus*
Succinic acid	Glucose *n*-Paraffin	*Brevibacterium flavum* *Candide brumptii*
Fumaric acid	Glucose Sucrose *n*-Paraffin	*Rhizopus delemar* *Rhizopus nigricans* *Candida hydrocarbofumarica*
L-Malic acid	Glucose Glucose Fumaric acid *n*-Paraffin *n*-Paraffin	*Aspergillus flavus* *Rhizopus chinensis* + *Pichia membranaefaciens* *Lactobacillus brevis* *Candida hydrocarbofumarica* *Candida brumptii*
Itaconic acid	Glucose Glucose	*Aspergillus itaconicus* *Aspergillus terreus*

【표 7-2】 직접 산화에 의한 주된 유기산 발효

생산물	원 료	생산균
Acetic acid	Ethanol	*Acetobacter aceti,* *Acetobacter orleanense*
Propionic acid	Propanol	*Acetobacter aceti*
Butyric acid	Butanol	*Acetobacter aceti*
Glycollic acid	Ethanediol	*Acetobacter, Gluconobacter*
Isovaleric acid	Isoamyl alcohol	*Acetobacter, Gluconobacter*
Lactic acid	1,2-Propanediol	*Acetobacter oxydans*
D-Arabonic acid	D-Arabinose	*Pseudomonas*
D-Xylonic acid	D-Xylose	*Penicillium corylophilum*
D-Xylonic acid	D-Xylose	*Pseudomonas*
D-Gluconic acid	Glucose	*Pseudomonas ovalis*
D-Gluconic acid	Glucose	*Gluconobacter roseus*
D-Gluconic acid	Glucose	*Aspergillus niger*
D-Gluconic acid	Glucose	*Penicillium chrysogenum*
2-Ketogluconic acid	Glucose, Gluconic acid	*Pseudomonas fluorescens*
2-Ketogluconic acid	Glucose, Gluconic acid	*Serratia marcescens*
5-Ketogluconic acid	Glucose, Gluconic acid	*Acetobacter suboxydans*
2,5-Diketogluconic acid	Glucose	*Acetobacter melanogenum*
2,5-Diketogluconic acid	Glucose	*Gluconobacter liquefaciens*
D-Araboascorbic acid	Glucose	*Penicillium notatum*
Kojic acid	Glucose	*Aspergillus oryzae*
Kojic acid	Glucose	*Aspergillus flavus*
D-Mannonic acid	Mannose	*Gluconobacter*
D-Galactonic acid	Galactose	*Gluconobacter*
2-Keto-L-gulonic acid	L-Idonic acid	*Pseudomonas*

1. 초산발효

주정을 산화시켜 초산을 만드는 경우에는 혐기적인 경우와 호기적인 경우에 있어서 서로 기작이 다르다. 즉 혐기적인 경우에는 2분자의 acetaldehyde에서 1분자의 ethanol과 1분자의 초산이 생성된다. 이것은 불균등화 반응(dismutation reaction)으로 이 화학 변화는 정상적인 식초 양조의 경우에는 일어나지 않는 것으로 알려져 있다. 정상적으로는 초산균이라고 불려지는 *Acetobacter*속에 속하는 세균이 이용되며 호기적으로 배양된다. 초산균의 alcohol dehydrogenase의 작용으로 ethanol로부터 acetaldehyde를 생성하고 산성에서 다시 aldehyde dehydrogenase에 의해서 초산을 생성하게 된다.

$$C_2H_5OH \xrightarrow{+O} CH_3CHO \xrightarrow{+O} CH_3COOH$$

포도당에서 초산생성 이론 양은 다음 식에서 계산한다.

$$\underset{(180)}{C_6H_{12}O_6} = \underset{(2\times46)}{2C_2H_5OH} + 2CO_2$$

$$\underset{(46)}{C_2H_5OH} + O_2 = \underset{(60)}{CH_3COOH} + H_2O + 114.6\ \text{kcal}$$

위의 식에 의하면 이론적으로는 포도당 1 kg에서 초산 667 g이 얻어지며 주정 1 kg에서는 초산 1.304 kg이 얻어진다. 그러나 실제로는 이상적인 발효관리 하에서도 원료 알코올에 대한 초산 수득량이 이론치의 85~90% 범위이다.

1) 초산균

알코올을 산화하여 초산을 생성하는 초산균은 그람 음성이고 호기적인 *Acetobacter* 이다. 식초 생성균으로는 *A, aceti, A. mesoxydans, A. aceti-genum, A. orleanense, A. acetosum, A. rancens, A, schuezenbachii, A. viniacetati(pasteurianus)* 등이 이용된다. 이 중에서 *A. orleanense, A. acetosum* 등은 초산생성이 강하고 생성된 초산을 과산화하지 않는다. 또 속초법(速醋法)에는 *A. schuezenbachii, A. aceti*가 적합하다. 초산을 물과 CO_2로 과산화 시키고 액표면에서 cellulose 점막질을 형성하는 *A. xylinum, A. xylinoides* 등은 유해균이다.

공업적으로는 호기적이며 높은 산도에서도 고농도의 알코올을 효율적으로 초산으로 전환시키는 균이 요구된다. 실제로 초산발효에서는 순수배양 공정을 택하는 경우는 비교적 드물고 대개 종초를 반복사용함으로 발효조건이 유사한 성질의 초산균들이 혼합배양된다고 보아야 한다.

근래에 들어 고산도의 식초생산을 위해 고산도 발효용 초산균의 개발이 요구되고 있으며, 현재 약 18%까지의 고산도 발효가 가능하다고 한다.

2) 제조법

배양방법은 정치법(orleans), 속양법 및 심부배양법(액침배양법)이 있다.

정치법은 옛날부터 실시한 방법으로 양질의 종초(전배양)를 용량 200 L 탱크에 1/3정도 넣고 약 4주간 사이에 술덧을 조금씩 첨가하여 약 5주만에 1/2정도의 액량이 되도록 하여 발효시킨다. 이 방법에 의하여 만들어진 식초는 발효기간이 긴 단점이 있으나 식초로서는 양질의 것을 얻을 수 있다.

속양법은 독일에서 발효탑(generator)을 사용하여 제조하였는데 Frings의 속초법이라고도 한다. 이 방법은 배양한 초산균을 탱크의 충진물(예; 대패밥)에 고정하여 두고 상부에 발효액을 살포하면서 산화시키는 방법인데 정치법보다 발효기간이 단축된다. 심부배양법(Frings acetator법)은 원료와 초산균의 혼합물에 통기 교반하여 급속히 발효술덧을 초산화 한다. 이 외에도 연속 심부배양법(cavitator법) 등이 있다(그림 7-1, 7-2)

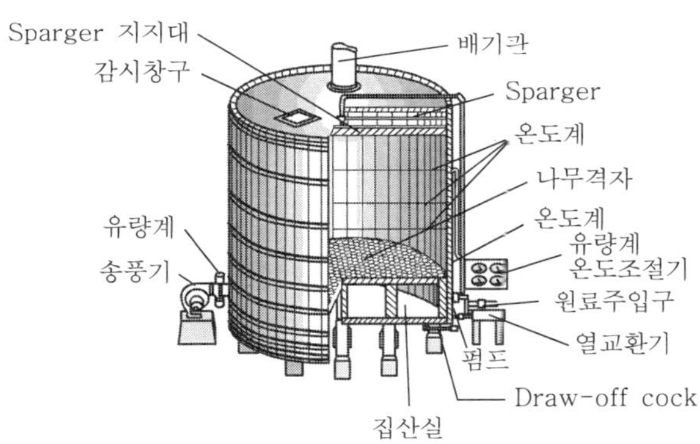

【그림 7-1】 속양식초 제조탑(Frings의 generator)

(1) 심부배양법

심부배양법(submerged aeration process)은 발효탑을 사용하는 방법보다도 더욱 산화효율을 높이려는 목적으로 스테인레스강으로 된 발효탱크 내에서 원료액과 초산균의 혼합물에 공기를 송입하여 강하게 교반하면서 액내 전면에서 급속히 초산으로 산화시키는 방법이며, 독일의 Frings가 고안한 acetator(그림 7-2)가 사용된다.

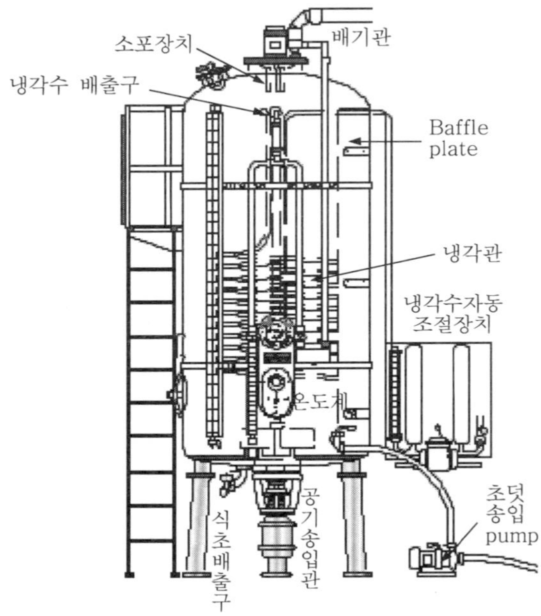

【그림 7-2】 심부발효조(Frings의 acetator)

Frings acetator는 회분법과 연속법이 가능한 장치로서, 연속발효법에 의해 산도 5~8%의 식초를 생산하거나 회분발효법에 의해 산도 10~12%의 식초를 대량으로 생산하는데 사용된다.

순알코올의 희석액으로부터 산도 11~12%의 알코올식초(주정식초)를 회분발효법으로 생산할 때에는 원료액은 산도 약 7%, 알코올 약 5%로 조제하는 것이 좋다.

초산균의 발효에 적당한 온도는 일반적으로 30℃이며, 대부분의 초산균은 38℃가 넘으면 사멸된다. 따라서 발효과정에서 생성되는 지나친 산화열은 탱크내의 냉각장치로 제거해야 한다.

발효과정 중에 수시로 알코올 농도를 측정하여, 알코올 농도가 0.2% 정도 될 때까지 발효시킨 후 발효덧의 35% 정도를 빼내고 새로운 담금액을 보충해서 다시 발효시킨다. 이렇게 하여 12%의 초산을 생성하는 한 주기는 35시간 정도이며, 발효탑(generator)에 비해 약 10배나 빠른 셈이 된다.

최근에는 발효방법의 개선으로 산도 20% 이상의 식초생산이 가능하게 되었다. 이 방법은 발효를 시작하여 발효액의 산도가 12~15%에 도달할 때까지 발효온도를 27~32℃로 유지하고, 그 후에는 18~24℃로 낮추며, 발효기간 중 알코올 농도는 0.3~2.0%가 되도록 알코올을 첨가하면 산도 20% 이상의 식초가 얻어진다. 이 방법은 발효 후기에 저온으로 유지함으로써 산도가 높은 상태에서도 균체의 사멸을 막고 발효를 계속하는 것으로 저온에서 초산 및 알코올에 대한 내성이 향상되는 점을 적절하게 이용한 방법이라 할 수 있다.

식초제조의 심부배양에 있어서 다음과 같은 특징이 알려져 있다.

① 초산균의 산소요구량은 추정된 양보다 훨씬 많으므로 통기가 충분하여야 한다.

② 매우 짧은 시간의 산소결핍으로도 발효가 현저하게 저해되며, 15분간의 통기정지에 의해서도 균이 사멸된다.

③ 재래법에 의한 알코올의 산화는 시간이 경과함에 따라 직선적으로 증가되나, 심부배양의 경우에는 지수함수적으로 증가한다.

④ 알코올 및 산량이 높은 경우에는 발효의 최적온도가 낮아지며, 활성도 저하된다.

3) 숙성

발효가 끝난 식초는 초산 특유의 자극취가 강하고 제법에 따라 차이는 있으나 혼탁되어 있으므로 밀폐형 숙성탱크에 가득 채워 2~3개월간 숙성시킨다. 이 기간 중 자극취가 소실되고, ethyl acetate를 비롯한 각종 ester 등의 향미성분이 생성되어 향기와 맛이 원숙해지며, 미분해 단백질, pectin, 균체 등의 침전이 이루어져서 여과, 정제가 용이해진다.

4) 여과, 살균 및 포장

숙성된 식초는 규조토, 제올라이트(zeolite) 등의 여과보조제를 이용하여 압착여과기(filter press)로 여과한다. 최근에는 제품의 투명도를 높이기 위해 미세여과기(microfilter)를 사용하기도 한다.

살균은 보통 연속살균장치로서 판형열교환기가 사용되며, 60℃에서는 5분간, 70℃에서는 4분간, 80℃에서는 2분간 살균한다.

포장은 병이나 플라스틱통에 전자동 포장장치를 이용하여 한다.

5) 식초의 종류

합성식초는 발효과정을 거치지 않고 초산이나 빙초산을 희석하여 유기산 등을 첨가한 것으로서 무색투명하다. 한편, 양조식초는 초산발효에 의해 만들어지며, 종류로는 곡물식초와 과실식초가 있다. 양조식초는 고유의 색깔과 향미를 가지며 이미(異味), 이취(異臭)가 없어야 한다.

양조식초와 합성식초는 서로 혼합할 수 없으며 일체의 색소를 첨가할 수 없다. 일반적인 식초의 종류를 표 7-3에 나타내었다.

【표 7-3】 식초의 종류

<table>
<tr><th>종류</th><th>주원료</th><th>관여미생물</th><th>특징</th></tr>
<tr><td>쌀식초</td><td>쌀(알코올)</td><td>국균, 효모, 초산균</td><td>옛날부터 만들었으나 현재에는 잘 만들지 않는다. 알코올을 혼용하기도 하며 많은 아미노산을 함유하여 맛이 좋으나 양조에 장기간이 걸린다.</td></tr>
<tr><td>주박식초</td><td>주박(알코올)</td><td>효모, 초산균</td><td>청주박을 1~2년간 저장하여 당분, 아미노산을 증가시킨 후 알코올발효와 초산발효를 시킨다.</td></tr>
<tr><td>알코올식초</td><td>알코올</td><td>초산균</td><td>현재 가장 다량으로 생산되고 있다.</td></tr>
<tr><td>포도주식초</td><td>포도주
(포도즙)</td><td>초산균(효모)</td><td rowspan="3">Orleans법에서는 1주일마다 포도주를 추가 공급하면서 약 5주째에 일부를 빼낸 다음 동량의 포도주를 추가 공급하고 연속적으로 식초를 만든다.</td></tr>
<tr><td>사과식초</td><td>사과주
(사과즙)</td><td>초산균(효모)</td></tr>
<tr><td>맥아식초</td><td>맥아, 보리</td><td>효모, 초산균</td></tr>
<tr><td>가공식초</td><td></td><td></td><td>식초에 조미료와 향신료를 가해서 만든다. 유럽에서는 과실식초 또는 맥아식초를 증류해서 무색으로 하고 향료를 혼합하여 만든다.</td></tr>
<tr><td>합성식초
(초산식초)</td><td></td><td></td><td>빙초산을 물로 희석하고 각종 정미성분을 조합해서 만든다. 미생물은 관여하지 않는다.</td></tr>
</table>

6) 식초의 성분

양조식초에는 주성분인 초산 이외에 각종 휘발성 및 비휘발성 유기산류, 당류, 아미노산류, ester류 등이 함유되어 있어, 이들이 식초의 방향(芳香)과

맛을 형성한다.

식초의 유기산으로 fumaric acid, lactic acid, α-ketoglutaric acid, succinic acid, malic acid, citric acid, gluconic acid, tartaric acid, pyroglutamic acid 등이 알려져 있다. 특히 주박식초에는 pyroglutamic acid, 포도식초에는 tartaric acid, 사과식초에는 malic acid가 월등히 많이 함유되어있다.

당류로는 포도당이 가장 많고 그 다음으로 과당이며, 설탕, 맥아당(maltose), ribose, mannose 등도 검출되고 있다. 그 외에 glycerol, sorbitol 등도 함유한다. 아미노산은 glutamic acid, aspartic acid, proline, lysine, histidine 등이 알려져 있으며, 아민류로는 putrescine, cadaverine 등이 극미량 함유되어 있다.

양조식초의 공통적인 향기성분은 초산 외에 ethanol, acetaldehyde, ethyl acetate, furfural, octyl alcohol, 2,3-butylene glycol이 있고, 미량성분으로 isobutyl alcohol, isoamyl alcohol, *n*-amyl alcohol이 있다. 불쾌취의 원인물질로는 acetoin, diacetyl 등이 있다.

【표 7-4】 각종 식초의 성분(%)

성 분	쌀식초	주박식초	주정식초	맥아식초	사과식초	포도식초
비중	1.018	1.014	1.010	1.016	1.021	1.014
총산	4.590	4.530	4.230	4.800	5.070	4.500
휘발산	4.298	4.302	4.194	4.777	4.977	4.439
비휘발산	0.437	0.342	0.054	0.034	0.140	0.092
총질산	0.022	0.021	0.008	0.044	0.031	0.010
아미노태질소	0.014	0.012	0.005	0.019	0.005	0.007
총당	2.028	1.385	0.535	1.192	3.032	0.170
직접환원당	1.721	1.278	0.492	0.337	2.993	0.124
염분	0.111	0.120	0.103	0.114	0.059	0.064

2. 젖산발효

젖산은 일반적으로 젖산세균과 *Rhizopus* 곰팡이(*R. oryzae*)에 의해 생성되며 곰팡이에 의한 젖산은 모두가 L-형이고 근육에서 생성된 젖산도 곰팡이의 그것과 같다. 젖산세균에 의한 젖산은 L-, D- 및 DL-형이 있으며

DL-젖산이 생성되는 것은 젖산세균에 lactic acid racemase가 존재하기 때문이다.

대부분의 젖산세균은 phorphyrins과 cytochromes이 결여되어 산화적 인산화는 일어나지 않고 다만 기질수준 인산화에 의해 에너지를 얻는다.

젖산세균에 의한 당으로부터의 젖산 생성경로에는 젖산만을 생성하는 homo형과 젖산 외에 CO_2, ethanol, acetic acid를 함유하는 hetero형이 있다. Homo젖산발효에 있어서는 EMP경로에서 생성된 triose-3-phosphate로부터 탈수소반응을 거쳐서 생긴 pyruvate가 젖산 탈수소효소에 의하여 환원되어 생성되고 이 환원에 필요한 훤원형 조효소(NADH)는 triose-3-phosphate의 탈수소반응에서 공급된다. 이때 한 분자의 포도당에서 두 분자의 젖산과 두 분자의 ATP가 생성된다.

Hetero젖산발효에 있어서는 EMP회로에서 중요한 효소인 aldolase의 부재로 phosphoketolase pathway를 통하여 젖산을 만든다. 즉 D-xylulose-5-phosphate를 만드는 과정을 HMP를 통하여 만들고 특히 hetero형 세균은 phosphoketolase(EC4.1.2.9)가 있어 D-xylulose-5-phosphate를 acetyl-phosphate와 glyceraldehyde-3-phosphate로 만들어 전자는 acetate나 ethanol을, 후자는 lactate을 만든다. 이회로를 phosphoketolase pathway라 한다. 이 회로에서 1 mole의 포도당에서 젖산, ethanol, ATP 그리고 CO_2가 각각 1 mole 씩 만들어 진다(그림 7-3, 7-4). 즉 *Leuconostoc*속과 이상발효를 하는 *Lactobacillus*속은 젖산과 ethanol을 생성하는 Hetero 젖산발효균이고, *Bifidobacterium*속은 젖산과 초산을 생성하는 Hetero 젖산발효균이다.

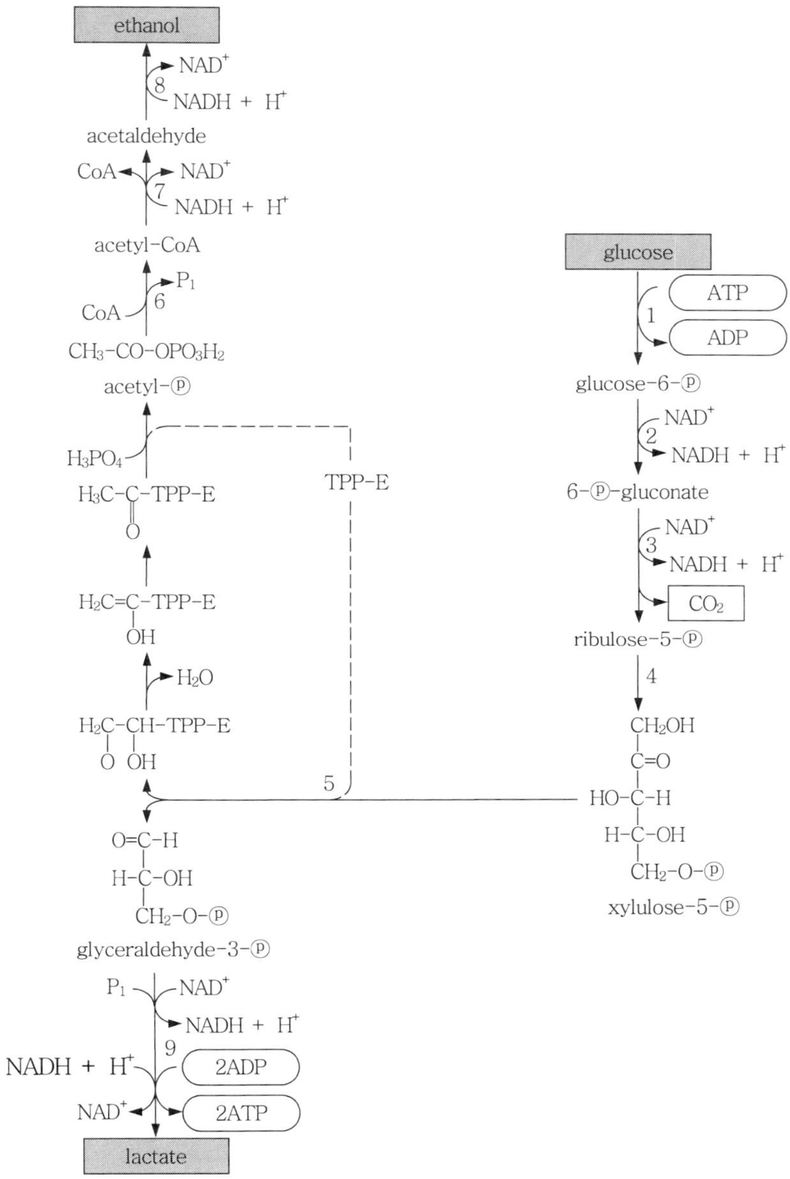

1 : Hexokinase , 2 : glucose-6-phosphate dehydrogenase, 3 : 6-phosphogluconate dehydrogenase, 4 : ribulose-5-phosphate 3-epimerase. 5 : phosphoketolase. The cleavage reaction yields glyceraldehyde-3-phosphate and enzyme-bound α,β-dihydroxyethyl-thiamine pyrophosphate. This is converted to acetyl-TPP-E vis the α-hydroxyvinyl derivative phosphorylytic cleavage results in acetyl phosphate formation, 6 : phosphotransacetylase, 7 : acetaldehyde dehydrogenase, 8 : alcohol dehydrogenase , 9 : enzymes as in homofermentative pathway

【그림 7-3】 Heterofermentative 경로에 의한 포도당으로부터 CO_2, 젖산, ethanol의 생성

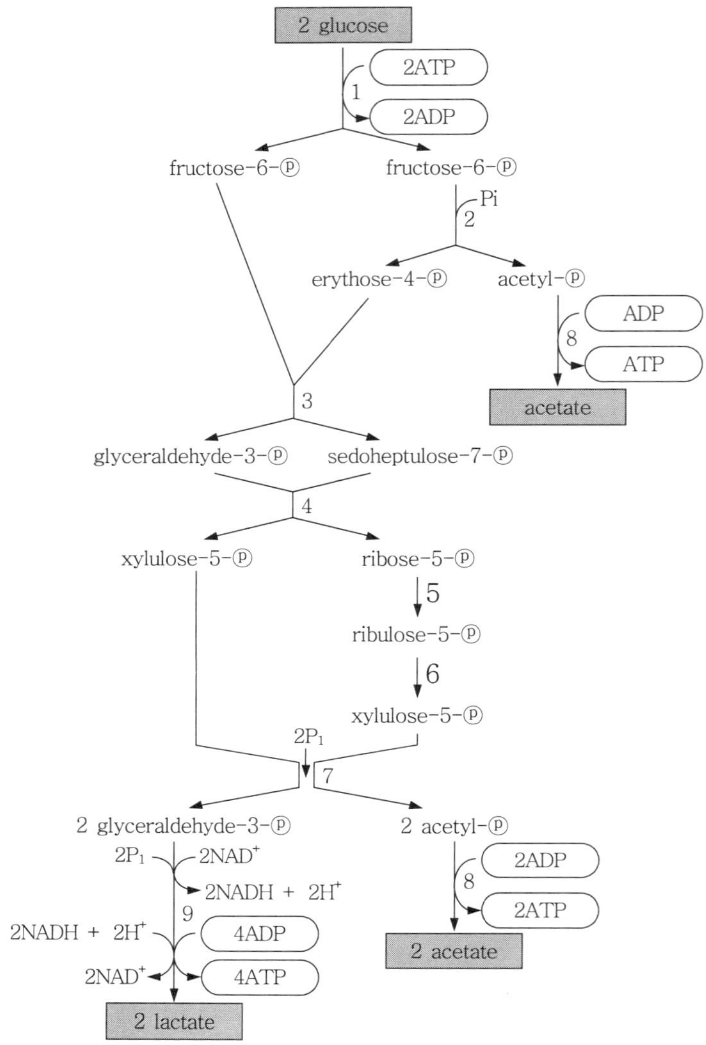

1 : Hexokinase and glucose-6-phosphate isomerase, 2 : fructose-6-phosphate phosphoketolase, 3 : teansaldolase, 4 : transketolase, 5 : ribose-5-phosphate isomerase, 6 : ridulose-5-phosphate 3-epimerase, 7 : xylulose-5-phosphate phosphoketolase, 8 : acetate kinase , 9 : enzymes as in homofermentative pathway

【그림 7-4】 Bifidum경로에 의한 포도당으로부터 초산과 젖산의 생성

1) 젖산균

Lactobacillaceae과에 속하는 균으로 젖산균은 Gram 양성, 비운동성이고 색소를 생성하지 않는 간균 또는 구균으로 대부분은 catalase 음성인 소위 산소내성균이며, 산소의 분압이 낮은 환경에서 잘 증식한다.

젖산균은 형태적으로 보아 homo형의 간균에는 *Lactobacillus bulgaricus, L. delbrueckii, L. lactis, L. casei, L. acidophilus, L. plantarum* 등이 있고 hetero형에는 *L. brevis, L. fermentum, L. buchneri* 등이 있다. 또 구균에는 *Streptococcus*속, *Pediococcus*속은 homo형이고 *Leuconostoc*속은 hetero형이다.

*Streptococcus lactis*는 우유 중에 보통 존재하는 대표적인 젖산연쇄구균으로 버터, 치즈제조의 starter로서 중요하다. *Streptococcus cremoris*도 우유에서 분리되어 역시 starter로서 사용된다. 또 *Streptococcus faecalis*는 사람이나 동물의 장관에서 잘 생식되는 장구균의 일종으로 젖산균제제, 미생물 정량에 이용된다.

*Pediococcus cerevisiae*는 옛날부터 beer sarcina라 불러온 맥주에 있어서 유해균이다. 또 *Pediococcus halophilus*는 내염성이 강하고 김치, 장유, 양조의 주요한 젖산균이다.

*Leuconostoc mesenteroides*는 설탕에서 대량의 점질물을 만들므로 제당공장에서 파이프를 막을 수 있는 유해균이다. 이 점질물은 dextran이며 대용혈장으로 사용된다.

2) 제조법

젖산균을 이용할 때는 배지 중의 당농도를 약 10%로 조정하고 배지에는 무기염 및 탄산칼슘을 첨가하여 pH 5.5~6.0으로 조정하고 젖산균을 접종한다.

당 및 전분 당화액을 기질로 할 때에는 *Lact. delbrueckii*, 유청(乳淸, whey)을 발효기질로 할 때는 *Lact. bulgaricus*, 감자로서 젖산발효를 할 때에는 *Lact. pentosus*를 사용한다. 보통 발효는 6일까지 진행하여 배지 중의 당농도는 약 0.2%로 저하된다. 발효를 장기간 계속하면 낙산의 오염 가능성이 있으므로 주의해야 한다.

발효온도는 45~50℃ 부근으로 하며 대체로 소비당의 80~90%의 젖산을 얻게 된다.

*Rhizopus oryzae*에 의한 젖산 생성은 표면배양법 또는 액내배양법 등을 행하고 있으며 포도당과 무기염 배지의 표면배양에서는 배양 20일 만에 소비당의 60~70% 수율의 젖산을 생성한다.

회전드럼형 발효탱크를 사용하여 액내배양을 하였을 때에는 젖산은 36시간의 단기간에 70~75%의 수량이 생산되었다.

3) 공업적 생산

공업적인 젖산발효 생산의 원료로서는 전분당화액이 주로 이용되고 있다. 젖산균의 영양요구는 복잡한데, 특히 비타민 B군을 필요로 하므로 맥아근 등이 첨가된다. 전분원료로는 고구마, 감자, 옥수수 등이 사용되고, 이들은 맥아(malt) 또는 koji(麴)의 효소(효소당화법) 및 황산, 염산 또는 수산(산당화법) 등을 이용하여 분해하여 총당농도가 10~15%가 되도록 한다. 발효 중의 pH를 5.5~6.5로 조절하기 위하여 $CaCO_3$를 가하며, 산화당화액에는 질소원이 되는 부원료(예 : 겨, 밀기울, 맥아근, corn steep liquor)를 첨가하고 종모(*L. delbrueckii* 등)를 5% 정도 첨가하여 $CaCO_3$의 침강을 막기위해 서서히 교반하면서 48~50℃에서 4~7일간 발효시킨다. 우유 혹은 유청 원료의 경우는 당농도 6%, 43~45℃에서 발효한다.

발효액 중에는 과량의 $CaCO_3$가 첨가되어 있고 생성된 젖산은 젖산칼슘형태로 되어 산생성에 의해 배양액의 pH 저하는 방지된다. 발효가 끝나면 곧 석회유를 가하여 pH 10~11로 조절하며, 가열하여 생긴 침강물을 여과하여 제거하고 여과액을 방냉하면 젖산칼슘의 결정을 얻는다. 이 결정에 계산량의 황산을 가하여 황산칼슘으로 침전시켜 여과하여 제거하고, 감압농축하여 35~40%의 젖산으로 농축하면 조제젖산을 얻게 된다. 조제젖산을 재결정법 혹은 isopropyl ether를 사용한 추출법으로 식품첨가물용 젖산으로 정제한다. 젖산은 식품의 산미료나 보존료로서, Ca-lactate는 Ca 강화제로 이용되며, 젖산의 유도체의 형태로 제약, 플라스틱제품의 제조 등 여러 산업에 이용되고 있다.

3. 구연산발효

구연산은 레몬 등의 감귤류 등으로부터 추출하여 생산되어 왔으나 1893년 Wehmer에 의해서 *Penicillium glaucum*의 곰팡이가 calcium oxalate 배양의 부산물로서 당으로부터 구연산을 생산한다는 것이 발견된 후 많은 구연산 생산균이 보고되었으며, 1917년 Thom과 Currie씨가 여러 업적들을 토대로하여 *Aspergillus niger*을 이용하여 배양조건을 검토한 뒤 처음으로 구연산의 공업적 생산의 길을 열었다.

구연산은 식품 및 의약품 공업에서 가장 많이 쓰이고 있는 산미료이며 이 밖에도 가소제(可塑劑), 격리제(隔離劑), 액체 세정제, 렌즈 연마제 등으로 그 용도가 넓다.

구연산은 생물의 호기적 대사경로(TCA회로)의 초기 생성물이지만 일반적으로 축적되지 않으며 구연산의 대량축적은 균의 생육상태로서 정상적이 아니라고 할 수 있다. 구연산 축적기에 있어서는 citrate synthase(condensing enzyme)의 활성이 증가하며 최성기에는 초기의 약 10배에 달하는 한편 구연산의 분해에 관계하는 isocitrate dehydrogenase와 aconitase의 효소활성은 감소하며 최성기에는 거의 소실되어 구연산을 축적하게 되는 것으로 생각된다.

1) 생산균

당질을 원료로 하였을 때의 우수한 생산균은 거의 곰팡이이며 *Aspergillus*속과 *Penicillium*속에 속하는 것이 대부분이다. *Asp. niger*을 비롯하여 *Asp. awamori, Asp. saitoi, Asp. wentii, Asp. usamii, Asp. fonsecaeus, Penicillium luteum, P. citrinum, Mucor piriformis, Trichoderma viride* 등이다. 이들의 곰팡이는 구연산 이 외에 수산이나 gluconic acid를 부생하는 경우가 많다. 산생성량이나 부산물 등을 고려하여 일반적으로 *Aspergillus niger*가 이용된다.

1969년 효모가 당으로부터 구연산을 생산한다는 것이 알려졌으나 효모의 경우는 곰팡이와는 달리 aconitase의 활성이 강하여 isocitrate를 부생한다.

한편 탄화수소 발효의 진보에 따라 *n*-paraffin으로부터의 구연산생산이 시도되어 *Arthrobacter*속의 세균, *Candida*속의 효모, *Penicillium*속의 곰팡이가 우수한 생산균으로 알려졌다. 즉 *Candida lipolytica, C. tropicalis, C. zeylanoides, Arthrobacter parafineus, Penicillium janthinellum* 등이다.

이 중에서도 *Candida lipolytica*는 Fe^{+2}의 양을 조절함으로서 부생하는 isocitrate를 억제하여 원료에 대해서 140~150%의 구연산을 생성·축적시킨다. 그러나 Fe^{+2}의 양을 조절한다는 것은 공업적으로는 번거로우므로 aconitase의 저해제인 monofluoroacetic acid 감수성균을 유도하여 isocitric acid의 부생을 억제하는 데 성공하고 있다.

탄화수소를 원료로 하면 당질을 원료로 한 경우에 비하여 수득율이 거의 2배로 증가하므로 탄화수소를 이용한 구연산 발효는 공업적으로 유리하다.

2) 제조법

구연산의 생산에는 표면배양법과 액내배양법이 있다. 표면배양법에는 발효접시(fermentation pan)에 액체배지를 넣고 곰팡이를 접종하여 배양하는 방법과 고구마박 등과 같은 전분박을 호화하여 곰팡이를 접종하는 코지식의 고체배양을 하는 방법이 있다. 액내배양법은 당질원료로 만든 액체상태의 살균된 배지에 생산균을 접종하여 통기교반형 발효탱크 또는 airlift형 발효탱크에서 배양하는 방식으로 현재 구연산 생산에 주류를 이루는 방법이다.

발효의 주원료는 당질원료 또는 전분질 원료가 사용되고 있는데 가장 많이 사용되는 것은 사탕무당밀(beet molasses)이며, *n*-paraffin이 이용되기도 한다.

Aspergillus niger 등의 곰팡이에 의한 구연산발효는 배지 중에 Fe^{2+}, Zn^{2+}, Mn^{2+} 등의 금속이온 량이 많으면 산생성이 저하된다. 특히 Fe^{2+}의 영향이 크므로 당밀 등을 이용할 때는 미리 원료를 이온교환수지로 처리하든지 적당량의 페로시안화칼륨(potassium ferrocyanate)을 첨가한다.

또 2~3%의 methanol, ethanol, propanol과 같은 알코올의 첨가도 수득량의 증가에 효과가 있다. 배양액의 pH는 2~3으로 조절하고, pH 5 이상인 경우에는 gluconic acid와 수산의 생산량이 증가한다. 당농도는 10~15% 일 때 25~28℃에서 4~10일간 호기적 조건에서 액내배양을 한다(그림 7-5). 통기 부족 시에는 알코올이 생산된다.

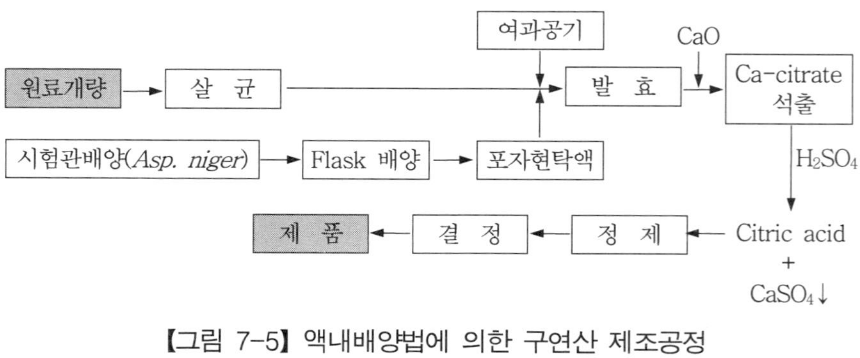

【그림 7-5】 액내배양법에 의한 구연산 제조공정

발효가 끝나면 발효액 중의 균체를 분리 제거하고 구연산은 생석회, 소석회 또는 탄산칼슘으로 중화하여 가열 후 구연산칼슘으로 회수한다. 이 구연산칼슘은 황산을 첨가하여 구연산으로 분해하고 이온교환수지 등으로 처리하여 정제 후 결정화 한다.

구연산은 식품의 산미료로 이용될 뿐만 아니라 의약품, 플라스틱, 화장품, 세제, 도금 등에 널리 이용되고 있다.

4. 글루콘산 발효(Gluconic acid)

글루콘산은 산뜻한 산미를 주므로 청량음료 등의 식품공업에 사용되며 또한 Na, Ca 또는 Fe-gluconate로 의약품으로 유용하다.

이 발효는 한 분자의 포도당이 1 mole의 산소에 의해서 산화되는 극히 간단한 대사형식으로 glucose oxidase 또는 glucose dehydogenase의 작용으로 D-glucono-δ-lactone이 생성되고 다시 비효소적으로(자발적인 분해) D-gluconic acid가 생성된다.

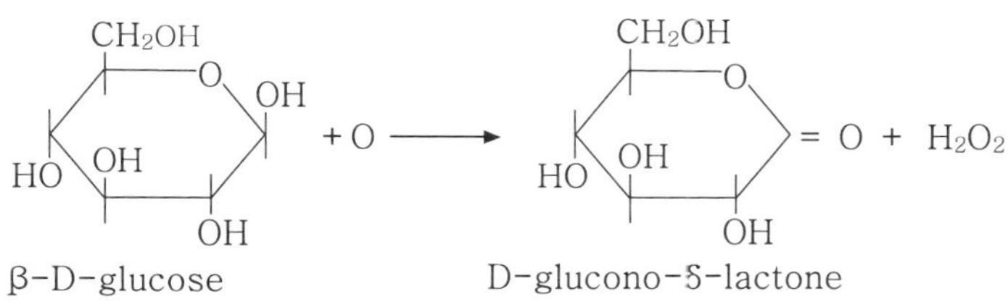

1928년 Muller가 *Aspergillus niger*의 배양액으로부터 glucose oxidase를 처음으로 분리했으며 1948년에는 Keilin과 Hartree씨는 이 효소가 조효소로서 FAD를 가지고 있으며 D-glucose의 β-anomer의 산화에 더 친화력을 가진 효소라는 것을 입증하였다.

1) 생산균

글루콘산의 생성은 곰팡이, 세균 등 비교적 많은 종류의 미생물에서 알려졌으며 *Asp. niger*, *Asp. fumigatus*, *Penicillinm notatum*, *P. chrysogenum* 등의 곰팡이와 *Acetobacter gluconicum*, *A. suboxydans*, *Pseudomonas fluorescena* 등의 세균이다. 특히 *Pseudomonas*속 균 중에는 균종에 따라 진탕배양으로 gluconic acid 만을 생성하는 것과 2-ketogluconic acid를 축적하는 것의 2종류가 있다. 또한 초산균 중의 어떤 균종은 특이하게 glucose 또는 gluconic acid로부터 5-ketogluconic acid를 생성하는 것도 있다.

2) 제조법

현재 gluconic acid의 공업적 생산에 이용되고 있는 균종은 *Aspergillus niger*이다. 이 균을 이용한 발효생산에는 알루미늄제의 회전드럼 발효관이나 통기교반 발효조가 이용되고 있다. 주로 후자를 이용하여 glucose 농도를 15~20%로 하여 $MgSO_4$, KH_2PO_4 등의 무기염류를 첨가한 것을 배지로 사용한다. 생성되는 gluconic acid의 중화에는 접종 후 glucono-δ-lactone이 충분히 생성된 후 따로 살균한 $CaCO_3$를 첨가하거나 NaOH를 배양 중에 산의 생성에 따라 연속적으로 첨가하고 배양 중의 pH는 5.5~6.5로 유지한다. 발아한 포자현탁액을 종모로서 접종하고 30℃에서 약 2일간 배양하면 대략 95% 이상의 수득율로 gluconic acid를 얻게 된다. 균체를 여과 분리한 다음 $Ca(OH)_2$를 첨가하여 gluconic acid의 Ca염으로서 0℃에서 석출 원심분리하거나 gluconic acid의 Na염으로서 회전드럼건조법으로 분리하여 조제 gluconic acid를 얻는다.

세균을 이용하여 gluconic acid를 발효 생산할 때는 대두나 쌀겨의 침출액을 첨가한 당농도 10~25%의 배지가 사용되며 탄산칼슘은 첨가하지 않는다. 탄산칼슘을 첨가하면 일단 생성된 gluconic acid가 다시 산화되어 2-ketgluconic acid나 5-ketogluconic acid로 변화하기 쉽다. 따라서 발효액의 pH는 산성으로 기울어지지만 이들 세균은 내산성이 강하므로 산화는 충분히 이루어지며 동시에 개방발효도 가능하게 된다. 25~30℃에서 7~14일간 배양하고 gluconic acid는 Ca염으로서 분리 회수한다.

5. 기타 유기산 발효

1929년 매실식초로부터 분리한 *Aspergillus itaconicus*가 sucrose농도가 높은 배지에서 itaconic acid를 생산한다는 것이 알려졌으며, 그 후 itaconic acid가 합성수지의 원료로 주목되어 itaconic acid 생산균의 screening에 의해서 우수 생산균으로 *Asp. terreus*가 분리되었다. 현재는 이 두 균주의 변이주가 생산에 이용되고 있다.

사과산(malic acid)은 청량음료나 빙과류의 산미료(酸味料), 마요네즈 등의 유화안정제 및 무염(無鹽)간장에 이용되는데, 이는 당밀에서 *Asp. flavus*와 *A. paraciticus*, *A. oryzae* 등을 이용하여 액체진탕배양으로 대당(對糖) 30% 이상의 수율로 L-malic acid를 생산하였다.

탄화수소를 기질로 하여 fumaric acid 생산균인 *Candida hydrocarbofumarica*와 fumarase 활성이 강한 *Candida utilis*를 함께 배양하여 *n*-paraffin에 대해서 약 70%의 수득율로 L-malic acid가 축적되었다. 또한 북원(北原, 1959) 등은 *Lactobacillus brevis*의 fumarase를 이용하여 합성법에 의해서 얻어지는 fumaric acid로부터 malic acid를 생산하는 방법을 개발하였다.

Fumaric acid 생성균주로서는 *Rhizopus*, *Circinella*, *Mucor*, *Aspergillus* 등이 알려져 있으며 생산능이 우수한 균주로서 *Rhizopus nigricans*가 이용된다.

Propionic acid는 *Propionibacterium*속의 여러 종으로부터 축적된다. 생성경로는 EMP에서 생성된 succinate가 탈탄산되어 propionate가 만들어진다. *Propionibacterium freudenreichii*와 *P. jensenii*는 단당류를, *P. technicum*은 전분을 발효한다. *Propionibacterium*속 균주는 비운동성이고, Gram 양성균으로 대부분의 균종이 pantcthenic acid와 biotin을 생육인자로서 요구한다.

호박산(succinic acid) 생성 균주로서는 *Brevibacterium immariophilum*, *Brev. divaricatum* 등이 널리 이용되며 *n*-paraffin을 기질로 할 때에는 *Candida brumptii*가 소비된 *n*-paraffin에 대하여 67%의 succinic acid를 축적한다.

7-2. 아미노산 발효

동식물에서 유래되는 단백질로부터 각종 아미노산이 발견된 이래 아미노산의 대부분은 단백질의 분해액으로부터 정제하여 왔으나 목적하는 아미노산의 분리에는 기술적으로 많은 어려움이 있었다. 한편 1850년에 순화학적으로 alanine을 합성한 이 후 합성법에 의한 아미노산의 제조에 대한 연구가 이루어 졌다. 현재 glycine, DL-alanine, DL-methionine 등은 이 방법으로 공업화되었으나 합성법에서 생성된 아미노산은 DL형으로 생체에 필요한 L형 아미노산을 얻기 위해서는 광학분할을 할 필요가 있다. 1956년 Kinoshita 등은 화학조미료로서 널리 사용되고 있는 L-glutamate을 축적하는 *Corynebacteium glutamicum*(발견당시 *Micrococcus glutamicus*)을 분리하여 발효법으로 아미노산을 생산하게 되었다.

미생물을 이용한 아미노산 제조법에는 야생주 및 변이주에 의한 직접발효법, 전구체 첨가에 의한 발효법 그리고 효소를 이용하는 발효법이 있으며 주요 아미노산발효에서의 생합성경로는 크게 다음과 같은 5계열로 나눌 수 있다.

① Aspartate 계열 : aspartate, threonine, methionine, isoleucine, lysine(in bacteria)

② Glutamate 혹은 α-ketoglutarate 계열 : glutamate, arginine, proline, hydroxyproline, lysine(in fungi)

③ Pyruvate 계열 : alanine, valine, leucine

④ Serine-glycine 혹은 triose 계열 : glycine, cysteine, cystine

⑤ 방향족 혹은 pentose 계열 :

- histidine
- phenylalanine, tyrosine, tryptophan

1. 직접발효법

야생주나 변이주를 이용한 직접발효법은 당질, 초산, 알코올류 및 탄화수소 등의 값싼 탄소원과 질소원을 주원료로 하여 무기염과 생육인자가 적당히 첨가된 배지에 아미노산 생산균을 접종하고 통기교반배양을 하여 아미노산을 축적시킨다. 축적하는 아미노산의 종류와 수득량은 사용균주의 성질과 배양조건에 따라 다르다. 아미노산의 공업적 생산은 탄소원으로서 주로 당밀과 포도당을 사용한다.

1) 야생주(wild strains, parent)

Glutamate 발효에 사용되는 생산균은 최초의 실용균으로 *Corynebacte-*

*rium glutamicum*을 비롯하여 *Brevibacterium lactofermentum, Brev. flavum, Microbacterium ammoniaphilum* 등이 알려져 있다. 이들 생산균주는 Gram양성이고 운동성이 없으며 생육인자로서 biotin을 요구한다.

Glutamate 발효의 특징은 biotin 요구성의 세균을 이용하여 biotin 공급을 제한하여 발효시키는 것이며 배지 중의 biotin 농도가 균체의 증식에 가장 적합한 10~25 μg/L의 농도일 때에는 glutamate는 거의 생성되지 않고 젖산이 생성되며 1~2.5 μg/L의 농도에서 대량의 glutamate를 생성한다. Biotin과 glutamate의 축적·생성관계에 대해서는 많은 연구가 이루어 졌고 biotin량을 제한함으로서 세포막 중의 불포화지방산의 생성이 저해되어 세포막이 불완전해져서 생성된 glutamate가 세포밖으로 분비된다는 것이 밝혀졌다. Biotin이 과잉량 존재할 때에는 penicillin이나 계면활성제를 대수증식기에 첨가함으로서 glutamate를 대량 생성시킬 수 있게 된다. 이것은 penicillin이나 계면활성제가 세포막의 합성을 저해하기 때문이며 배지 중의 biotin량을 제한한 것과 같은 결과가 된다.

C. glutamicum No 541 균주를 이용하여 기본배지 glucose 10%, corn-steep liquor 0.25%, NZ-amine(enzymic hydrolysate of casein) 0.25%, K_2HPO_4 0.1%, $MgSO_4 \cdot 7H_2O$ 0.025%, urea 0.5%를 사용하여 초기 pH를 7.0~8.0으로 조절하여 30℃에서 72시간 배양한 glutamate 발효과정을 보면 그림 7-6과 같다.

야생주는 또한 L-valine, DL-alanine, D-alanine, L-alanine, L-glutamine 그리고 N-acetyl-L-glutamine 등을 축적한다. *Paracolobacterium coliform*은 포도당 100 g/L로부터 L-valine을 15 g/L을 축적하였다. Alanine은 L-alanine으로서 세포에서 처음부터 합성되어 후에 alanine racemase에 의해 라세미화(racemization)가 일어난 후 라세미형태로 배양액에 축적되며, 그것은 여러 균주에 의해 생산되었다. 즉 *Brevibacterium monoflagelum, Brev. amylolyticum, Corynebacterium gelatinosum, Microbacterium album, M. ammoniaphilum* 그리고 *Bacillus subtilis* 등은 수득율 30~40%의 DL-alanine을 생성한다. *Cory. fascians* 균주에서는 세포내 alanine racemase가 존재함에도 D-alanine이 배지 중에 축적(12 g/L) 되었다. D-alanine의 축적기작은 아마도 L-alanine에 관여하는 수송담체(permeability barrier)의 결과로 기인된 것이 아닌가 한다. 한편, L-alanine

은 *Streptomyces aureofaciens*와 *Streptomyces coelicolor*에 의해 축척되었다(16 g/L). *Brev. flavum* 혹은 *Cory. glutamicum*은 L-glutamine을 생산하였고 즉, 앞에서 언급한 L-glutamate 생산균에 의한 glutamate 발효가 배양조건을 변화시킴으로서 L-glutamine으로 전환된 것이다. 특히 배지 중 NH_4Cl의 고농도, 약산성 그리고 Zn이온의 존재하에서 L-glutamate가 L-glutamine으로 더 많은 전환이 일어났다.

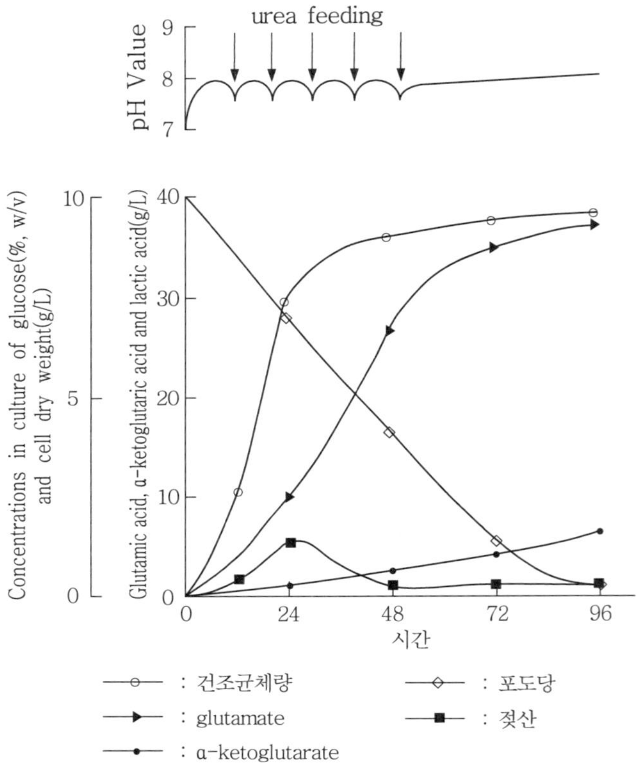

【그림 7-6】 *C. glutamicum* No 541 균주에 의한 glutamate 발효 경과

2) 변이주(mutant strains)

원래 아미노산은 단백질의 원료로서 생체구성 성분이다. 그 생합성은 미생물에서는 과・부족없이 필요량만큼 만든다. 소위 대사제어(metabolic regulation)기구가 존재해 있다. 그 대표적인 것이 negative feedback control 기구이다. 하나의 생합성계에서 어떤 중간생성물 A에서 다음과 같은 최종산

물 E가 된다고 하자.

$$A \xrightarrow{\text{효소 I}} B \xrightarrow{\text{효소 II}} C \xrightarrow{\text{효소 III}} D \xrightarrow{\text{효소 IV}} E$$

이때 최종대사산물은 그 미생물이 필요한 양만 생산하는 것이 더욱 경제적이고 능률적이지 그 양이 부족하거나 과잉해서는 안된다. 이와 같이 어떤 생산물을 그 미생물이 합리적으로 만들기 위한 조절기구로서는 다음 두가지가 중요하다. 그 하나는 최종생산물의 양에 의하여 그 생합성계의 앞의 효소, 예를 들면 효소 I 의 활성이 저해되는 현상으로 이것을 negative feed-back inhibition이라 한다. 또 하나는 최종산물에 의하여 효소 I 의 합성이 억제되는 현상인데, 이것을 feedback repression이라 한다. 아미노산이나 핵산관련물질의 생합성계에서는 이 대사제어 기구가 더욱더 발달되어 있다. 따라서 이들의 물질을 미생물에 의하여 대량으로 생산하기 위해서는 그 대사제어 기구를 어떤 방법으로서 파괴할 필요가 있다. 이들은 현재 대사제어 발효라 불려지는 새로운 발효의 기본적 기술의 확립에 의하여 달성되었다. 대사제어 발효란 미생물의 대사를 유전적 방법(변이) 또는 기타 생화학적 방법으로 인위적으로 개변제어 함으로서 목적하는 발효생산물을 대량생산, 축적시키는 발효라 정의할 수 있다.

(1) 영양요구 변이주(auxotrophic mutants)

L-lysine 생산이 아미노산의 산업적 생산에 처음으로 영양요구 변이주를 응용한 첫 번째의 경우이다. 세포생육을 위해 필요한 최저농도의 영양(L-homoserine 혹은 L-methionine + L-threonine)은 L-lysine의 축적에 필수적이며 L-lysine 생산에 과잉의 L-threonine의 저해효과는 aspartate kinase 상에서의 feedback inhibition의 결과이다. 이 효소는 L-lysine, L-thrronine 및 L-methionine의 생합성에 대한 주요 효소이다(그림 7-7).

각각 1 mM의 L-lysine과 L-threonine이 aspartokinase 효소 활성을 94%까지 저해시킬 수 있고 L-lysine 단독으로도 약 20%까지 저해시킬 수 있다. 이것은 homoserine 영양요구주를 이용하여 L-threonine(혹은 L-homoserine)의 제한된 조건하에서 L-lysine을 과량 생산할 수 있는 주된 기작이다. 표 7-5는 공업적으로 생산 가능한 일련의 영양요구 변이주들을 나타내었다.

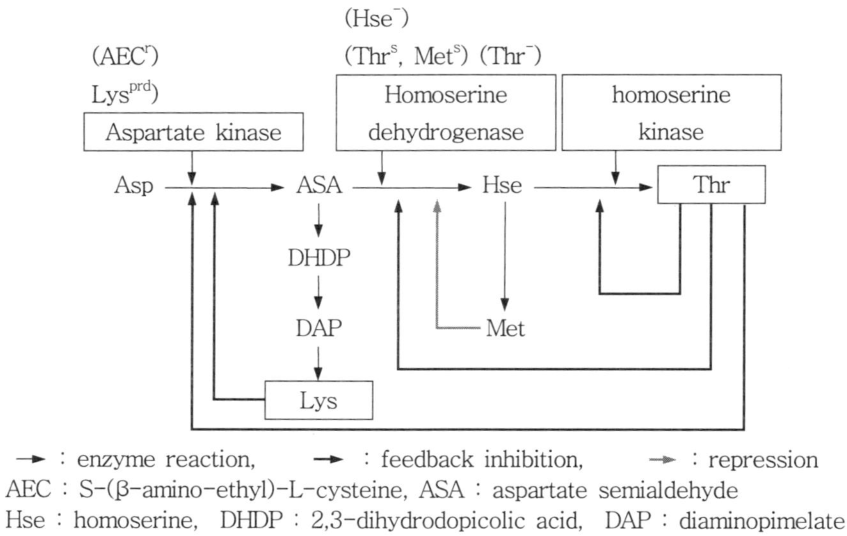

【그림 7-7】 *Brevibacterium flavum* 균주에 의해서 lysine, threonine 및 methionine 생합성의 조절

【표 7-5】 영양요구 변이주에 의한 아미노산의 생성

축적되는 아미노산	요구되는 아미노산	생산균주
L-Citrulline	arginine	*Bacillus subtilis*
		Corynebacterium glutamicum
L-Glutamic acid	oleic acid	*Brevibacterium thiogenitalis*
	glycerol	*Corynebacterium alkanolyticum*
L-Homoserine	threonine	*Corynebacterium glutamicum*
L-Leucine	phenylalanine	*Corynebacterium glutamicum*
L-Lysine	histidine	*Corynebacterium glutamicum*
	homoserine, threonine	*Brevibacterium flavum*
L-Ornithine	citulline	*Arthrobacter citreus*
L-Phenylalamine	tyrosine	*Corynebacterium glutamicum*
L-Proline	isoleucine	*Brevibacterium flavum*
	histidine	*Brevibacterium* sp.
	serine	*Kurthia catenoforma*
L-Threonine	diaminopimelic acid,	*Escherichia coli*
	methionine, valine	*Escherichia coli*
L-Tyrosine	phenylalnine, purine	*Corynebacterium glutamicum*
L-Valine	isoleucine or leucine	*Corynebacterium glutamicum*

어떤 아미노산들은 축적되는 아미노산의 생합성경로와 분명히 관계가 없는 영양요구성을 가진 변이주에 의해 생산되기도 한다.

(2) 조절 변이주(regulatory mutants)

조절 변이주로서 공업적으로 아미노산을 생산하는 균주 개발의 전형적인 성공은 *Brev. flavum*의 L-lysine 생산균주로 손꼽을 수 있다. 그림 7-7에서 보는 바와 같이 이 균주는 L-lysine 생합성 경로 중 단순히 L-lysine과 L-threonine 농도에 의존하는 강한 feedback inhibition를 받는 aspartate kinase에서 조절된다. 그러므로 만약 aspartate kinase의 조절부위(regulatory site)가 비활성화 된다면 aspartate-β-phosphate의 과잉생산을 기대할 수 있다. L-lysine 생합성과는 달리, 이 균의 L-threonine의 생합성은 homoserine dehydrogenase와 homoserine kinase와 같은 2개의 조절 반응단계가 있는 것으로 알려져 있다.

*Brev. flavum*의 변이주 중에는 최소배지에서 원균주와 같이 왕성하게 생육하나 threonine 또는 methionine을 소량 첨가하면 생육이 저해되는 감수성 변이주가 있으며 이들 균주 중에는 최소배지에서 포도당에 대해서 23%에 이르는 L-lysine-HCl을 생산하는 것이 있다.

이와 같이 lysine의 생산축적이 가능한 것은 이들 균의 변이점이 homoserine dehydrogenase 활성이며 변이에 의해서 원주의 약 3%로 활성이 저해됨으로서 threonine 생성이 감소된 결과 균체형성에는 지장이 없으나 aspartokinase 활성을 제어할 수 없게 되기 때문이다. *Brev. flavum*이 가지고 있는 homoserine dehydrogenase 활성은 균체형성에 이용되는 threonine(methionine)을 생합성하는데 필요한 부분과 lysine의 과잉생산을 제거하기 위한 threonine을 생합성하는 두 부분으로 나누어서 생각하고 이 변이주는 후자가 결핍된 것이라고 해석하고 있다.

*Brev. flavum*의 S-(β-aminoethyl)-L-cystenine(AEC, lysine의 analog) 내성 변이주는 포도당으로부터 34 g/L의 L-lysine을 생산한다. 이 analog는 특히 threonine이 공존하면 *Brev. flavum*에 대해서 강한 생육저해작용을 나타내며 이 저해는 lysine의 첨가로 제거되는 성질을 가지고 있으므로 이 analog의 존재하에서도 생육이 가능한 변이주 중에는 lysine 생산이 왕성한 것이 있을 수 있을 것이라는 예상에 의해서 실제로 이 내성 변이주가 얻어

졌다. 이 AEC 내성 변이주는 aspartokinase에 대한 L-lysine과 L-threonine의 concerted feedback inhibition이 작용되지 않고 조절기구가 해제되어 있을 뿐 아니라 homoserine dehydrogenase에 대한 L-threonine의 저해작용은 지속되고 있으므로 대사의 흐름은 L-lysine의 과잉생산으로 기울어지게 된다. 이 내성주에 의한 L-lysine 생산량은 대량의 threonine 존재하에 있어서도 거의 영향을 받지 않으며 aspartokinase의 활성에 대한 lysine + threonine에 저해정도는 분명히 감소되고 있다.

한편, *Candida periculosa*, *Candia lypolytica* 및 *Saccharomyces cerevisiae*와 같은 효모들도 L-lysine 생산 대상균으로서 관심이 모아지고 있다. L-lysine의 생합성경로는 세균의 그것과 다르며 또한 세균에서 관찰되지 않는 L-lysine에 관한 수송담체(permeability carrier)가 존재한다. *Candida periculosa*의 homocitrate synthetase 저해해제(desensitized)된 변이주에 의해 L-lysine이 약 2 g/L 생산되었다.

현재 L-lysine 이외에 조절변이주를 이용하여 직접발효법으로 공업적으로 생산하고 있는 아미노산으로는 L-threonine, L-isoleucine, L-leucine, L-valine, L-arginine, L-histidine, L-phenylalanine, L-tryptophan, L-tyrosine 등이 있다.

2. 전구체 첨가법

만약 어떤 대상하는 아미노산의 생합성 중간산물을 쉽게 저렴한 가격으로 발효 생산할 수 있다면 그것을 배지에 첨가함으로서 아미노산 생산을 위한 유용한 방법이 될 것이다. 일반적으로 아미노산 생합성경로의 조절부위가 첫번째 효소에 있으므로 그 반응계열의 조절효소가 아닌 효소를 먼저 합성한 뒤 배지에 전구체를 첨가하면 조절된 효소는 억제 해제(derepressed)되고 저해 해제(desensitized)되어 전구체로부터 목적하는 아미노산으로 변환축적되는 방법이다. Glycine으로부터 L-serine 생산이 한 예이며 *Corynebacterium glycinophilum*에 의해 glycine(20 g/L)이 생산된다. 이 외에도 이 방법으로 생산 가능한 아미노산은 표 7-6과 같다.

【표 7-6】 전구체 첨가에 의한 아미노산의 생산

축적되는 아미노산	첨가물	생산미생물
L-DOPA	L-tyrosine	*Pseudomonas melanogenum*
L-Isoleucine	α-aminobutyric acid	*Serratia marcescens*
	α-aminobutyric acid	*Bifidobacterium ruminale*
	2-hydroxy-butyric acid	
	α-bromobutyric acid	*Bifidobacterium ruminale*
L-Methionine	2-hydroxy-4-metyl -thiobutyric acid	*Pseudomonas denitrificans*
Norleucine	norvaline	*Serratia marcescens*
Norvaline	D-threonine, L-threonine	*Serratia marcescens*
L-Phenylalanine	2-hydroxy-3-phenyl -propionic acid	*Pseudomonas denitrificans*
L-Serine	glycine	*Corynebacterium glycinophilum*
	glycine	*Pseudomonas* sp.
L-Tryptophan	anthranilic acid	*Hansenula anomala*
	indole	*Claviceps purpureus*

3. 효소를 이용하는 방법

효소 또는 효소원으로서 미생물 균체를 이용하여 원료물질로부터 목적하는 아미노산으로 변환축적(분해와 합성)하는 방법이다.

이 방법은 오래전부터 연구되어 왔으며 효소 및 미생물균체의 고정화기술의 진보에 따라 최근에는 주목되고 있다. 특히 L-alanine과 L-aspartate의 공업적 생산에 응용되고 있으며 L-alanine의 경우에 β-aspartic decarboxylase에 의해 L-aspartate의 탈탄산반응으로 가능하게 되었다. 강력한 alanine 생산균이 있음에도 불구하고 직접발효법이 이용되지 못하고 있는데 이는 L-alanine의 축적을 방해하는 alanine racemase의 존재 때문이다.

Aspartase에 의한 fumarate와 암모니아의 축합반응으로 L-aspartate를 공업적으로 생산하고 있으며 이는 경제성이 있고 공정이 단순하기 때문이다. 이 방법으로 생산가능한 아미노산은 표 7-7에 나타나 있다.

【표 7-7】 효소적 방법에 의한 아미노산의 생산

생산 아미노산	반응	효소	효소원(미생물)
L-Alanine	L-aspartic acid → L-alanine+CO_2	aspartate decarboxylase	*Pseudomonas dacunhae*
L-Aspartic acid	fumaric acid+NH_4^+ → L-aspartic acid	aspartase	*Escherichia coli*
L-Cysteine	DL-2-amino-Δ^2- thiazoline -4-carboxylic acid+2H_2O → L-cysteine+NH_3+CO_2	ATC racemase, L-ATC hydrolase, S-carbamyl-L-cysteine hydrolase	*Pseudomonas thiazolinophilum*
	β-chloro-L-alanine +Na_2S(H_2S) → L-cysteine+ NaCl+ NaOH	cysteine desulfhyrase	*Aerobacter aerogenes*
L-DOPA	pyrocatechol+pyruvate+ NH_4^+ → L-DOPA	β-tyrosinase	*Erwinia herbicola*
L-Glutamic acid	DL-hydantoin-5-propionate +2H_2O → L-glutamic acid+ CO_2+NH_3	L-glutamic acid-hydrolase	*Bacillus brevis*
L-Lysine	DL-α-amino-ε-caprolactam (ACL)+H_2O → L-lysine	ACL racemase, L-ACL hydrolase	*Achromobacter obae, Cryptococcus laurentii*
L-Tyrosine	phenol+pyruvate+NH_4^+ → L-tyrosine+H_2O	β-tyrosinase	*Erwinia herbicola*

4. 유전공학을 이용하는 방법

현재 대부분 공업용 아미노산들은 DL-methionine과 glycine을 제외하고 발효법에 의해 생산하고 있다. 아미노산 생산에 있어서 그러한 눈부신 발전은 끊임없는 미생물 균주의 육종(育種)에 있다. 최근까지도 영양요구주나 대사조절 변이주들이 주로 물리, 화학적인 돌연변이 유발원을 사용하여 만들어졌으며 이들이 여러 발효공정에 이용되고 있다. 최근 세포융합과 유전자 재조합으로 아미노산발효균의 육종에 박차를 가하고 있다.

1983년 Miwa씨 등은 DNA donor로서 threonine을 생산하는 AHV(α

-amino-β-hydroxy-valeic acid) 내성변이주 βIM-4의 thr operon을 plasmid pBR322에 clone시켜 전 Thr operon을 갖는 재조(再組) plasmid pAJ294를 만들었다. pAJ294를 갖고 있는 형질전환균주(transformant) No.29-4는 어버이균주의 βIM-4와 비교하면 threonine 생산량(13.4 g/L)은 3배, homoserine dehydrogenase 활성은 5배, 그리고 유전자의 Copy 수가 11배나 향상되었다.

1986년 Karasawa 등은 *B. flavum* AJ11784(AHV^r, Ile$^-$)와 *B. lactofermentum*(AEC^r, AHV^r, Leu$^-$, Ile$^-$)을 PEG가 유발하는 protoplast 융합법으로 threonine 생산성이 증가된 변이주(變異株, fusant)를 얻었다.

7-3. 핵산발효

표고버섯의 지미(旨味)의 주성분이 5′-guanylic acid, 5′-inosinic acid 등이 알려지고 화학적으로는 nucleotide라고 불려지는 것에 속하므로 이들을 정미성(呈味性) nucleotide라고 한다.

정미성을 가지는 화학물은 그림 7-8의 5′-guanylic acid(GMP), 5′-inosinic acid(IMP), 5′-xanthylic acid(XMP)와 같은 5′-nucleotide이며, 이들 중 IMP, XMP는 핵산에 존재하지 않으나, nucleotide 생합성의 중요한 중간체인 염기로서 hypoxanthine, xanthine 등의 purine계 염기로서 정미성을 5′위(位)가 인산기, 2′위(位)가 H, OH 또는 NH_2기로 되어있다. 이와 같은

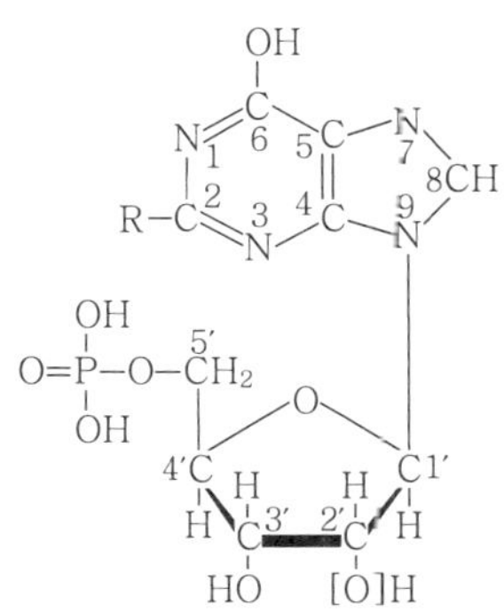

【그림 7-8】 6-hydroxypurine ribonucleoside 및 deoxyribonucleoside 5′-monophosphate의 일반적인 구조

조건을 갖는데 필요한 화학적 구조의 특징을 보면 6′위(位)가 OH기, pentose의 5′를 갖추고 있는 nucleotide는 GMP, IMP, XMP로서 그 순으로 정미성이 강하다. 또한 이들은 monosodium glutamate(MSG)와 혼합했을 때 단독으로 보다 훨씬 큰 정미성을 나타낸다.

정미성 nucleotide가 공업적인 생산이 시작된 초기에는 어류, 통조림폐액, 오징어, 멸치 등 천연물에서 추출, 분리하는 방법에 의해서 생산되었으나 현재는 효모핵산 분해법(RNA 분해법), 그리고 발효와 합성의 결합법 생화학적 변이주를 이용한 직접발효법이 쓰인다.

1. 효모 RNA 분해에 의한 정미성 뉴클레오티드 생산

효모 RNA를 분해하여 정미성 뉴클레오티드인 5′-IMP와 5′-GMP를 생산하는 방법으로 RNA를 분해하면 그림 7-9에서 보는 것처럼 5′-AMP, 5′-GMP, 5′-UMP 및 5′-CMP 등 4종류의 뉴클레오티드가 얻어지고 5′-AMP를 탈아미노하면 5′-IMP가 얻어진다. 효모가 정미성 뉴클레오티드 공급원으로 선택된 것은 RNA 함량이 높고(건조균체의 12%) 세균에 비해 균체가 커서 배양 후 분리하기 쉬운 점 등이 있기 때문이다.

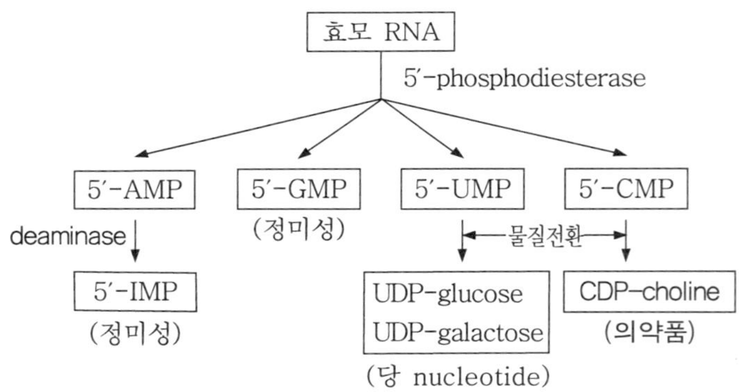

【그림 7-9】 효모 RNA에서 각종 nucleotide 유도체 제조

효모는 *Saccharomyces cerevisiae*나 *Candida utilis*가 사용되고 당밀이나 아황산펄프 폐액을 원료로 하여 배양한다. 배양이 끝나면 균체를 모아 뜨거운 2% 식염수로 RNA를 추출하고 얻어진 RNA를 효소분해 한다.

RNA의 3′-인산에스테르 결합을 특이적으로 가수분해하는 효소 5′ 포스포

디에스테라아제(phosphodiesterase)를 작용시키면 5′-에 인산이 결합된 5′-뉴클레오티드가 얻어진다. 이 효소는 *Penicillium citrinum*이나 *Strepto-myces aureus* 등의 미생물이 생산하는 것을 사용한다. 특히 *S. aureus*는 배양액 중에 5′-AMP를 5′-IMP로 전환하는 탈아미노효소(deaminase)가 존재하기 때문에 RNA에서 바로 5′-IMP와 5′-GMP를 얻을 수 있어 따로 5′-AMP를 탈아미노할 필요가 없다.

RNA 구성성분 중 5′-GMP 등 퓨린(purine)계 뉴클레오티드는 화학조미료로 이용되지만 5′-UMP 및 5′-CMP 등 피리미딘(pyrimidine)계 뉴클레오티드는 UDP-glucose, UDP-galactose, GDP-mannose 등의 당 누클레오티드나 CDP-choline 등의 의약품을 생산하고 있다. 핵산을 추출한 나머지의 효모균체 단백질은 사료로 이용된다.

2. 직접발효에 의한 정미성 뉴클레오티드 생산

직접발효법은 미생물의 뉴클레오티드 생합성능을 이용하여 뉴클레오티드를 생산하는 방법이다. 뉴클레오티드 생합성 경로에는 간단한 탄소원과 질소원을 출발물질로 하는 신생(*de novo*) 합성과 핵산염기나 뉴클레오시드(nucleoside)를 출발물질로 하여 합성하는 회수(*salvage*) 합성이 있다.

일반적으로 뉴클레오티드 생합성은 아미노산의 경우와 마찬가지로 복잡한 기작에 의해 조절되어 과잉 생산이 일어나지 않는다. 그러나 뉴클레오티드 생합성 경로의 일부를 유전적으로 폐쇄시킨 변이주에서는 그 전단계의 물질 또는 전단계의 물질에서부터 분지한 생합성 경로의 물질이 축적되므로 이런 변이주를 사용하면 뉴클레오티드 생합성의 중간물질을 직접 발효생산할 수 있다.

Bacillus megaterium 또는 *B. pumilus*의 퓨린 요구변이주를 이용하여 AICAR(5-amino-4-imidazolecarboxamide ribotide)를 축적시키는 방법이 있고 *B. subtilis, B. pumilus, Brevibacterium ammoniagenes*의 아데닌(adenine) 요구주를 이용한 이노신(inosine) 발효생산법이 공업화되어 있다. 이 방법에 의하면 7~13 g/L의 이노신이 대당 몰(mol) 수율 9% 이상으로 얻어진다. 이들 균주에 의해 생산되는 이노신은 뉴클레오티드의 신생 합성경로에 의해 생합성된 5′-IMP가 전구물질이며 인산화합물은 미생물의 세포막을 투과하기 어렵기 때문에 5′-IMP는 탈인산화에 의해 이노신이 되어 세포

외로 배출되는 것이다.

이러한 균주에서는 5′-IMP의 탈인산 활성 저하와 세포막 투과성 증대로 5′-IMP를 세포 외부에 축적시킬 수 있어 *Br. ammoniagenes*의 아데닌 요구주를 이용해 5′-IMP를 직접 발효 생산하는 방법이 확립되어 공업적으로 이용되고 있다. *Br. ammoniagenes*의 아데닌 요구변이주를 이용한 5′-IMP 발효에는 배지의 인산염 및 마그네슘염의 농도를 높이고 망간이온을 10 μg/L로 억제할 필요가 있다.

3. 반합성법에 의한 정미성 뉴클레오티드 생산

뉴클레오티드의 전구물질을 뉴클레오티드로 전환하는 방법으로 발효법과 화학적합성법을 조합시킨 반합성법으로 공업적 생산에 이용되는 것도 있다. 이 방법에는 발효법에서 생산한 중간물질을 화학적으로 뉴클레오티드로 전환하는 방법과 화학적으로 합성한 중간물질을 발효법으로 뉴클레오티드로 전환하는 방법으로 나눌 수 있으며 앞의 방법은 미생물의 뉴클레오티드 신생 합성능을, 뒤의 방법은 회수 합성능을 이용한 것이다.

1) 뉴클레오시드의 화학적 인산화에 의한 5′-뉴클레오티드 생산

뉴클레오시드를 적당한 인화합물과 반응시켜 인산화 하면 뉴클레오티드를 합성할 수 있다. 현재 이노신을 염화포스포릴과 반응시켜 5′-IMP를 생산하는 방법이 확립되었다.

발효법으로 얻은 이노신의 아세톤 현탁액에 과잉의 염화포스포릴(oxychlorophosphate ; $POCl_3$)을 가하고 소량의 물을 가해서 5℃에서 6시간동안 반응시킨다. 이때 이노신의 2′ 및 3′ 위치의 OH기를 이소프로필리덴(isopropylidene)기로 보호하는 동시에 5′의-OH기가 인산화 된다. 이 반응에서 생성된 2′, 3′-O-isopropylideneinosine-5′-phosphodichlorinate를 가수분해하면 80%의 수율로 5′-IMP가 얻어진다(그림 7-10).

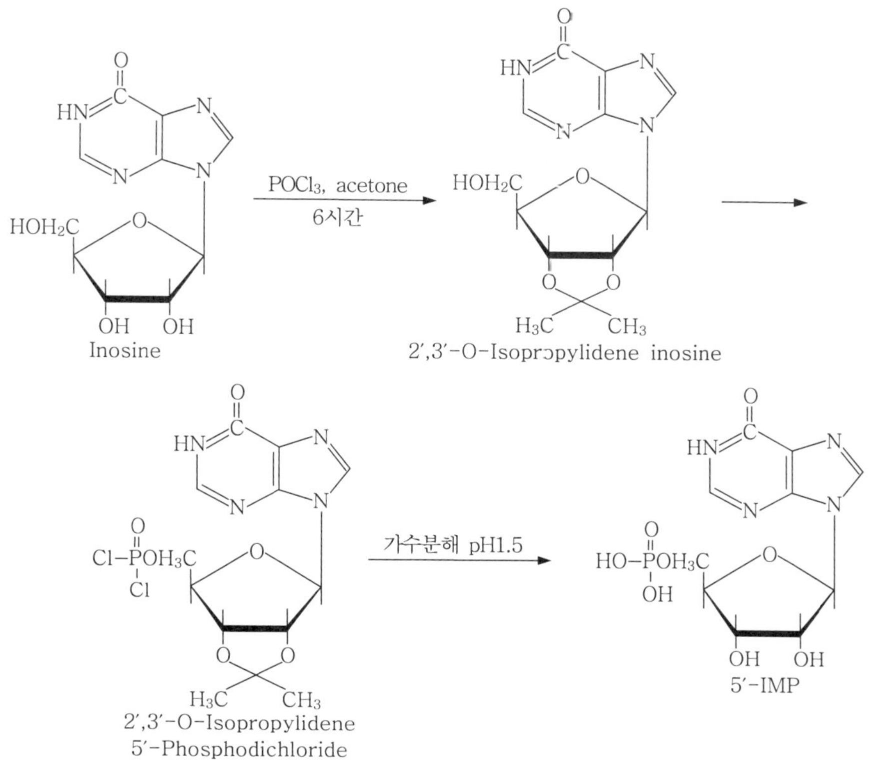

【그림 7-10】 화학적 인산화에 의한 inosine에서 5'-IMP의 제조

2) AICAR에서 5'-GMP 합성

발효법으로 얻어진 AICAR(5-amino-4-imidazole carboxamide ribotide)을 원료로 하여 정미성 뉴클레오티드인 5'-GMP를 제조하는 방법이다. AICAR을 에탄올 중에서 sodium methylxanthogenate($S=C(CH_3O)SNa$)를 작용시키면 거의 정량적으로 2-메르캅토이노신(mercaptoinosine)이 얻어진다. 이것을 과산화수소로 산화하여 이노신-2-술폰산(inosine-2-sulfonate)을 만든 다음 암모니아 중에서 가열하면 구아노신(guanosine)이 생성되므로 앞의 방법(그림 7-10)으로 인산화하면 AICAR에서 약 70%의 수율로 5'-GMP가 얻어진다.

3) 아데닌에서 5'-IMP의 생산

*Bacillus subtilis*의 퓨린 요구 변이주 중에는 뉴클레오티드의 회수 합성능

이 강한 균주가 있다. 이 균주를 이용하여 화학합성법으로 얻은 아데닌에서 아데노신(adenosine)을 생산하고 이어서 인산화하여 5′-AMP로 한 다음 아질산 또는 곰팡이(*A. oryzae*)의 탈아미노효소로 탈아미노하여 5′-IMP를 생산하는 방법이다. 이와 같은 미생물의 뉴클레오티드 회수 합성능을 이용한 뉴클레오티드 생산법은 조효소 등의 핵산관련물질 발효생산에도 이용된다.

7-4. 항생물질 발효

1929년 영국의 Sir Alexander Fleming은 포도상구균(*Staphylococcus aureus*)에 대하여 연구하던 중 우연히 배양평판배지(培養平板培地)에 오염된 푸른곰팡이(*Penicillium notatum*)가 포도상구균의 발육을 억제하는 것을 발견하고 이 곰팡이를 액체배양하여 배양액 중에 항균작용을 나타내는 물질이 축적됨을 확인하였다. 이를 penicillin이라고 명명 보고한 것이 항생물질에 대한 시초가 되었다. 이후 Chain과 Flory(1940)는 배양액을 정제하여 이의 화학구조에 관한 연구를 함으로서 임상적으로 이용 가능하게 되었다. 이어서 1944년 미국의 Waksman에 의해서 결핵에 효과가 탁월한 streptomycin이 발견되었고 전 세계에서 광범위한 항생물질(抗生物質)이라는 용어도 이때 Waksman에 의해서 처음 사용되었으며 현재에 있어서는 생물 특히 미생물에 의해서 생산되고 미생물과 기타 생활세포(암세포 등)의 기능을 저해하고 심지어는 파괴하는 물질로 정의되고 있다.

1963년에 알려진 항생물질은 513종류 이었던 것이 1974년에는 4,076종류로 증가하였으며, 해마다 50~100개의 새로운 항생물질이 발견되어 현재는 약 6,000종류가 알려져 있고 91종 이상의 항생물질이 공업적으로 생산되고 있다. 이 외에 46종의 반합성 항생물질이 약제로 이용되고 있으며 chloramphenicol과 같이 처음에는 미생물의 생산물로 발견되었으나 현재는 합성법으로 생산되고 있는 항생물질도 있다. 또한 항생물질에 대한 연구는 세균, 진균뿐만 아니라 암 및 바이러스에 의한 질병치료에도 유효한 항생물질을 생산하려는 연구가 계속 진행 중에 있다.

1. 항생물질 연구법

항생물질이 공업적으로 생산되기까지는 생산균의 분리, 항균력의 시험, 독성시험, 역가검정, 중간공업시험 등의 여러 단계를 거치게 된다.

생산균의 분리는 보통 여러 곳의 토양을 소량씩 모아서 시작한다. 흙 1 g 중에는 많은 경우에는 세균이 수천만, 방선균이 수백만, 곰팡이가 수십만 들어있다. 여러 가지 토양 1 g을 멸균수 10 mL에 현탁시켜 그 소량을 방선균용 배지, 곰팡이 배지 등으로 한천평판상에 배양하고 생육한 colony를 각각 분리하고 분리된 여러 균주에서 목표로 하는 병원균에 대하여 강력한 항균성 물질을 생산하는 균주를 선택하는 것을 screening test라고 한다. 제1차 screening에는 일반적으로 *Staphylococcus aureus, Escherichia coli, Bacillus subtilis, Mycobacterium phlei* 등이 검정균(檢定菌)으로 쓰인다. 분리주를 먼저 한천배지 평판상에 직선상으로 접종 획선배양(畫線培養)해서 대상(帶狀)으로 생육했을 때 수종의 검정균을 이것과 직각방향으로 직선상으로 접종하고 최적온도에서 배양한다. 분리균주가 검정균에 대한 유효한 항균성 물질을 분비하고 있으면 분리주의 colony 근처에는 검정균이 생육하지 않는다. 이 생육저지대의 길이로서 각 검정균에 대한 항균력을 추정한다(그림 7-11 a).

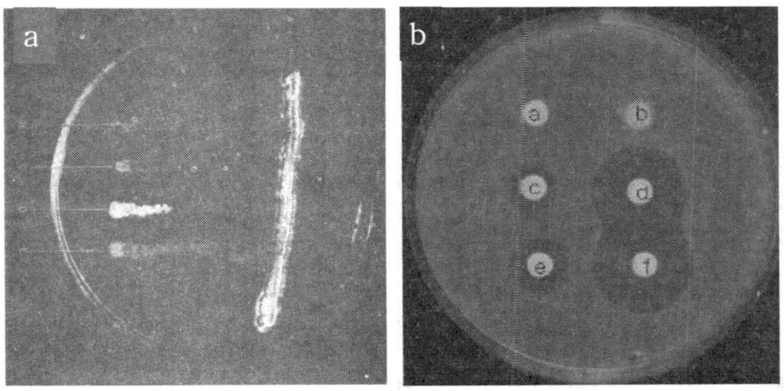

【그림 7-11】 항균력의 시험법

또 분리주를 액체배지에 시험관배양하고 그 배양액에 지름 5 mm 가량의 원형여지 disc를 담그어 꺼내고 그 disc를 검정균을 접종한 한천평판상에 올려놓고 적온으로 배양하는 방법도 있다(그림 7-10 b). 만일 분리주가 항생물질을 만들고 있으면 disc 주위에는 검정균의 생육이 저지되어 투명한 원(阻止圓)이 만들어 진다. 이 원의 지름의 크기를 측정하여 항균력의 역가를 구할 수 있다.

제1차 screening를 통과한 유망한 균주는 30~100 L 가량의 대량배양을 해서 항생물질을 추출정제하고 그 항생물질의 각종 병원균에 대한 항균성이나 화학적 성질을 자세하게 조사하여 새로운 물질로 판정되면 동물에 대한 독성시험을 한다.

독성시험은 정제한 항생물질을 써서 쥐, 토끼, 고양이, 개, 원숭이 등을 이용하여 경구투여, 정맥주사, 피하주사 등으로 독성의 유무를 조사한다. 이 단계에서 독성을 나타내게 되면 의약용으로는 쓰지 못한다. 이어서 임상시험의 결과가 좋으면 비로소 실용화의 단계로 된다.

2. 항생물질의 역가검정법

항생물질의 역가는 원칙적으로 중량으로 나타낸다. 그러나 화학적으로 순품을 얻기 어려울 경우는 생물학적 단위(unit)를 사용한다. 역가를 측정할 경우는 표준 제제와 비교하여 행한다.

미생물에 의한 항생물질의 검정법에는 검정균주를 이식한 한천배지 중에 항생물질을 확산시켜 균의 발육을 저지한 부분의 크기를 측정하여 단위를 구하는 확산법(원통 평판법 즉 cup법, 중층법 등)이나 검정균의 발육을 저지하는 최소 농도를 측정하여 단위를 산정하는 계열 희석법 및 비탁법 등이 있다.

이 방법 중 가장 정확한 원통 평판법(cylinder agar plate or cup method)이며 한 개의 시료에 대하여 다섯 개의 평판을 사용하면 오차는 ±2.5% 이하이다(그림 7-12). 즉 지름 9 cm, 높이 1.5 cm의 petri접시에 20 mL의 한천배지를 넣어 한천평판을 만든다. 이 위에 용해하여 45℃로 된 한천배지 4 mL에 검정균을 접종한 것을 주입하여 고화시킨다. 다음에 높이 10 mm, 외경 8 mm, 내경 6 mm의 스테인레이스강의 원통 4개를 한 장의 한천평판 위에 세우고 30분 후 이들 원통에 보통 4 : 1로 희석한 적당농도의 2종류의 표준용액과 미지농도의 시험액을 각각 채워서 30~37℃에서 18시간 배양하여 그 저지원의 지름을 측정한다. 저지원의 지름과 역가와의 관계는 다음식과 같으므로 이 식에 따라 역가를 계산한다.

$$\log\Theta = \frac{(U_H + U_L) - (S_H + S_L)}{(U_H + S_H) - (U_L + S_L)} \times \log 4$$

단 Θ는 시험액과 표준액의 역가의 비이고 U_H, U_L과 S_H, S_L은 각각 시험액과 표준액의 고농도와 저농도에 있어서의 저지원 지름이다. Cup 대신에 지름 5~7 cm 정도의 두꺼운 원형여과지에 흡수시킨 것을 이용하여 정량할 수 있고 이 방법을 paper disk법이라고 한다.

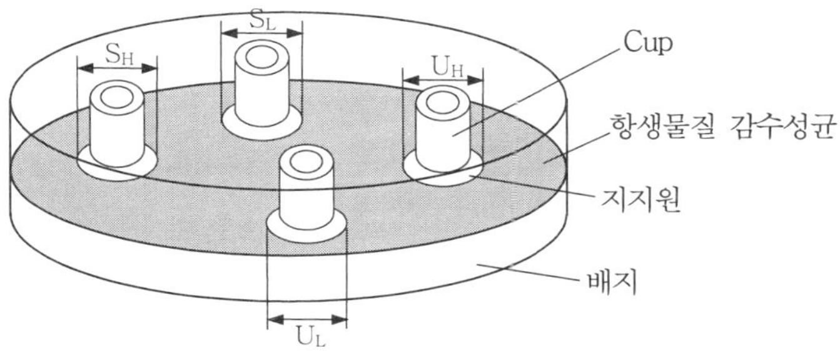

【그림 7-12】 Cup method에 의한 항생물질의 정량

3. 항생물질의 추출 · 정제

첫째, 용매추출법으로 배양액을 물과 혼합되지 않는 유기용매와 혼합하여 항생물질을 유기용매로 추출하는 방법으로, 예로 페니실린 배양액을 pH 2로 하여 butyl acetate로 추출하고 약알칼리로 처리하면 penicillin은 수층으로 이행된다. 이 수층을 다시 산성으로 하여 butyl acetate로 추출하면 penicillin은 다시 용매층으로 이동되는데 이러한 조작을 반복하여 농축된 penicillin을 얻는다. 둘째, 흡착제법, 예를 들면, 활성탄, alumina, 산성백토, 양이온 및 음이온 교환수지 등을 이용하여 배양액 중의 항생물질을 흡착제에 흡착시킨 후 유기용매로 유출시키는 방법이다. 이온교환수지는 streptomycin, neomycin, kanamycin 등의 공업적 생산에 이용되고 있다. 셋째, 침전법은 항생물질 배양액을 pH를 변화시키면 항성물질이 침전되는 경우가 있다. 무기 또는 유기 침전제를 가하여 불용성의 염으로 분리하는 것도 가능하다. Oxytetracycline의 배양액에 $MgCl_2$, $BaCl_2$ 용액을 가하여 pH를 9.0으

로 하면 oxytetracycline이 불용성 염으로 침전된다. 그리고 용매추출, 흡착제 등에 의해 추출이 불가능한 경우는 배양액을 직접 감압농축하여 분리하는 방법도 있다.

상기와 같이 추출한 항생물질은 불순물이 혼입되어 있으므로 특별한 경우를 제외하고는 정제를 행해야 한다. 정제법은 천연유기물질의 정제에 사용되는 일반적인 방법을 사용하나 항생물질은 산, 알칼리, 열, 자외선 등에 불안전한 경우가 많으므로 유의할 필요가 있다. 정제 방법은 흡착크로마토그라피, 분배크로마토그라피, 향류분배, 승화 등의 방법이 사용되고 재결정, 분배결정 등을 이용한다.

4. 각종 항생물질

1) β-Lactam계 항생물질

Penicillin과 cephalosporin이 대표적인 것으로 그 구조는 그림 7-13, 7-14와 같다.

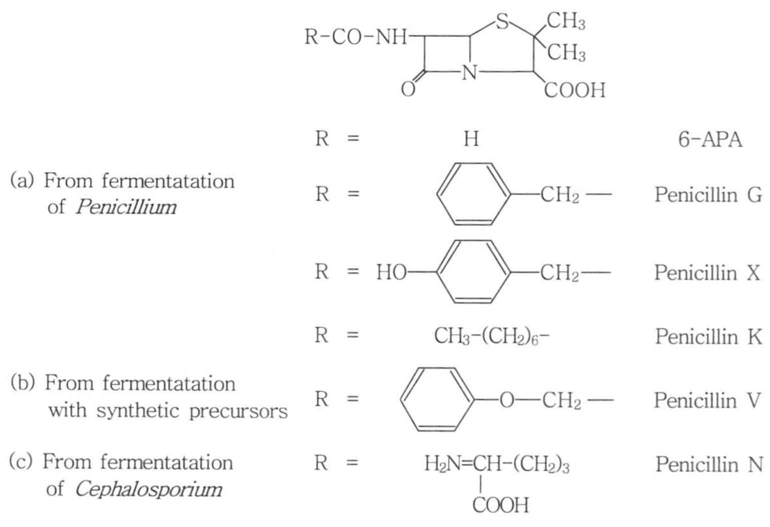

【그림 7-13】 Penicillin의 구조

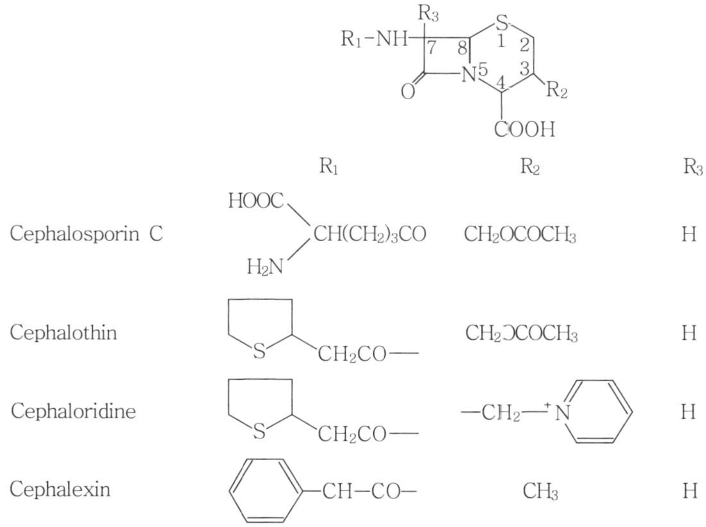

【그림 7-14】 Cephalosporin류의 구조

Fleming이 발견한 penicillin 생상균주는 *Penicillium notatum*으로 동정되었고, 최초의 penicillin 생산량은 1~2 units/mL에 지나지 않았으나 *P. chrysogenum* NRRL-1951(100 µ/mL, 미국의 일리노이주 Cantaloupe의 토양에서 분리)을 돌연변이 유발원으로 균주를 개량, 배지 및 배양방법의 개선으로 현재는 원균주의 5,000배 이상의 units로 penicillin이 생산되고 있다.

β-Lactam계 항생물질은 penicillin amidase(penicillin acylase 혹은 penicillinase)에 의해 penicillin의 β-Lactam 고리를 개열해서 6-amino-penicillanic acid(6-APA)가 생성된다. 공업적으로 이 6-APA에 화학적으로 여러 가지 기(radical)를 결합시킴으로써 천연 penicillin에 비하여 그 효과가 우수한 종류의 반합성 penicillin을 생산하여 실용화하고 있다. 반합성 penicillin은 penicillin 내성균주에도 효력을 가지며, penicillinase에 의해 분해도 되지 않고 산에도 안정한 penicillin V, oxacillin, methicillin, nafcillin 그리고 Gram 음성균에 작용하는 ampicillin 등이 있다. Penicillin G는 산에 불안정하여 경구투여용으로 부적당하나 반합성 penicillin은 내산성이 있어 경구용으로도 사용이 가능하다.

Cephalosporin은 *Cephalosporium acremonium*이 생산하는 β-Lactam계

항생물질의 하나로, Cephalosporin C가 임상적으로 이용되고 있으며, Gram 음성·양성균에 효과가 있을 뿐만 아니라 penicillin 내성균에도 작용하고 또 분해물인 7-aminocephalosporanic acid(7-ACA)를 이용하여 부분합성 Cephalosporin이 제조·이용되고 있다(그림 7-14).

2) Aminoglycoside 항생물질

임상학적으로 주요한 streptidine을 갖고 있는 항생물질인 streptomycin은 1944년 미국의 Waksman에 의해서 *Streptomyces griceus*의 생산물로 방선균이 생산하는 항생물질 중 최초로 산업화된 것이다. Penicillin이 Gram 양성균에 대해서 효과가 있으나 penicillin이 효과가 없는 Gram 음성균, 특히 결핵균에도 탁월한 효과가 있다. 그 화학구조는 그림 7-15와 같다.

Streptomycin은 aminoglycoside 항생물질에 속하는 것으로, 이외에 kanamycin, neomycin, kasugamycin, gentamicin 등이다. 이 항생물질은 포도당을 기질로 하여 streptomycin을 구성하고 있는 streptidine, L-streptose와 *N*-methyl-*L*-glucosamine으로 전환되어 streptomycin을 형성하게 된다. Streptomycin은 당을 전구체로 하는 항생물질의 대표적인 것으로 그 생합성은 1971년 Walker씨에 의해 규명된 바, D-glucose로부터 중간체로서 myoinositol을 거쳐 생합성 된다.

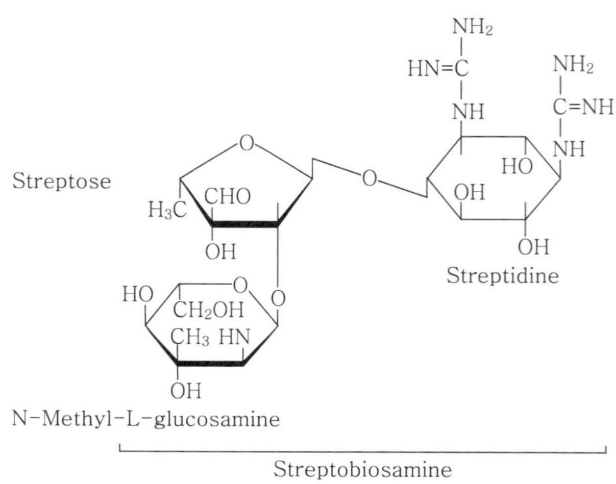

【그림 7-15】 Streptomycin의 구조

3) Tetracycline

1948년 미국 Dugger 등은 *Streptomyces aureofaciens*의 배양여액과 균체에서 chlorotetracycline(aureomycin, duomycin)을, 1950년 Finlay 등은 *S. rimosus*에서 oxytetracycline(teramycin, 5-hydroxytetracycline)을 발견하였다. 그 후 이들의 연구에 의하여 구조가 밝혀지게 되고 한편 1952년 Stephens 등은 chlortetracycline을 백금 촉매하의 환원적 탈염소화 시켜 tetracycline을 제조하였다.

이상 세가지 항생물질의 모핵(母核)을 tetracycline이라고 하고 이 모핵을 가진 항생물질을 tetracycline계 항생물질이라 한다. 일반적으로 tetracycline계 항생물질은 Gram 양성, Gram 음성, rickettsia, 세균성 이질 그리고 아메바성 이질 등에 유효하며 그 구조는 그림 7-16과 같다. chlortetracycline과 oxytetracycline은 일반적으로 많이 사용되며, 동물생장촉진제로서 사료에 첨가되기도 하고 얼음에 첨가해서 어류의 보존제로도 사용된다.

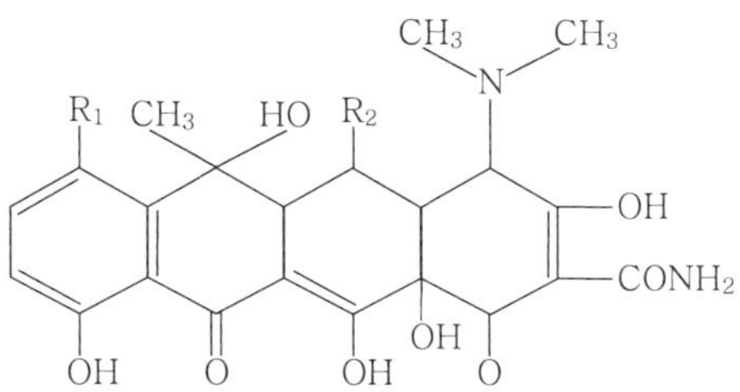

	R_1	R_2
Tetra cycline	H	H
Chloro cycline	Cl	H
Hydroxy cycline	H	OH

【그림 7-16】 Tetracycline계의 구조

4) Nonpolyene macrolide 항생물질

Nonpolyene macrolide 항생물질은 큰 lactone 고리(보통 12, 14, 16원환)를 aglycone으로 한 당이나 아미노당이 하나에서 세 개가 붙은 배당체이며 주로 Gram 양성균, 특히 penicillin, streptomycin, tetracycline, chloramphenicol 등의 내성균에 대해서 효과가 있는 항생물질로 개발되었다. 대표적인 것은 12원환의 methymycin, 14원환의 erythromycin, lancamycin, megalomycin, narbomycin, oleandomycin 그리고 16원환의 carbomycin, leucomycin 등이 있다.

Nonpolyene macrolide 항생제들은 쥐에 대하여 독성이 아주 낮으며 이들 중 erythromycin A가 처음으로 시장화되었고 두루 호흡질환의 치료에 이용되고 있다. Erythromycin의 화학구조는 그림 7-17과 같다.

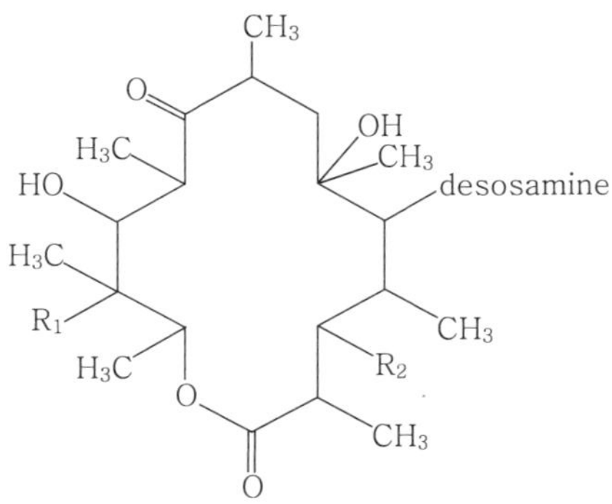

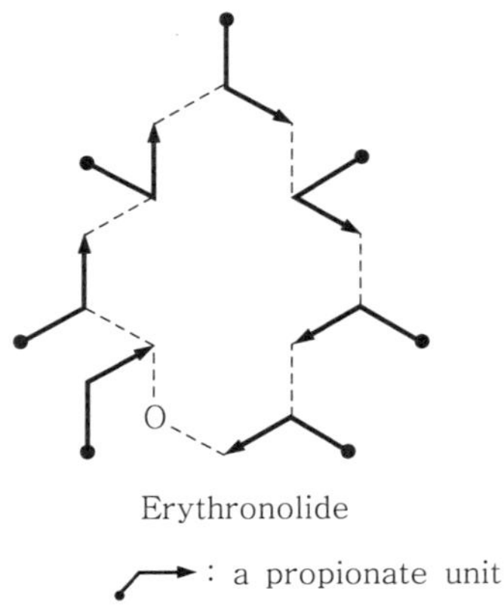

	R_1	R_2
Erythromycin A	OH	Cladinose
Erythromycin B	H	Cladinose
Erythromycin C	OH	Mycarose
Erythromycin D	H	Mycarose

【그림 7-17】 Erythromycin의 화학구조

5) Polyene peptide 항생물질

방선균(*Streptomyces noursei*)이 생산하는 항곰팡이성 물질로서 수개의 공역 이중결합을 가지는 큰 환상 lactone을 aglycone으로 하는 배당체 항생물질이다. 공역의 이중결합 수에 따라 일반적으로 tetraene, pentaene, hexaene, heptaene으로 구분되고 각각 자외선 최대 흡수파장이 달라서 용이하게 구별할 수 있다.

Polyene macrolide 항생물질은 곰팡이나 다른 유핵세포의 세포막에 작용하나 원핵세포막에는 아무런 영향을 주지 않는다. 대표적인 예는 nystatin(fungicidin)과 amphotericin B를 들 수 있다(그림 7-18). Polyene 항생물질의 주된 작용위치는 진핵세포막의 sterol 인데 이들 항생물질이 sterol과 결합함으로서 세포막의 투과성 장해를 일으킨다.

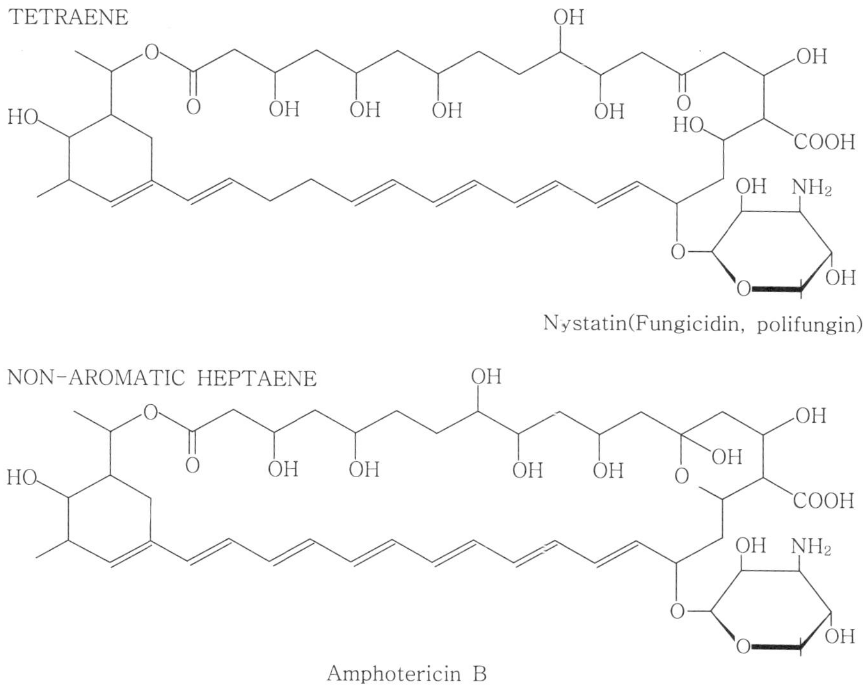

【그림 7-18】 Nystatin과 amphotericin B의 구조

6) Peptide성 항생물질

Peptide성 항생물질은 주로 세균에 의해서 생성된 Gram 양성균 또는 음성균에 특이적으로 강하게 작용하는 것이 많으며 또 세포막에 작용하므로 독성도 강한 편이고 흡수성도 좋지 않으므로 의약용으로 많이 이용되지 않고 있다.

*Bacillus brevis*에 의해 생산되는 tyrocidine, gramicidin S(Gram 양성균에만 유효함), *B. licheniformis*에 의한 bacitracin 그리고 *B. polymyxa*가 생산하는 polymyxin B(Gram 음성균에만 유효함) 등이 여기에 속한다. 또한 viomycin은 *Streptomyces puniceus*이 분리한 폴리펩타이드(polypeptide) 항생물질이다(그림 7-19). 그 작용이 스트렙토마이신과 비슷하다. 결핵균에 대하여 중등도로 작용하고 다른 제제와 병용하여 사용한다. 특히 스트렙토마이신에 내성(耐性)을 지닌 결핵균에 효과가 있다. 이들 단백질성 항생물질의 생합성은 ribosome 상에서의 단백질 합성기구와 전혀 다른 것으로 알려져 있으며, 또한 D-amino acid가 함유되어 있다.

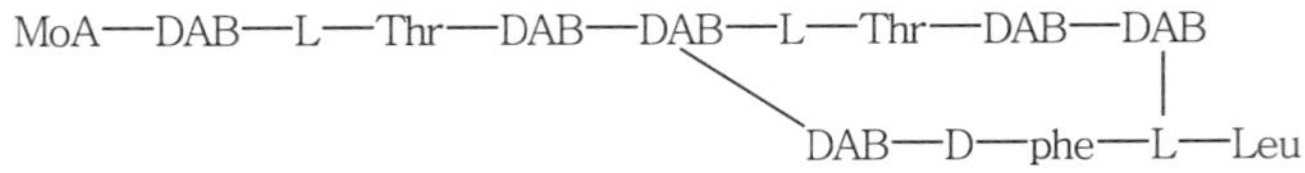

DAB : diaminobutyric acid　　MoA : 6-methyloctanoic acid

Polymyxin B

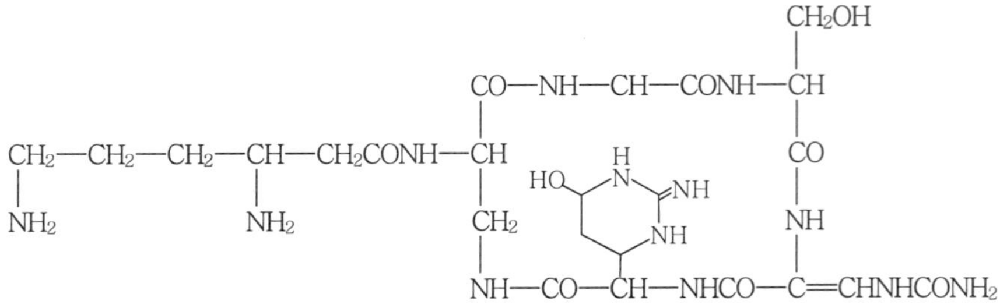

Viomycin

【그림 7-19】 주된 peptide 항생물질의 구조

7) Vancomycin

이 항생물질은 *Streptomyces*속이 생산하고, 주로 Gram양성 세균에 유효한 항생물질이다. 최근 항생물질의 남용으로 인하여 MRSA(methicillin 내성

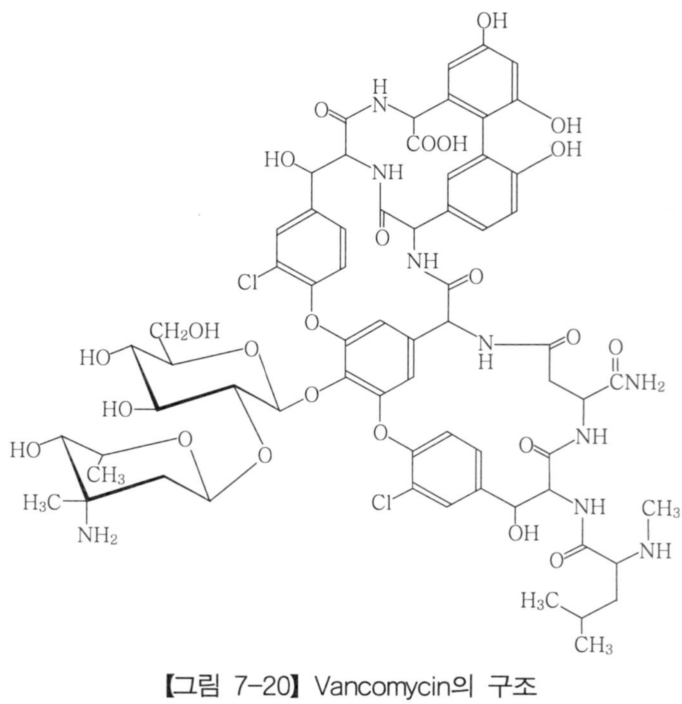

【그림 7-20】 Vancomycin의 구조

황색포도상구균)이 생겨 의료분야에 큰 문제가 되고 있으나, vancomycin에 의하여 치료되므로, 귀중한 항생물질로 알려져 있다(그림 7-20).

8) 기타 항생물질

*Streptomyces mediterranei*가 생산하는 rifamycin은 현재 결핵치료제로서 널리 사용되고 있으며, 그리고 암 치료에 효과가 있는 항암성 항생물질을 검색하고자 많은 연구가 시도되고 있다. Mitomycin C(*S. caespitosus* 의해), actinomycin D(*S. antibiotics*에 의해) 등은 종양바이러스 또는 에이즈바이러스의 치료에 임상적으로 사용하고 있다(그림 7-21).

이 외에도 가축의 생육을 증진시키기 위해 사료에 첨가하여 사용하는 가축사료 첨가용 항생물질(예, 사료용 항생제는 2005년 5월부터 항생제 44종 중 28종을 사료 내 첨가하는 것이 금지되었으며, 2009년 1월부터는 7종을 사료 내 첨가하는 것을 금지하여, 현재 사료 첨가용으로 남아있는 항생제 8종과 항균제 1종도 2011년 하반기부터 전면금지할 계획이다 왜냐하면 항생제 남용으로 인한 내성균의 출현 때문에), 농작물에 발병하는 농업용 항생물질(예 ; kasugamycin은 벼 도열병 방제용) 등 다양하게 사용되고 있다.

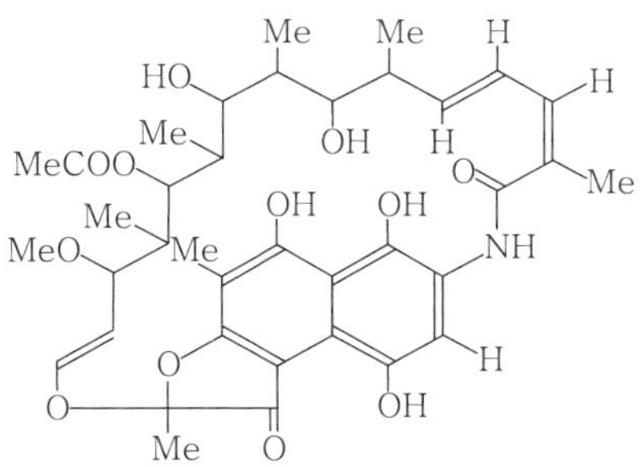

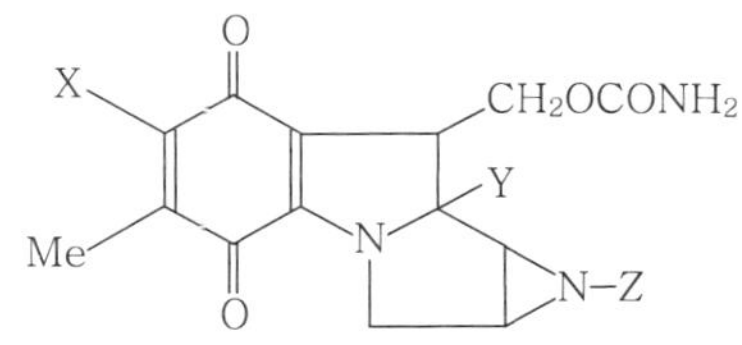

	X	Y	Z
Mitomycin A	MeO	MeO	H
Mitomycin B	MeO	OH	Me
Mitomycin C	NH_2	MeO	H

【그림 7-21】 Rifamycin SV와 mitomycin의 구조

5. 항생물질의 작용기작

항균역가가 선택적 독성에 대한 분자적 수준에 관하여 최근에 상당히 많은 것이 알려져 있다. 그러나 첫째로 필요한 것은 정상세포의 기능과 생장에 작용하는 과정을 이해하는 것이다. 여기에 항생작용이 이들 과정을 어떻게 변화시키는 가를 알 수 있다. 최근 몇 년간 미생물의 생장과 기능에 관한

분자생물학적 지식은 놀랄만큼 진보하였으며 이 진보는 항생물질 작용방식의 해석에 공헌을 하였던 것이다.

항생물질 분자가 살아 있는 세포성분과 결합할 수 있다면 그들은 세포에 영향을 줄 수 있다. 항생물질분자는 세포의 어떤 성분, 즉 효소, ribosome, 핵산 등과는 선택적으로 결합하나 다른 성분과는 결합하지 않는다. 이것은 효소가 기질분자와 선택적으로 결합하는 것과 같은 원리이다.

Penicillin과 cephalosporin C의 항균작용의 주된 기구는 peptidoglycan 생합성의 최종과정인 peptide의 가교(cross link)에 의해 직쇄의 peptide가 입체적 망상구조로 되는 반응을 저해한다.

Cycloserine은 D-alanine과 구조가 비슷하여 D-alanine의 경쟁적 저해물질로서 D-alanine-D-alanine 합성효소나 alanine racemase를 저해한다.

어떤 항생물질 가운데는 polymyxin, circulin, gramicidin 그리고 tyrocidin과 같이 세포막과 결합하여 투과성 장애물을 파괴할 수 있으며 polymyxin B가 대표적인 예로서 그 구조는 양전하 부위와 지질용해성 부위를 가지고 있으며, 세균세포막을 음전하물질인 인지질을 많이 포함하고 있으므로 polymyxin 분자는 쉽게 막과 결합하고 polymyxin 분자의 양전하 부위는 인지질의 음전하부분과 결합하고 있으며 또한 이것의 지질용해성 부위는 인지질의 다른 측쇄와 연결된다. 이것이 세포막구조를 파괴하며 반투성막의 성질을 잃게 하고 세포질성분이 밖으로 유출되어 세포를 죽게 하는 과정이 된다.

항생물질의 한 구릅인 polyene은 곰팡이나 다른 유핵세포의 세포막에 작용하나 원핵세포막에는 아무런 영향을 주지 않는다. 대표적인 예는 nystatin, filipin, amphotericin 등을 들 수 있다. Polyene 항생물질은 유핵세포막의 기본성분인 sterol과 결합한다.

의학적으로 흔히 사용되는 대부분의 항생물질은 단백질합성을 저해하는 작용을 한다. 균형있는 생장에서는 RNA, DNA 및 단백질의 합성은 평행하게 이루어지는 것이 원칙인데 단백질합성을 저해하는 항생물질을 대수증식기에 처리하면 RNA와 DNA의 합성은 계속되나 단백질 합성은 정지된다. 단백질 합성의 특이한 저해제로서는 chloramphenicol, streptomycin, neomycin, kanamycin, tetracycline, erythromycin 등이 있다. 단백질합성은 ribosome 위에서 일어나며 이들 항생물질의 대부분은 어떤 방법으로든지 ribosome과 결합함으로서 원핵세포에서의 단백질합성을 저해한다.

항생물질인 mitomycin과 porfiromycin은 DNA의 guanine 잔기와 반응하여 DNA분자의 한 나선과 다른 나선을 연결하여 준다. 이 횡적인 연결은 DNA복제에 있어서 기본이 되는 DNA의 이중나선이 풀리지 못하도록 하는 안전핀과 같은 역할을 한다. 반면 actinomycin은 mRNA의 전사 시 주형이 되는 DNA의 의미 있는 가닥에 결합되어 DNA의 복제에는 아무런 장해도 없이 결국 mRNA의 전사가 억제된다.

7-5. 생리활성물질 발효

생리활성물질이란 그 자체가 생체 내에서 영양물질은 아니지만 생물이 그 생명 활동을 유지하기 위해 본래 지니고 있는 생리작용을 원활(圓滑)히 하고, 또한 그 작용을 조장(助長)시키는 작용을 가진 물질을 뜻하며 비교적 복잡한 화학구조를 가지는 화합물이다.

1. 비타민 및 조효소

비타민류는 의약품, 식품, 사료 첨가물 등에 이용되며 대량으로 생산되고 있으나 발효법 보다는 합성법을 더 많이 이용하고 있다. 표 7-8은 미생물에 의해서 축적이 인정된 주요 비타민, 조효소 및 대표적인 균주를 나타낸 것이다.

비타민 B_2(riboflavin)는 동물생장 촉진인자로서 알려져 있으며 많은 산화환원효소의 조효소이다. 상업적인 발효생산을 위하여 *Clostridium acetobutylicum*이 처음으로 사용되었으며 riboflavin의 축적량은 97 mg/L이었다.

1949년 Moss 등은 *Ascomycetes*에 속하는 *Eremothecium ashbyii* 면실(棉實)에서 분리된 식물병원균를 이용하여 riboflavin을 2,480 mg/L을 생산하였다. 그러나 이 균은 변이(變異)되기 쉬운 결점 때문에 근래에는 *Ashbya gossypii*를 액체배양법으로 6,420 mg/L을 생산하였다. 한편 *Candida flareri*, *Pichia* 등의 효모에 의한 riboflavin이 축적된다는 보고가 있다.

비타민 B_{12}(cyanocobalamine)는 항악성빈혈인자(抗惡性貧血因子), 동물단백인자(APF)로서 알려져 있으며 발효생산이 유리하다고 보고되어 있다.

균주(菌株)로서는 *Propionibacterium*, *Pseudomonas*, *Streptomyces* 등

【표 7-8】 주요 비타민, 조효소류 생산균

Vitamin 조효소	생 산 균
Vitamin B_2	*Eremothecium ashbyii*
	Ashbya gossypii
	Pichia guilliermondii
Vitamin B_{12}	*Streptomyces olivaceus*
	Propionibacterium freundenreichii
Vitamin C	*Pseudomonas denitricans*
	Acetobacter suboxydans
(Sorbose 발효)	*Gluconobacter roseus*
β-Carotene	*Blakeslea trispora*
	Nocardia lutea
	Mycobacterium smegmatis
Vitamin B_6	*Klebsiella* sp.
	Flavobacterium sp.
	Candida albicans
Ergosterol	*Saccharomyces cerevisiae*
Biotin	*Escherichia freundii*
	Bacillus sphaericus
CoA	*Brevibacterium ammoniagenes*
	Pseudomonas alkanolytica
CoQ	*Pseudomonas denitrificans*
	Rhodotorula sp.
	Candida tropicalis
NAD	*Brevibacterium ammoniagenes*
FAD	*Brevibacterium ammoniagenes*
	Saccharomyces sake
Cytochrome C	*Candida albicans*

이 선정되어 있으며 Speedle(1960) 등에 의하면 *Propionibacterium freudenreichii*와 *Propionibacterium shermanii*을 이용하여 포도당에 CSL과 Co^{+2}(10~100 mg/L)를 함유한 배지에서 3일간의 혐기적 배양 후 4일간의 호기적 배양을 하여 각각 19 mg/L, 23 mg/L을 생산하였고 Demain(1968) 등은 *Pseudomonas denitrificans*를 이용하여 sucrose, betaine, glutamic acid, cobalt salt, 5,6-dimethyl-benzimidazole(DBI) 등으로 조성된 합성배

지로 이틀간의 진탕배양을 한 후 15 mg/L을 생산한 보고가 있다. 이외에 *Bacillus megaterium, Streptomyces olvaceus* 등도 본 발효에 이용되는 균이다.

비타민 C의 생산은 생합성법과 발효법을 병용하여 생산한다. 즉 glucose → D-sorbitol → L-sorbose → L-ascorbic acid의 순으로 합성되는데 중합체인 D-sorbitol의 산화과정에서 *Acetobacter suboxydans, Glucono-bacter roseus*와 같은 산화세균을 이용하여 L-sorbose를 생성한다(L-sorbose발효). 즉, 배지(D-sorbitol 18%, CSL 0.25, NaH_2PO_4 0.1, $CaCO_3$ 0.01, Octadecanol 0.02)에 본 균을 30시간 통기배양 함으로서 95% 수율의 sorbose가 얻어진다.

생체의 전자전달계에 관여하는 조효소 coenzyme Q_{10}은 *Pseudomonas denitrificans*가 41 mg/L을 세포내에 축적시킨다.

2. Steroid 및 alkaloid

의약품공업에 있어서 성호르몬이 처음 추출법으로 제조되고 이어서 합성법이 연구되었다. 그러나 steroid의 미생물변환(microbial transformation)의 연구가 극적으로 발전된 것이 1952년 Upjohn Co.의 Peterson과 Murray가 *Rhizopus nigricans* 등의 미생물을 이용하여 높은 수득율로 progesterone의 11α위치의 히드록시화에 성공하여 부신피질호르몬의 일종인 cortisone의 제조에 크게 기여된 것이 단서가 되었다.

부신피질은 탄수화물 및 무기염대사를 조절하는 수종류의 호르몬을 분비하며 1949년 Hench 등은 관절류마티스의 치료에 cortisone이 특효가 있다는 것을 알게 되었으며 cortisone은 deoxycholic acid를 원료로 하여 37단계의 공정으로 합성되고 있었으나 그 중의 10공정은 12위치에서 11위치로 산소원자를 옮기는 데 필요한 것이었다. 이것을 Peterson 등은 미생물을 이용하여 progesterone으로부터 한 공정으로 11α-hydroxyprogesterone을 만드는데 성공하였다. 그 후 cortisone 보다 강력한 hydrocortisone, predonisone, predonisolone, triamcinolone 등이 실용화되고 있으나 이들의 제조는 합성법과 미생물에 의한 반응을 결합시켜 이루어지고 있다.

미생물에 의한 steroid의 변환반응의 예는 대단히 많이 알려져 있으며 히드록시반응(hydroxylation), 탈수소반응(dehydrogenation), 수소화반응(hydrogenation), 에폭시화반응(expoxidation), 측쇄 및 핵의 분해반응 등의 반응형식이 있다.

미생물변환에는 적당한 배지에서 균체를 증식시킨 후 기질 steroid를 소량의 methanol에 용해하여 배지에 첨가하여 배양을 계속한다. 기질농도는 보통 50~100 mg/dL 이다. 반응의 진행을 thin layer chromatography로서 알게 된다. 반응이 끝난 후 균체와 배양액으로 나누어서 ethyl acetate, chloroform 등으로 추출한다.

미생물 변환반응의 대표적인 예는 그림 7-22와 같다. Cortisone의 제조는 식물 steroid인 diosgenin으로부터 합성한 progesterone(황체호르몬)을 *Rhizopus nigricans*, *Asp. ochraveus* 등을 이용하여 11α-hydroxyprogesterone으로 변환(hydroxylation)하고 다시 합성법으로 cortisone으로 만든다. Cortisone이나 hydrocortisone으로부터 수배 효력이 강한 predonisone이나 predonisolone을 얻으려면 *Arthrobacter simplex*, *Bacillus pulvifaciens*, *Corynebacterium*, *Mycobacterium*, *Fusarium*, *Didymella*, *Ophiobolus* 등을 이용하여 C_1의 탈수소반응을 진행시킨다. 공업적으로는 C_1 수소이탈균으로서 *Ar. simplex*를 일반적인 배지(glucose, peptone, corn steep liquor, pH 7.0)에서 배양 후 hydrocortisone의 분말을 첨가하여 현미경으로 관찰하면 원료분말이 없어지면서 생성물인 prednisolone의 결정이 배지 중에 석출하게 되는 방법에 의하여 hydrocortisone으로부터 prednisolone이 제조된다.

Ephedrine은 마황속(麻黄屬, Ephedra)에 있는 식물 alkaloid로 allergy, 성병, 고혈압상태, 마취독의 치료에 혈관수축제로 쓰이는 등 유용한 의약품이다. Ephedrine은 두 개의 부재탄소를 가지며 네 개의 광학적인 이성체와 두 개의 racemi성 이성체이다. 이 중 D(-) 이성체가 최대 활성을 지니며 이것이 약리적 조제에 사용된다. 합성은 되지만 그 생성물은 racemi성의 혼합물이기 때문에 mandelic acid로 분할한다.

미생물학으로는 부제합성(不齊合成)을 간단히 행할 수 있어 이것을 공업적으로 이용하게 된다. 즉 *Saccharomyces cerevisae*의 acetone powder는 benzaldehyde를 acetylbenzylcarbinol로 쉽게 전환한다. 이것을 다시 화학합성 monomethylamine(CH_3NH_2), 촉매적 수소첨가로 D(-)ephedrine을 합성한다.

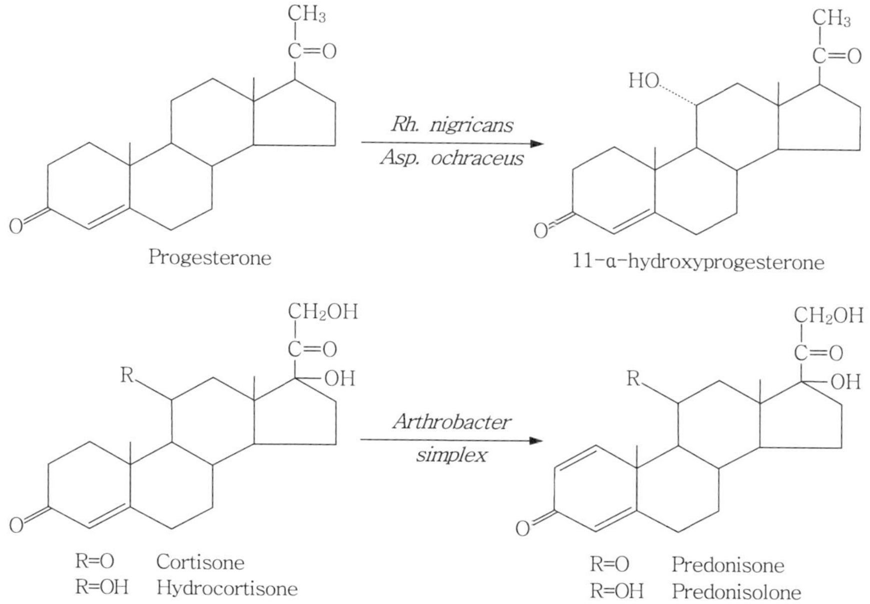

【그림 7-22】 Steroid hormone 제조에 이용되는 미생물 변환의 예

3. 효소 저해물질

표 7-9는 미생물이 생산하는 대표적인 효소 저해제(沮害劑)를 표시한 것인데, 현재에도 효소 저해제의 연구가 활발히 진행되어 동식물, 미생물로부터 생산되는 여러 종류의 효소 저해제가 발견되고 있다.

효소 저해제는 효소의 여러 가지 성질의 해명, 특히 효소 활성부위의 연구에 중요한 역할을 하고 있으며 인체에 있어서 병의 진단 및 치료약으로 사용되고 있다.

4. 식물생장 조절물질

곰팡이의 일종인 벼의 키다리병균, *Gibberella fujikuroi*(*Fusarium moniliforme*)에서 20종의 gibberellin이 발견되었고 고등식물에도 여러 종류의 gibberellin의 존재가 확인 되었다. 그 가운데 gibberellin A_3의 활성이 강하며 공업생산에는 *G. fujikuroi*를 포도당, 호박산, 무기염 함유배지(pH 5.0~6.0)에서 배양하여 gibberellin A_1, A_3의 혼합물이 180 mg/L 이상 생산된다.

【표 7-9】 주요 효소 저해물질

구분	효소저해물질	효소	미생물
단백질 분해효소 저해물질	leupeptin	plasmin	*Streptomyces roseus*
		trypsin	*Streptomyces roseochromogens*
		papain	*Streptomyces thioluteus*
	antipain	trypsin	*Streptomyces michiganensis*
		papain	*Streptomyces yokosukaensis*
	chymostatin	chymotrypsin	*Streptomyces hygroseopicus*
		papain	
	elastminal	elastase	*Streptomyces griseoruber*
	pepstatin	pepsin	*Streptomyces testaceus*
		cathepsin D	
		rennin	
	phosphoramidon	thermolysin	*Streptomyces tanashiensis*
		collagenase	
	bestatin	aminopeptidase B	*Streptomyces olivoreticuli*
	subtilisin inhibitor	subtilisin	*Streptomyces albogriseolus*
당가수분해 효소 저해물질	BAyg 5421 물질	α-amylase	*Actiplanes* BAyg 5421
	nojirimycin	α. β-glucosidase	*Sarcina lutea*
		α-amylase	*Xanthomonas oryzae*
	panosialin	sialidase	*Streptomyces pseudoverticillus* var. *panosialinus*
	siastatin B	sialidase N-acetyl-β-D-glucosaminidase	*Streptomyces verticillus* var. *quintum*
	S-GI*	trehalase	*Streptomyces lavendulas*
		glucoamylase	
		β-glucosidase	
	S-AI**	α-amylase	*Streptomyces* sp. NO. 54
		glucoamylase	

*S-GI : *Streptomyces*

**S-AI : *Streptomyces* amylase inhibitor

배양액에 활성탄을 가하여 gibberellin을 흡착시켜 acetone으로 용출하고 ethyl-acetate로 추출하여 조결정을 얻는다. Gibberellin은 동물과 미생물에는 활성이 없으나 식물의 생육에는 민감하여 0.001~1.000 ppm의 수용액에서 초본식물은 수시간 이내에 생육촉진 작용을 나타낸다.

5. 기타 생리활성물질

Dextran은 혈장증량제로서 공업적으로 제조되고 있는데, 포도당의 중합체로 물에 잘 용해되며 점도가 높고 화학적으로도 안정하므로 유화 및 안정제로서 아이스크림, 시럽, 젤리 등에 사용된다. 또 대용혈장으로도 사용되고 dextran의 황산 ester는 항혈액응고제로서 사용된다.

Dextran의 공업적 제조에는 sucrose를 원료로 하여 젖산균인 *Leuconostoc mesenteroides*가 이용되고 *Acetobacter capsulatum*도 dextrin으로부터 dextran을 만드는 것이 알려져 있다. Dextran은 다음 식과 같이 sucrose로부터 생성되는 glucose로 된 단순다당류이며 fructose가 유리된다.

$$n(\text{sucrose}) \rightarrow (\text{glucose})_n + n(\text{fructose})$$

생성되는 포도당의 결합에는 α-1,6 결합, α-1,4 결합 또는 α-1,3 결합이 있는데 그 종류와 비율이 균주에 따라 다르다. 또한 생산조건에 따라 만들어진 dextran의 분자량도 다르다. 산업적으로 이용되는 미생물성 polysaccharide는 표 7-10과 같다.

r-Polyglutamic acid(*r*-PGA)는 가장 오래전부터 알려져 있는 고분자 homopeptide이고 1937년 *Bacillus anthracis*의 협막성분으로 발견되었다. 그 외의 *Bacillus*속의 일부 균주로부터 생산되나 다량의 *r*-PGA를 생산하는 것은 *B. subtilis* 및 그 변이주(mutant)이다. *r*-PGA의 생산에는 배지 중에 L-glutamic acid 또는 대사적으로 이것과 가까운 아미노산, 밀 gluten 등을 가할 필요가 있다.

B. subtilis var. *polyglutamicum*에서는 탄소원으로서 glucose, 질소원으로는 urea를 가함으로서 균체 외에 다량의 *r*-PGA를 생산한다. *r*-PGA의 분리는 황산동 침전법과 유기용매 침전법을 사용한다. *r*-PGA를 구성하고 있는 glutamic acid는 *B. anthracis*와 같이 D형만을 생합성하는 것이 있으나 일반적으로 D형과 L형의 혼합물을 생성한다. 이 D형과 L형의 함량 비율은 배지 중에 존재하는 Mn^{2+}과 아미노산의 종류에 따라 변동한다.

【표 7-10】 산업적으로 이용되는 미생물 polysaccharide

Polysaccharide	구조	미생물
Xanthan	-Glc 1 $\xrightarrow{\beta}$ 4 Glc ↑3 α │1 Mann 6-OAc ↑2 β │1 GlcA ↑4 β │1 Mann 4,6-O-Pyruvate	*Xanthomonas campestris*
Alginate	-4D-Mann A 1 $\xrightarrow{\beta}$ 4D-MannA 1- -4L-GulA 1 $\xrightarrow{\alpha}$ GluA	*Pseudomonas aeruginosa* *Azotobacter vinelandii*
Curdlan	-Glc 1 $\xrightarrow{\beta}$ 3 Glc	*Alcaligenes*
Scleroglucan	-Glc 1 $\xrightarrow{\beta}$ 3 Glc ↑6 α │1 Mann 6-OAc Glc	*Sclerotium glucanicum* *Sclerotium delphinii* *Sclerotium rolfsii*
Pullulan	-6(Glc 1 $\xrightarrow{\beta}$ 4Glc 1 $\xrightarrow{\alpha}$ 4 Glc) 1 →	*Pullularia pullulans*
Dextran	-Glc 1 $\xrightarrow{\alpha}$ Glc several 1 → 2, 1 → 3 and 1 → 4 compounds	*Acetobacter* sp. *Leuconostoc mesenteroides* *Leuconostoc dextranicum* *Streptococcus mutans*

Glc = Glucose, Mann = Mannose, GcA = Glucuronic acid,
MannA = Mannuronic acid, GulA = Guluronic acid, Ac = Acetate

r-PGA의 합성에 대해서는 *B. subtilis* ATCC 9945를 사용한 연구가 Housewright 등에 의하여 상세히 규명되었다. r-PGA synthetase가 존재하고, 무세포추출액(cell free extract)을 얻어 ATP, Mn^{2+}, glutamic acid, β-mercaptoethanol을 가함으로서 r-PGA가 생합성 된다.

*Streptomyces albulus*가 균체 외에 lysine의 polymer인 polylysine(PL)을 다량 생산한다는 것이 1977년 발견되었다. 이 PL은 glycerol, 효모 extract, $(NH_4)_2SO_4$, Mg^{2+}, Fe^{2+}, Mn^{2+} 등의 무기염을 함유한 인산 완충액(pH 6.8)을 배지로 하여 30℃에서 36~48시간 진탕배양하여 생산한다.

PL의 분리 정제는 배양여액을 이온교환수지(IRC-50, H형, pH 8.5)에 흡착한 후 염산으로 용출하고 활성탄으로 탈색한다. 이 탈색한 액에 ethanol과 ether(2 : 1) 혼합용매를 가하여 백색 침전물을 얻은 다음 건조하여 분말로 만든다. 발효법으로 얻은 것은 모두 ε-결합을 하고 있으나 합성법에서는 α-결합이고, ε-결합인 것은 중합도가 2~3잔기로 된 것만을 얻을 수 있다. 이 ε-PL의 생리적 역할은 bacteriophage를 불활성화시켜 핵산을 파괴한다고 하나 상세한 보고는 아직 없다.

L-dopa(3′,4′-dihydroxyphenylalanine)는 식물 특히 콩과식물의 종자에 비교적 많이 함유되어 있는 물질로, 동물에서는 melanine 색소의 생합성 중간생성물로 알려져 있다. 또한 병리적으로는 Parkinson씨병 치료약으로 합성법으로 제조되고 있는 물질이다.

L-dopa를 발효법으로 제조하려는 시도는 최근에 활발해 졌으며, 1969년 Enterobacteriaceae과에 속하는 균주가 유도적으로 생성하는 tyrosine phenollyase를 사용하여 pyruvate와 NH_4^+ 존재하에서 pyrocatechol로부터 L-dopa를 생성하는 것이 발견되었다. 이 효소는 PALP을 조효소로하여 L-dopa, tyrosine의 분해 및 합성 그리고 아미노산의 β-위치의 교환반응이나 아미노산의 racemi화 반응도 촉매 한다. 이 효소를 사용하여 60 g/L의 L-dopa가 생산되었다.

또한 tyrosine으로부터 생합성에 의해서는 *Pseudomonas*, *Vibrio*, *Aspergillus*속 미생물을 이용하여 L-dopa가 생산된다. 이때 생산물의 안정제로서 ascorbic acid를 첨가할 필요가 있다.

간장약인 glutathione은 효모 추출법이 공업화되었으며 *Saccharomyces cerevisiae*에서 축적능이 강한 균주를 선택하든지 배지 중에 cysteine이나 methionine을 첨가하면 수득량이 증가하게 된다.

미생물이 생산하는 생리활성물질 가운데 살충작용을 가지는 것이 있는데 일부는 실용화되었다. 보기를 들면 *Bacillus thuringiensis*가 생산하는 결정상 단백질은 유충에 대한 살충효과가 있다고 한다. 이 외에 destoraxine, pielicidine, kojic acid 등도 살충효과가 있다고 한다.

7-6. 용매발효

공업용 alcohol, glycerol, acetone, butanol 등의 발효를 용매발효(solvent fermentation)라고 한다. 현재 음료용 및 일부 공업용 알코올만 이 발효법으로 생산되고 있을 뿐이며 대부분의 공업용 alcohol을 비롯하여 glycerol, acetone, butanol은 합성법에 의해서 생산되고 있다.

1. 알코올 발효

알코올 음료에 이용되는 이 외에 도료, 염료, 유지 등의 용매, 기타 화학공업의 분야에서 널리 사용되는 알코올은 과거에는 모두 발효법으로 제조되었으나 석유화학에 의한 합성법의 발전으로 음료용 알코올만은 발효법에 의해서 만들고 공업용 알코올은 합성 알코올로 충당되는 경향이다. 우리나라에서도 합성 알코올이 생산되고 있다.

1) 알코올 발효의 원리

효모의 알코올 발효는 glucose로부터 EMP경로를 거쳐 생성된 pyruvic acid가 CO_2의 이탈로 acetaldehyde로 되고 다시 환원되어 알코올을 생성하게 되는 것이다. 효모에 의한 알코올 발효의 이론식은 다음과 같으며 이것을 Gay-Lusacc의 식이라고 한다.

$$\underset{180\ g}{C_6H_{12}O_6} \longrightarrow \underset{92.12\ g}{2C_2H_5OH} + \underset{88\ g}{2CO_2}$$

이 식에 의하면 이론적으로는 glucose로부터 51.1%의 수득율로 알코올이 생성된다. 그러나 이중 약 5%는 효모의 생육이나 부산물의 생성에 소비되므로 실제의 수득율은 이론치의 약 95%이다.

- glucose 100 kg ⟶ 51.1 kg
- sucrose 100 kg ⟶ 52.47 kg
- 전분 100 kg ⟶ 56.82 kg

2) 원료

알코올 발효에 사용되는 탄소원에는 당질 원료(당밀분, 설탕, 아황산펄프 폐액), 전분질 원료(쌀, 보리, 밀, 귀리, 옥수수, 조 등의 곡류와 고구마, 감자, 카사오버 등의 서류) 그리고 섬유질 원료(목재, 톱밥 등의 목재 당화액)가 있다.

(1) 당밀로부터 알코올 발효

당밀을 원료로 하는 주정제조는 당밀을 희석, 발효조정제 첨가, 살균, 효모의 접종, 발효 및 증류의 과정을 거친다.

① 당밀의 전처리 및 술밑의 제조

당밀을 증자기에 총량 10~12%(술덧용 15~17%)로 희석하고, 진한 황산을 첨가하여 pH 4.8~5.0으로 조절한다. 당밀의 희석과 동시에 효모의 영양 보충을 위하여 발효조정제를 첨가하여 개량한다. 발효조정제에는 황산암모늄, 요소, 쌀겨 등 질소원이 이용되는데 첨가량은 원당밀 중량에 대하여 황산암모늄은 1%, 쌀겨를 사용할 때에는 약 3%가 보통이다. 발효조성제 첨가의 한 방법으로 앞서 발효한 발효액의 증류폐액을 20% 이내 첨가하는 폐액환원(slopping back)이 있다. 살균은 100℃에서 30분간 또는 1 kg/cm^2(121℃)의 압력하에서 10분간 살균한다.

사용되는 효모균은 *Saccharomyces formosensis*, *Saccharomyces robustus*이며 제조과정은 다음과 같이, 국즙 한천 사면배양 종균 → 국즙(당도 10%) 시험관 배양(25~30℃, 24시간) → 국즙(당도 10%) Pasteur 병배양(25~30℃, 14~24시간) → 당밀 희석액(당드 10%) Carlsberg 관배양(25~30℃, 24시간) → 술밑제조 탱크 순으로 한다.

전처리 과정에서 가열 살균한 당밀 희석액을 술밑제조 탱크에 옮겨 냉각시키고, 순수배양한 효모(carlsberg관 배양효도)를 접종하여 30℃ 내외에서 24시간가량 배양한다. 배양 중의 통기량은 매분 술덧의 약 1/100량 정도이며, 효모수가 1×10^6/mL로 증식이 될 때까지 16~20시간 통기한다.

② 발효

전처리가 끝난 당밀을 발효탱크로 옮기고 여기에 술밑은 1/10~1/20량 첨가하여 담금을 한다. 발효방식에는 개방식과 밀폐식이 있는데 개방식은 소규모 공장에서 콘크리트탱크를 이용함으로써 세균의 오염이 쉽고, 탄산가스와 함께 알코올이 휘발되기 쉬운 단점이 있다. 개방식은 밀폐식보다 발효율이 떨어진다.

• 밀폐식 발효

밀폐식 발효에는 철제탱크 내에서 30~35℃에서 48시간가량 무균적으로 행한다(그림 7-23). 발효조는 철제탱크가 보통이며, 그 용량은 20,000~100,000 L이 보통이다. 밀폐식 발효는 술밑과 술덧이 모두 밀폐조 안에서 행하므로 잡균의 오염이 적고, 품온의 조절이 용이하며 알코올의 휘발이 적기 때문에 개방식 발효보다 수율이 높은 장점이 있으나 설비비용과 운전경비가 많이 드는 단점이 있다.

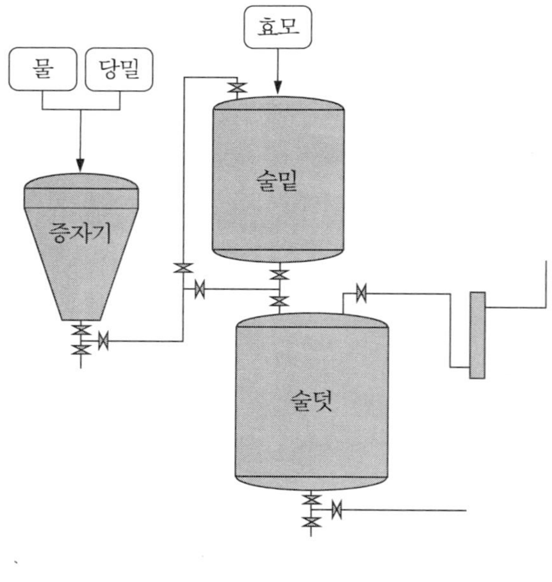

【그림 7-23】 당밀을 이용한 알코올 발효 공정도

• 특수 발효법

㉠ Urises de Melle법(Reuse법)

당밀을 이용한 알코올 발효에서 발효수득율은 이론수득율의 약 95%이다. 이것은 소비된 당분의 2~3%가 효모균체의 합성에 이용되기 때문이다. 그러므로 발효가 끝난 후 효모균을 산처리(pH 2)하여 잡균의 오염을 방지하고 다음 발효에 다시 이용하여 효모증식을 위한 당소비를 절약하는데 목적이 있다. 이 방법은 처음에는 비연속 발효법으로서 이용되었으나 후에 Reuse 연속발효법으로서 주로 아황산펄프폐액을 이용한 다조식 연속발효법에 응용되었다. 이 방법의 장점은 ① 효모농도가 높으므로 고농도 담금이 가능하며, ② 효모균체의 합성을 위한 당소비가 절약되어 발효수율이 향상되고, ③ 발효시간이 단축되고 잡균의 증식이 억제되며, ④ 폐액의 60%가 당밀의 희석에 다시 이용될 수 있다는 점 등이다.

㉡ Hildebrandt-Erb법(two stage법)

당밀 발효액을 증류하는 동안에 증류폐액 중의 비발효성 물질의 가수분해로 생기는 당분으로 충분히 효모균이 증식할 수 있으므로 증류폐액에 효모를 증식시키면 발효에 필요한 효모량을 충분히 얻을 수 있다. 따라서 효모의 증식에 소비되는 발효성당의 손실을 방지함과 동시에 폐액의 BOD를 저하시킬 수 있으므로 폐액처리의 문제를 해결할 수 있는 방법이다.

㉢ 고농도 술덧 발효법

이 방법의 목적은 원료의 담금 농도를 높여 알코올 농도가 높은 숙성술덧을 얻음으로서 더욱 효율적이며 경제적으로 증류하려는데 있다. 그러나 고농도 술덧의 발효에 문제가 되는 것은 고농도에 견디는 효모균을 얻는 것과 술덧의 처리방법이다. 현재 내당성 효모의 순양(acclimatization)과 고농도 술덧의 발효기술에 대해서 많은 연구가 이루어지고 있으면 계속 발전되고 있다.

㉣ 연속 발효법

발효를 할 때마다 행하는 술덧의 담금, 살균 등의 작업이 생략됨으로 발효

경과가 단축된다. 또한 정상상태에서 조업함으로 발효가 균일하게 진행되며, 장치의 기계적 제어가 용이하다. 연속발효법은 유럽에서 처음으로 아황산펄프폐액을 사용하여 성공하였으며, 근래에 와서 당밀과 그밖에 원료에 대해서도 현실화되어 가고 있다. 여러 가지 방법이 고안되어 있으나 대표적인 방법으로는 연속유동발효법, 연속교반유동발효법, 반연속발효법 등이 있다.

(2) 전분질 원료에서의 알코올 발효

전분질 원료는 먼저 효소 또는 산으로 분해하여 포도당 등과 같은 발효성 당으로 만든 다음 사용한다. 전분질 원료로부터의 주정제조 과정의 개요(당화전 원료의 전처리)는 다음과 같다.

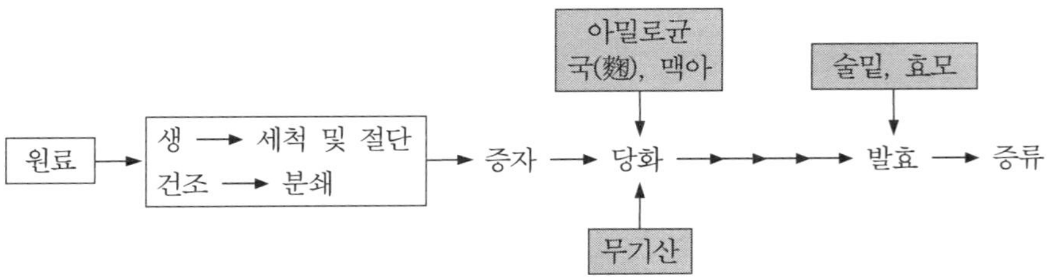

① 국법에 의한 알코올 발효

코지를 사용하여 전분질 원료를 당화하고 발효시키는 방법을 국법(麴法, koji법)이라고 한다. 코지란 곰팡이로부터 생성되는 효소를 축적시킬 목적으로 주로 농산물 원료에 균사를 충분히 발육시킨 것을 말한다. 그리고 배양액에 목적하는 곰팡이를 통기배양하여 효소액을 만드는 경우를 액국이라 한다. 국법에는 밀기울 코지를 이용하는 피국법과 액체코지를 이용하는 액국법이 있으나 단순히 국법이라고 할 때는 대부분 피국법을 뜻한다.

• 밀기울 코지

밀기울과 왕겨를 6 : 4로 혼합하여 살수하고(30~40%) 2~3시간 방치하여 수분을 흡수시킨다. 이때 증자시의 살균효과와 종국의 번식을 위해서 묽은 염산으로 pH 4.4 이하로 조절하여 사용하며, 100℃에서 1시간 증자한다. 40℃ 이하로 방냉하여 0.1~0.2%의 종국(*Aspergillus shirousamii*)을 균일하게 혼합하고 30~32℃에서 국실(麴室) 내로 옮긴다.

국실의 온도는 26~28℃, 건습의 차는 제국의 초기에는 1~2℃로 하고 최고온도에서 출국까지는 3~4℃로 하여 증자 후 40~50%의 수분이었던 것이 출국 시에는 20~25%가 되게 한다. 특히 품온이 40℃가 넘지 않도록 주의를 해야 한다.

• 술밑

잡균오염을 억제하며 안전하게 효모를 배양하기 위하여 증자술덧을 먼저 젖산술밑탱크로 옮겨서 55~60℃에서 밀기울 코지를 첨가하고, 48℃에서 젖산균(*Lactobacillus delbrueckii*)을 접종하여, 45~48℃에서 16~20시간 당화와 동시에 젖산발효를 행한다. pH 3.6~3.8(젖산농도 1%)이 되면 90~100℃에서 30~60분간 살균한 다음 30~33℃까지 냉각하여 배양한 효모(일본발효 연구소 1호 효모)를 접종하고 48시간 통기배양하여 술밑으로 사용한다.

젖산발효가 끝난 젖산술밑의 일부(1~2%)와 배양이 끝난 술밑의 일부(2~3%)를 각각 취하여 다음회의 술밑 제조 시에 이용한다.

• 당화

술덧은 증자된 후 당화기로 옮겨 55~60℃까지 냉각한 후 밀기울 코지를 넣어 교반하면서 당화시킨다. 코지 첨가시의 pH는 효소파괴를 방지하기 위해서 4.8 이상을 유지하는 것이 바람직하다. 코지의 첨가량은 당화력에 따라 다르나 일반적으로 원료(건조원료)에 대해서 8~10%가 사용된다. 당화가 완료된 술덧은 13~33℃까지 냉각하여 발효탱크로 옮긴다.

• 발효

당화술덧에 10% 정도의 술밑을 첨가하여 발효시킨다. 발효기간 중에는 최고온도가 36℃를 넘지 않도록 하고, 발효가 완만해지는 약 48시간 이후에는 급속히 30℃ 이하로 떨어지지 않도록 해야 한다. 발효경과는 효모의 증식기(growth phase), 주발효기(main fermentation phase) 및 후발효기(secondary fermentation phase)의 3기로 나눌 수 있다. 증식기는 5~7시간 정도로 술밑량, 효모수, 온도 등에 영향을 받으며, 주발효기는 당화에 의해서 생성된 당이 발효되는 기간으로 약 15시간 계속되고 총 당의 60%가 이용된다. 후발효는 남은 limit dextrin의 분해에 의해서 당이 발효하는 기간

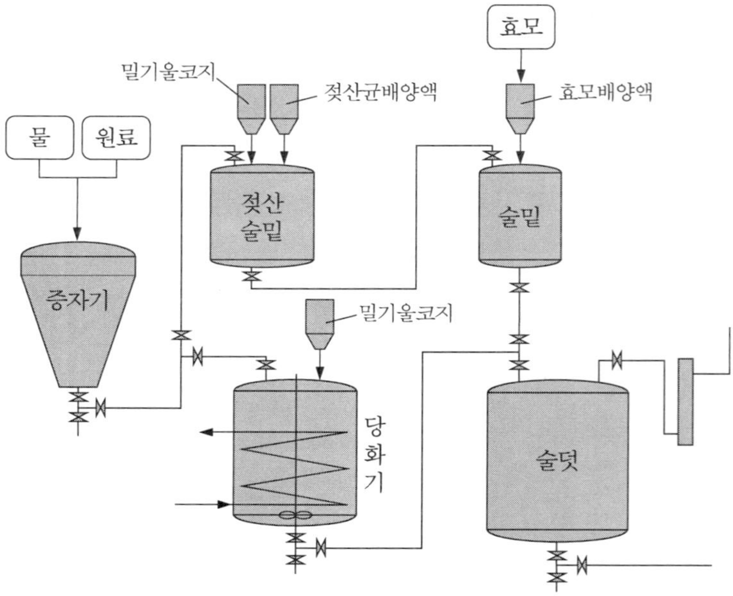

【그림 7-24】 국법에 의한 알코올 발효 공정도

으로 30시간 이상이 소요된다(그림 7-24).

② 액국법에 의한 알코올 발효

밀기울 코지 대신에 액체코지를 사용하는 제조법이다. 밀폐된 배양탱크를 이용하여 액내배양을 하므로 밀기울 코지법과는 달리 무균적 조작이 가능하며, 밀술제조 시 효모의 배양에 앞서 살균할 필요가 없으므로 술밑에 첨가된 액체코지의 아밀라아제는 그대로 이용되는 것이 특징이다.

• 균주

α-amylase와 당화형 amylase를 아울러 생산하는 *Aspergillus awamori* var. *fumeus*, *Aspergillus niger*, *Aspergillus usamii* 등이 우수한 균주로 알려져 있다. 균은 액체코지 배양탱크에 접종하기 전에 쌀(현미), 감자, 밀기울, 식빵 등을 이용한 고체배지에 30℃에서 수일간 배양하여 포자를 착생시킨다.

• 배지

탄소원으로 고구마, 옥수수, 수수, 전분박이 많이 사용되며, 질소원으로서는 밀기울, 쌀겨, 대두박 등이 사용된다. 또 알코올 증류폐액은 질소원으로서 뿐만 아니라 완충작용이 강하므로 pH 조절을 위해서도 좋다. 담금농도는 총당의 4~5% 정도이며, 배지의 전분과 질소의 비 C/N은 10 : 0.6~1.0의 범위가 좋다. 액체국의 배지는 질소의 함량이 많으므로 pH를 4.4~4.6으로 조절하고 3 kg/cm^{2}에서 40~50분 이상 가열살균 한다.

• 배양

배양탱크는 통기교반에 의하여 다량의 공기가 능률적으로 흡수되도록 설계된 표준형 또는 air lift형의 배양장치가 이용된다. 배양온도는 28~32℃가 최적이며, 이 범위 내에서 온도가 높을수록 배양시간은 단축된다. 액체코지의 효소역가만 강력하다면 1.5% 정도의 첨가량도 충분하다.

③ Amylo법에 의한 알코올 발효

이 방법은 최초에는 *Amylomyces rouxii*(뒤에 *Mucor rouxii*로 개명되었음)만을 직접 전분 증자액에 배양하여 전분의 당화와 알코올 발효의 두가지 반응을 동시에 진행시켜 보려고 시도한 것이었으나 그 후 알코올 발효를 위해서는 효모를 이용하게 되었다. Amylo균도 *Mucor*속보다 *Rhizopus*속이 선택되어 곡류에는 *Rhizopus delemar*, 고구마에는 *Rhizopus javanicus*가 이용되고 있다. 또 효모는 *Rhizopus*속의 발육 최적온도인 38℃에서 잘 발효하는 *Saccharomyces anamensis*와 같은 소위 annamite yeast나, *Saccharomyces peka Takeda*, 일본 발효연구소 1호 효모 등이 이용되고 있다.

Amylo법의 장점은 ① 코지를 만드는 장소와 노력이 전혀 필요 없다. ② 순수 밀폐발효이므로 발효율이 높다. ③ 다량의 담금이라도 소량의 종균으로 가능하므로 담금을 대량으로 하여 대공업화 시킬 수 있다. ④ 코지를 쓰지 않으므로 코지에서 오는 잡균의 오염이 없다. 한편, 단점으로는 ① 곰팡이를 직접 술덧에 접종하므로 술덧의 점도가 관계되며, 점도를 낮추면 결국 담금농도가 묽어진다. ② 당화에 비교적 장시간이 걸린다. 그러나 액화 amylase를 사용하면 농후 담금이 가능하고, 당화 속도도 빨라진다.

• Amylo균의 배양

Amylo균의 발효조에서의 접종은 포자 현탁액을 이용하여 대량의 포자를 얻기 위하여 감자절편에 배양한다. 감자절편 배지는 감자를 수세하고 눈을 제거한 후 껍질을 벗기고 5~8 mm의 두께로 잘라 0.1 N 초산과 30% 알코올의 동량 혼합액에 30분간 침지 후 면전살균된 삼각플라스크의 바닥에 붙여서 고압증기멸균 한다. 이 배지에 amylo균을 표면에 골고루 접종하고 30~33℃에서 약 1주간 배양한다.

• 원료

Amylo법에서 가장 중요한 것은 원료의 질소 함량으로 술덧의 질소가 많으면 amylo균의 번식은 왕성하며 당화력도 강해진다. 총당 10% 담금에 있어서 amylo 술덧의 최저 질소량은 약 60 mg/100mL이며, 80~120 mg/100 mL 정도가 조작하기에 용이하다.

고구마의 질소는 40~80 mg/100mL로 광범위하므로 고구마의 질소가 부족할 때나 질소가 적은 타피오카 등을 사용할 때는 유안, 요소, 쌀겨 등 질소원을 첨가하든가 질소가 많은 옥수수, 수수 등과 혼합하여 술덧의 질소를 80~120 mg/100mL 까지 증가시켜야 한다. 증자는 앞의 전분질 원료에서의 알코올 발효법에서 설명하였다.

• Amylo법의 당화와 발효

증자 술덧이 발효탱크에 옮겨지면 곧 바닥으로부터 무균공기를 공급하고 발효탱크 내의 압력을 대기압보다 높게 유지하면서 냉각하여 37~38℃가 되면 감자 절편으로 만든 플라스크 감자배지에 amylo균의 포자를 접종하여 30~35℃에서 1주일간 배양한 것에 국즙을 넣어 잘 혼합한 포자현탁액을 30~34℃에서 수 시간 방치한 후 접종한다.

Amylo균을 접종한 후에 매분 술덧에 대하여 1/50량의 통기를 계속하면서 34~37℃에서 24~30시간 배양하면 균체는 술덧 1 L중 0.5~1.0 g 정도까지 번식하고 당분도 증가한다. 그 다음 술덧을 30~33℃까지 냉각하여 효모의 삼각플라스크 국즙배양액을 접종한다. 효모접종 후 고구마 술덧의 경우 수 시간 동안 무균공기를 소량 통기한다. 18~20시간이 지나면 균체는 급속도로 증가하게 되며, 36~60시간에는 발효의 최성기에 달하며 효모수도 6~8 × 10^7/mL로 되고 온도는 상승한다. 효모 첨가 후 약 90시간으로 발효는 종료된다(그림 7-25).

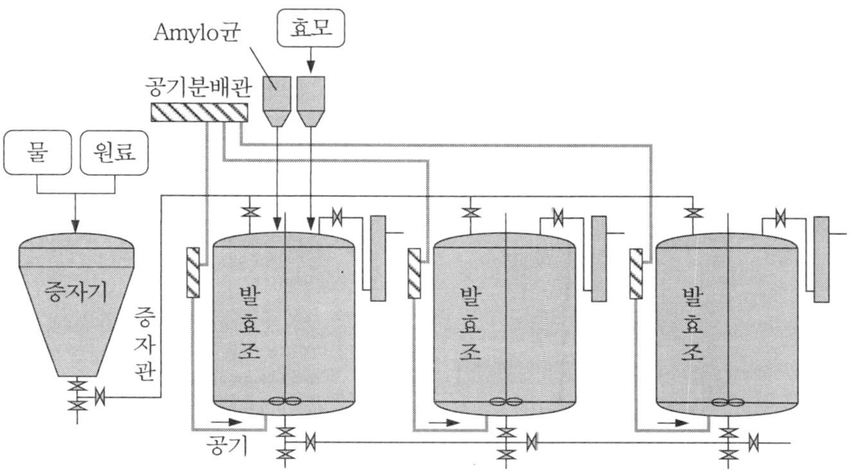

【그림 7-25】 Amylo법에 의한 알코올 발효 공정도

④ 아밀로 술밑 국(액국) 절충법

이는 절충법에 의한 알코올 발효로, 현재 가장 진보된 알코올 발효법으로서 규모가 큰 생산에 적합한 방법이다. 이 방법은 술밑을 아밀로법으로 배양하고, 이것을 발효탱크로 옮겨 국법으로 당화한 술덧을 2~3회 나누어 첨가하여 발효시키는 방법이다(그림 7-26).

이때 술덧의 당화에 이용되는 국이 고체국이면 아밀로 술밑 고체국 절충법이라 하고, 액국이면 아밀로 술밑 액국 절충법이라 한다. 아밀로 술밑은 순순배양한 것이므로 국법의 술밑과 같이 효모접종 전에 살균할 필요가 없고, 아밀로 술밑의 강력한 amylase의 작용이 지속되므로 코지의 첨가량을 줄일 수 있게 된다. 또 코지를 따로 배양하므로 아밀로법에 비하여 술덧의 농도를 짙게 할 수 있고 아밀로법으로는 사용하기 어려운 원료도 이용할 수 있을 뿐만 아니라 발효시간이 짧은 이점도 있다.

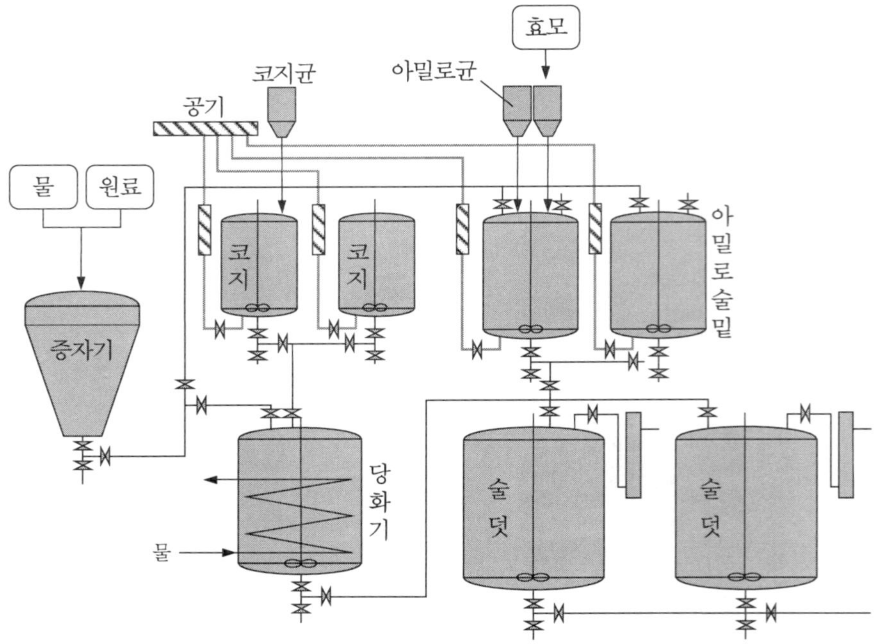

【그림 7-26】 아밀로 술밑 액국 절충법에 의한 알코올 발효 공정도

• 술밑

술밑은 아밀로 술밑이라고 하며, 아밀로법과 거의 같은 조작으로 배양하고 담금농도도 같게 한다. 술밑의 사용 시기는 발효의 최성기부터 숙성기 사이가 좋으며 그 이후에 사용할 때에는 냉각해 두는 것이 좋다.

• 국(koji)

절충법의 코지로서는 고체국인 밀기울 코지와 액국이 있다. 밀기울 코지에는 주로 황국균(*Aspergillus oryzae*)을 이용하고, 액국에는 흑국균(*Aspergillus awamori* var. *fumeus, Aspergillus niger, Aspergillus usamii*)을 이용한다.

• 술밑과 국의 사용량

술밑의 당화력에 따라 국의 사용량은 달라지나 국법에 비하여 1/10~1/3로 감소시킬 수 있게 된다.

고구마의 아밀로 술밑과 밀기울 코지(*Asp. oryzae*)의 경우 그 사용량을

표 7-11과 같으며, 고구마의 아밀로 술밑과 액국(*Asp. awamori* var. *fumeus* AF-1)의 사용량은 표 7-12와 같다.

【표 7-11】 아밀로술밑과 밀기울코지의 사용량

아밀로술밑(%)*	밀기울코지(%)**
30	1
25	1.5~2
20	2~2.5
10	4~5

* 술덧에 대한 %
** 술덧원료(건조물환산)에 대한 %

【표 7-12】 아밀로술밑과 액체코지의 사용량

아밀로술밑(%)*	액체코지(%)*
30	1~2
20	5
15	10
10	15

* 술덧에 대한 %

• 술덧과 발효

아밀로 술밑은 발효탤크로 옮기고 당화기에서 23~33℃로 냉각된 당화 술덧을 2~3회 나누어 발효탱크에 첨가하는데 첫 번째 담금에서 효모의 증식이 급속히 시작되면 차례로 술덧을 첨가한다. 그 후 24~36시간에는 발효의 최성기가 되고 품온은 상승하기 쉬우므로 술덧의 품온을 30~33℃가 되도록 유지하고 후반에는 과냉되지 않도록 조심해야 한다. 발효는 72~84시간으로 끝난다. 담금 농도는 12~14%이며, 숙성 술덧의 알코올은 6~8%이다.

(3) 아황산펄프폐액 및 섬유질 원료로부터의 알코올 발효

아황산펄프폐액 중에는 효모의 생육을 저해하는 아황산, 리그닌을 함유하고 있으므로 이들을 제거, 중화처리한 다음 암모니아용액, 요소, 황산암모늄, 과인산석회 등의 영양물질을 첨가하고, 미리 폐액에 순양하여 아황산에 내성이 있는 효모를 접종 발효시킨다. 폐액은 살균하지 않아도 잡균의 위험이 적어 오래전부터 연속발효법(reuse법)이 채택되고 있으며, 효모의 회수와 재사용은 효모자체가 더 순양되어서 폐액발효에 더욱 적합하다. 목재당화액 중에는 glucose 이외에 xylose, arabinose 등의 pentose를 함유하고 있으므로 *Sacch. cerevisiae* 이외에 *Candida utilis*를 이용한 연속발효법도 있다.

(4) 기타의 방법에 의한 알코올 발효

앞에서 설명한 방법 외에도 효소제를 액화와 당화에 이용하는 방법 및 무증자당화법, 효모대신 혐기성 세균인 *Zymomonas mobilis*를 이용하는 방법, 고정화 증식효모를 이용하는 방법 등이 개발되고 있다.

① 생전분의 무증자당화

전분질 원료는 전분의 증자에 의한 호화와 아밀라아제에 의한 당화가 필요하다. 그러나 최근에는 증자에 필요한 에너지를 절약할 목적으로 *Aspergillus* sp. K-27, *Bacillus circulans* F-2, *Chalara paradoxa*, *Corticium rolfsii*, *Streptococcus bouis* 등에 의해서 생산되는 생전분 분해효소를 이용하여 전분을 당화하고 알코올 발효를 한다.

② *Zymomonas mobillis*를 이용하는 방법

효모에 비하여 증식률이 높고, 알코올 생성률도 높은 혐기성의 Gram 음성균인 *Zymomonas mobillis*의 이용이 주목받고 있다. 이 균은 알코올 내성이 약하고 균체의 크기가 작아 원심분리에 의한 균체분리에 어려움이 있으며, 12~13%의 당농도에는 발효속도가 저하되고 당밀과 같이 무기염의 농도가 높은 원료에서는 사용할 수 없는 등의 단점이 있다. 그러므로 균체를 형질전환하여, 원료에 적합하고 고농도에서도 발효능이 높으며, 알코올 생성률이 높은 균체를 개량하는 것이 중요하다.

③ 고정화 증식효모의 연속발효

알코올의 발효생산에 있어서 생산성을 높이기 위해서 연속발효를 하는 것이 바람직한데 이를 위해서는 고정화 증식효모의 이용이 효과적이다. 균체의 고정화는 주로 sodium alginate, carrageenan, polyacrylamide gel, 광학수지 등을 이용한 포괄법이 이용된다. 고정화된 균체에 영양원을 공급하여 gel 내에서 효모를 증식시키고 증식한 효모가 일부 gel로부터 외부로 빠져 나가므로 gel 내부의 생균수는 일정하게 유지할 수 있다.

이와 같이 하여 gel 내의 생균수와 에탄올 생성능력을 장기간 정상상태로 유지할 수 있게 되어 안정된 연속생산이 가능하다. 그러나 고농도의 당을 사용하는 경우 효모가 당에 의하여 증식저해를 받는 점이 문제가 되는데 이를 해결하기 위해서 기질의 공급방법, 반응용기의 설계 등이 검토되었다. 이 방법은 종래의 회분식 발효법에 비하여 발효시간이 매우 단축되고, 연속조작을 간단하게 제어・관리할 수 있다는 장점이 있다.

3) 증류

발효가 끝난 알코올의 농도는 5~10%이므로 이것을 증류장치로 증류(distillation)하여 알코올을 얻는다. 즉, 발효, 숙성된 술덧 중에 생성된 에틸알코올을 물과 분리하여 알코올 95% 이상으로 농축하는 것을 증류라고 한다.

(1) 알코올의 증류이론

알코올과 물의 혼합액을 가열하였을 때 발생하는 증기에는 비등점이 낮은 알코올을 원 혼합액보다 더 많이 함유한다. 표 7-13은 혼합액의 비등점과 발생한 증기 중의 알코올 %를 나타내고 있다.

① 증발계수

액체 중의 알코올 %를 A로 하고 이 액체로부터 발생한 증기 중의 알코올 %를 a로 하면 a/A를 알코올・물 혼합액의 알코올 증발계수라고 부르고 Ka로 나타낸다. 알코올농도가 높아질수록 Ka는 적어진다(표 7-13).

【표 7-13】 알코올과 물 혼합액의 비등점

알코올과 물 혼합액 중의 알코올 %(v/v) A	혼합액의 비등점 ℃	혼합액의 증기 중의 알코올 %(v/v) a	증발계수 Ka $(=\frac{a}{A})$
0	100	0	–
10	92.50	51.00	5.10
20	78.50	66.20	3.31
30	85.00	69.20	2.31
40	83.75	71.95	1.80
50	82.50	74.95	1.50
60	81.25	78.17	1.30
70	80.00	81.85	1.17
80	79.38	86.49	1.08
90	78.75	91.80	1.02
95	–	95.35	1.004

② 비등응축곡선

표 7-13을 그림으로 나타내면 그림 7-27과 같이 된다. 알코올 10% 수용액의 경우 이것을 가열하면 92.5℃에서 끓기 시작한다(a점). 이때 발생하는 증기를 냉각하면 응축되어(b점) 그 농도는 51%가 되며, 비등점은 약 82℃(c점)이다. 이와 같이 하여 다시 액을 끓이면 d점으로 표시되는 알코올 약 75%의 증기가 발생하고 그 비등점은 약 80℃가 된다. 이와 같이 비등과 응축이 반복되면서 그때마다 알코올 농도가 높아져서 마침내는 K점이 나타내는 온도와 농도에 도달하게 된다.

이 K점의 알코올·물 혼합액의 알코올 농도는 97.2%(v/v)[95.57(w/w)]이며, 비등점과 응축점이 모두 78.15℃이다. 그러므로 이 이상 가열하여 끓이더라도 농도는 높아지지 않는다. 가령 99%의 알코올을 끓이면 이때 발생하는 증기의 농도는 오히려 낮아진다.

이 K점으로 표시되는 비등점을 공비점(共沸點)이라 하고, 혼합액을 공비혼합물(共沸混合物, azrotropic mixture)이라고 한다.

알코올 제조에 있어서 알코올 발효액을 끓여서 응축시키는 조작을 반복하여 단계적으로 농도를 높이게 되나, 최고 97.2%(v/v) 이상의 것은 얻을 수 없으며, 이 이상 농도를 높이려면 특별한 탈수법을 이용해야 한다.

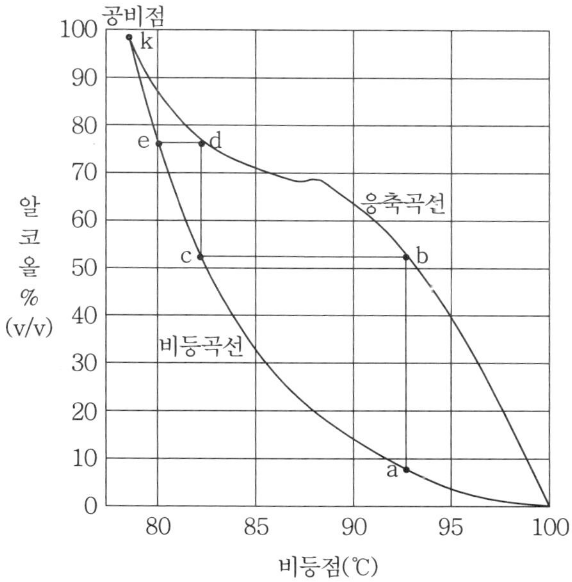

【그림 7-27】 알코올과 물 혼합액의 비등응축곡선

③ 정류계수

발효술덧 중에는 알코올과 물 이외에 알데히드, 에스테르, 고급알코올 등이 함유되어 있고 이들 불순물의 알코올 수용액에 있어서의 증발계수(Kn)는 각각 다르다.

각 알코올 농도에 있어서 여러 불순물의 증발계수 Kn과 Ka의 비, 즉 Kn/Ka를 정류계수라 한다.

㉠ Kn/Ka = 1의 경우에는 증류하더라도 알코올과 불순물과의 비는 변하지 않는다.

㉡ Kn/Ka > 1의 경우에는 증류한 유출액이 원액보다 불순물이 많아진다. 초류탑이나 가수탑 등의 상부에서 나오는 초기의 유출물이 이러한 예이다.

㉢ Kn/Ka < 1의 경우에는 유출액의 불순물이 더 적어진다.

(2) 숙성 술덧의 조성

발효가 끝난 숙성술덧 중에는 에틸알코올 이외에도 각종 물질이 있으나 그중 알코올의 품질에 관여하는 성분으로는 비등점이 낮은 성분인 acetaldehyde, diacetyl, methanol과 비등점이 높은 성분인 fusel oil이 있다.

① Acetaldehyde

일반적으로 고구마술덧에는 2~4 mg/100mL, 당밀술덧에는 3~5 mg/100 mL로 다소 많다. Acetaldehyde는 알코올 발효의 중간생성물로서 발효 최성기에 대량 검출되고, 숙성기에는 감소하지만 방치하면 다시 증가한다.

② Diacetyl

술덧의 불쾌한 성분이며 술덧 중에 제법에 관계없이 trace~1 mg/100mL 정도 존재한다.

③ Methanol

원료 중의 pectin이 증자와 아밀로균의 pectinase에 의해서 분해되어 생성되는데, 고구마 술덧에 0.07~0.08 mg/mL로 가장 많고, 전분박 술덧에는 1/2~1/3, 옥수수 술덧에는 1/5~1/20 정도 함유한다.

④ Fusel oil

술덧 중에 0.5~1.0% 정도 함유되고, 주된 성분은 n-propyl alcohol(1~2%), isobutyl alcohol(10%), isoamyl alcohol(45%), active amyl alcohol(5%)이며, 미량성분으로 고급지방산의 ester, furfural, pyridine 등의 amine, 지방산 등이 함유되어 있다. Fusel oil의 고급알코올은 아미노산으로부터 알코올 발효시의 효모에 의한 탈아미노기반응과 동시에 탈카르복시반응에 의해서 생성되는 aldehyde가 환원되어 생성된다.

$$\mathrm{RCHNH_2COOH} \xrightarrow{\nearrow NH_3} \mathrm{RCOCOOH} \xrightarrow{\nearrow CO_2} \mathrm{RCHO} \longrightarrow \mathrm{RCH_2OH}$$

즉, leucine → isoamyl alcohol, isoleucine → active amyl alcohol, tyrosine → tyrosol, phenylalanine → phenylethyl alcohol, valine → isobutyl alcohol과 같이 각종 아미노산으로부터 고급알코올이 생성된다.

(3) 증류장치

증류장치는 숙성술덧 중에서 고형분(토사, 볏짚, 섬유, 균체 등)과 비휘발성성분(호박산, 염류, 단백질, 탄수화물 등)을 제거한 다음 알코올과 물이 함께 유출된 것으로부터 휘발성의 차를 이용하여 산, 고급알코올, 알데히드, 에스테르를 분리하여 순순한 알코올을 만드는 장치이다.

① 단식증류(pot still)

숙성술덧을 용기에 넣어 끓여서 발생하는 증기를 냉각기에서 응축시키면 알코올을 주성분으로 하는 액을 얻을 수 있다. 이 방법은 술덧 중의 고형분 또는 불용성의 비휘발성분만이 제거되는 알데히드, 에스테르, fusel oil, 휘발산은 알코올용액 중에 남게 되어 알코올의 생산에는 이용되지 않는다. 이 증류기는 소주, 위스키, 브랜디, 고량주 등의 증류에 이용되고 있으며 원료가 다르면 생성되는 알데히드, 에스테르, 고급알코올 등의 향미물질의 종류와 양이 달라지므로 술마다 특유의 향미를 갖게 된다.

② 연속식 증류기(patent still)

단식증류기의 결점을 보완한 장치로서 알코올의 대규모 증류가 가능하다. 이 증류기에는 증류탑과 응축기로 조합되어 있으며, 여기에 불순물제거장치인 가스분리기와 fusel oil 분리기가 부착되어 있다. 이 장치를 작업상으로 분류하면 다음과 같다.

㉠ 숙성술덧 중의 고형물이나 수용성의 비휘발성성분 등을 술덧탑에서 제거

㉡ 발생하는 증기를 초류탑 또는 추출탑 등에 도입하여 알코올보다 휘발하기 쉬운 탄산가스, 알데히드 등 저비점 성분을 분리

㉢ 정류탑에서 알코올 농축

㉣ 알코올농도 42~43% 전후에서 농축되는 fusel oil 분리

㉤ 농축된 알코올과 물의 혼합액에 물을 첨가하여 알코올을 10% 내외로 하여 재증류하면서 여러 종류의 휘발성 불순믈을 제거하는 가수증류(hydro-selection)를 한다.

이상과 같이 비등과 응축을 반복하면서 알코올을 농축하고 불순물을 제거

한다. 연속식 증류장치로는 Guillaume식, Grinmar식, Allospas식 등이 있는데, 현재는 주로 Allospas식을 사용하여 순도가 높은 알코올을 생산하고 있다(그림 7-28).

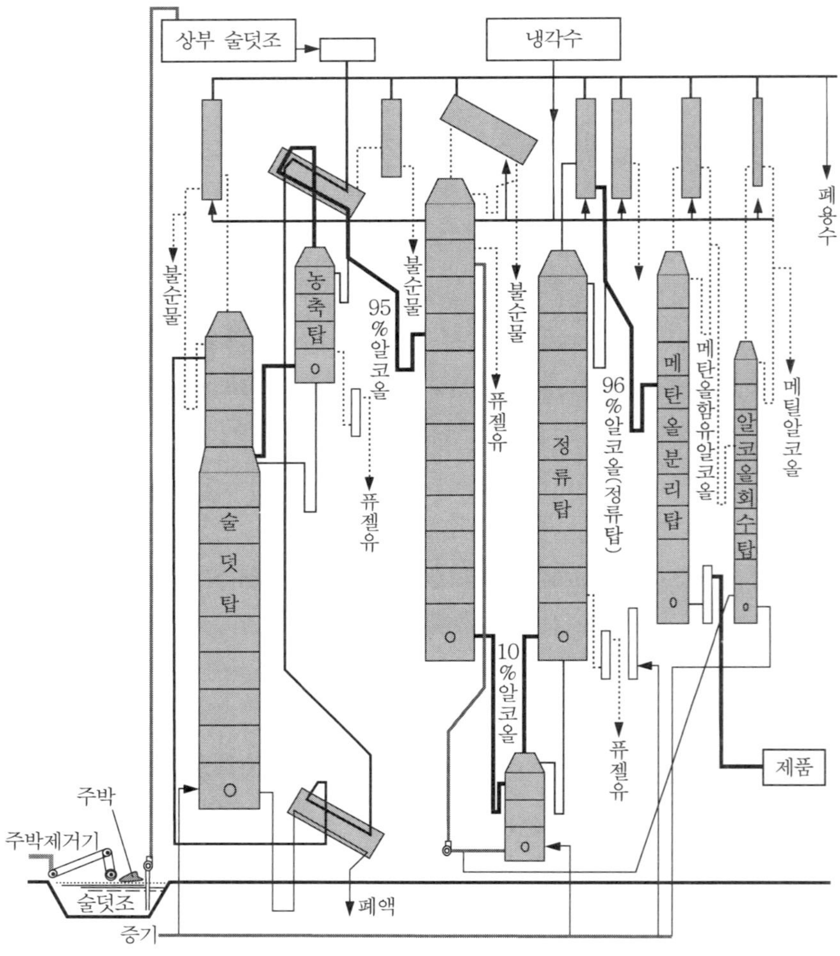

【그림 7-28】 Allospas식 알코올 증류장치

2. 유기용매 발효

2차 세계대전 이전에는 acetone-butanol 발효는 미생물 공업에서 중요한 한 분야가 되어 전 세계적으로 생산되어 왔으나 2차 대전이 끝난 후 석유화학공업에서 이들 물질들을 생성하게 되자 경쟁에 뒤진 대부분의 발효공장은 문을 닫고 현재는 명맥만 유지하고 있는 실정이다. 그러나 acetone-butanol 발효는 발효 기질만 잘 선택한다면 훌륭한 산업이 될 수 있으며 현재에도 이에 대한 연구가 활발히 진행되고 있다.

미생물에 대한 ethanol, butanol, propanol, acetone, glycerol 등의 발효를 용매발효(solvent fermentation)라고 한다. 이 중 음료용 및 일부 공업용으로 이용되는 발효법에 의한 알코올 생산은 알코올 발효에서 이미 다루었으므로 여기서는 acetone-butanol 발효와 glycerol 발효에 대해 기술한다.

1) 아세톤-부탄올 발효

미생물에 의한 butanol 생성의 이론적 기초는 1861년 Pasteur에 의해 이루어졌으며 1910년 Fernbach의 연구도 있었다. 1차 세계대전 이전에 혐기성세균 *Clostridium acetobutylicum*을 사용한 발효법이 Weizmann에 의해 확립되어 butanol, acetone, ethanol이 생산되었고, 여기서 얻은 butanol은 합성고무의 원료인 butadiene제조에, acetone은 폭약의 원료로 사용된 바 있다. 2차 대전 후에는 석유를 원료로 하는 발효법이 합성법으로 대체되었다. 현재 발효법은 대만, 남아프리카공화국 등에서 명맥을 유지하고 있다.

발효법에서는 단일의 생성물이 얻어지는 것이 아니라 사용균주와 발효조건에 따라 생성물의 상대적 비율이 달라진다. 발효산물에 따라 ① 아세톤-부탄올 발효(*Clostridium acetobutylicum*) ② 부탄올-이소프로판올 발효(*Clostridium butylicum*) ③ 부티르산-초산 발효(*Clostridium butylicum*)의 3가지 유형으로 나누어진다.

(1) 원료 및 원료처리

아세톤, 부탄올은 전분질이나 당질이 EMP경로에서 pyruvic acid를 거쳐 생산되며, 이때 에탄올과 함께 소량의 butyric acid, CO_2, 수소가스 등도 부생한다(그림 7-29). 아세톤-부탄올 발효에서 아세톤과 부탄올을 생성하기 위해서는 올바른 균주 선택과 발효조건의 적절한 조절에 의하여 에탄올 등 원하지 않는 부산물의 생성을 가급적 억제하여야한다.

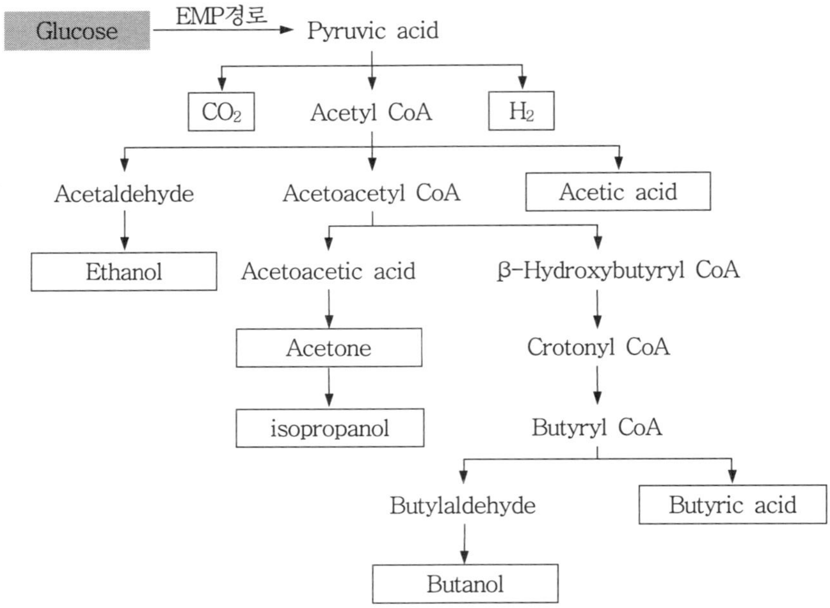

【그림 7-29】 발효법에 의한 아세톤, 부탄올의 생산경로

원료로는 감자, 옥수수, 고구마, 전분박, 폐당밀, 고농도 당밀이 주로 쓰인다. 기질농도는 약 7%로 제한하지만 경우에 따라서는 10%까지 높이기도 한다. 전분질 원료는 분쇄하여 살수, 교반 후 고압에서 충분히 증자한다. 폐당밀과 고농도 당밀은 물에 녹여 당농도를 조절한 후 질소원이나 인산염을 첨가하여 살균한다.

(2) 생산 공정

전분질이 옥수수인 경우에는 대표적인 균 *Clostridium acetobutylicum*이 주로 이용되고 폐당밀에는 *Clostridium saccharoacetobutylicum*, 전분에는 *Clostridium butylicum*이 사용된다. 아세톤-부탄올 발효는 *Clostridium*의 포자형성능력과 아주 밀접하게 연관되어 있으므로 발효능력이 강한 우량균주의 선별이 우선 되어야 한다. 종균은 sand culture에 의해 10년 이상 보존이 가능하다.

발효는 살균이 가능한 완전 밀폐식 탱크가 이용된다. 멸균한 발효탱크는 CO_2로 치환하고 접종 전후의 발효탱크 내용물도 CO_2를 공급하면서 교반시킨다. 종배양이 끝난 종균의 접종량은 1 : 3,000으로 한다. 발효온도는 34℃가 적당하고 pH 5.8~6.0에서 혐기적으로 40~70시간 발효시킨다. 발효과정에 bacteriophage와 젖산균에 의한 오염이 문제이므로 완전한 멸균 및 ethanol이 6 : 3 : 1의 비율로 생성된다. 이들은 연속증류와 분류과정을 거쳐 각각 회수 된다.

2) 글리세롤 발효

글리세롤은 폭약의 생산원료로 사용되기 때문에 1차 대전 당시 이미 발효법이 확립되어 대량생산 되었다. 그러나 glycerol의 발효생산은 알코올 발효과정 중 일부의 glycerol이 생성됨을 밝힌 Pasteur(1858), 발효액에 아황산염 존재 시 glycerol이 주로 생성됨을 밝힌 Neuberg와 Reinfurth(1918)의 연구에 힘입은 바 크다.

오늘날 폭약의 원료 이외에 화장품, 의약품, 음료 등에 많이 이용되는 glycerol은 유지의 가수분해, 유기합성 등에 의해 생산되며, 발효에 의한 생산은 상업적 가치가 없어 중단되고 있다. 그러나 glycerol 발효는 발효공업의 역사적 측면에서 그 원리를 이해하는 것도 의의가 있다고 생각된다.

(1) 글리세롤의 생성기작

글리세롤은 알코올 발효 중 에탄올과 함께 효모에 의해 소량 생성된다. 그러나 알코올 발효에서 발효액에 아황산염을 첨가하거나 발효액을 알칼리성으로 조절하면 글리세롤 생성량을 크게 증가시킬 수 있다. Neuberg(1919)는 효모에 의해서 일어나는 발효형식을 다음의 3가지 형식으로 분류하였다.

제1발효형식 $C_6H_{12}O_6 \longrightarrow 2C_2H_5OH + 2CO_2$

제2발효형식 $C_6H_{12}O_6 \longrightarrow C_3H_5(OH)_3 + CH_3CHO + CO_2$

제3발효형식 $C_6H_{12}O_6 \longrightarrow 2C_3H_5(OH)_3 + CH_3COOH + C_2H_5OH + 2CO_2$

제1발효형식은 정상적인 알코올 발효의 Gay-Lussac 발효식이다. 제2발효형식은 아황산염을 첨가하여 pH 5~6에서 발효시킬 때 나타난다. 이때 아황산염은 포촉제(浦促制, trapping agent)로 작용하여 acetaldehyde와 결합, 이를 고정하므로 acetaldehyde의 환원이 저해되어 알코올 대신 글리세롤이 생성되는 것이다. 제3발효형식은 발효액의 pH가 8.0 이상의 알칼리성일 때 일어나며, acetaldehyde가 전부 알코올로 환원되지 않고 Cannizzaro 반응을 일으켜 초산과 에탄올이 부생되면서 다량의 glycerol이 만들어 진다.

$$2CH_3CHO + H_2O \longrightarrow CH_3COOH + C_2H_5OH$$

글리세롤 생성기작은 다음과 같다. 포도당이 효모에 의해 EMP과정을 거쳐 중간산물인 glyceraldehyde-3-phosphate와 dihydroxyacetone phosphate를 생성한다. glyceraldehyde-3-phosphate는 pyruvic acid로 된 후 탈탄산반응에 의하여 acetaldehyde가 된 다음 다시 $NADH_2$에 의해 환원되어 알코올이 된다. 이 반응에 아황산나트륨을 첨가하면 acetaldehyde가 포촉되어 아세트알데히드-아황산 복합체가 생성된다. 아세트알데히드가 아황산 복합체 생성에 의해 제거되면 $NADH_2$에 의한 아세트알데히드의 환원이 일어나지 않아 glycerol-3-phosphate 탈수소효소에 의하여 dihydroxyacetone phosphate가 $NADH_2$ 수용체로 되어 glycerol-3-phosphate를 생성하고 다시 phosphatase에 의해 인산이 이탈되어 glycerol이 생성된다.

(2) 글리세롤의 제조

아황산염이나 알칼리염을 첨가하지 않는 glycerol 생산에는 내삼투압성 효모인 *Saccharomyces rouxii*, *Torulopsis magnoliae*, *Pichia farinosa*가 흔히 사용된다. 최근에는 호염성 조류인 *Dunaliella salina*가 이용되기도 하는데 이 조류는 삼투압 유지를 위해 세포내 용질로 glycerol을 합성한다고 한다. 아황산염을 첨가하는 경우는 *Saccharomyces cerevisiae* 계통의 아황산염 내성변이주가 개발되어 사용된다.

아황산나트륨을 이용하는 아황산소다법에서는 담금액의 농도를 10~20% 정도로 하여 주정제조법에서와 동일하게 만들어진 종효모를 접종하여 30℃에서 2~3일간 발효시킨다. 결국, Neuberg의 제2발효형식과 같이 glycerol이 생성되는 것이다. 이 반응이 정량적으로 진행되면 기질인 당에 대하여 50%에 가까운 glycerol이 생성되지만 실제 수율은 20~30%를 넘지 못한다. 이는 효모에 대한 아황산의 독작용 때문이다. 아황산나트륨의 첨가량은 당을 기준으로 하여 40~100% 정도를 액 중의 농도가 0.1~0.5% 되도록 여러번 나누어 첨가한다.

숙성된 발효액에는 3~5%의 glycerol 외에 aldehyde, ethanol, 아황산염

과 결합한 aldehyde, 잔당, 유리아황산염 등이 포함되어 있으므로 정제과정을 거쳐 glycerol을 회수한다.

7-7. 효소 생산

효소는 생체촉매(biocatalyst)로서 생체 내에서 일어나는 모든 화학반응을 소량으로 촉매 한다. Enzyme라는 용어는 "in yeast" 라는 뜻으로 1877년부터 정식으로 사용되기 시작한 것으로 효모의 발효능력으로 인하여 처음에는 "ferment" 라고 하다가 enzyme로 통일되었다. 그리고 모든 효소는 단백질로 구성되어 있어 생화학적 성질 및 정제방법 등이 일반 단백질과 동일하며 기질 특이성이 강하다.

1. 효소 생성

미생물은 일반적으로 어느 종류의 효소를 다량 생성 축적하는 경향이 있으므로 미생물에 의한 특정 효소의 생산을 목적으로 하는 경우에는 먼저 목적 효소를 생산해내는 미생물의 검색이 필요하다. 이때 효소 생산에 필요한 기본 조건의 조사도 아울러 행해야 한다. 효소의 활성도와 성질은 미생물의 종류에 따라 결정되나 배양조건에 따라서도 달라진다.

배양조건으로는 온도, pH 및 산소공급이 중요하며 특히 효소의 생성이 최고에 달하는 배양시간을 고려하여야 한다. 배양법으로는 고체 배양법과 액체 배양법이 있는데 밀기울 등을 이용한 고체 배양법은 잡균오염과 노력이 많이드는 결점이 있으나 농후한 효소액을 얻을 수 있고 탱크에 의한 액체 배양법은 잡균오염이 적고 배양조건의 조절이 가능하며 장소와 노력의 요구가 적고 원료에 대한 생산성이 높아 공업적 효소 생산에는 탱크 배양법을 일반적으로 이용한다.

2. 효소의 추출 및 정제

1) 효소의 추출

미생물이 효소를 생산하여 분비하는 방법에 의하여, 세포 밖으로 분비하는 균체외효소(exoenzyme)와 세포내에 저장하는 균체내효소(endoenzyme)로 분류할 수 있다. 균체외효소는 배양액 중의 균체를 분리, 제거하면 바로 효소액으로 사용할 수 있으나 균체내효소는 균체를 파괴 하여야만 효소를 추출할 수 있기 때문에 균체를 파괴하는 특별한 방법이 필요하다. 보통 균체내효소를 얻기 위한 균체 파괴법은 다음과 같다.

① 기계적 마쇄법 : 균체를 완충액과 함께 mortar나 ball mill 등으로 마쇄하며 곰팡이나 효모는 세척한 모래나 알루미늄 분말을 혼합하여 진탕하면 균체가 파괴되어 효소가 추출된다.

② 초음파 마쇄법 : 초음파란 음이 일정시간 동안 진동하는 것을 말하며 진동횟수가 많아질수록 에너지가 많아져 파괴능력이 강해진다. 보통 초음파 파쇄장치(ultrasonic oscillator)로 10~60 kHz의 초음파를 발생시키면 균체가 파괴되어 효소가 추출된다.

③ 자기소화법 : 미생물이 가지고 있는 효소를 활성화 시켜 스스로 균체를 파괴하여 효소를 추출하는 방법으로 균체에 ethyl acetate나 toluene 등을 첨가하여 20~30℃에서 추출하면 비교적 안정한 효소를 얻을 수 있다.

④ lysozyme 처리법 : 난백이 가지고 있는 효소인 lysozyme으로 세포벽을 용해시켜 효소를 추출한다.

⑤ 동결 용해법 : dry ice 및 동결기로 균체를 동결하였다가 용해시킨다. 이 조작을 반복하면 세포가 파괴되어 효소가 추출되는데 추출액은 냉각 원심분리기로 균체를 제거하고 효소액을 얻어 정제한다.

2) 효소의 정제

효소는 주성분이 단백질이므로 모든 정제공정이 단백질의 정제공정과 똑같다.

① 염석 및 투석 : 염석(salting out)은 효소 용액에 황산암모늄 등의 염류를 첨가하여 효소를 석출시키는 방법으로 정제방법 중 가장 많이 이용되며 비교적 안정하게 효소를 얻을 수 있는 장점이 있고, 농도를 달리함으로서 효소를 분별 침전 시킬 수도 있다.

염석이 끝난 효소 단백질을 반투막에 넣어 물에 담가 놓으면 염류가 반투막을 통하여 밖으로 나와 효소 중의 염류가 제거되는데 이 조작을 투석(dialysis)이라 한다.

② 유기용매에 의한 침전법 : 효소 용액에 냉각한 알코올이나 아세톤을 일정비율 첨가하여 효소를 분별 침전시키는 방법이다.

③ 흡착법 : 인산 칼슘겔인 hydroxy apatite나 알루미나 등에 미산성상태에서 흡착시켜 중성 또는 알칼리액으로 추출한다.

④ 이온교환법 : 이온 교환체의 column chromatography에 의해서 분리하는 방법이며 효소 단백질의 경우에는 cellulose나 dextran의 유도체가 잘 이용된다.

⑤ gel여과법 : gel을 채운 컬럼으로 단백질의 분자량 차이를 이용하는 방법이다. 보통 sephadex(dextran gel)을 이용하며 정제의 각 단계에서 효소 활성과 자외선 흡수법 등으로 단백질을 정량하여 활성 효소의 수량을 결정한다.

⑥ 결정화 : 위의 여러 방법에 의하여 얻어진 효소액에 황산암모늄 및 아세톤 등을 혼탁이 조금 생길 정도로 가하여 냉각 방치하면 결정이 생긴다. 생성된 결정을 재 결정화 시켜 순도를 높인다.

3. 효소의 고정화

일반적으로 효소 반응은 수용액의 형태에서 반응시키기 때문에 반응이 끝난 후 반응액으로부터 효소를 회수하는 일은 어려운 일이며 이로 인한 효소의 낭비 및 효소반응의 불안정과 연속반응이 곤란한 점 등이 큰 결점으로 지적되었는데 최근 효소의 활성을 유지시키면서 물에 녹지 않는 담체(carrier)에 부착시켜 고체 촉매화할 수 있게 되어 효소 이용 면에 새로운 발전이 이루어지고 있다. 이러한 효소를 고정화효소 또는 불용성효소라고 한다.

고정화효소는 효소가 담체에 부착되어 있어 연속적인 사용이 가능하므로 임상용의 젖산, 포도당, 요소 등의 분석에 이용되고 있으며 또 마이크로 캡슐화 된 효소는 항원 항체 반응을 하는 생체내의 투여도 가능하므로 의약품으로서의 개발도 기대되고 있다.

고정화효소의 공업적 이용은 aminoacylase의 고정화효소를 이용하여 합성법으로 제조한 DL-아미노산으로부터 L-아미노산을 연속적으로 광학분할하는 방법이 이용된 이후 고정화 glucose isomerase에 의한 이성화당의 제조, 고정화 penicillin amidase에 의한 penicillin으로부터 6-amino-penicillanic acid의 제조, 고정화 lactase에 의한 저유당유의 제조 등에 사용되고 있다. 이외에도 에탄올, 요소, 젖산, 포도당 등의 임상검사용 자동분석과 바이오센서(biosensor) 등의 분석, 포괄법으로 고정화한 효소를 생체내 투여하거나 혈액을 체외로 순환시키면서 고정화효소와 접촉시켜 치료하는 효소요법 및 인공장기 등의 의약에의 이용, 친화크로마토그래피에 의한 목적하는 물질의 고도정제, 폐액처리, 에너지생산 등에 이용되고 있거나 활용이 기대되고 있다.

【표 7-14】 효소고정화의 장 • 단점

장 점	단 점
- 안정성이 증가한다. - 이용목적에 적합한 성질과 형상을 얻을 수 있다. - 재사용이 가능하다. - 반응의 연속화가 가능하다. - 반응장치가 차지하는 면적이 적어진다. - 반응생성물의 순도 및 수득율이 향상된다.	- 고정화과정 중 효소의 손실이 있다. - 담체성분과 고정화에 따라 비용이 증가한다. - 장치 및 기술의 비용이 증가한다. - 미생물 오염의 위험성이 증가한다.

고정화효소의 일반제법은 다음과 같다.

1) 담체결합법

① 공유결합법 : 물에 불용성인 담체와 효소를 공유결합에 의해 고체촉매화 한다. 결합력이 강하고 안정된 것을 얻을 수 있으나 제법이 복잡하고 어려우며, 단백활성 중심이 파괴되거나 변화되기 쉽고 강한 역가를 가진 고정화 효소를 얻기 어렵다.

Diazo법, Peptide법, Alkyl화법 등이 있다.

② 이온결합법 : DEAE-cellulose, CM-cellulose 이온교환체나 이온교환 sephadex 또는 이온교환 수지에 효소를 이온 결합시켜 고체 촉매화 한다. 제법이 간단하고 온화한 조건하에서 만들어지므로 효소의 구조 변화가 적고 역가가 높은 제품을 얻을 수 있으나 결합능력이 비교적 약해서 반응 중 효소가 유리되기 쉽다.

③ 물리적 흡착법 : 활성탄, 산성백토, kaolinite 등에 효소단백을 물리적으로 흡착시켜 고체 촉매화 한다. 효소단백의 구조변화가 적고 적합한 담체를 선택하면 경제적인 면에서도 유리하나 결합력이 약해서 이탈되기 쉬운 결점이 있다.

2) 가교법(cross linking method)

관능기를 가진 시약으로 효소단백 자체를 가교하여 고체 촉매화하는 방법이다. 공유결합법과 같이 안정하나 비교적 과격한 조건하에서 반응시키게 되므로 높은 역가의 것을 얻기 어렵다.

무수 maleic acid와 ethylene의 중간 혼합물, glutaraldehyde, hexamethylene diisocyanate, bisdiazobenzidine 등이 사용된다.

3) 포괄법(entrapping method)

효소 자체는 변화하지 않고 gel의 미세한 격자속에 효소를 고착하든가 반투과성 중합체의 피막으로 효소 전체를 싸도록 한다. 효소가 변화하지 않으므로 기질이 저분자의 경우에는 보편적으로 이용할 수 있다. 효소를 고정화시키는 외에 미생물 균체 자체를 바로 수지에 결합 또는 포괄법으로 고체 촉매화하는 방법도 시도되고 있다.

4. 효소의 종류

미생물은 동물이나 식물에 비하여 저렴한 배지에서 대량으로 단시간에 양산할 수 있고 그 효소의 종류가 많다는 이점이 있으므로 현재 효소제의 제조는 대부분 미생물에 의존하고 있다. 현재 공업적으로 제조되고 있는 미생물 효소 제제는 표 7-15와 같다.

【표 7-15】 미생물 효소제의 종류

효소	균주	용도
α-Amylase	*B. subtilis, B. amyloliquefaciens, B. stearothermophilus, Asp. oryzae*	섬유의 호발제, 술덧의 액화, 엿과 glucose의 제조, 식품가공, 소화제
Glucoamylase	*Rhizopus delemar*	glucose의 제조
Cellulase	*Trichoderma viride, Irpex lacteus*	곡류, 야채, 과일가고, 식물성분의 추출조제, 소화제, 사료첨가제
Invertase	*Saccharomyces cerevisiae*	전화당의 제조, 식품의 sucrose 결정석출 방지
Lactase	*Saccharomyces fragilis*	ice cream의 lactose 결정석출방지
Catalase	*Asp. niger, Micrococcus*	식품가공(살균, 방부) 살균에 사용한 H_2O_2의 분해
Glucose oxidase	*Asp. niger, Penicillium notatum*	산소, glucose제거에 의한 식품의 변질방지, glucose의 정량
Glucose isomerase	*Streptomyces albus*	과당 시럽의 제조
Protease	*Asp. oryzae, Asp. saitoi B. subtilis, Str. griseus*	소화제, 피혁공업, 제빵, 맥주·청주의 혼탁제거, 된장·간장의 속양제조, 식육의 연화제, 조미액의 제조
Microbial rennet	*Mucor pusillus*	치즈 제조
Pectinase	*Asp. niger, Pen. sclerotinia, Conithyrium dipolidiella*	과즙, 과일주의 청징
Lipase	*C. cylindracea, C. paralipolytica, Rhizopus oryzae*	소화제, milk flavor, 양가죽 세정 cleaning, 지방산의 제조
Naringinase	*Asp. niger*	감귤류의 고미제거
Hesperidinase	*Asp. niger*	감귤류의 과즙 및 통조림의 백탁 방지
Asparaginase	*Escherichia coli*	백혈병, 인파암의 치료
Tannase	*Pen. glaucum*	맥주의 청징
Penicillinase	*B. cereus, B. subtilis*	치즈제조(우유 중의 penicillin을 제거)

1) 산화환원 효소류

(1) Catalase

Catalase는 과산화수소를 물과 산소로 분해시키는 반응을 촉매하는 효소로 공업적으로는 *Aspergillus niger, Micrococcus lysodeikticus* 등이 생산하는 것이 사용된다. Catalase는 우유 무열멸균(cold sterilization)에서 첨가한 과잉의 과산화수소를 제거하는데 사용하거나 액상난백 제조에서 포도당을 산화하기 위해 glucose oxidise와 함께 사용하고 있다.

(2) Glucose oxidase

Glucose oxidase는 포도당을 gluconic acid로 산화시키는 반응을 촉매하는 효소로 *Aspergillus oryzae, Asp. niger, Penicillium glaucum, Pen. notatum* 등이 생산하는 것이 공업적으로 이용된다. 이 효소는 난백, 전란(whole egg)으로부터 포도당을 제거하여 건조제품의 품질과 보존기간을 향상시키는데 주로 사용되며 산소에 의해 변질되는 식품에서 보존기간 연장과 품질유지를 위한 산소 포착제로도 사용된다. 또 식품 중의 포도당 함량을 분석하거나 혈액과 소변 중의 포도당을 측정하는 임상실험에도 사용한다.

(3) Limonoate dehydrogenase

Limonoate dehydrogenase는 감귤류의 쓴맛 성분인 limonoate를 탈수소하여 쓴맛을 없애는 작용을 하는 효소로 감귤류 주스의 쓴맛을 줄이는데 사용하며 *Arthrobacter globiformis*가 생산하는 효소나 *Corynebacterium fascians*의 고정화 세포를 사용한다.

(4) Amylase

Amylase는 전분의 α-1,4-glucoside 결합 및 α-1,6 결합을 가수분해하는 효소로 α-amylase와 β-amylase 및 glucoamylase 등이 있다. α-amylase는 액화형 amylase라고 하여 전분의 α-1,4 결합 부분은 분해하나 α-1,6 결합 부분은 분해하지 못하여 전분을 dextrin화 하고 점도를 급격히 떨어뜨린다. β-amylase는 전분을 비환원성 말단부터 maltose단위로 끊으며 α-1,6 결합의 분기점에서 작용이 정지된다. 다량의 maltose와 함께 상당히 분자량이 큰 dextrin을 생성한다. Glucoamylase는 전분의 비환원성 말단부터 glucose를 절단하는 당화형 amylase이다. β-amylase가 결합할 수 없는 α-1,6 결합도 절단할 수 있다고 하며 전분은 거의 100% 포도당으로 분해하기 때문에 포도당제조에 이용된다.

① 곰팡이 amylase : 곰팡이는 종류에 따라 다른 amylase를 생성한다.

*Asp. oryzae*는 α-amylase를 생성하고 *Rhizopus delemar*, *Asp. usami* 등은 glucoamylase를 생성한다.

이들 곰팡이 amylase는 고체배양이나 액체배양 방식으로 효소를 생산한다.

② 세균 amylase : 세균은 액화력이 강한 α-amylase를 주로 생산하며 이 효소는 내열성이 높고 최적 pH는 5.8~6.4이다. 효소생산에 많이 이용되는 균은 *Bacillus subtilis*, *Bacillus mesentericus*, *Bacillus stearothermophilus* 등이며 액체배양 및 고체배양으로 생산하고 세균 amylase 생산 시 특히 주의해야 할 것은 phage에 오염되지 않도록 해야 한다.

(5) Cellulase

Glucose의 β-1,4-glucoside 결합을 가수분해하여 cellobiose와 glucose를 생성하는 효소로서 곰팡이, 방선균, 세균 등에 존재하며 공업적 생산의 대표적인 균주는 *Trichoderma viride*와 *Irpex lacteus*이다. 식물 세포막을 분해해서 그 내용물의 추출을 용이하게 하기 때문에 전분의 제조, 대두단백의 추출, 해초로부터 한천제조, 두류 및 곡류의 탈피(脫皮), 소화제, 사료 첨가제 등에 이용된다.

(6) Invertase

Sucrose를 glucose와 fructose로 가수분해하는 효소로 sucrose를 fructose 측에서 끊는 β-fructosidase와 glucose 측에서 끊는 α-glucosidase가 있다. 공업생산에는 *Sacch. cerevisiae*를 배양하여 균체를 toluene, chloroform, 초산에틸 등으로 자기소화 시킨 후 알루미나 등에 흡착 정제하여 50% 알코올로 침전시킨 것을 glycerol에 용해시켜 제품으로 한다. Invertase에 의하여 sucrose를 분해한 전화당은 용해도가 높아 당의 결정석출을 방지할 수 있고, 또 흡습성이므로 식품의 수분을 적절히 유지할 수 있다. 인공 벌꿀의 제조, 초콜릿, 양갱, 아이스크림 등에 감미료로 이용된다.

(7) Lactase

Lactase를 glucose와 galactose로 가수분해하는 효소로 젖당발효성 효모인 *Sacch. fragilis* 등에 의해 생산된다. 아이스크림, 농축유 등에서 용해도가 적은 젓당의 결정석출 방지와 감미 증강에 사용된다.

(8) Glucose isomerase

Glucose를 이성화해서 fructose화하는 효소이며 이 효소를 이용하여 감미도가 낮은 포도당 시럽으로부터 감미도가 높은 전화당 시럽을 제조하는 방법이 공업화되었다. *Streptomyces albus*를 밀기울, corn steep liquor(CSL) 등으로 된 배지에서 30℃로 약 30시간 배양하여 얻는다. 이 효소는 매년 수효가 증가하고 있으며 의약용, 제빵용, sauce 첨가용, 통조림용, 시럽 등으로 사용되고 있다.

(9) Protease

Protease는 단백질을 분해하는 효소로 분자의 내부에 작용하는 endo-peptidase와 유리의 α-amino 또는 α-carboxyl기의 peptide에 작용하여 맨 끝의 peptide를 끊는 exopeptidase가 있는데 exopeptidase는 다시 카르복실기에 근접한 펩티드쇄를 절단하는 carboxy peptidase와 유리 아미노기에 근접한 펩티드쇄를 절단하는 amino peptidase가 있다. 최적 pH에 의해 산성, 중성, 알칼리성 protease로 나누며, 균주에 의해 곰팡이, 세균, 방선균 protease 등으로 분류한다.

① 곰팡이 protease

Asp. oryzae, Asp. niger, Asp. saitoi, Asp. awamori 등의 곰팡이가 protease를 생성하여 공업적으로 유용하게 이용되고 있다.

*Asp. oryzae*는 배지의 조성에 따라 산성, 중성, 알칼리성의 protease를 생산하는데 C/N비가 낮으면 중성 및 알칼리성 protease를 생성한다.

② 세균 protease

Bacillus subtilis, Bacillus amyloliquefaciens, Clostridium acetobutilycum 등의 세균이 protease를 생성하며 이중 *Bacillus subtilis*가 생성하는 protease를 subtilisin이라고 한다.

*Bacillus subtilis*는 조건만 적당하면 배지 1 L 중 1 g 이상의 protease를 축적하기도 한다. 주로 중성 protease와 알칼리성 protease를 생성한다.

③ 방선균 protease

많은 종류의 방선균이 protease의 생산에 이용되고 있으며 *Streptomyces griceus*를 통기배양하여 얻는 protease가 유명하다.

미생물에 의해 얻어진 protease는 소화제, 소염제, 피혁공업, 제빵, 맥주나 청주의 혼탁제거, 식육의 연화, 합성주의 향미액, 세제, 화장품 등의 제조 등 각 방면에 이용되고 있다.

(10) 미생물 응유효소

치즈제조에 이용되는 rennet는 송아지의 제4위에서 얻어지는 것이므로 효소원이 제한되어 있어 값이 비싸고 양도 충분치 못하여 최근 값싼 미생물성 응유효소가 개발되어 사용되고 있다. *Mucor pusillus* Lindt 등이 생산하는 효소가 단백질 분해력에 비해 응유력이 훨씬 강한 것이 발견되었다. *Pseudomonas fluorescens, Serratia marcescens, Bacillus subtilis* 등도 응유효소를 생성한다.

(11) Naringinase

귤 종류는 과즙음료의 제조와 marmalade에 이용되는데 쓴맛이 있는 것이 결점이다. 이 쓴맛의 주성분은 naringine 인데 이것을 쓴맛이 없는 rhamnose와 naringenin glucoside로 가수분해 시키는 것이 naringinase이다. *Asp. niger* 등이 생성한다.

(12) Hesperidinase

Hesperidine은 귤 종류나 덜 익은 과실의 과피에 있으며 모세혈관의 저항을 높여 비타민 P로서 의약에 이용된다. 그러나 과즙이나 통조림으로 만들 때 백탁의 원인이 되어 상품의 가치를 떨어뜨리는 원인이 되기도 한다. *Asp. niger*가 생산하는 hesperidinase에 의해서 rhamnose와 용해도가 높은 hesperidin-7-glucoside가 생성되므로 백탁을 방지하는데 이용된다.

(13) Pectinase

Pectin은 고등 식물의 과실에 널리 분포하고 천연 pectin은 불용성의

protopectin으로서 존재하며 묽은 산 또는 열수(熱水)로 추출한 것이 pectin이다. 과즙음료 및 포도주 등에 불용성 침전을 형성하여 제품의 질을 떨어뜨리므로 보통 pectinase는 이들 pectin을 가용성으로 만들어 과즙과 포도주 등의 청징에 이용한다. *Asp. niger* 이외에 *Pen. sclerotinia, Conithyrium diploidiella* 등에 의해 생산된다.

(14) Asparaginase

백혈병이나 임파암 등의 세포증식에는 L-asparagine이 필수적이기 때문에 L-asparagine을 분해하여 aspartic acid와 NH_3로 분해하는 asparaginase의 개발이 활발히 진행되고 있다. 현재 *E. coli* 등에 의해 일부 생산되고 있다.

(15) Penicillinase

식품공업에서 penicillin 처리를 한 우유에 잔존하는 penicillin에 의해 치즈 제조시 젖산균 등의 발육이 저해를 받아 치즈를 만들지 못하는 경우가 생긴다. 공업적으로 *B. cereus, B. subtilis* 등을 페니실린을 첨가하여 배양하면 penicillinase의 생성이 유도되므로 균체를 분리하고 유기용매로 침전시켜 정제한다.

8장

그 밖의 발효공업

미생물에는 보통 세균, 효모, 곰팡이, 버섯, 조류 및 원생동물 등이 포함되고 자연계의 어디에서나 존재하여 인간에게 유효 또는 유해한 작용을 한다. 근래 미생물을 이용한 유기산, 아미노산, 핵산관련물질, 생리적 활성물질, 효소 및 항생물질과 단세포 단백질 등의 생산은 괄목할만하며, 각종 미생물의 특성에 따라 그 용도는 실로 광범위하다. 현재는 미생물의 특수기능을 이용하여 발효산업 이외의 산업이나 사회복지에 활용하는 분야가 크게 대두되어 인식을 새롭게 하고 있다. 그 용도가 세분화, 전문화되어 특별한 목적을 가진 특이한 미생물을 검색, 적극 활용하고 있다. 븐 장에서는 특수한 목적으로 사용하고 있는 각종 미생물들 중에서 빵효모, 식사료용 미생물, 미생물의 특수한 이용 등에 대하여 서술하고자 한다.

8-1. 빵효모의 제조

빵은 인류의 역사와 같이 시작되었다고 생각된다. 곡류를 분쇄하고 물과 효모를 첨가하면 알코올발효에 의하여 탄산가스가 생성되며, 밀가루 반죽 속에 기포를 발생시키고 동시에 빵의 향미와 질을 좋게 한다. 빵효모는 처음에는 액체 상태로 공급되었으며, 옥수수, 보리 등을 맥아 amylase로 당화하여 술덧을 만들고, 효모를 넣고 발효시켜 효모를 분리하고 세척 압착한 압착효모와, 분리한 효모를 세척 건조하여 저장과 수송을 용이하게 한 건조효모의 두 종류가 있다.

1. 제조원료

1) 당밀

당밀에는 사탕수수당밀(cane molasses)과 사탕무당밀(beet molasses)의 두종류가 있다. 사탕수수당밀은 약 50% 이상의 당분과 약간의 환원당 이외에는 대부분이 sucrose이다. 또한 biotin, pantothenic acid, inositol, 비타민 B_6, nicotinic acid, folic acid 등이 함유되어 있어 효모의 생육인자는 별도로 첨가할 필요가 없다. 당밀의 성분은 표 8-1과 같다.

폐당밀(molasses)은 흑갈색으로 협잡물이나 콜로이드성 물질을 많이 함유하고 있어 효모제품에 대하여 품질저하, 착색의 원인이 되므로 사전에 청징화 작업을 하여야 한다. 즉 원료를 3~4배의 물로 희석시키고, 소석회 또는 암모니아를 첨가하여 pH 6~7로 조정한다. 이를 가열한 다음 침전시켜 제거한다. 최근에는 원심분리기가 발달되었기 때문에 당밀청징기(molasses clarifier)를 사용한다.

2) 부원료

당밀은 0.2~0.4%의 질소를 함유하지만 대부분이 효모에 의하여 이용되기 어려운 형태이기 때문에, 질소원으로 황산암모늄, 암모니아수 등을 이용한다. 또한 인산원으로 인산, 과인산석회, 인산나트륨, 인산암모늄 등이 쓰이나 근래에는 인산용액(80%)이 쓰인다. K, Mg은 보통 첨가하지 않으나 당밀의 분석치를 보아 빵효모의 품질 상 필요한 경우에는 $MgCl_2$, $MgSO_4$ 등을 첨가한다.

【표 8-1】 당밀의 성분

	사 탕 무	사 탕 수 수
건물(%)	74~78	75
전당(%)	48~52	48~56
전화당(%)	0.2~1.2	15~20
Raffinose(%)	0.5~2.0	
발효성(%)	45~47	46~52
비발효성(%)		2~4
비당질유기물(%)	12~17	9~12
함질소화합물(%)	6~8	2~3
Betain(%)	3~4	
Glutamic acid(%)	2~3	
유기산(%)	6~8	3
검질 등(%)		4
회분(%)	10~12	10~15
Na(%)	0.3~0.7	0.1~0.4
K(%)	2~7	1.5~5
Ca(%)	0.1~0.5	0.4~0.8
Cl(%)	0.5~1.5	0.7~3.0
P(%)	0.02~0.07	0.6~2.0
pH	7~9	5~6
Vitamins(ppm)		
Biotin	0.04~0.13	1.2~3.2
Inositol	6,000~8,000	6,000
Pantothenic acid	50~100	54~64
Thiamine	1.3	1.8
Nicotinic acid	20~45	30~80

2. 빵효모의 배양

1) 빵효모 균주

우수한 품질의 빵효모를 얻으려면 *Saccharomyces cerevisiae* 계통의 우량균주를 선택하여야 한다. ① 발효력이 강력하여 밀가루반죽의 팽창력이 우수하고 ② 생화학적 성질이 일정하고 ③ 물에 잘 분산되며 ④ 자기소화에 대한 내성이 있어서 보존성이 좋고 ⑤ 장기간에 걸쳐 외관이 손상되지 않으며 ⑥ 당밀배지에서 증식속도가 빠르고 수득률이 높을 것 등이 요구된다.

2) 배양

맥아즙(B'e 9~12°)을 사용하여 25℃에서 정치 배양하고, 배양한 이후는 당밀배지로 바꾸어 28℃ 정도에서 통기 배양하여 순차적으로 호기적 적응을 하게 한다. 실험실 단계에서부터 본 배양까지의 증식과정은 대개 다음과 같다.

순수 사면배양 1백금이 → Freudenreich 플라스크(10 mL) → Pasteur 플라스크(150 mL) → Calsberg관(10 L) → 배양관 (200 L)→ 배양조 (5,000 L)

3. 제조배양

1) 배양탱크

최근에는 stainless steel제의 원통형이 주로 사용되며 빵효모 배양에 공기공급이 품질과 회수량에 영향을 미치므로 통기교반 효율의 면에서 배양탱크는 ① 통기관을 탱크 밑에 배치한 통기형 배양탱크 ② 교반 propeller를 설치한 통기 교반형 배양탱크 ③ 고속 회전하는 특수 turbine 통기 장치를 갖춘 배양탱크의 종류가 있는데, 그 중 ①과 ②가 많이 사용된다.

본 배양탱크의 부대설비로 제일 중요한 것은 냉각설비이다. 빵효모가 증식할 때 발생되는 호흡열을 냉각시킬 장치가 없는 경우에는 배양탱크 내로 취입되는 공기 온도는 40~60℃ 이상이 되므로 반드시 냉각장치가 필요하다. 이외에 당밀유가공, 배기공, 종효모 도입관, 배양종료액의 배출관, 온도, pH, 용존산소계, 액면검출 senser 등을 부착시키는 구멍이 필요하다. 배양탱크의 살균은 보통 말단의 통기관을 통하여 이루어지는데 최근에는 압력용기에 가압증기 살균이 가능하고 교반속도가 가변식인 배양탱크 등이 실용화되고 있다.

2) 유가배양

Batch배양의 경우에 종균효모를 당밀배지를 사용하여 호기적 조건에서 배양하면 효모의 수율은 불과 28%에 지나지 않는다고 한다. 그러나 당밀배지를 12등분하여 각각의 양을 한 시간마다 첨가한 경우에는 수율이 54%나 되며, 12등분한 것을 다시 한 시간에 걸쳐서 균등 유가한 경우 76%까지 수율을 올릴 수 있다. 이런 것에서 12시간을 통하여 빵효모의 지수적 증식에 따라 균체량의 변화에 맞추어 배지도 또 지수적으로 유가한 경우에는 106%의 수율이 된다. 이것은 일반적으로 빵효모의 지수적 유가배양(incremental feeding culture)으로 알려져 각국에서 빵효모 제조에 응용되고 있다. 지수적 유가배양에 의하여 효모의 증식이 이상적으로 될 때, 종효모 P_0가 지수계수 M의 비로 연속적으로 증식된다면 t시간 후의 전효모량 P_t와의 사이에는 다음과 같은 관계가 성립된다.

$$M = \frac{\log_{10}(P_t/P_0) \times 2.303}{t}$$

여기서 P_t/P_0는 1시간당 증식률(hourly growth rate)을 나타내며 $M = \log H \times 2.303$의 식이 성립된다.

예를 들어 11시간 배양하여 종효모 200 kg으로부터 1,200 kg의 효모가 얻어졌을 때 M과 H는 다음과 같이 구할 수 있다.

$$M = \frac{\log(1200/200) \times 2.303}{11} = 0.1629$$

$\therefore$ H = 1.177(공업적으로는 1.1~1.2 정도)

3) 배양조건

효모는 배양액 중의 당 농도가 높으면 호기적 조건하에서도 알코올 발효를 하게 되며 그 결과 균체의 대당 수득률은 감소된다. 그와 반대로 당농도가 낮으면 자기소화가 일어나고 제품의 질이 나빠진다. 따라서 당 농도는 적당하게 유지되어야 하는데 그 농도가 0.1%이다.

그러나 실제로 정확하게 유지하는 것이 어려우므로 0.5~1.0% 정도의 당 농도에서 배양되고 있다. 효모에 대한 당의 공급량은 증식기에는 0.16~0.18 g 당/시간/g 생효모, 배양의 최종단계인 숙성 시에는 0.04 g당/시간/g 생효모를 표준으로 한다.

사탕수수 당밀의 질소성분은 단백태, 비단백태, 암모니아태 등이 있으나 질소의 이용률은 10% 전후이다. 한편 인은 무기태의 것이 많으며 50% 정도가 이용된다고 하나 언제나 제품효모 중의 표준함량(건물량에 대해서 N = 7.0 ~ 8.5%, P = 0.8~1.2%)에서 계산하여 결정한다. 효모의 증식에 중요한 것은 당 함량에 대한 질소원 또는 인산원 중의 N.P의 비율, 즉 N/C, P/C가 중요한 것으로 알려졌으며, 일반적으로 당 : N : P = 100 : 2.5 ~ 3.5 : 0.3 ~ 0.5 정도가 적합하다.

효모배양에는 많은 양의 공기가 필수조건이다. 예를 들면 설탕을 탄소원으로 하여 당 100 g에서 50 g의 효모균체(건물량)를 얻으려고 하는 경우에는 균체 1 g당 1 g의 산소가 필요하다.

실제 빵효모의 제조에서 효모농도를 4.0~4.5%(건물량)로 할 경우 매시 증식률(P_t/P_0)이 1.1이라고 하면 한 시간 후에는 0.4~0.45 g의 효모가 다시 증식되게 된다. 이것은 배양액 100 L당 산소의 필요량은 400~450 g/hr에 상당한다.

배양온도는 증식 외에 제품자체의 내구성과 숙성을 고려할 필요가 있어 26~30℃에서 배양을 개시하여 배양후기에는 32~35℃로 하는 방법도 있다. 그러나 빵효모의 제조에는 30℃가 기준으로 되어 있다. pH는 3.6~6.0의 범위에서 생육되나 보통은 pH 4.5~5.0에서 수율이 가장 높다. 일반적으로 pH가 낮은 경우에는 잡균오염의 방지 효과가 있으나, 당밀 중의 색소가 균체에 흡착되기 쉬워 처음에는 pH 4.2~4.5, 최종기에는 pH 4.8~5.2 정도가 이상적이라 한다.

통기배양을 하는 동안에 많은 거품이 생기므로 이것을 기계적이나 화학적으로 소포하여야 한다. 빵효모 제조에 있어서는 화학적 처리가 보통이다. 화학적 소포제로는 합성물질인 silicon, 지방의 유도체, octadecanol, polypropylene glycol, 어유, oleic acid 황산의 혼합물 등이 사용된다.

4) 연속배양법

유가배양을 더 장기간 실시하여 유가액과 같은 양의 배양액을 연속적으로 분리하여 숙성당에서 숙성시키는 것이다. 이 방법에 의한 것은 수득량은 높아져 좋으나, 장시간 배양하기 때문에 잡균에 오염되기 쉽다. 따라서 배양시간도 24시간이며 미국에서는 공업적으로 이용하고 있다.

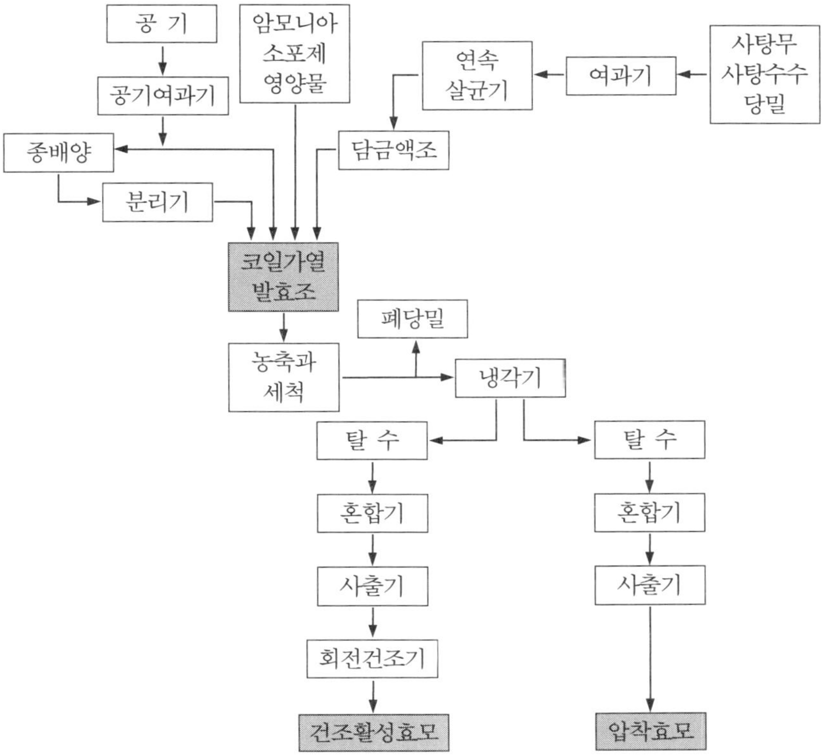

【그림 8-1】 빵효모의 제조공정도

4. 빵효모의 제품화

1) 분리세척

배양이 끝난 배양액은 되도록 빨리 효모를 분리한다. 배양방법에 따라 배양기간이 다르나 10~20시간 정도이며, 배양액의 3.5~4.5%(건물량) 정도의 세포를 얻을 수 있다. 분리에는 균체분리용의 특수한 연속원심분리기인 효모분리기(yeast seperator)가 이용된다. 배양이 끝난 배양약의 효모농도는 5~8% 정도이나, 원심분리기로 처리하여 1/6~1/8로 농축한다. 분리된 농축효모크림은 5~6배량의 냉수를 가하여 세척하고 다시 원심분리한다. 이 세척작업은 10℃ 이하를 유지하면서 보통 3~4회 반복한다.

2) 효모의 압착

효모의 탈수에는 연속작업이 가능한 진공탈수기(rotary vacuum filter

drum)를 응용한 효모탈수기(yeast dehydrator)가 이용되고 있다.

냉각장치가 붙어있는 cream조에 저장된 yeast cream을 5~10℃에 냉각한 다음 탈수공정으로 옮긴다.

세척이 끝난 효모는 5℃ 이하로 냉각하여 압착여과기(filter press)로 압착한다. 얻어진 압착효모(bulk yeast)의 수분은 65~70%이다.

3) 효모의 정형과 포장

압착된 효모는 연속혼합기에서 혼합시킨 다음 정형기에서 정형된다. 이때 물, lecithin, 식물유 외에 지방산에스텔 등의 유화제를 분무하여 가한다. 유화제를 가함으로써 수분함량을 조절하는 동시에 정형하기 쉽도록 하고, 또 제품의 용해성을 향상시킨다.

정형기에 의해서 정형된 효모는 흡수성이 강한 종이를 안쪽으로, 배수성이 강한 방수지를 밖으로 하여 2중 포장한다. 최근에는 정형 및 포장이 자동화되고 있다. 포장된 제품인 압착효모(compressed yeast)는 0~4℃의 냉장고에 저장한다.

4) 건조 빵효모

건조 빵효모는 상온에서 그 성능을 수개월 유지할 수가 있으므로 멀리 수송할 경우에는 건조를 한다. 건조효모는 생효모와 달라서 내건조성, 내저장성이 요구되므로 생효모와 다른 균주 또는 특수한 조건으로 배양된 생효모를 이용한다. 탄수화물 특히 trehalose가 축적되기 쉽고, 질소함량이 낮은 균주가 좋다. 배양조건은 저장성 탄수화물을 높이기 위한 방법이 강구되고 질소부족배양에 충분히 성숙된 것이 중요하다. 일반적으로 높은 활성과 내구성을 갖은 건조효모는 균체 내에 평균 40%의 탄수화물과 trehalose 16%를 가지며, 그의 양이 각각 36%, 11% 정도의 것이 되면 내구성이 약한 것으로 생각된다. 대개는 분말상 또는 입상으로 제조되며 수분 함량은 7.5~8%가 표준이다. 생효모를 건조할 때 초기에 너무 급격히 탈수하면 효모에 대하여 유해하며, 특히 수분함량이 25%가 된 후에 탈수는 되도록 서서히 하면 성능을 잘 유지하게 된다. 건조효모를 제빵에 사용하는 경우는 용해조건이 상당히 중요한데 43℃의 온수를 사용하는 것이 좋다. 물에 용해하는 경우 균체

내에서 glutathione이 용출하여 효모의 제빵능력을 불안정하게 할 위험성이 있다. 이 때문에 당, 식염, polyvinyl alcohol 등을 용해한 30~40℃의 액을 조제하여 놓고 여기에 녹이면 어느 정도 효모의 손상이 방지된다. 건조효모의 포장은 진공 또는 질소가스, 탄산가스 치환 등을 한 통조림이 이용된다.

8-2. 식 · 사료용 미생물

세계적으로 현재 직면하고 있는 큰 문제점 중의 하나는 인구증가에 따른 식량난이라고 할 수 있다. 이러한 식량난을 해소하기 위한 다양한 연구가 이루어지고 있으며 그 중 하나가 미생물 균체의 이용이다. 미생물 균체를 식량에 이용하려는 시도는 제1차 세계 대전 중 독일에서 *Torula utilis*(현재 *Candida utilis*)의 생산이 실용화 되었으며, 제2차 세계 대전시에는 이 효모 제조 공업이 크게 발전하였다. 현재 세계 각국에서 펄프폐액, 당밀 등을 이용하는 식사료 효모의 생산이 본격적으로 실시되고 있으며, 또한 버섯류, 광합성 단세포 조류(*Chlorella, Scenedesmus*)의 대량 배양도 부분적으로 행해지고 있다.

1. 미생물 균체 성분

미생물 균체에는 70~80%의 수분이 포함되어 있는데, 건조균체 중의 성분은 탄수화물, 단백질, 핵산, 지질, 회분, 비타민으로서 그 함량은 표 8-2와

【표 8-2】 미생물균체 주요성분(건조균체 100 g 중의 함량)

미생물	탄수화물 (g)	단백질 (g)	지질 (g)	핵산 (g)	회분 (g)	비타민			
						A(IU)*	B_1(mg)	B_2(mg)	C(mg)
세 균	10~30	40~80	5~40	15~25	4.5~14	-	0.9~2.6	4~7	-
효 모	24~37	38~70	2~60	5~10	3~9	-	0.5~2.5	2.5~8.5	-
곰팡이	30~60	13~48	1~5	1~3	2.5~6.5	-	-	-	-
양송이	44.7	43.5	2.4	-	9.4	-	1.2	4.1	35
클로렐라	10~25	40~50	10~30	1~5	6~10	10,000~30,000	0.04~0.24	0.21~0.58	20~50

* 비타민A 1 IU(International Unit) = 비타민 A 0.3γ에 상당

같다. 균체의 성분은 미생물 종류에 따라 다르지만, 배지의 조성, 배양조건, 생육시기 등에 따라서도 차이가 있다. 예를 들면 배지 중에 포함된 C/N비에 따라서 지질함량은 크게 달라지며, 핵산함량은 대수증식기에 높은 경향이 있다.

균체 성분 중 핵산에 관해서는 *Saccharomyces cerevisiae*나 *Candida utilis* 등의 효모균체로부터 정미성 nucleotide가 생산되고 있지만, 식·사료용으로서는 단백질과 지질이 주목된다. 특히 그 함량이 높은 것과 균체의 크기 등으로 보더라도 식·사료 미생물은 단백질 성분이 중심으로 된다. 또한 미생물 균체에는 무기물도 포함되어 있으므로, 식·사료로서의 가치를 더 높이고 있다.

현재 많이 이용되는 대표적인 식·사료미생물의 종류는 표 8-3과 같다.

【표 8-3】 식·사료미생물의 종류

균　　종	탄 소 원	비　　고
Candida utilis(*Torulopsis utilis*)	펄프폐액, 목재당화액	torula 효모(pentose 자화성)
Candida utilis var *major*	당　　밀	종래의 torula 효모의 2배 크기를 갖는 육성주
Mycotorula japonicus	펄 프 폐 액	공업생산주(일본)
Candida utilis var *thermophila*	당　　밀	고온(39℃)에서 생육하는 변이주
Sacch. fragilis	lactose 함유액	
Rhodotorula gracilis	당　　액	유지효모
Lipomyces sp.	당　　액	유지효모
Candida tropicalis	탄 화 수 소	
Candida lipolytica	탄 화 수 소	
Agaricus campestris	당　　액	버섯
Chlorella pyrenoidosa	CO_2, 태양에너지	
Chlorella vulgaris	CO_2, 태양에너지	
Scenedesmus guadricauda	CO_2, 태양에너지	클로렐라의 2배의 침강속도를 갖는다.
Spirillium	CO_2, 태양에너지	

2. 유지 자원으로서의 미생물 균체

미생물 균체의 유지함량은 평균 2~3%이지만, 배양조건에 따라 건조의 60%에 달하는 유지를 축적하는 것도 있다. 현재 공업화되어있는 예는 없지만, 미생물에 의한 식량자원 생산의 한 방향으로서 주목되고 있다. 표 8-4는 중요 유지 생산 미생물을 나타낸 것이다.

【표 8-4】 유지 생산 미생물

	균 명	원 료	유지함량 (대 건조균체%)	유지 생성율* (Fat Coeff.)
세균	*Nocardia*	*n*-Paraffin(C_{16}~C_{18})	78	57
효모	*Trichosporn pullulans***	당밀, 아황산 펄프폐액	31~45	10~12
	Candida reukafii	Glucose, 목재당, 당밀	8~25	1~15
	Lipomyces lipofera	Glucose, 당밀	18	15
	Lipomyces starkeyi	Glucose	50~63	12~13
	Rhodotorula gracilis	Glucose	61~74	15~21
	Cryptococcus terricolus	Glucose	71	23
	Candida sp.	*n*-Paraffin	20~28	24.8
곰팡이	*Geotricum candidum****	Whey	25~42	12~19
	Fusarium lini	아황산 펄프폐액	50	12~15
	Fusarium bulbigenum	Glucose	25~50	8~15
	Penicillium lilacinum	불 명	56	16.9
	Penicillium soppi	Sucrose	35~40	11.4~12.5
	Penicillium spinulosum	Sucrose, 당밀	63.8	16.1
	Aspergillus nidulans	Glucose, Sucrose	51	17.2
	Mucor circinelloides	Glucose	46~65	10~14
녹조류	*Chlorella pyrenoidosa*	CO_2	85	-

* 소비기질에 대한 생성 유지의 중량 %

** 원균명은 *Endomyces vernalis*

*** 원균명은 *Oidium*(또는 *Oospora*) *lactis*

배양조건으로서는 배양액 중의 질소원 농도와 C/N비가 중요하며, 일반적으로 탄소원 농도가 높고 질소원 농도가 낮으면 유지가 축적되지만, 질소원이 결핍되면 세포증식이 감소함으로 처음에는 질소원을 충분히 공급하여 증식시킨 다음, 질소원의 농도를 낮은 조건으로 바꾸는 방법도 하나의 방법이다. 유지의 축적에는 충분량의 산소공급이 필요하며, 유지함량은 대수증식기에는 적고, 정상기의 초기에서부터 사멸기의 후기 사이에 최대가 된다.

미생물 유지의 조성은 식물성 유지와 유사하며, 중성유지, 유리 지방산, 인지질 및 불검화물로 되어있다. 지방산 조성은 palmitic acid, stearic acid, oleic acid, linoleic acid 등의 우수한 지방산을 많이 포함하며, 소화율이 상당히 좋은 것으로 알려지고 있다.

3. 단백질 자원으로서의 미생물 균체

식량과 사료로서의 단백질은 곡류와 콩과식물 등과 같은 고등식물과 축산, 수산과 같은 고등동물로부터 공급되어 왔다. 그러나 세계 인구의 급격한 증가로 인한 식량 부족 현상 그 중에서도 단백질의 절대 부족현상이 일어나고 있다. 따라서 식물성 유지 종자, 농축한 어육, 녹색 식물의 잎 등의 단백질 자원을 활용하거나, 아미노산 강화에 의한 단백질 영양 효율의 개량과 함께 미생물 단백질(single cell protein, SCP)을 이용하는데 큰 기대를 갖게 되었다.

미생물단백질의 생산은 농업생산에 비해서 증식속도가 빠르므로 생산효율이 높고 공업적 생산이 가능하다. 또한 좁은 면적에서 큰 수확을 얻을 수 있을 뿐만 아니라 기후조건 등의 영향도 받지 않으며 관리가 편리한 장점을 가지고 있다.

표 8-5에 미생물 단백질로서 개발된 미생물 균체의 조단백질 함량과 주요한 아미노산 조성을 표시하였다. 조단백질 함량은 일반적으로 세균 60~80%, 효모 50~70%, 곰팡이에서는 그것보다 약간 낮은 것으로 되어있지만, 그 중에는 상당히 높은 것도 있다. 조류와 담자균도 50~60%의 단백질을 포함하고 있다. 아미노산 조성에 있어서는, 미생물 단백질은 일반적으로 함황아미노산이 부족하지만, lysine 등은 상당히 많고, 어분보다는 부족하지만 대두에는 뒤지지 않는다고 한다. Vitamin으로서는 B_2, B_6 및 β-carotene, ergosterol를 포함하고 있어 영양가가 높지만, B_{12}는 약간 부족하다고 한다. 또한 인산, 칼륨은 풍부하지만 칼슘은 적다. 따라서 methionine, 비타민 B_{12}와 칼슘을 보충한다면, 어분과 동등한 영양 시험 성적을 나타낸다.

미생물 단백질의 실용화도 검토되어 비스킷, 크래커, 파이 등에 균체를 첨가하여 영양가를 높이는 방법도 행해지고 있다.

【표 8-5】 각종 SCP의 조단백질 함량과 아미노산 조성

	조단백질 함량 (g/100g) 건조중량	아미노산 조성 g/16g N											
		Ile	Leu	Phe	Thr	Try	Val	Arg	His	Lys	Cys	Met	함황 아미노산
FAO기준		3.0	6.5		4.0	1.0	4.0			5.5			2.5
어분	66.2	4.7	7.6	4.2	4.3	1.2	5.3	5.8	2.4	7.7	0.9	3.0	3.9
대두박	45.0	5.4	7.7	5.1	4.0	1.5	5.0	7.7	2.4	6.5	1.4	1.4	2.8
효모(*n*-paraffin)	60~62	4.9	7.3	4.5	5.0	1.2	6.0	5.2	2.0	7.1	1.3	1.6	2.9
효모(methanol)	58~60	4.7	7.2	4.3	4.8	1.2	5.2	5.0	2.1	6.5	1.5	1.9	3.4
효모(ethanol)	53.0	4.5	7.1	4.1	5.5	1.2	5.7	4.4	2.1	6.6	0.4	1.4	1.8
효모(펄프폐액)	46.0	5.2	6.2	4.6	3.8	1.1	5.7	5.0	2.0	6.2		1.1	
세균(methanol)	72	4.8	7.6	3.6	4.6	1.0	5.6	5.0	2.0	6.8	0.7	2.5	3.2
세균(methane)	75.6	5.0	7.9	5.2	4.9	2.7	6.2	5.0	1.6	4.3	0.4	3.0	3.4
세균(수소)	75.0	5.3	9.5	5.1	5.3		8.1	8.0	2.8	6.4		2.8	
곰팡이(초산)	49.2	4.5	8.1	5.5	4.1		6.7	4.9	1.6	6.7		1.6	
곰팡이(펄프폐액)	56~63	4.3	6.9	3.7	4.6	1.2	5.1			6.4	1.1	1.5	2.6
담자균 균사(ethanol)	58.4	4.2	6.6	2.2	4.1		5.8	7.2	흔적	7.3		0.9	
Chlorella(광합성)	58.2	4.2	8.1	5.1	3.6	1.5	5.9	5.8	1.8	7.7		1.3	
Chlorella(초산)	54.2	3.4	7.0	3.2	4.0	1.4	5.1	10.2	3.0	9.4		1.8	
효모(야자유)	46.8	4.3	6.4	4.2	4.7		4.9	3.9	2.0	6.0	1.6	2.6	4.2

4. 균체 단백질의 2차 가공

균체 단백질을 식량으로서 효율적으로 이용하기 위해서는 생산된 균체단백질을 재가공하여야 한다. 2차 가공 시 단백질을 균체에서 분리 정제하며, 여러 가지 물리적 화학적 처리를 하여 소화율을 향상시키거나 품질개선을 한다. 화학적 처리 방법으로는 알칼리를 이용한 추출법과 요소 추출법이 이용된다.

균체 단백질의 회수율을 높이기 위하여 물리적 전처리를 한 다음 화학적 처리방법을 보통 사용한다. 물리적 전처리로서는 균체의 세포벽을 파괴시켜 단백질 추출을 용이하게 하는 방법으로 동결가압법이나 기계적 처리 방법으

로서 고압교반, 고속분쇄, 교질분쇄 및 초음파 분쇄를 한다. 또한 glucanase, cellulase 등과 같은 세포벽 분해효소를 이용하는 방법이 있으나 효소 이용에는 경제적인 어려움이 있고 일부 단백질이 분해되는 단점이 있다. 일반적으로 균체의 세포를 파괴시킨 후 알칼리를 사용하여 단백질을 추출하고 산성으로 하여 조단백질을 침전시켜 분리하는 방법이 이용된다. 예를 들면 pH4에서 침전시켜 70%의 조단백질을 회수하였다는 보고도 있다.

5. 미생물 균체의 영양가치 및 안전성

1) 영양가치

SCP(single cell protein)라 불리는 미생물 균체에는 상당량의 단백질을 함유하고 있다.

*Sacch. cerevisiae*의 단백질 함량은 42~53%이고, *C. utilis*도 50% 정도의 단백질 함량이 알려져 있다. 균체단백질의 아미노산 조성은 methionine을 비롯한 함황 아미노산이 비교적 적게 함유되어 있고 lysine, threonine, histidine 등 기타 아미노산의 함량은 상당히 높아 영양가치가 좋은 것으로 알려져 있다. 또한 비타민 조성은 비타민 B군을 풍부하게 함유하고 있으며, 특히 비타민 B_2는 건조균체 kg당 0.1 mg으로 상당량 함유하고 있으나 비

【표 8-6】 균체단백질의 아미노산 함량비교(mg/100g protein)

Amino acid	FAO 표준치	곡 류			사 료		SCPs	
		옥수수	밀	보 리	대 두	해바라기	Toprina (영국BP사)	Pruteen (영국ICI사)
Ile	4.2	3.9	3.8	5.5	5.5	5.7	5.3	5.2
Leu	4.8	12.3	6.9	7.0	7.8	6.4	7.8	8.2
Lys	4.2	3.3	3.6	3.7	6.5	3.6	7.8	6.5
Thr	2.8	3.8	2.9	3.5	4.1	3.7	7.8	6.5
Trp	1.4	0.7	1.1	0.9	1.3	1.1	1.3	1.6
Tyr	2.8	4.3	3.2	3.4	3.9	2.8	4.0	3.5
Val	4.2	5.4	4.9	5.5	5.3	5.6	5.8	6.3
Met + Cys	3.5	4.7	4.3	4.4	3.2	4.2	2.5	2.9
Crude Protein	–	9.1	10.4	10.5	44.0	30.0	70.0	72.0

타민 A, C군은 풍부하지 못하다.

탄수화물로서는 glycogen을 비롯하여 소량의 deoxyribose, trehalose 등이 함유되어 있고, 무기질은 K, P, Ca, Fe의 함량은 높은 편이나 Na는 적게 함유되어 있다. 소화율은 건조효모가 87%로서 동물성 단백질에 비하여 낮은 편인데, 그 이유는 균체의 세포벽에서 기인되며 세포벽을 약화시키든지 파괴시키면 소화율을 향상시킬 수 있다. 세포벽의 파괴방법으로 교반 균질화, 동결융해, 고압증자 등의 물리적 처리나 methanol, butanol과 같은 용매로 처리하든지, 미생물의 자기소화를 행하기도 한다. 한편 세포벽이 약한 변이주의 육성도 시도되고 있다.

2) 안전성

미생물 단백질을 식·사료로 이용하는데, 안전성의 문제는 매우 중요하다. 발암성 방향족 화합물, 중금속, mycotoxin, 균의 병원성, 감염성, 최기성(催畸性) 등을 장기간에 걸쳐서 충분하게 검토하여야만 된다. FAO, WHO, UN 그리고 CEFF의 공동기구인 PAG(Protein Calorie Advisory Group of Nation System : 유엔 단백질칼로리 자문 위원회)에서는 guideline을 통해 식사료용 미생물의 안전기준 항목을 제시하고 있다. 유럽에서는 국립기관을 중심으로 상세한 실험을 거쳐서, 이미 실용화가 이루어 졌다. 일본의 경우는 1972년 12월, 심사결과 기준에 합치된다고 인정된 제품도 있었지만, 소비자의 반대 운동에 의해 자발적으로 제조중지에 들어가서 현재까지 실용화가 되지 못하고 있다.

미생물 단백질에 비교적 많은 핵산의 purine염기, *n*-paraffin 효모에 포함된 홀수 탄소수 지방산과 잔류 paraffin도 동물시험에서 생리학적, 병리학적으로 문제가 없다는 것이 확인되어졌으며, 사멸건조균체의 균종 식별법을 포함한 검토가 계속되어 졌다. 미생물 단백질 정도의 안전성에 관해서 상세하게 검토된 것은 그렇게 많지 않다고 해도 과언은 아니다. 앞으로 좀 더 광범위하고 세밀한 안전성에 대한 조사가 요구되고 있다.

6. *Chlorella*

*Chlorella*는 태양에너지를 이용하여 CO_2와 질소, 그리고 무기염류를 동화

시켜 세포증식을 하는데 그 증식속도가 일반식물에 비해 30배 이상 빠르고 태양에너지 이용효율도 상당히 높다. 현재 생산에 이용되고 있는 *Chlorella*는 *C. pyrenoidosa*와 *C. vulgaris*이며, 생산에 있어서 고려되어야 할 사항은 조류의 선택, CO_2의 보강, 질소원, 무기염류 등 영양원 공급, 배양액의 깊이, 조사량, 유해 미생물의 방제 등이다.

*Chlorella*를 식·사료 미생물로 이용하는데 있어서 유리한 점은 ① 영양원이 값싸고 쉽게 공급될 수 있기 때문에 원료비가 적게 드는 것이며, ② 일반 농작물과 달리 계절에 관계없이 연속 배양 할 수 있어 생산효율성이 크며, ③ 단위 면적당 생산량이 크고, ④ 단백질, 탄수화물, 지질 등 영양소를 풍부하게 함유하고 있어 영양적 가치가 크며, 기타 미지의 생육촉진인자도 함유되어 있는 것이 장점으로 알려져 있다. 그러나 *Chlorella*는 강한 세포막을 갖고 있기 때문에 소화율을 높이기 위하여 별도 처리가 요구되고, 효모나 세균배양에 비하여 배양면적을 넓게 차지하는 단점이 있다.

1) 배양조건

Chlorella 배양의 영양원으로서는 탄소원으로 CO_2를 이용하는데 공기 중의 0,03%로서 부족되기 때문에 CO_2를 보강하여 5%정도의 함량으로 사용한다. 질소원으로는 질산태 암모니아태 질소가 이용되며 요소사용이 가장 효과적이라고 알려져 있다. 기타 성분으로 KNO_3, $KHPO_4$, $MgSO_4$ 그리고 Fe^{2+}, Ca^{2+}, Zn^{2+}, Co^{2+}, Mn^{2+}, Mo^{2+} 등이 요구되는데 이들 성분 첨가시 금속이온의 영향을 방지하기 위하여 chelate제조용으로 소량의 EDTA를 첨가하면 효과적이다. 배양조건의 한 예를 들면 다음과 같다.

KNO_3 6.25 g, $MgSO_4$ 1.23 g, $KHPO_4$ 0.62 g, $CaCl_2$ 0.136g, H_3BO_3 0.11 g, $ZnSO_4$ 50 mg, $FeCl_3$ 49 mg, $MnSO_4$ 12 mg, $NaMoO_4$ 10 mg, $CuCl_2$ 4 mg, EDTA 500 mg, pH는 5~7이 적합하며, 1일 1회 pH조절이 요구된다. 배양온도는 25℃가 최적 생육온도로 *Chlorella*는 빛이 존재하면 증식하고 어두운 경우는 분열하기 때문에 적당히 햇빛을 조절하여 주어야 하며, 배양액의 깊이는 10~15 cm가 적당하다. 또한 배양이 진행됨에 따라 균체 밀도가 증가되면 균체 증식이 저하되기 때문에 배양액을 교반시키면서 배양시켜야 한다.

2) *Chlorella*의 생산

일본에서는 Open Circular System의 배양장치, 미국에서는 Closed Circular System의 배양장치, 독일에서는 Open Bubbling System의 배양장치가 이용된다. Open Circular System은 Closed Circular System에 비하여 생산비가 적게 드는 장점이 있지만, 개방되어 있기 때문에 유해 미생물에 의해 저해를 받기 쉬워 별도로 예방대책을 세워야 한다.

*Chlorella*균체의 회수는 Open Circular System의 경우 일정량의 배양액을 채취, 원심분리시켜 균체를 분리한 후 상등액은 재배양시키는 semi-continuous 방식이 사용되며, 회수된 *Chlorella*는 물로 세척한 후 진공 건조시켜 분쇄한 후 제품화 한다. Chlorophyll을 제거하여 탈색시킬 때에는 methanol을 사용하기도 한다.

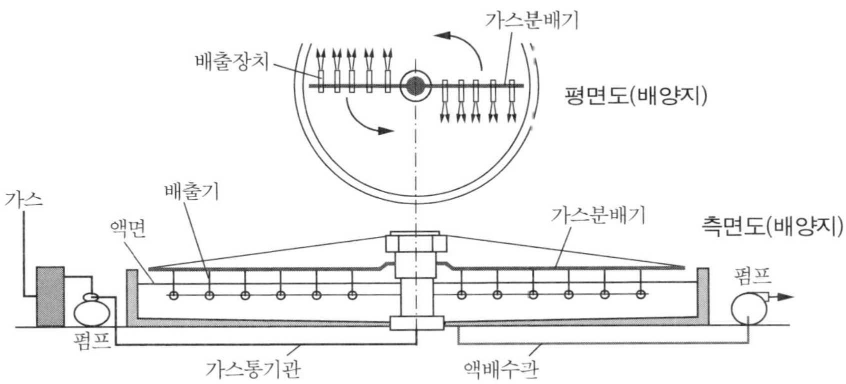

【그림 8-2】 *Chlorella* 배양장치

3) *Chlorella*의 영양적 가치

*Chlorella*는 단백질 40~50%, 지질 10~30%, 탄수화물 10~25%, 회분 6~10%의 풍부한 영양소를 함유하며 배양조건에 따라 그 성분 조성비가 약간 다르다. 또한 비타민 A, B_1, B_2, B_6, B_{12}, C, K, biotin 등 여러 종류의 비타민이 다양하게 존재한다. 소화율에 있어서는 100℃ 이상에서 건조시키면 47~57%로 낮은 소화율을 나타내지만, 40℃ 이하에서 진공 건조시켰을 때는 75% 이상으로 향상되므로 저온건조가 권장된다. 식・사료에의 이용은 많

은 동물시험을 통하여 가능성이 충분히 검토되었지만 아직 경제적인 면에서 고가인 관계로 건강식품이나 식품 증미제 정도로 이용되고 있는데, 보다 생산력이 높고 배양 가공되기 쉬운 조류가 등장되고, 가공기술이 진보되어 저렴한 생산비로 대량 생산될 수 있다면, 식품첨가물 또는 식·사료 단백질원으로 광범위하게 이용될 전망이다.

【표 8-7】 조류의 아미노산 조성

아미노산	*Chlorella vulgaris*	*Chlorella pyrenoidosa*	*Chlorella ellipsoida*	*Spirulina maxima*	FAO reference
Lysine	10.2	2.4	5.9	4.6	4.2
Threonine	2.8	1.9	4.9	4.6	2.8
Cystine	0.2	-	0.7	0.4	2.0
Valine	5.5	2.7	7.9	6.5	4.2
Methionine	1.4	0.6	0.6	1.4	2.2
Isoleucine	3.5	1.7	4.5	6.0	4.2
Tyrosine	2.8	-	1.7	3.9	4.2
Phenylalanine	2.8	2.1	4.2	4.9	2.8
Tryptophan	2.1	0.4	-	1.4	2.8
Leucine	6.1	1.2	9.3	8.0	1.4
Histidine	3.3	0.7	1.7	1.8	4.8
Arginine	15.8	2.4	5.8	6.5	
Serine	3.3	-	5.2	4.2	
Proline	7.2	-	5.0	3.9	
Glycine	6.2	2.2	10.4	4.8	
Alanine	7.7	-	12.2	6.8	
Aspartic acid	6.4	-	8.8	9.7	
Glutamic acid	7.8	-	10.5	12.6	

8-3. 미생물의 특수한 이용

1. 폐수처리

자연수는 자연적인 정화 능력을 어느 정도 갖고 있으나 도시인구의 급증, 여러 분야의 산업의 급속한 발달에 따른 하수 중의 유기물 증대에는 자정작용이 뒤따르지 못하고 있다. 산업폐수 중에는 카드뮴, 수은, 시안, PCB와 같이 분해되기 어려운 화학물질을 함유하고 있어 심각한 환경문제를 일으키고 있다. 따라서 산업 폐수에 대해서는 법적으로 적극 규제하고 있으며 각종 정화처리를 한 후 방류하도록 규제 하고 있다.

폐수의 오염도는 BOD(biochemical oxygen demand, 생화학적 산소 요구량), 또는 COD(chemical oxygen demand, 화학적 산소 요구량)로 나타낸다. BOD는 호기적 미생물의 작용에 의해 유기물이 분해되어 안정한 화합물이 될 때까지 소비되는 산소량을 ppm 또는 mg/L로 표시한 것이며, 20℃에서 5일간 배양 분해하여 측정한다. COD는 폐수 중의 유기물을 산화제($KMnO_4$)로써 산화시킬 때 소비되는 산소량을 ppm 또는 mg/L로 표시한 것이다.

같은 폐수에 대하여 BOD와 COD를 측정하여 상대적 관계를 구해두면 COD를 BOD 대신에 오염도의 대략적인 값으로 이용할 수 있다. 폐수에 따라서는 미생물에 유해성분이 있으면 정확한 BOD값이 얻어지지 않으므로 COD가 중시되는 수도 있다.

폐수 처리법은 물리적 처리법, 화학적 처리법, 생물학적 처리법으로 분류되며, 이 중에서 미생물에 의한 생물학적 처리법은 주로 용해성인 유기화합물을 많이 함유하는 폐수의 처리에 적합한 방법이다. 생물학적 처리법에는 호기적 처리법과 혐기적 처리법이 있다.

1) 호기적 처리법

(1) 활성오니법(Activated sludge process)

폐수 중의 유기물을 호기적 미생물로 분해하는 방법으로 처리수를 균체와 분리하여 방류하는 점이 특징이다. 활성오니라고 불려지는 응집상의 호기적 미생물군을 이용하여 유기물을 분해하고 처리한 다음 오니를 침전시키고 상징액을 방류하는 방법이다. 도시 하수 및 유기성 산업폐수의 대부분이 활성오니법으로 처리되고 있다. 표준적인 처리방법은 기능상 4단계로 나누어져 있으며, 처리 공정도는 그림 8-3과 같다.

1단계 : 침전지에 유입된 폐수는 큰 고형물을 제거하고 토사를 침전시킨다. 부유성의 소형고형물을 제거하기 위하여 제1침전조에서 활성오니를 가하여 교반하고 1~2시간 경과한 다음 오니에 흡착 침전시킨다.

2단계 : 이 전처리액은 폭기조로 옮겨 약 20%의 활성오니를 가하여 약 4~6시간 통기하면서 교반한다. 이 폭기조에서 폐수 중의 유기물은 활성오니 중의 미생물에 의해서 산화적으로 대사되어 CO_2와 H_2O로 분해된다.

3단계 : 제2침전조에 옮겨 2~3시간 방치하여 응집상의 활성오니를 침전시키고 상징액은 하천에 방류한다. 보통 BOD 200 ppm 정도인 오염물질의 약 90%가 제거된다.

4단계 : 침전된 활성오니는 폭기조에 다시 반송하여 이용하지만 미생물의 증식으로 남은 오니는 제1 침전조에 반송하여 부유고형물 제거에 이용한다. 폭기조에 있어서 통기 대신에 여러 가지 기계적 교반 장치도 이용되고 있다.

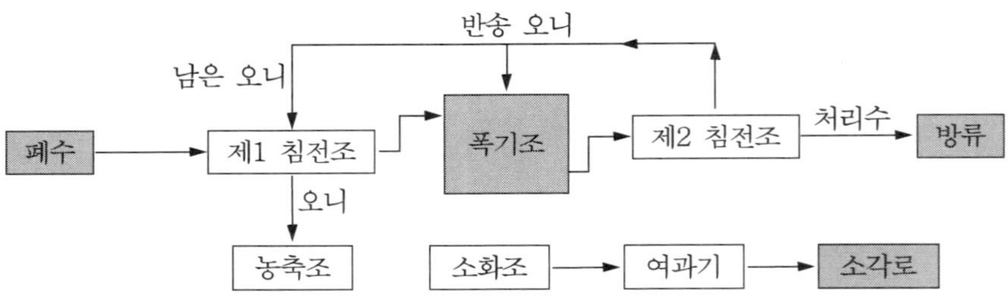

【그림 8-3】 활성오니법에 의한 폐수처리공정

제1 침전조의 침전물과 과잉의 활성오니는 농축조에서 농축한 다음, 소화조에 보내서 30℃에서 30일간 소화하면, 메탄 발효에 의해서 혐기적으로 분해되어 액과 흑갈색의 소화오니로 분리된다. 오니량은 1/3~1/5로 감소하고 불쾌취가 없는 탈수하기 쉬운 상태로 된다. 최근에는 45℃에서 20일간 소화하는 방법이 이용되고 있다. 소화오니는 물로써 세척한 후 진공여과기로 탈수하고 소각로에서 소각한다.

활성오니를 구성하는 미생물은 *Bacillus, Pseudomomas, Aerobacter, Nitrosomonas, Nitrobacter, Zooglea* 등이 주이며, 그밖에 원생동물, 곰팡이 등도 많으나 그 종류와 수는 폐수의 성질, 수온, 용존산소농도 등에 따라 달라진다.

(2) 살수여상법(Trickling filter process)

이 방법은 직경 5~10 cm의 자갈쇄석 또는 도기제 원통 등의 여재를 2~3 cm의 두께로 깐 여상에 회전살수기 등으로 폐수를 살포하여, 여재표면에 생긴 호기성 세균이나 원생동물의 피막과 접촉해서 흐르게 할 때에, 폐수 중의 유기물이 흡착되어 정화되는 방법이다. 여상의 호기적 조건은 여상 안팎의 대기의 비중차에 의해서 여상에 공기의 흐름이 탈생하여 유지된다. 원형 살수여상과 표준 처리공정은 그림 8-4와 같다.

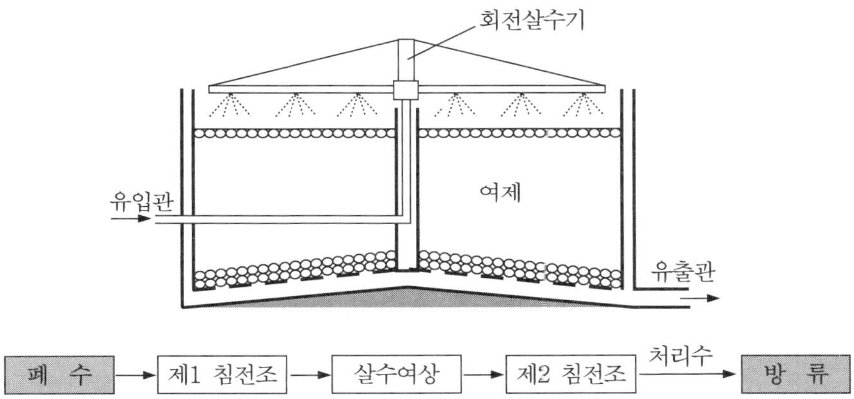

【그림 8-4】 살수여상과 살수여상법에 의한 폐수처리 공정

폐수는 제1 침전조 까지는 활성오니법과 동일하게 처리한 다음 여상에 살포하는데, 여상에의 살수량은 미생물 피막과 폐수의 접촉을 좋게 하기 위해서 매우 중요하다. 미생물 피막을 구성하는 미생물에는 여러 가지가 있으며 그 종류와 수는 여상 상부와 하부에 차이가 있다. 여상에서 유출된 폐수는 제2 침전조에 옮겨 탈락한 오니를 침전시키고 상등액은 하천에 방류한다. 침전된 오니는 처리조에 옮겨 소화한다.

이 방법은 활성오니법과 함께 제약, 펄프, 발효관계의 산업폐수, 낙농관계의 폐수, 하수 등의 처리에 널리 응용되고 있으며 사용하는 폐수의 BOD는 600~4,000 ppm 정도이다.

2) 혐기적 처리법

유기물 농도가 높은(BOD 5,000~50,000 ppm) 산업폐수는 먼저 혐기적 처리를 하여 BOD(약 500 ppm)를 낮춘 다음, 활성오니법에 의하여 처리하는 것이 효율적이다. 처리법은 메탄 발효에 의하는 것으로 유기물은 먼저 *Bacillus*속 등 각종 산생성균에 의하여 formic, acetic, propionic, butylic, valeric 및 lactic acids 등의 저급포화지방산과 alcohols과 aldehydes 등으로 분해되고, 이들은 다시 *Methanobacterium, Methanococcus*속 등 메탄균에 의하여 메탄과 CO_2 등으로 분해가 된다.

분해온도는 30~50℃, 최적 pH는 6.8~7.2이며, 특히 혐기적 처리에서는 유기산의 생성과 가스 발생의 균형을 유지하여 분해를 시키는 것이 중요하다. 50℃부근의 고온 분해에서는 1,000 m^3의 탱크에서 처리할 수 있는 유기물을 6~7톤/일 이 되고 생성되는 가스의 양은 3,000~4,000 m^3가 된다. 생성가스의 조성은 주로 CH_4(60~65%)와 CO_2(30~35%)이며 기타 소량의 NH_2, H_2S, H_2, O_2 등이 존재한다.

산생성에는 *Clostridium, Proteus, Pseudomonas, Bacillus, Streptococcus, Escherichia* 등이, 메탄세균으로서는 *Methanococcus, Methanobacterium* 등이 있다.

생물학적 처리로 BOD를 낮춘 폐수 중에는 저분자의 인산염이나 질소화합물이 다량 함유되어 있어, 이것을 그대로 하천과 바다로 방류하면 소위 부영양화 현상을 일으켜 문제가 되므로, 최근에는 탈질성의 세균이나 조류를 이용하여 이들 화합물을 제거시키는 방법이 개발되고 있다.

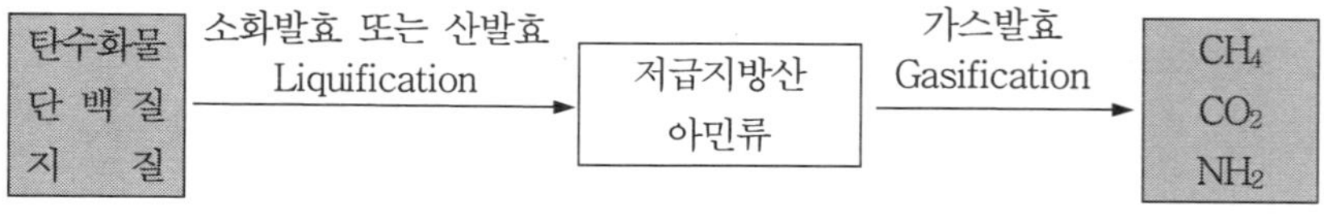

【그림 8-5】 혐기적 미생물 처리

2. 미생물 정련

미생물 이용하여 광석 중의 유용한 금속을 용출시켜 효과적으로 회수하는 것을 미생물 정련(bacterial leaching)이라 한다.

석유, 천연가스, 석탄, 유황광상, 황화철물광상 등의 형성과 성분의 변화에 자연계의 미생물의 중요한 역할을 한다. 최근 미생물 정련에 대한 연구가 급속히 진행되어 일부 금속에 대해서는 실용화가 이루어져 있다. 이것은 세계적으로 금속 수요가 매년 증가하여 품질이 높은 광석의 입수가 어려워져 품질이 낮은 광석의 활용법 개발이 시급한 실정이기 때문이다.

미생물 정련에 관여하는 미생물로 알려져 있는 것으로는 *Thiobacillus*속(유황산화세균)과 *Ferrobacillus*속(철산화세균)이며, *Thiobacillus thiooxidans, Thiobacillus concretivorus, Thiobacillus ferroxidans, Ferrobacillus ferrooxidans, Ferrobacillus sulfooxidans*가 대표적인 균이다(표 8-9).

【표 8-9】 정련에 관여하는 세균의 성상

균류	크기 (μ)	그람염색, 운동성	성육 적온 (℃)	최적 pH	CO_2 이용	산화능		
						유황	치오황산	제2철
Thiobacillus thiooxidans	0.5×1.0	그람음성 단극편모	28~30	2.0~3.5	+	+	+	−
Thiobacillus concretivorus	0.5× 1.0~2.0	그람음성 단극편모	28	2.0~4.0	+	+	+	−
Thiobacillus ferroxidans	0.5×1.0	그람음성 극편모(?)	30	2.5~3.8	+	−	+	+
Ferrobacillus ferroxidans	0.6~1.0× 1.0~1.6	그람음성 극편모(?)	20~28	3.5	+	−	−	+
Ferrobacillus sulfooxidans	0.5× 1.0~1.5	그람음성 (?)	32	2.85	?	+	+	+

현재 미생물정련은 주로 동과 우라늄에 이용되고 있지만, 황화광으로 존재하면 다른 금속 등에도 응용이 가능하다. 동에 대해서는 저품위광 또는 폐석을 대상으로 하는 dump leaching이 행해지고 있다.

또 미생물정련의 응용분야의 하나로 광산폐수처리가 있다. 광산의 산성폐수 중에는 다량의 제일철이온이 함유된 것이 많은데, 이것은 보통 중화침전해서 제거하고 있지만 철산화세균의 작용에 의해 제이철로 산화함으로써 중화시키는 비용을 절감하고 철의 회수도 가능하다.

3. 미생물 정량법

미생물의 증식에 특정한 영양물질이 요구되기도 하고, 특정의 물질에 의해 증식이 억제되기도 하는 관계를 이용해서 물질을 정량하는 방법을 미생물정량법이라 한다. 이 미생물 정량법은 물리적, 화학적 방법으로 간단히 정량할 수 없는 물질의 정량에 이용되며, 비교적 미량의 시료로도 정량이 가능하고 특이성이 높다는 잇점이 있다. 이 방법은 아미노산류, 비타민류 및 항생물질 등을 정량하는데 많이 이용된다.

기본배지에 정량하려는 표준물질을 농도별로 첨가하여 특정균을 접종하고 배양하여 증식의 정도를 측정한 후, 그림 8-6과 같은 표준곡선을 작성하고, 다음에는 기본배지에 시료를 적당량 첨가하고 동일한 조작에 의하여 미생물을 배양한다.

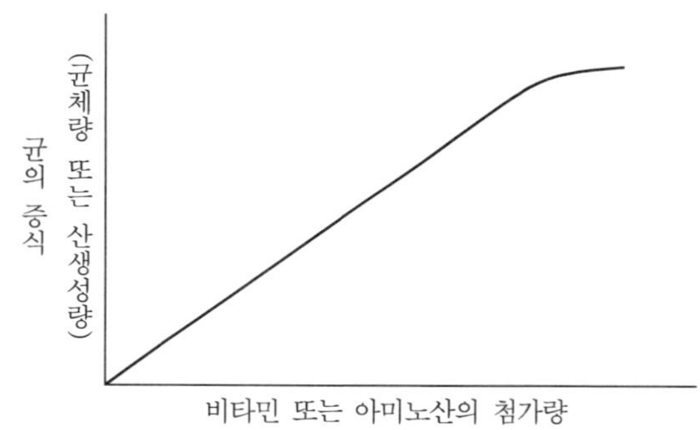

【그림 8-6】 비타민 또는 아미노산과 균의 증식과의 관계

일정시간 배양 후 증식정도를 측정하여 표준곡선과 비교하여 정량한다. 정량은 목적하는 아미노산이 증식의 제한 인자로 되는 농도범위 내에서 실시하여야 하며 이것을 만족시키기 위해 시료를 단계적으로 희석 또는 농축하여 동시에 검정할 필요가 있다. 이 방법의 의하면 비타민은 0.1 mr~0.1 r/mL, 아미노산 1 r~20 r/mL를 정량할 수 있다. 균주로서는 젖산균 이외에 효모, *Acetobacter, Clostridium* 등의 세균, *Euglena* 등의 원생동물도 이용된다(표 8-10).

【표 8-10】 비타민의 미생물 정량용 균주

비타민	사용균주	측정법
Thiamine	*L. fermenti*	비탁, 산도
Riboflavin	*L. casei*	비탁, 산도
비타민 B_6 Total Pyridoxal + Pyridoxamine Pyridoxal	 *Sacch. carlsbergensis* *Sc. faecalis* *L. casei*	비탁
Nicotinic acid	*L. arabinosus* *Leuc. mesenteroides*	산도
Pantothenic acid	*L. arabinosus* *Sacch. carlsbergensis*	비탁, 산도
Biotin	*L. arabinosus* *Sacch. cerevisiae*	비탁
Folic acid	*L. casei* *Sc. faecalis*	산도
비타민 B_{12}	*L. leichmanii* *Euglena gracilis*	비탁
p-Aminobenzoic acid	*Neurospora crassa*	균체중량
inositol	*Sacch. carlsbergensis*	비탁

한편 미생물의 효소를 이용해서 정량할 수도 있다. L-글루탐산 탈탄산효소(L-glutamate decarboxylase)를 갖는 균체나 효소를 이용하여 시료로부터 글루탐산을 정확히 정량할 수 있다. 또한 폐수의 유기물 오염도를 나타내는 BOD의 측정에 산화세균을 활용하는 것도 미생물 정량의 예이다.

4. 미생물 살충제

나무나 농작물에 자라는 해충을 선택적으로 죽이는 미생물이 있는데, 이것을 미생물 살충제(microbial insecticide)라고 한다. 이것은 대량생산이 가능하고, 살아있는 상태가 계속 유지되며, 다른 동·식물에게는 독성과 병원성이 없어야 하고, 화학제보다 가격이 저렴하여야 한다. 미생물 살충제로는 세균, 바이러스, 곰팡이, 원생동물이 이용될 수 있다. 현재 상업화된 것은 표 8-11과 같다.

【표 8-11】 미생물 살충제

미 생 물	대 상 체
Bacillus thuringiensis	Leqidopteran larvae
Bacillus popilliae	Japanese beetle
Hirsutella thompsonii	Citrus mites
Verticillium lecanii	Glasshouse aphids
Cotten bollworm NPV	Heliothis spp.

5. 바이오닉스에의이용

생체가 갖고 있는 정밀한 생명기구, 생태생리기구 등을 기계적으로 기구화하는 것을 biological mechanice(bionics, 생체기능 응용공학)라고 한다. 결국 생물의 기능을 공학적으로 다방면에 활용하는 것으로 광의의 생명과학(life sceince)의 새로운 분야이다.

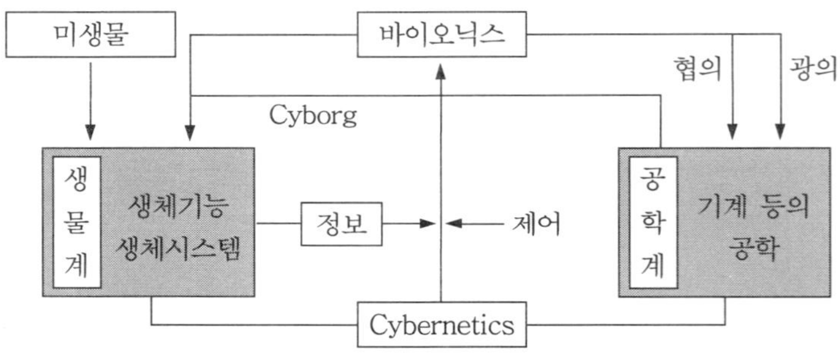

【그림 8-7】 바이오닉스의 개념

생체에 있어서의 정보의 유입과 처리, 작용 등 분자생물학적인 연구 또는 생체와 외계와의 정보의 교환 등을 연구하는 것과 생체 기능을 응용하고자 하는 것이 바이오닉스이다. 미생물을 바이오닉스의 대상으로 고려한다면 세포막기능, 광합성기능 등의 기초적인 것과, 내압(심해나 지하), 내열(온천에서 발견되는 미생물), 내산(pH 2 이하), 내염, 발광(발광세균, 야광충) 등의 특수환경 하에서 생육하는 미생물이 갖는 기구, 기능, 생태 등을 mechanics로 전환, 활용하는 면도 있다. 막투석 용기를 구성시켜서 행하는 투석배양법은 미생물의 세포 막기능을 이용한 예이다.

6. 합성유기 유해물질의 미생물 분해

응용화학의 발전에 따라 유기합성, 석유화학 등으로부터 합성되는 신물질, 즉 중성세제, 농약, 살균제, 합성수지 등은 인류 사회에 공헌하는 바가 크다. 그러나 사용한 후 방치하거나 버리게 되면 사회, 환경 상에 나쁜 영향을 미치게 된다. 이들은 자연계에서 분해되기 어렵고 또는 분해되지 않기 때문에 그 농축 순환이 자연환경에 영향을 미치게 된다.

최근 이러한 유해물질을 미생물처리, 분해에 의하여 그 해독성을 경감, 해소하기 위한 연구가 많이 진행되고 있다.

1) 중성세제

중성세제로서 ABS(alkyl benzene sulfonate염)가 폐수 공해로서 문제가 되는 것은, 사용한 후에 하수, 하천, 항만에 흘러 들어가 거품을 일으키고 또 그 폐수가 하수처리를 방해하기 때문이다.

이것은 ABS의 생물적 분해가 어렵기 때문에 일어나는 현상이며, 이러한 세제는 경성세제(hard type soap)라고 한다.

【표 8-12】 합성세제의 활성오니에 의한 분해율

합 성 세 제	유효 성분 (%)	초발 농도 (ppm)	최종 농도 (ppm)	분해율 (%)
Dobane-246(ABS)	63	23.2	18.2	21.6
Dodecene-1(LAS)	53	24.8	0	100
Nalkane N-500(LAS)	46	20.0	0.5	97.5
Dobane-246(50%)+Nalkane N-500(50%)	-	22.8	8.0	64.9
HT(ABS)	20	20.0	17.8	11.0
Z(ABS)	24	19.0	14.3	24.7
BD(ABS)	20	24.0	23.0	4.2
NW(고급알코올계+LAS)	25(LAS르서)	21.0	0.5	97.6

Oosai 등이 미생물에 의한 폐수 중의 ABS분해를 연구한 결과, ABS분해율 60~80%이라는 좋은 결과를 얻은 장기순양한 오니를 사용하는 활성오니

법도 있으나, 최근에는 비교적 쉽게 분해되는 직쇄형 구조를 가진 linear alkyl benzene sulfonate(LAS)로 바뀌어 중성세제의 오염이 줄어들고 있다.

2) 농약

제초제, 살균제, 살충제, 살서제 등과 같은 농약 중에는 식물, 곤충, 세균에 특이적으로 강한 특성을 가진 것이 있으며, 토양, 자연계에 잔류하게 되면 사람과 가축 등에 좋지 못한 영향을 미치게 된다. 토양 1 g 중에는 10^3~10^8개의 미생물이 존재하는데, 이러한 토양미생물 등에 의해서 분해가 효율적으로 일어날 것이라는 기대 속에 연구가 진행되고 있고 일부는 이용되고 있다.

【표 8-13】 농약의 미생물 분해

농 약 명	용 도	미 생 물 명
Monofluoroacetic acid	살서제	*Pseudomonas*
Monochloroacetic acid	제초제	*Pseudomonas dehalogenans*
2,4-D(2,4-dichlorophenoxy acetic acid)	제초제	*Arthrobacter, Flavobacterium, Corynebacterium*
2,2-Dichloropropionic acid	제초제	*Achromobacter, Pseudomonas*
DDT(1,1,1-trichloro-2,2-bis [*p*-chlorophenyl] ethane)	살충제	효모, 세균
TMTD(tetramethyl tiuram disulfide)	살균제, 소독제	*Pseudomonas*
2,4,5-T(2,4,5-trichloropheoxy-acetic acid)	제초제	*Pseudomonas cepacia*
유기수은 살균제	미생물 살균제	*Pseudomonas*

7. 수소의 생산

화석에너지원의 유한성과 원자력에너지의 안정성 등을 생각할 때, 연소생성물이 물이 되고, 대기오염도 없고, 연소열도 68.3 kcal/mol이 되는 등 비교적 많은 특징을 가지는 수소가 새로운 에너지원으로 주목받고 있다.

수소의 생산법으로 물의 전기분해나 Zn나 H_2SO_4를 이용하는 화학반응법은 많은 에너지가 요구되나, 광합성미생물에 의한 수소의 생산에는 많은 에너지가 요구되지 않으므로 기대되고 있다. 광합성세균, 남조, 녹조 등 광합성 능력이 있는 미생물은 빛을 조사하면 수소를 발생한다. *Scenedesmus, Chlorella, Chlamydomonas, Ankistrodesmus* 등의 녹조류가 수소생산에 이용되고 있다.

참고문헌

- 김귀영 외 6인　발효식품(이론과 실제)　(주)교문사(2009)
- 김찬조 외 7인　발효공학　선진문화사(1991)
- 노완섭 외 5인　식품미생물학　진로연구사(1987)
- 박헌국 외 4인　식품가공저장학　진로연구사(2006)
- 방병호 외 7인　식품미생물학　도서출판 진로(2005)
- 서정훈　공업미생물학　형설출판사(1993)
- 성낙계(대표저자)　미생물공학　형설출판사(1994)
- 성낙계・박윤중・정지훈・이종갑　신판 발효공학　형설출판사(1994)
- 송형익 외 3인　발효공학 지구문화사(2006)
- 송형익・신중엽・허윤행　현대 발효공학　지구문화사(2009)
- 심상국 외 5인　발효식품학　도서출판 진로(2008)
- 유쥬현・변유량 편저　발효공학　도서출판 효일(2008)
- 이서래 저　한국의 발효식품　이화여자대학교 출판부(1992)
- 전홍기・공재열　미생물공학　도서출판 동화기술(1993)
- 정기택・하영선　신고 발효공학　수학사(1984)
- 정동효　발효와 미생물공학　선진문화사(1984)
- 정동효 외 4인　최신발효공학　선진문화사(1981)
- 정동효・유진영 역　채소발효식품　도서출판 광일문화사(1997)
- 하덕모　발효공학　문운당(1986)
- 하덕모 저　최신 식품미생물학　신광출판사(1990)
- 홍재식・이갑상・최동성　발효공학　학문사(1990)

- H. Pape and H.J. Rehm, Biotechnology, Volume 3, 4, Verlag Chemie, 1986
- Wulf Crueger and Anneliese Crueger, Biotechnology, A Textbook of Industrial Microbiology, Sinauer Associates, Inc. Sunderland, MA 01371, 1984

INDEX

(N)

(O)

(P)

(R)

찾아보기

(ㅂ)

인 지
생 략

최신 **발효공학**

2024년 3월 12일 2쇄 인쇄
2024년 3월 18일 2쇄 발행

저 자 : 방병호 · 손흥수 · 심상국
심창환 · 윤원호 · 황종현

발행인 : 임종철

발행처 : 도서출판 **진 로**

등록 : 제305-2003-28호

주소 : 서울특별시 동대문구 고미술로 49
(의증빌딩 3층)

TEL : 02-2215-0203

FAX : 02-2216-0208

ISBN : 978-89-86877-66-3(93570)

정가 **20,000** 원